CMP BOOKS
机工IT

"芯"科技前沿技术丛书

LLVM编译器
原理与实践

吴建明　吴一昊◎编著

U0394876

机械工业出版社
CHINA MACHINE PRESS

LLVM 是伊利诺伊大学的一个研究项目，提供一个现代化的，基于 SSA 的编译策略，并能够同时支持静态和动态的任意编程语言的编译目标。LLVM 由不同的子项目组成，其中许多是正在生产中使用的商业和开源的项目。它也被广泛用于学术研究。

本书力求将 LLVM 基础知识理论与案例实践融合在一起进行详细的介绍，帮助读者理解 LLVM 工作原理，同时按照应用与设备需要，使用 LLVM 进行相应的优化与部署。本书包含大量示例和代码片段，帮助读者掌握 LLVM 的编译器开发环境。

本书共 11 章，包括编译和安装 LLVM、LLVM 外部项目、LLVM 编译器、Clang 前端基础、Clang 架构与实践示例、LLVM IR 实践、LLVM 芯片编译器实践示例、LLVM 编译器示例代码分析、LLVM 优化示例、LLVM 后端实践，以及 MLIR 编译器。

本书适合算法、软件、编译器、人工智能、硬件等专业方向的企业工程技术人员、高校师生、科研工作人员和技术管理人员阅读。

图书在版编目（CIP）数据

LLVM 编译器原理与实践 / 吴建明，吴一昊编著.
北京：机械工业出版社，2024. 8（2025. 4 重印）.
（"芯"科技前沿技术丛书）. -- ISBN 978-7-111-76354-3

Ⅰ . TP314

中国国家版本馆 CIP 数据核字第 2024D6B738 号

机械工业出版社（北京市百万庄大街 22 号　邮政编码 100037）
策划编辑：李晓波　　　　　　　　　责任编辑：李晓波　马　超
责任校对：李　霞　杨　霞　景　飞　责任印制：单爱军
北京虎彩文化传播有限公司印刷
2025 年 4 月第 1 版第 2 次印刷
184mm×240mm · 29. 5 印张 · 743 千字
标准书号：ISBN 978-7-111-76354-3
定价：139. 00 元

电话服务　　　　　　　　　　　网络服务
客服电话：010-88361066　　　机 工 官 网：www.cmpbook.com
　　　　　010-88379833　　　机 工 官 博：weibo.com/cmp1952
　　　　　010-68326294　　　金 书 网：www.golden-book.com
封底无防伪标均为盗版　　机工教育服务网：www.cmpedu.com

前　言

PREFACE

LLVM（Low Level Virtual Machine）是架构编译器的框架系统，用于优化以任意程序语言编写的程序的编译时间（compile-time）、链接时间（link-time）、运行时间（run-time）及空闲时间（idle-time），对开发者开放，并兼容已有脚本。

LLVM 用 C++ 编写而成，能够进行程序语言的编译器优化、链接优化、在线编译优化、代码生成。简单来说，LLVM 是一个模块化的编译器，可以根据需要选择不同组件以满足各自需求。与之形成鲜明对比的是 GCC。虽然 GCC 的功能也很强大，但是它把所有功能都集成在包里，不能独自拆解出来。举个例子，假设需要一个代码静态检查工具，对于 GCC，就要把整个 GCC 包都包括进来，这样包就大多了；而对于 LLVM，只需要其中一个代码静态检查组件，可想而知，包就小多了。

构造一个编译器是一项复杂的任务。LLVM 项目为编译器提供可重用组件。LLVM 核心库实现了一个优化代码生成器，并为所有流行的硬件设备提供了一种与源语言无关的机器代码中间表示形式。

LLVM 是一个庞大且复杂的 AI 编译器框架系统。关于本书，作者有以下几点想法：

1）LLVM 非常重要。在多年的工作中，作者深感 LLVM 的重要性。LLVM 几乎完全取代了传统 GCC 编译器。在 AI 芯片、自动计算、手机等领域的产品开发中，它是关键模块，也是这些产品开发优化的核心模块。

2）LLVM 涉及的知识点非常多。LLVM 涉及的知识点太多了，需要技术人员具有深厚的理论基础与丰富的实践经验。LLVM 涉及的知识点包括芯片、接口、通信、底层驱动、操作系统、系统软件、应用软件、AI 算法、算子理论、AI 框架、汇编预言、C/C++/Python 语言等。

3）入门学习与动手开发。本书描述了如何学习 LLVM 知识点，以及如何动手开发，并提供了多个典型开发示例。

本书包含 11 章，主要内容总结如下。

1）LLVM 安装与编译环境配置，以及 LLVM 外部依赖的相关软件工具的介绍。

2）LLVM 的前端 Clang 的基本原理与开发实践。

3）LLVM IR 的基本原理与开发实践。

4）LLVM 后端的关键技术与开发示例、LLVM 芯片编译器实践示例、LLVM 优化示例、LLVM 后端实践。

5）基于 LLVM 派生的算子开发框架的原理与开发示例，以及 MLIR 编译器等。

在本书写作过程中，得到了家人的全力支持，在此，对他们表示深深的感谢。感谢机械工业出版社的编辑，因为他们的辛勤劳作和付出，本书才得以顺利出版。由于作者能力有限，书中难免存在纰漏，还望广大读者不吝赐教。

吴建明

前　言

第1章
CHAPTER.1

编译和安装 LLVM　/　1

1.1　LLVM 系统入门　/　2

1.1.1　查看 LLVM（包括 Clang 等子项目）　/　2

1.1.2　配置和构建 LLVM 与 Clang　/　2

1.2　独立构建　/　3

1.3　软硬件环境要求　/　5

1.3.1　硬件环境　/　5

1.3.2　软件环境　/　6

1.3.3　主机 C++编译器和标准库　/　7

1.3.4　获取流行主机 C++工具链　/　7

1.4　LLVM 入门　/　9

1.4.1　术语和符号　/　9

1.4.2　打开 LLVM 存档文件　/　9

1.4.3　从 Git 中签出 LLVM 源代码　/　9

1.4.4　本地 LLVM 配置　/　10

1.4.5　编译 LLVM 套件源代码　/　11

1.4.6　交叉编译 LLVM　/　12

1.4.7　LLVM 目标文件的位置　/　12

1.4.8　可选配置项目　/　13

1.5　目录布局　/　13

1.6　使用 LLVM 工具链的示例　/　16

1.7　LLVM 常见问题　/　17

1.8　LLVM 相关链接　/　19

第2章
CHAPTER.2

LLVM 外部项目　/　20

2.1　LLDB 调试器　/　21

2.1.1 LLDB 基础知识 / 21

2.1.2 LLDB 控制台 / 21

2.2 C++标准库 libc++ / 31

2.2.1 libc++库概述 / 31

2.2.2 Ubuntu 下安装 Clang 和 libc++ / 32

2.3 compiler-rt 运行时库 / 33

2.3.1 compiler-rt 项目组成 / 33

2.3.2 compiler-rt 的作用 / 34

2.3.3 平台支持 / 34

2.3.4 compiler-rt 源代码结构 / 35

2.3.5 构建 compiler-rt / 35

2.4 DragonEgg / 36

2.4.1 DragonEgg 将 LLVM 作为 GCC 后端 / 36

2.4.2 DragonEgg 实践 / 36

2.5 构建 RISC-V LLVM 并编译和运行 test-suite / 39

2.5.1 构建 RISC-V 的前期准备 / 39

2.5.2 开始构建 / 39

2.5.3 编译 test-suite / 39

2.5.4 运行 LLVM test-suite / 41

2.6 Clang 附加工具 / 43

第 3 章
CHAPTER.3

LLVM 编译器 / 44

3.1 LLVM 与 Clang 源代码的下载及编译 / 45

3.1.1 下载并编译 LLVM / 45

3.1.2 Clang 源代码的下载与编译 / 45

3.2 LLVM 编译器基础结构 / 46

3.2.1 LLVM 工作原理 / 46

3.2.2 LLVM 的主要子项目 / 48

3.2.3 LLVM 与 Clang 语法 / 50

3.3 LLVM 三段式编译 / 51

3.3.1 传统编译器三段式设计及其实现 / 51

3.3.2 LLVM 的三段式设计的实现 / 52

3.4 LLVM 与 Clang 架构 / 53

3.4.1 LLVM 与 Clang 架构简介 / 53

3.4.2 编译架构特点分析 / 54

3.5　LLVM 与 GCC 的区别 ／ 56

3.6　LLVM IR ／ 59

　　3.6.1　什么是 LLVM IR ／ 59

　　3.6.2　LLVM IR 编译流程 ／ 59

　　3.6.3　如何得到 IR ／ 60

　　3.6.4　IR 文件链接 ／ 61

　　3.6.5　IR 文件编译流程 ／ 62

　　3.6.6　IR 语法中的关键字 ／ 62

3.7　词法分析与语法分析 ／ 63

　　3.7.1　词法分析 ／ 63

　　3.7.2　AST 结构分析 ／ 64

3.8　交叉编译器 ／ 66

　　3.8.1　主机与目标机 ／ 66

　　3.8.2　为什么要交叉编译 ／ 67

　　3.8.3　交叉编译难点 ／ 67

3.9　后端开发 ／ 69

　　3.9.1　XLA 后端分析 ／ 69

　　3.9.2　SSA 问题分析 ／ 69

　　3.9.3　目标信息代码分析 ／ 70

3.10　LLVM 示例实践 ／ 71

　　3.10.1　如何在 ARM 上编译 LLVM/Clang ／ 71

　　3.10.2　如何编写 LLVM Pass ／ 72

　　3.10.3　基于 LLVM 的依赖分析方案 ／ 75

3.11　LLVM 数据并行、时间并行和多核并行 ／ 77

第 4 章　CHAPTER 4

Clang 前端基础 ／ 81

4.1　编译器 Clang 会代替 GCC 吗 ／ 82

　　4.1.1　GCC 概述 ／ 82

　　4.1.2　Clang 概述 ／ 83

　　4.1.3　GCC 基本设计与示例 ／ 84

　　4.1.4　GCC 与 Clang 的区别 ／ 85

4.2　使用 Clang 静态分析器进行分析调试 ／ 86

　　4.2.1　静态分析器概述 ／ 86

　　4.2.2　静态分析器库的结构 ／ 86

　　4.2.3　静态分析器工作原理 ／ 87

4.2.4　内部检查器　/　87

4.2.5　关于 Clang 静态分析器　/　88

4.3　如何进行编译时间混编优化　/　90

4.4　Clang 模块实现原理探究　/　91

4.4.1　ModuleMap 与 Umbrella　/　91

4.4.2　模块的构建　/　92

4.4.3　Clang 模块复用机制　/　93

4.4.4　PCH 与 PCM 文件　/　94

4.5　使用 Clang 校验 AST　/　95

4.5.1　制作 Clang 命令行工具的初衷　/　95

4.5.2　制作 Clang 命令行工具主要步骤　/　96

4.5.3　环境搭建　/　97

4.5.4　开发框架选择　/　98

4.5.5　代码开发　/　98

4.6　LLVM 与 Clang 的底层原理　/　102

4.6.1　传统编译器设计　/　102

4.6.2　Clang 前端　/　103

4.6.3　IR 的优化　/　106

4.6.4　bitcode　/　107

4.6.5　编译流程总结示例　/　109

4.7　自定义 Clang 命令，利用 LLVM Pass 实现对 Objective-C 函数的静态插桩　/　110

4.7.1　Objective-C 中的常见的函数 hook 实现思路　/　110

4.7.2　什么是 LLVM Pass　/　110

4.7.3　编译过程　/　111

4.8　指令系统　/　112

4.8.1　指令系统概述　/　112

4.8.2　指令格式　/　113

4.8.3　指令的寻址方式　/　114

4.8.4　指令的类型与功能　/　119

4.8.5　CISC 和 RISC 的比较　/　119

第 5 章
CHAPTER.5

Clang 架构与实践示例　/　120

5.1　C 语言编译器 Clang　/　121

5.1.1　Clang 和 GCC 编译器架构　/　121

5.1.2　Clang 起源　/　122

5.2　Clang 模块内部实现原理及源代码分析　/　122

　　5.2.1　编译参数分析　/　123

　　5.2.2　预处理　/　128

5.3　好用的代码检查工具　/　130

5.4　Clang 在 Objective-C 中的使用　/　132

　　5.4.1　终端使用特点　/　132

　　5.4.2　Clang 的简单使用　/　133

5.5　Clang 重排对象类结构分析　/　133

　　5.5.1　概述　/　133

　　5.5.2　根类、超类、子类　/　133

5.6　使用 Clang 编译 C 程序并在安卓设备中执行　/　134

5.7　分析 Swift 高效的原因　/　135

　　5.7.1　Swift 的函数派发机制　/　135

　　5.7.2　结构体定义的内存分配　/　136

　　5.7.3　编译 SIL　/　137

　　5.7.4　Clang 编译流程的缺点　/　137

　　5.7.5　Swift 的特点及其编译器的使用流程　/　138

5.8　LLVM 中矩阵的实现分析　/　139

　　5.8.1　背景说明　/　139

　　5.8.2　功能实现　/　139

　　5.8.3　举例说明　/　145

第6章
CHAPTER.6

LLVM IR 实践　/　147

6.1　LLVM 架构简介　/　148

　　6.1.1　LLVM IR 的演变　/　148

　　6.1.2　LLVM IR 是什么　/　150

　　6.1.3　LLVM 架构　/　151

　　6.1.4　前端生成中间代码　/　152

　　6.1.5　LLVM 后端优化 IR　/　153

　　6.1.6　LLVM 后端生成汇编代码　/　154

6.2　获取 LLVM IR　/　156

　　6.2.1　LLVM IR 的三种形式　/　156

　　6.2.2　LLVM IR 结构　/　157

　　6.2.3　标识符与变量　/　158

6.3 LLVM IR 实践——Hello world ／ 159

6.3.1 LLVM IR 程序设计方法概述 ／ 159

6.3.2 最基本的程序 ／ 159

6.3.3 基本概念解释 ／ 160

6.3.4 主程序 ／ 160

6.4 LLVM IR 数据表示 ／ 161

6.4.1 汇编层次的数据表示 ／ 161

6.4.2 LLVM IR 中的数据表示 ／ 162

6.4.3 链接类型 ／ 164

6.4.4 可见性 ／ 164

6.4.5 寄存器 ／ 167

6.5 LLVM IR 类型系统 ／ 168

6.5.1 类型系统 ／ 168

6.5.2 元数据类型 ／ 173

6.5.3 属性 ／ 173

6.6 LLVM IR 控制语句 ／ 174

6.6.1 汇编语言层面的控制语句 ／ 174

6.6.2 LLVM IR 层面的控制语句 ／ 175

6.7 LLVM IR 语法链接类型 ／ 183

6.8 LLVM IR 函数 ／ 187

6.8.1 定义与声明 ／ 187

6.8.2 传递参数与获得返回值 ／ 189

6.8.3 内置函数、属性和元数据 ／ 192

6.9 LLVM IR 异常处理 ／ 201

6.9.1 异常处理的要求 ／ 201

6.9.2 LLVM IR 的异常处理 ／ 202

6.9.3 怎么抛 ／ 202

6.9.4 怎么接 ／ 203

第7章
CHAPTER.7

LLVM 芯片编译器实践示例 ／ 206

7.1 编译器基本概念 ／ 207

7.1.1 LLVM 的模块化编译器框架 ／ 207

7.1.2 前端在干什么 ／ 208

7.1.3 后端在干什么 ／ 209

7.1.4 DAG 下译 ／ 209

7.1.5 DAG 合法化 / 209

7.1.6 小结 / 211

7.2 从无到有开发 / 211

7.2.1 不必从头开始开发 / 211

7.2.2 需要添加的文件类型 / 211

7.2.3 从文件角度看整体框架 / 212

7.2.4 从类继承与派生角度看整体框架 / 214

7.3 芯片的整体架构部分 / 215

7.3.1 ×××.h 类文件 / 215

7.3.2 ×××.td 类文件 / 216

7.3.3 ×××TargetMachine.cpp 和×××TargetMachine.h 类文件 / 217

7.3.4 ×××MCTargetDesc 类文件 / 217

7.3.5 ×××baseInfo 类文件 / 218

7.3.6 ×××TargetInfo 类文件 / 218

7.3.7 ×××Subtarget 类文件 / 219

7.3.8 几个容易混淆的概念 / 219

7.3.9 小结 / 219

7.4 寄存器信息 / 220

7.4.1 ×××Registerinfo.td 类文件 / 220

7.4.2 ×××RegisterInfo 类文件 / 221

7.4.3 ×××SERegisterinfo 类文件 / 221

7.5 指令描述的.td 文件 / 222

7.5.1 ×××InstrFormats.td 类文件 / 222

7.5.2 ×××InstrInfo.td 类文件 / 224

7.5.3 依次定义指令 / 225

7.5.4 定义指令的自动转换 / 225

7.5.5 小结 / 226

7.6 指令描述的.cpp 文件 / 226

7.6.1 ×××InstrInfo.cpp（.h）类文件 / 226

7.6.2 ×××SEInstrInfo.cpp（.h）类文件 / 227

7.6.3 ×××AnalyzeImmediate.cpp（.h）类文件 / 227

第8章 CHAPTER.8

LLVM 编译器示例代码分析 / 229

8.1 建立编译器的基础框架 / 230

8.2 使用 LLVM 实现一个简单编译器 / 230

8.2.1 目标 / 230

8.2.2 词法分析 / 231

8.2.3 语法分析 / 233

8.2.4 LLVM IR 的代码生成 / 239

8.2.5 优化器 / 243

8.2.6 添加 JIT 编译器 / 245

8.2.7 静态单一赋值 / 252

8.2.8 控制流 / 253

8.2.9 用户自定义操作符 / 263

8.2.10 可变变量 / 269

第9章
CHAPTER.9

LLVM 优化示例 / 277

9.1 LLVM 优化示例介绍 / 278

9.1.1 编译器优化目标 / 278

9.1.2 LLVM 优化 Pass 如何工作 / 278

9.1.3 聚集对象的标量替换 / 280

9.1.4 公共子表达式消除 / 281

9.1.5 全局变量优化器 / 281

9.1.6 指令合并器 / 282

9.2 改进优化条件 / 284

9.2.1 偏转循环移动代码 / 284

9.2.2 运行规范化自然循环 / 288

9.2.3 归纳变量简化 / 288

9.2.4 进行比特追踪死代码消除 / 290

9.3 链接时优化 / 295

9.3.1 LTO 基本概念 / 295

9.3.2 LTO 优化处理 / 296

9.3.3 linkmap 分析 / 298

9.4 Nutshell LLVM LTO / 298

9.4.1 ThinLTO / 298

9.4.2 高度并行的前端处理和初始优化 / 300

9.5 LLVM 完全 LTO / 304

9.5.1 LLVM 完全 LTO 的目标 / 304

9.5.2 LLD 的整个执行流程 / 310

9.6 LLVM 核心类简明示例 / 318

第10章 LLVM 后端实践 / 320
CHAPTER.10

10.1 LLVM 后端概述 / 321

　　10.1.1 LLVM 后端基本概念 / 321

　　10.1.2 使用 Cpu0 作为硬件的例子 / 329

10.2 LLVM 新后端初始化和软件编译 / 331

　　10.2.1 新后端初始化和软件编译 / 331

　　10.2.2 LLVM 代码结构 / 332

　　10.2.3 Cpu0 后端初始化 / 335

　　10.2.4 LLVM 后端结构 / 338

　　10.2.5 增加 AsmPrinter / 341

　　10.2.6 增加 DAGToDAGISel / 343

　　10.2.7 增加 Prologue 和 Epilogue 部分代码 / 347

　　10.2.8 操作数模式 / 352

　　10.2.9 小结 / 353

10.3 算术和逻辑运算指令 / 354

　　10.3.1 算术运算指令 / 354

　　10.3.2 逻辑运算指令 / 358

10.4 生成目标文件 / 361

　　10.4.1 简要说明 / 361

　　10.4.2 文件新增 / 362

　　10.4.3 文件修改 / 364

　　10.4.4 检验成果 / 364

10.5 全局变量 / 364

　　10.5.1 全局变量编译选项 / 365

　　10.5.2 代码修改 / 366

　　10.5.3 检验成果 / 368

　　10.5.4 小结 / 371

10.6 更多数据类型 / 372

　　10.6.1 实现类型 / 372

　　10.6.2 代码修改 / 373

　　10.6.3 检验成果 / 374

10.7 控制流 / 380

　　10.7.1 控制流语句 / 380

　　10.7.2 消除无用的 JMP 指令 / 383

10.7.3　填充跳转延迟槽　/　385

10.7.4　条件 MOV 指令　/　386

10.8　函数调用　/　388

10.8.1　栈帧结构　/　388

10.8.2　传入参数　/　389

10.8.3　函数调用优化　/　395

10.9　ELF 文件支持　/　396

10.9.1　ELF 文件　/　396

10.9.2　支持反汇编　/　397

10.10　汇编　/　398

10.10.1　栈帧管理　/　398

10.10.2　汇编器　/　399

10.10.3　内联汇编　/　402

10.11　使用仿真器验证编译器　/　404

10.11.1　运行仿真器　/　404

10.11.2　小结　/　406

第 11 章
CHAPTER.11

MLIR 编译器　/　407

11.1　MLIR 语言参考　/　408

11.1.1　高层结构　/　408

11.1.2　MLIR 符号　/　408

11.1.3　MLIR 作用域　/　412

11.1.4　控制流和 SSACFG 作用域　/　412

11.1.5　类型系统　/　414

11.1.6　方言类型　/　415

11.2　MLIR 方言及运行分析　/　418

11.2.1　MLIR 简介　/　418

11.2.2　常见的 IR 表示系统　/　419

11.2.3　MLIR 的提出　/　419

11.3　方言及运行详解　/　420

11.3.1　方言　/　420

11.3.2　运行结构拆分　/　422

11.3.3　创建新的方言操作　/　423

11.3.4　将方言加载到 MLIRContext 中　/　425

11.3.5　定义操作　/　425

11.3.6　创建方言流程总结（使用 ODS）　/　428

11.4　MLIR 运算与算子　/　429

11.4.1　MLIR 运算与算子概述　/　429

11.4.2　运算类（Operation）　/　430

11.4.3　算子类（Op）　/　431

11.4.4　MLIR OpBase.td 算子类的作用　/　432

11.4.5　MLIR 运算的构建过程　/　433

11.4.6　MLIR TableGen 后端生成算子代码　/　435

11.5　MLIR 的缘起　/　439

11.6　MLIR 部署　/　441

11.6.1　MLIR 部署流程　/　441

11.6.2　MLIR 应用　/　442

11.7　MLIR 介绍　/　442

11.8　MLIR 基本数据结构　/　444

11.8.1　MLIR 源代码目录　/　444

11.8.2　MLIR 简易 UML 类图　/　444

11.8.3　开发中用到的具体数据结构　/　445

11.9　MLIR 的出现背景与提供的解决方案　/　449

11.9.1　概述　/　449

11.9.2　解决方案　/　450

11.10　机器学习编译器：MLIR 方言体系　/　452

11.10.1　基础组件　/　452

11.10.2　方言体系　/　453

参考文献　/　456

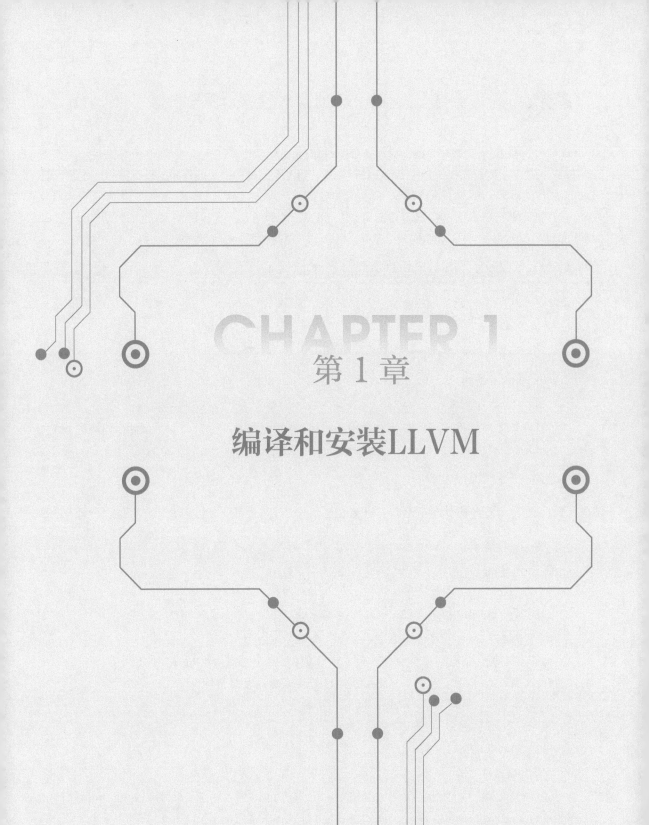

CHAPTER 1

第 1 章

编译和安装LLVM

1.1 LLVM 系统入门

LLVM 项目包括多个组件。该项目的核心本身被称为 LLVM。其中包含所需的所有工具、库和头文件，以便处理中间表达式并将其转换为目标文件。LLVM 工具包括汇编程序、反汇编程序、位代码分析器和位代码优化器。另外，LLVM 还包含基本的回归测试。

类 C 语言使用 Clang 前端。该组件使用 LLVM 将 C、C++、面向对象的 C 和面向对象的 C++ 代码编译为 LLVM 位代码，并将它们编译为目标文件。其他组件包括：C++ 标准库 libc++、LLD 链接器等。

▶▶ 1.1.1 查看 LLVM（包括 Clang 等子项目）

通过以下方式可获取 LLVM 的源代码。

在 Linux 系统上：

```
git clone https://github.com/llvm/llvm-project.git
```

或者，在 Windows 系统上：

```
git clone --config core.autocrlf=false https://github.com/llvm/llvm-project.git
```

为了节省存储空间并加快 checkout（签出）时间，可能需要进行浅层复制。例如，要获取 LLVM 项目的最新版本，请使用

```
git clone --depth 1 https://github.com/llvm/llvm-project.git
```

▶▶ 1.1.2 配置和构建 LLVM 与 Clang

1. 构建系统生成器

通过以下方式构建 LLVM。

```
cd llvm-project
cmake -S llvm -B build -G <generator> [options]
```

一些常见的构建系统生成器介绍如下。

1）Ninja：用于生成 Ninja 构建文件。大多数 LLVM 开发人员都使用 Ninja。

2）UNIX Makefiles：用于生成与 make 兼容的并行 makefiles 生成文件。

3）Visual Studio：用于生成 Visual Studio 项目和解决方案。

4）Xcode：用于生成 Xcode 项目。

有关更全面的 list 列表，请参阅 CMake 文档。

2. 一些常见选项

1）-DLLVM_ENABLE_PROJECTS='...'：要额外构建的 LLVM 子项目的分号分隔列表。可以包括以下任何一项：clang、clang-tools-extra、lldb、lld、polly、cross-project-tests。

例如，构建 LLVM 的 Clang 和 LLD，请使用 -DLLVM_ENABLE_PROJECTS=" clang；lld"。

2）-DCMAKE_INSTALL_PREFIX＝directory：为 directory 目录指定要安装的 LLVM 工具和库的完整路径名（默认方式为：/usr/local）。

3）-DCMAKE_BUILD_TYPE＝type：控制生成的优化级别和调试信息。类型的有效选项包括 Debug、Release、RelWithDebInfo 和 MinSizeRel。有关更多详细信息，请参阅 CMAKE_BUILD_TYPE 文档。

4）-DLLVM_ENABLE_ASSERTIONS＝ON：在启用断言检查的情况下编译（对于调试生成，默认为 ON；对于其他生成类型，默认为 OFF）。

5）-DLLVM_USE_LINKER＝lld：与 LLD 链接器链接，假设已经安装在系统上。如果默认链接器速度较慢，那么这会大大加快链接速度。

6）-DLLVM_PARALLEL_{COMPILE，LINK}_JOBS＝N：限制同时并行运行的编译或链接工作的数量。这对于链接来说尤其重要，因为链接可能会占用大量内存。如果在构建 LLVM 时遇到内存问题，请尝试将其设置为限制同时运行的编译或链接作业的最大数量。

3. 直接指定的生成系统

```
cmake --build . [--target <target>]
```

1）默认目标（即 cmake --build . 或 make）将构建所有 LLVM。

2）检测所有目标（即 ninja check-all）将运行回归测试，确保一切正常。

3）CMake 将为每个工具和库生成构建目标，大多数 LLVM 子项目都会生成自己的检测目标。

4）串行生成会很慢。要提高速度，请尝试运行并行构建。并行构建是在 Ninja 中默认完成的；对于 make 编译，使用选项-j *NN*，其中 *NN* 是并行作业的数量，如可用 CPU 的数量。

4. 基本的 CMake 和构建或测试调用

基本的 CMake 和构建或测试调用，只构建 LLVM，不构建其他子项目：

```
CMake -S llvm -B build -G Ninja -DCMAKE_BUILD_TYPE=Debug
ninja -C build check-llvm
```

使用调试信息设置 LLVM 构建，然后编译 LLVM 并运行 LLVM 测试。

5. 配置参考信息

1）有关 CMake 选项的更多详细信息，请参见 CMake 文档。

2）如果生成或测试失败，请参阅有关配置和编译 LLVM 的详细信息，见 LLVM 入门（https://releases.llvm.org/3.4.2/docs/GettingStarted.html）相关内容。转到 LLVM 目录结构，以了解源代码树的布局。

1.2 独立构建

独立构建能根据系统上已经存在的 Clang 或 LLVM 库的预构建版本，构建子项目。

可以使用 LLVM 项目标准签出的源代码来独立构建，也可以利用稀疏签出或发布页面上可用的源代码来构建。

对于独立构建，必须有一个 LLVM 安装路径，该安装路径已正确配置为可供其他项目独立构建使用。LLVM 安装路径可以由发行版提供，也可以由自定义，如下所示：

```
CMake -G Ninja -S path/to/llvm-project/llvm -B $builddir \
    -DLLVM_INSTALL_UTILS=ON \
    -DCMAKE_INSTALL_PREFIX=/path/to/llvm/install/prefix \
    < other options >
ninja -C $builddir install
```

一旦安装 LLVM，为了通过独立构建配置项目，请调用如下 CMake：

```
CMake -G Ninja -S path/to/llvm-project/$subproj \
    -B $buildir_subproj \
    -DLLVM_EXTERNAL_LIT=/path/to/lit \
    -DLLVM_ROOT=/path/to/llvm/install/prefix
```

注意：

1）独立生成需要在一个文件夹中进行，但该文件夹不是生成 LLVM 的原始文件夹（$builddir! = $builddir_subproj）。

2）LLVM_ROOT 应该指向 LLVM 安装路径的前缀。例如，将 LLVM 安装到/usr/bin 和/usr/lib64 中，应该配置-DLLVM_ROOT=/usr/。

3）LLVM_ROOT 和 LLVM_EXTERNAL_LT 选项都是为所有子项目执行独立生成所必需的。每个子项目所需的其他选项可在表 1.1 中找到。

表 1.1 中列出的子项目支持 check-$subproj 和安装构建目标。

表 1.1 check-$subproj 与安装构建的子项目

子 项 目	需要的子目录	需要的 CMake 选项
LLVM	LLVM、CMake、Third-party	LLVM_INSTALL_UTILS=ON
Clang	Clang、CMake	CLANG_INCLUDE_TESTS=ON（只需要 check-clang）
LLD	LLD、CMake	

构建独立的 Clang 示例：

```
#! /bin/sh
build_llvm=`pwd`/build-llvm
build_clang=`pwd`/build-clang
installprefix=`pwd`/install
llvm=`pwd`/llvm-project
mkdir -p $build_llvm
mkdir -p $installprefix
CMake -G Ninja -S $llvm/llvm -B $build_llvm \
    -DLLVM_INSTALL_UTILS=ON \
    -DCMAKE_INSTALL_PREFIX=$installprefix \
    -DCMAKE_BUILD_TYPE=Release
ninja -C $build_llvm install
```

```
CMake -G Ninja -S $llvm/clang -B $build_clang \
      -DLLVM_EXTERNAL_LIT= $build_llvm/utils/lit \
      -DLLVM_ROOT= $installprefix
ninja -C $build_clang
```

1.3 软硬件环境要求

在开始使用 LLVM 系统之前，请查看下面给出的要求，以便提前知道需要什么硬件和软件，从而省去一些麻烦。

▶▶ 1.3.1 硬件环境

表 1.2 展示了支持 LLVM 运行的平台。

表 1.2 支持 LLVM 运行的平台

操作系统	架 构	编 译 器
Linux	x86	GCC、Clang
Linux	AMD64	GCC、Clang
Linux	ARM	GCC、Clang
Linux	MIPS	GCC、Clang
Linux	PowerPC	GCC、Clang
Linux	SystemZ	GCC、Clang
Solaris	V9（UltraSPARC）	GCC
DragonFlyBSD	AMD64	GCC、Clang
FreeBSD	x86	GCC、Clang
FreeBSD	AMD64	GCC、Clang
NetBSD	x86	GCC、Clang
NetBSD	AMD64	GCC、Clang
OpenBSD	x86	GCC、Clang
OpenBSD	AMD64	GCC、Clang
macOS	PowerPC	GCC
macOS	x86	GCC、Clang
Cygwin/Win32	x86	GCC
Windows	x86	Visual Studio
Windows x64	x86-64	Visual Studio

注意，调试构建需要大量的时间和磁盘空间。仅 LLVM 的构建就需要大约 1～3GB 的磁盘空间。LLVM 和 Clang 的完整构建需要大约 15～20GB 的磁盘空间。确切的空间要求将因系统而异（之所以空

间要求如此之大，是因为所有的调试信息以及库被静态链接到多个工具中）。

如果受到空间约束，则只能生成选定的工具或目标。Release 版本所需的空间要小得多。

▶▶ 1.3.2 软件环境

想要编译 LLVM，需要安装多个软件包，表 1.3 列出了所需的软件包。"包"列是 LLVM 所依赖的软件包的常用名称。"版本"列提供了软件包的"可运行"版本。"备注"列描述了 LLVM 是如何使用包的，并提供了其他详细信息。

表 1.3　支持 LLVM 运行的软件包

包	版　本	备　注
CMake	≥3.13.4	Makefile 或 workspace 生成器
GCC	≥7.1.0	C 或 C++编译器[1]
Python	≥3.6	自动化测试套件[2]
zlib	≥1.2.3.4	压缩库[3]
GNU make	3.79、3.79.1	Makefile 或构建处理器[4]

[1]　只依赖 C 和 C++语言的编译器。
[2]　只有在 llvm/test 目录中运行自动化测试套件时才需要。
[3]　可选项，为选定的 LLVM 工具添加压缩/解压缩功能。
[4]　可选项，可以使用 CMake 支持的任何其他构建工具。

此外，编译主机通常会有一些 UNIX 实用命令，如下所示。

1）ar：文档压缩包生成器。

2）bzip2：用于压缩的命令。

3）bunzip2：用于解压缩的命令。

4）chmod：更改文件的权限。

5）cat：将多个文件串联成一个文件。

6）cp：复制文件。

7）date：打印当前日期或时间。

8）echo：打印到标准输出。

9）egrp：扩展的正则表达式搜索实用程序。

10）find：在文件系统中查找文件或目录。

11）grep：正则表达式搜索实用程序。

12）gzip：用于压缩的命令，同 bzip2。

13）gunzip：用于解压缩的命令，同 bunzip2。

14）install：安装目录或文件。

15）mkdir：创建一个目录。

16）mv：移动（重命名）文件。

17）ranlib：用于压缩包的符号索引表生成器。

18）rm：删除文件和目录。

19）sed：用于转换输出的流编辑器。

20）sh：用于生成构建脚本的 Bourne shell。

21）tar：用于压缩生成的磁盘存档。

22）test：在文件系统中测试内容。

23）unzip：用于解压缩的命令。

24）zip：用于压缩的命令。

▶▶ 1.3.3　主机 C++编译器和标准库

LLVM 对主机 C++编译器要求很高，因此往往会暴露编译器中的错误，还需要密切地关注 C++语言和库的改进与发展。因此，为了构建 LLVM，需要一个流行主机 C++工具链，包括编译器和标准库。

LLVM 是使用编码标准中记录的 C++子集编写的。为了强制执行此语言版本，在构建系统中，检查流行的主机工具链中软件的特定最低版本：

1）Clang 5.0。

2）Apple Clang 10.0。

3）GCC 7.1。

4）Visual Studio 2019 16.7。

对于使用不太广泛的主机工具链，如 ICC 或 xlC，注意，可能需要非常新的版本来支持 LLVM 中使用的所有 C++功能。

跟踪某些版本的软件，这些软件在作为主机工具链的一部分使用时会失败，有时甚至包括链接器。

1）GNU ld 2.16.×：ld（Link eDitor）链接器的某些 2.16.×版本会产生很长的警告消息，警告某些".GNU.linkonce.t.*"符号是在丢弃的部分中定义的。可以安全地忽略这些消息，因为它们是错误的，并且链接是正确的。若使用 ld 2.17，那么这些警告消息将消失。

2）GNU Binutils 2.17：该版本包含一个错误，该错误在构建 LLVM 时会导致巨长的链接时间（以分钟计，而不是秒）。建议升级到更新的版本（2.17.50.0.4 或更高版本）。

3）GNU Binutils 2.19.1 Gold：此 Gold 链接器版本包含一个错误，该错误会在使用位置无关代码构建 LLVM 时导致间歇性故障，其症状是出现关于循环依赖关系的错误。建议升级到新的 Gold 版本。

▶▶ 1.3.4　获取流行主机 C++工具链

本节主要介绍适用于 Linux 和较旧 BSD 环境的工具链。在 macOS 上，应该有一个版本足够新的 Xcode，否则，可能需要升级，直到升级完成为止。Windows 没有"系统编译器"，所以必须安装 Visual Studio 2019（或更高版本），或最新版本的 MinGW-w64。FreeBSD 10.0 及更新版本中有一个新的 Clang 作为系统编译器。

然而，一些 Linux 发行版和 BSD 有时会有非常旧的 GCC 版本。这些工具试图帮助升级编译器。如果可能的话，则鼓励使用具有满足这些要求的现代系统编译器的最新发行版本。注意，安装 Clang 和 libc++ 的早期版本作为主机编译器是很有吸引力的，但是 libc++ 直到最近才在 Linux 上执行很好的测试或设置构建。因此，建议只使用 libstdc++ 和现代 GCC 作为引导程序中的初始主机，然后使用 Clang（可能还有 libc++）。

首先安装最新的 GCC 工具链。用户在版本要求方面经常遇到困难的发行版是 Ubuntu 12.04 LTS（Precise Pangolin）。对于这个发行版本，一个简单的选择是安装测试 PPA 的工具链，并使用它来安装现代 GCC。然而，并不是所有用户都可以使用 PPA，还有许多其他发行版，所以从源代码构建和安装 GCC 可能是必要的（或者只是有用的，毕竟是在做编译器开发）。现在做这件事也很容易。

安装 GCC 7.1.0 的简单步骤：

```
% gcc_version=7.1.0
% wget https://ftp.gnu.org/gnu/gcc/gcc-${gcc_version}/gcc-${gcc_version}.tar.bz2
% wget https://ftp.gnu.org/gnu/gcc/gcc-${gcc_version}/gcc-${gcc_version}.tar.bz2.sig
% wget https://ftp.gnu.org/gnu/gnu-keyring.gpg
% signature_invalid=`gpg --verify --no-default-keyring --keyring ./gnu-keyring.gpg gcc-${gcc_version}.tar.bz2.sig`
% if [ $signature_invalid ]; then echo "Invalid signature" ; exit 1 ; fi
% tar -xvjf gcc-${gcc_version}.tar.bz2
% cd gcc-${gcc_version}
% ./contrib/download_prerequisites
% cd ..
% mkdir gcc-${gcc_version}-build
% cd gcc-${gcc_version}-build
% $PWD/../gcc-${gcc_version}/configure --prefix=$HOME/toolchains --enable-languages=c,c++
% make -j $(nproc)
% make install
```

一旦有了 GCC 工具链，就可以将 LLVM 的构建配置为使用主机编译器和 C++ 标准库的新工具链。由于新版本的 libstdc++ 不在系统库搜索路径上，因此需要传递额外的链接器标志，以便在链接时（-L）和运行时（-rpath）可以找到。如果使用的是 CMake，那么此调用应该会生成可执行的二进制文件：

```
% mkdir build
% cd build
% CC=$HOME/toolchains/bin/gcc CXX=$HOME/toolchains/bin/g++ \
cmake ..-DCMAKE_CXX_LINK_FLAGS="-Wl,-rpath,$HOME/toolchains/lib64 -L $HOME/toolchains/lib64"
```

如果未能设置 -rpath，那么大多数 LLVM 二进制文件将在启动时失败，并从类似于 libstdc++.so.6 的加载程序中发出消息：找不到版本"GLIBCXX_3.4.20"。这意味着需要调整 -rpath 链接器标志。

此方法将为所有可执行文件的 -rpath 添加一个绝对路径。这对本地开发很友好。如果想分发构建的二进制文件，以便可以在较旧的系统上运行，请将 libstdc++.so.6 复制到 lib/ 目录中。所有 LLVM 的装载二进制文件都有一个指向 $ORIGIN/../lib 的路径，所以会在那里找到 libstdc++.so.6。非分布式二进制文件没有 -rpath 集，也找不到 libstdc++.so.6。将 -DLLVM_LOCAL_RPATH=$HOME/toolchains/lib64 传递给 CMake，以便可以添加到 libstdc++.so.6 的绝对路径，如上所述。由于这些二进制文件不是分布式的，因此，如果有一个绝对的本地路径，就是很好的。

当构建 Clang 时，需要允许它访问流行 C++标准库，以便在引导过程中将其用作新主机。有两种简单的方法可以做到这一点，要么与 Clang 一起构建（并安装）libc++，然后将其与-stdlib＝libc++编译和链接标志一起使用，要么将 Clang 安装到与 GCC 相同的前缀（上面的 $HOME/toolchains）中。Clang 将在自己的前缀中查找 libstdc++，如果找到，就使用它。还可以为 Clang 添加一个显式前缀，以便查找带有--GCC toolchain＝/opt/my/GCC/prefix 标志的 GCC 工具链，并在使用 just-built-Clang 构建的Clang 进行引导时，将其传递给编译和链接命令。

1.4　LLVM 入门

本节将介绍如何使用 LLVM，并提供有关 LLVM 环境的一些基本信息。

▶▶ 1.4.1　术语和符号

下列两个名称用于表示特定于本地系统和工作环境的路径，它们都不是需要设置的环境变量。在下面的任何示例中，只需要将这些名称中的每一个替换为本地系统上的适当路径名。所有这些路径都是绝对的。

1）SRC_ROOT：LLVM 源代码树的顶层目录。

2）OBJ_ROOT：LLVM 目标树的顶层目录（即放置目标文件和编译程序的树，可以与 SRC_ROOT相同）。

▶▶ 1.4.2　打开 LLVM 存档文件

如果有 LLVM 发布版，则需要先对其进行解压缩，然后才能开始编译。LLVM 是作为许多不同的子项目发布的。每一个子项目都有自己的下载文件，该文件是一个用 gzip 程序压缩的 TAR 存档文件。

文件如下，其中 x.y 标记了版本号。

1）llvm-x.y.tar.gz：LLVM 库和工具的源代码发布版本。

2）cfe-x.y.tar.gz：Clang 前端的源代码发布版本。

▶▶ 1.4.3　从 Git 中签出 LLVM 源代码

可以从 Git 中签出（checkout）LLVM 的源代码。

在正确调整.gitattribute 设置后，后面通常不需要配置--config core.autocrlf＝false，但在写文档时，Windows 用户还是需要配置它的。

在 Linux 上只需要运行：

```
% git clone https://github.com/llvm/llvm-project.git
```

或者在 Windows 上运行：

```
% git clone --config core.autocrlf=false https://github.com/llvm/llvm-project.git
```

这是在当前目录中创建一个 LLVM 目录，并用 LLVM 和所有相关子项目的所有源代码，测试目录和文档文件的本地副本完全填充该目录。注意，与源代码不同的是，Git 存储库将所有项目都包含在一起，而源代码将每个子项目都包含在一个单独的文件中。

如果想要获得特定的版本（而不是最新的修订版），则可以在复制存储库后签出标记。例如，git checkout llvmorg-6.0.1 位于刚刚创建的 LLVM 项目目录中。可使用 git tag -l 列出所有这些。

▶▶ 1.4.4 本地 LLVM 配置

在签出存储库后，必须在构建 LLVM 源代码之前对其进行配置。此过程使用 CMake。取消常规配置脚本的链接，CMake 将以请求的各种格式生成构建文件，以及各种 *.inc 文件和 llvm/include/llvm/Config/Config.h 的 CMake 文件。

在命令行上使用格式-D<variable name>=<value>，变量将其传递给 CMake。表 1.4 展示了 LLVM 开发人员使用的一些常见选项。

表 1.4　LLVM 开发人员使用的一些常见选项

变　　量	用　　途
CMAKE_C_COMPILER	告诉 CMake 要使用哪个 C 编译器。默认情况下，使用/usr/bin/cc
CMAKE_CXX_COMPILER	告诉 CMake 要使用哪个 C++编译器。默认情况下，使用/usr/bin/c++
CMAKE_BUILD_TYPE	指定编译器使用的编译选项和构建类型
CMAKE_INSTALL_PREFIX	告诉 CMake 要为哪种类型的生成文件。有效选项有 Debug、Release、RelWithDebInfo 和 MinSizeRel，默认值为 Debug CMAKE_INSTALL_PREFIX 指定运行生成文件的安装操作时，要生成的文件作为目标的安装目录
Python3_EXECUTABLE	通过向 Python 解释器传递路径，强制 CMake 使用特定的 Python 版本。默认情况下，使用 PATH 中解释器的 Python 版本
LLVM_TARGETS_TO_BUILD	一个分号分隔的列表，用于控制将构建哪些目标，并将该列表链接到 LLVM 中。默认列表定义为 LLVM_ALL_TARGETS，可以设置为包括 out-of-tree 目标。默认值选项包括：AArch64、AMDGPU、ARM、AVR、BPF、Hexagon、Lanai、Mips、MSP430、NVPTX、PowerPC、RISCV、Sparc、SystemZ、WebAssembly、x86、XCore。将 LLVM_TARGETS_TO_BUILD 设置为 "主机"，那么它只会编译主机体系结构（相当于在 x86 主机上指定 x86），可以显著加快编译和测试速度
LLVM_ENABLE_DOXYGEN	用源代码构建基于 Doxygen 的文档。默认情况下，这是禁用的，因为它速度慢，会生成大量输出
LLVM_ENABLE_PROJECTS	一个分号分隔的列表，用于选择要额外构建的其他 LLVM 子项目（仅在使用并列项目布局时有效，例如通过 Git）。默认列表为空。选项包括 Clang、Clang tools extra、cross-project-tests、flang、libc、libclc、lld、lldb、mlir、openmp、polly 和 pstl
LLVM_ENABLE_RUNTIMES	一个分号分隔的列表，用于选择要构建的运行时（仅在使用完整的单一布局时有效）。默认列表为空。选项包括：编译器 rt、libc、libcxx、libcxxabi、libunfold 和 openmp
LLVM_ENABLE_SPHINX	用源代码构建基于 Sphinx 的文档。这在默认情况下是禁用的，因为它速度慢并且会生成大量输出。建议使用 Sphinx 1.5 版本或更高版本

（续）

变　量	用　途
LLVM_BUILD_LLVM_DYLIB	生成 libLLVM.so 库，此库包含一组默认的 LLVM 组件，这些组件可以用 LLVM_DYLIB_ components 重写。默认值包含大部分 LLVM，并在 tools/LLVM-shlib/CMakelists.txt 中定义。此选项在 Windows 上不可用
LLVM_OPTIMIZED_TABLEGEN	构建在 LLVM 构建过程中使用的发布表。这可以显著加快调试构建的速度

要配置 LLVM，请执行以下步骤。

1）将目录更改为对象根目录：

```
% cd OBJ_ROOT
```

2）运行 CMake：

```
%CMake -G "Unix Makefiles" -DCMAKE_BUILD_TYPE=<type>
-DCMAKE_INSTALL_PREFIX=/install/path
[other options]SRC_ROOT
```

▶▶ 1.4.5　编译 LLVM 套件源代码

与自动工具不同，使用 CMake，构建类型是在配置中定义的。如果想更改构建类型，则可以通过以下调用重新运行 CMake：

```
%CMake -G "Unix Makefiles" -DCMAKE_BILD_TYPE = <TYPE> SRC_ROOT
```

在运行期间，CMake 会保留为所有选项设置的值。CMake 定义了以下构建类型：调试信息、释放信息和关联有关信息。

1. 调试信息

这类构建是默认的。构建系统将编译未优化的工具和库，并启用调试信息和断言。

2. 释放信息

对于这类构建，构建系统启用了优化的工具和库进行编译，而不会生成调试信息。CMake 的默认优化级别为-O3。对于是否构建释放信息，可以通过在 CMake 命令行上设置 CMAKE_CXX_FLAGS_ RERELEASE 变量来配置。

3. 关联有关信息

构建的关联有关信息在调试时很有用。它们生成带有调试信息的优化二进制文件。CMake 的默认优化级别为-O2。这可以通过在 CMake 命令行上设置 CMAKE_CXX_FLAGS_RELWITHDEBINFO 变量来配置。

在配置 LLVM 后，可以通过输入 OBJ_ROOT 目录并发送以下 make 命令来构建 LLVM。

如果构建失败，则看看是否使用了已知不编译 LLVM 的 GCC 版本。如果机器中有多个处理器，则可能希望使用 GNU make 提供的一些并行构建选项。例如，可以使用以下命令：

```
% make -j2
```

在使用 LLVM 源代码时，有几个特殊选项非常有用，如

```
make clean
```

删除生成的所有文件，包括目标文件、生成的 C/C++文件、库和可执行文件。

可在 $PREFIX 下的层次结构中安装 LLVM 头文件、库、工具和文档，该层次结构由 CMAKE_IN-STALL_PREFIX 指定，默认值为/usr/local。

```
make install
```

如果配置-DLLVM_ENABLE_SPHINX=On，那么将在 OBJ_ROOT/docs/html 目录下生成一个新的目录，其中包含 HTML 格式的文档。

```
make docs-llvm-html
```

▶▶ 1.4.6 交叉编译 LLVM

可以交叉编译 LLVM 本身。也就是说，可以创建 LLVM 可执行文件和库，将它们托管在不同于构建（加拿大交叉构建）的平台上。为了生成用于交叉编译的构建文件，CMake 提供了一个变量 CMake_TOOLCHAIN_FILE，该变量可以定义编译器标志和 CMake 测试操作期间使用的变量。

这种生成结果是无法在生成主机上运行，但可以在目标主机上执行的可执行文件。例如，以下 CMake 调用可以生成针对 iOS 的构建文件，这将适用于带有最新 Xcode 的 macOS：

```
%CMake -G "Ninja" -DCMAKE_OSX_ARCHITECTURES="armv7;armv7s;arm64"
 -DCMAKE_TOOLCHAIN_FILE=<PATH_TO_LLVM>/CMake/platforms/iOS.CMake
 -DCMAKE_BUILD_TYPE=Release -DLLVM_BUILD_RUNTIME=Off -DLLVM_INCLUDE_TESTS=Off
 -DLLVM_INCLUDE_EXAMPLES=Off -DLLVM_ENABLE_BACKTRACES=Off [options]
 <PATH_TO_LLVM>
```

注意，由于 iOS SDK 的限制，在为 iOS 构建时需要传递一些额外的标识。

有关交叉编译的更多信息，请查看关于如何使用 Clang 或 LLVM 交叉编译 Clang 或 LLVM，以及如何交叉编译的 Clang 文档。

▶▶ 1.4.7 LLVM 目标文件的位置

LLVM 构建系统能够在多个 LLVM 构建之间共享单个 LLVM 源代码树。因此，可以使用相同的源代码树为几个不同的平台或配置构建 LLVM。

1）将目录更改为 LLVM 目标文件的定位：

```
% cd OBJ_ROOT
```

2）运行 CMake：

```
%CMake -G "Unix Makefiles" -DCMAKE_BUILD_TYPE=Release SRC_ROOT
```

LLVM 构建将在 OBJ_ROOT 下创建一个与 LLVM 源代码树匹配的结构。在源代码树中，存在源代码文件的每个级别，OBJ_ROOT 中将有一个相应的 CMakeFiles 目录。在该目录下，还有另一个目录，其名称以.dir 结尾，可以在其中找到每个源代码文件的目标文件。

例如：

```
% cd llvm_build_dir
% find lib/Support/ -nameAPFloat *
lib/Support/cmakeFiles/LLVMSupport.dir/APFloat.cpp.o
```

▶▶ 1.4.8　可选配置项目

如果在支持 binfmt_misc 模块的 Linux 系统上运行，并且对该系统具有 root 访问权限，则可以将系统设置为直接执行 LLVM 位代码文件。要执行此操作，请使用以下命令（如果已经在使用模块，则可能不需要第一个命令）：

```
% mount -tbinfmt_misc none /proc/sys/fs/binfmt_misc
% echo ':llvm:M::BC::/path/to/lli:' > /proc/sys/fs/binfmt_misc/register
% chmod u+x hello.bc　（如果需要）
% ./hello.bc
```

这允许直接执行 LLVM 位代码文件。

在 Debian 系统上，可以使用 sudo 命令，而不是上面的"echo"命令：

```
% sudo update-binfmts --install llvm /path/to/lli --magic 'BC'
```

下一节将介绍 LLVM 源代码树的总体布局，并提供一个使用 LLVM 工具链的简单示例，以及查找有关 LLVM 的更多信息或获得帮助的链接。

1.5　目录布局

LLVM 源代码库的一个有用信息来源是 LLVM Doxygen 文档（见 https://llvm.org/doxygen/）。以下是对目录布局的简要介绍。

1. llvm/cmake

该目录包括生成系统文件。

下面的目录包括 LLVM 用户定义的选项构建配置。该目录检查编译器版本号和链接器标志。

```
llvm/cmake/modules
```

下面的目录包括针对 MSVC 的 Android NDK、iOS 系统和非 Windows 主机的工具链配置。

```
llvm/cmake/平台
```

2. llvm/examples

该目录包括一些简单的例子，它们展示了如何使用 LLVM 作为自定义语言的编译器，包括下译、优化和代码生成。

Kaleidoscope 语言是为一种非平凡的语言运行一个较好的小编译器的实现，包括手写的词法分析、解析器、抽象语法树，以及使用 LLVM 的代码生成支持——包括静态（预先准备好的）和各种实时

（JIT）编译方法。

构建 AJIT 教程：该教程展示了 LLVM 的 ORC JIT API 如何与 LLVM 的其他部分交互。同时，分析了如何重新组合它们，以构建适合测试用例的自定义 JIT。

3. llvm/include

该目录包括从 LLVM 库中导出的公共头文件，主要有下列三个子目录。

llvm/include/llvm

包含所有 LLVM 特定的头文件，以及 LLVM 不同部分的子目录：Analysis、CodeGen、Target、Transforms 等。

llvm/include/llvm/support

包含 LLVM 提供的通用支持库，但不一定特定于 LLVM。例如，一些 C++ STL 实用程序和处理库的命令行选项在此处存储头文件。

llvm/include/llvm/config

包含 CMake 配置的头文件。该头文件包装标准 UNIX 和 C 头文件。源代码可以包括这些头文件，这些头文件自动处理 CMake 生成的#includes 条件。

4. llvm/lib

大多数源文件都在该目录中。通过将代码放在库中，LLVM 可以轻松地在不同工具之间共享代码。该目录主要有下列几个子目录。

llvm/lib/IR/

包含实现 Instruction 和 BasicBlock 等核心类的核心 LLVM 源文件。

llvm/lib/AsmParser/

包含 LLVM 汇编语言分析器库的源代码。

llvm/lib/Bitcode/

包含用于读取和写入位代码的代码。

llvm/lib/Analysis/

包含各种程序分析，如调用图、归纳变量、自然循环识别等。

llvm/lib/Transforms/

包含从 IR 到 IR 程序的转换，如攻击性死代码消除、稀疏条件常数传播、内联、循环不变码移动、全局死代码消除等。

llvm/lib/target/

包含描述代码生成的目标体系结构的文件。例如，llvm/lib/Target/X86 保存了 x86 机器的描述。

llvm/lib/CodeGen/

包含代码生成器的主要部分：指令选择器、指令调度和寄存器分配。

```
llvm/lib/MC/
```

包含库在机器代码级别表示和处理的代码。该库还处理程序集和目标文件的发布。

```
llvm/lib/ExecutionEngine/
```

包含用于在解释和 JIT 编译的场景中，在运行时直接执行位代码的库。

```
llvm/lib/support/
```

包含与 llvm/include/ADT/和 llvm/ininclude/Support/中的头文件相对应的源代码。

5. llvm/bindings

该目录包含 LLVM 编译器基础结构的绑定，以允许利用 C 或 C++以外的语言编写的程序使用 LLVM 基础结构。LLVM 项目为 OCaml 和 Python 提供了语言绑定。

6. llvm/projects

该目录不是 LLVM 的严格组成部分，但与 LLVM 一起提供。该目录也是创建用户自己基于 LLVM 的项目的目录，这些项目使用 LLVM 构建系统。

7. llvm/test

该目录包括 LLVM 基础设施上的特性和回归测试，以及其他健全性检查。这些架构旨在快速运行，覆盖大量区域，而不是详尽无遗。

8. test-suite

该目录包括 LLVM 的全面正确性、性能和基准测试套件。该目录是在一个单独的 Git 存储库（ht-tps：//github.com/llvm/llvm-test-suite）中提供的，因为它在各种许可证下包含大量的第三方代码。

9. llvm/tools

该目录包括由上面的库构建的可执行文件，它们构成了用户界面的主要部分。可以通过输入 tool_name -help 的方式来获得工具的帮助信息。以下是对几种重要工具的简要介绍。

（1）bugpoint

bugpoint 用于调试优化过程或代码生成后端，方法是将给定的测试用例缩小到仍然会导致问题的过程和/或指令的最小数量，而且不管是崩溃还是编译错误。

（2）llvm-ar

打包归档器生成一个包含给定 LLVM 位代码文件的归档目录，可以选择使用索引以加快查找速度。

（3）llvm-as

汇编程序将人类可读的 LLVM 程序集转换为 LLVM 位代码。

（4）llvm-dis

反汇编程序将 LLVM 位代码转换为人类可读的 LLVM 汇编代码。

（5）llvm-link

llvm-link 将多个 LLVM 模块链接到一个程序中，这并不奇怪。

（6）lli

LLI 是 LLVM 解释器，可以直接执行 LLVM 位代码（尽管速度很慢）。对于支持 lli 的体系结构（目前有 x86、SPARC 和 PowerPC），默认情况下，它将充当实时编译器（如果已经编译了该功能），并且执行代码的速度要比解释器快得多。

（7）llc

LLC（Low Level Code，低级代码）是 LLVM 后端编译器，将 LLVM 位代码转换为本机代码汇编文件。

（8）opt

opt 读取 LLVM 位代码，应用一系列 LLVM 的转换（在命令行中指定），并输出生成的位代码。"opt -help" 命令是获取 LLVM 中可用的程序转换列表的好方法。

opt 还可以对输入的 LLVM 位代码文件运行特定分析并输出结果。它主要用于调试分析，或熟悉分析的作用。

10. llvm/utils

该目录包括使用 LLVM 源代码的实用工具；有些子目录工具是构建过程的一部分，因为它们是基础设施部分的代码生成器。

（1）codegen-diff

codegen-diff 用于发现 LLC 生成的代码和 LLI 生成的代码之间的差异。如果正在调试其中一个，假设另一个生成正确的输出，那么这将非常有用。

（2）emacs/

该工具用于 LLVM 程序集文件与 TableGen 描述文件的 Emacs 和 XEmacs 语法的高亮显示。

（3）getsrcs.sh

getsrcs.sh 查找并输出所有未生成的源代码文件，如果希望跨目录进行大量开发，并且不想查找每个文件，这将非常有用。使用它的一种方法是从 LLVM 源代码树的顶部开始运行，如 xemacs `utils/get-sources.sh`。

（4）llvmgrep

llvmgrep 对 LLVM 中的每个源代码文件执行 egrep -H -n，并向它们传递 llvmgrep 命令行上提供的正则表达式。这是一种在源代码库中搜索特定正则表达式的有效方法。

（5）tablegen/

tablegen 目录中包含用于从通用 TableGen 描述文件生成寄存器描述、指令集描述，甚至汇编程序的工具。

（6）vim/

该工具用于 LLVM 程序集文件和 TableGen 描述文件的 Vim 语法的高亮显示。

1.6 使用 LLVM 工具链的示例

本节给出了一个将 LLVM 与 Clang 前端一起使用的示例。

首先，创建一个简单的 Clang C 文件示例，并将其命名为 hello.C：

```
#include <stdio.h>
int main() {
  printf("hello world\n");
  return 0;
}
```

接下来，将该 C 文件编译为本机可执行文件：

```
% clang hello.c -o hello
Note
```

在默认情况下，Clang 的工作方式与 GCC 相同。标准的 -S 和 -c 参数照常工作（分别生成本机 .S 或 .o 文件）。

接下来，将该 C 文件编译为 LLVM 位代码文件：

```
% clang -O3 -emit-llvm hello.c -c -o hello.bc
```

其中 -emit-llvm 选项可以与 -S 或 -c 选项一起使用，为代码输出 llvm.ll 或 .bc 文件。这可以将标准 LLVM 工具应用于位代码文件。

可以下面两种形式

```
% ./hello
```

和

```
%lli hello.bc
```

运行程序。第二种形式显示了如何调用 LLVM JIT 与 LLI。

使用 llvm-dis 实用程序查看 LLVM 程序集代码：

```
%llvm-dis < hello.bc | less
```

使用 LLC 代码生成器将程序编译为本机程序集：

```
%llc hello.bc -o hello.s
```

将本机汇编语言文件汇编到程序中：

```
% /opt/SUNWspro/bin/cc -xarch=v9 hello.s -o hello.native    # 在 Solaris 系统上
% gcc hello.s -o hello.native                                # 在其他系统上
```

执行本机代码程序：

```
% ./hello.native
```

注意，使用 Clang 直接编译为本机代码（即当 -eemit-llvm 选项不存在时）。

1.7　LLVM 常见问题

如果在构建或使用 LLVM 时遇到问题，或者对 LLVM 有任何其他一般性问题，请参阅 LLVM 官网常见问题页面。

如果遇到内存和构建时间有限的问题，请尝试使用 Ninja 而不是 CMake 进行构建。请考虑使用 CMake 配置以下选项。

（1）-G Ninja

设置此选项，将允许使用 Ninja 而不是 CMake 进行构建。使用 Ninja 构建可以显著缩短构建时间，尤其是增量构建，并可提高内存使用率。

（2）-DLLVM_USE_LINKER

将此选项设置为 lld，将显著减少基于 ELF 的平台（如 Linux）上 LLVM 可执行文件的链接时间。如果是第一次构建 LLVM，并且 LLD 不能作为二进制包提供，那么可能希望使用 gold 链接器作为 GNU ld 的更快替代方案。

（3）-DCMAKE_BUILD_TYPE

该选项控制生成的优化级别和调试信息。此设置可能会影响 RAM 和磁盘的使用，有关其详细信息，请参阅 CMAKE_BUILD_TYPE 文档。

（4）-DLLVM_ENABLE_ASSERTIONS

对于调试模式，此选项默认为 ON，而对于发布模式，其默认为 OFF。如-DCMAKE_BUILD_TYPE 选项中所述，使用发布模式构建类型并启用断言，使用调试模式构建类型的替代方案。

（5）-DLLVM_PARALLEL_LINK_JOBS

可将此选项设置为希望同时运行的作业数。它与 make 中使用的-j 选项类似，但仅适用于链接作业。此选项只能与 Ninja 一起使用。用户可能希望使用数量非常少的作业，因为这将大大减少构建过程中使用的内存。如果内存有限，则可能希望将其设置为 1。

（6）-DLLVM_TARGETS_TO_BUILD

可将此选项设置为希望生成的目标。可以将其设置为 x86；可在 llvm-project/llvm/lib/Target 目录中找到完整的目标列表。

（7）-DLLVM_OPTIMIZED_TABLEGEN

将此选项设置为 ON，以在构建过程中生成完全优化的表。这将显著改善构建过程。只有在使用"调试"生成类型时，这才有用。

（8）-DLLVM_ENABLE_PROJECTS

可将此选项设置为与要编译的项目（如 Clang、LLD 等）一致。如果编译多个项目，请使用分号分隔项目。如果遇到分号的问题，请尝试用单引号将其括起来。

（9）-DLLVM_ENABLE_RUNTIMES

可将此选项设置为要编译的运行时（如 libcxx、libcxxabi 等）。如果编译多个运行时，请用分号分隔这些项。如果遇到分号的问题，请尝试用单引号将其括起来。

如果不需要 Clang 静态分析器，请将此选项设置为 OFF，这应该会稍微减少构建时间。

（10）-DLLVM_USE_SPLIT_DWARF

如果需要调试构建，则可将此选项设置为 ON。这将减轻链接器上的内存压力，同时也将使链接速度更快，因为二进制文件将不包含任何调试信息；然而，这将以 DWARF 目标文件（扩展名为.dwo）

的形式生成调试信息。并且，这只适用于使用 ELF 的主机平台，如 Linux。

1.8 LLVM 相关链接

本章只介绍了如何使用 LLVM 进行一些简单的操作，其实还有很多更复杂的事情可以做，但这里没有记录。有关 LLVM 的更多信息，请查看以下页面。

1）LLVM 主页：https://llvm.org/。

2）LLVM Doxygen 主页：https://www.doxygen.nl/index.html。

3）LLVM 系统入门：https://releases.llvm.org/3.4.2/docs/GettingStarted.html。

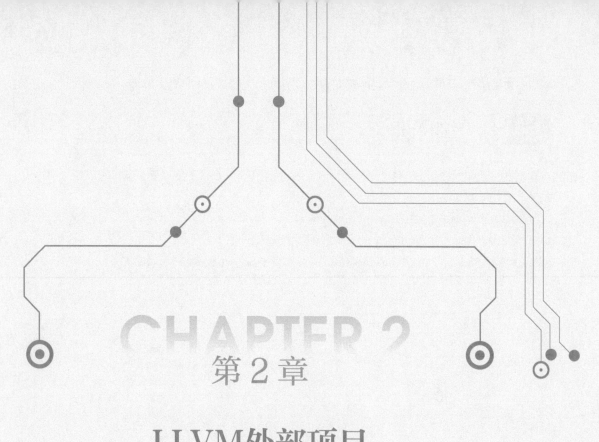

CHAPTER 2

第 2 章

LLVM外部项目

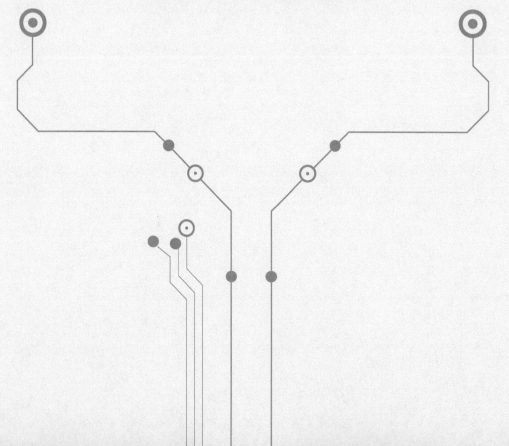

核心 LLVM 和 Clang 代码库之外的项目都是外部项目，需要单独下载。本章会介绍下列几种官方 LLVM 的外部项目，并解释如何编译安装它们。

1）LLDB。

2）libc++。

3）compiler-rt。

4）DragonEgg。

5）LLVM test-suite。

6）Clang 附加工具。

2.1 LLDB 调试器

▶▶ 2.1.1 LLDB 基础知识

LLDB（Low Level Debugger）项目是以 LLVM 基础设施构造的一个调试器。LLDB 是一个有着 REPL 的特性和 C++、Python 插件的开源高性能调试器。它是 macOS 上 Xcode 的默认调试器，支持在桌面、iOS 设备和模拟器上调试。

LLDB 绑定在 Xcode 内部，存在于主窗口底部的控制台中，可以在需要时暂停程序，查看变量的值，执行特定的指令，并按指定的步骤操控程序的进展。

如何获取源信息呢？

通过以下 GitHub 链接，可以得到 LLDB 源：

https://github.com/llvm/llvm-project/tree/main/lldb

或者通过以下 GitHub 链接：

https://github.com/llvm-mirror/lldb

▶▶ 2.1.2 LLDB 控制台

Xcode 中内嵌了 LLDB 控制台，在 Xcode 中代码的下方，可以看到 LLDB 控制台。

LLDB 控制台平时会输出一些 log 信息。如果想输入命令调试，则必须让程序进入暂停状态。让程序进入暂停状态的方式主要有以下两种。

1）断点（watchpoint）：在代码中设置一个断点，当程序运行到断点位置的时候，会进入 stop 状态。

2）直接暂停：控制台上方有一个暂停按钮，单击它即可暂停程序。

1. LLDB 语法

在使用 LLDB 之前，先看看 LLDB 的语法，了解语法可以帮助用户轻松使用 LLDB：

```
<command> [<subcommand> [<subcommand>...]]<action> [-options [option-value]][argument
[argument...]]
```

上面的语法解释如下。

1）<command>（命令）和<subcommand>（子命令）：LLDB 调试命令的名称。命令和子命令按层级结构排列：一个命令对象为跟随其子命令对象创建一个上下文，子命令又为其子命令创建一个上下文，依此类推。

2）<action>：执行命令的操作。

3）<-options>：命令选项。

4）<argument>：命令的参数。

5）［ ］：表示命令是可选的，可以有，也可以没有。

举个例子，假设给 main 方法设置一个断点，使用图 2.1 所示的命令：

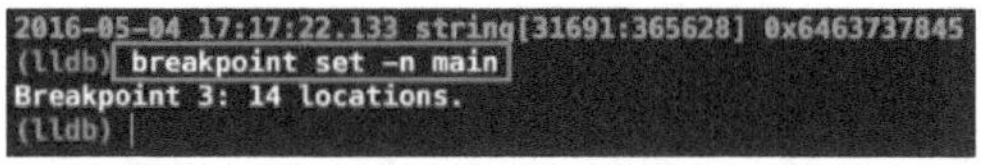

● 图 2.1　设置断点的命令

```
breakpoint set -n main
```

这条命令对应到上面的语法就是：

1）<command>：breakpoint 表示断点命令。

2）<action>：set 表示设置断点。

3）<-options>：-n 表示根据方法名设置断点。

4）<argument>：main 表示方法名为 main。

2. 原始（raw）命令

LLDB 支持不带命令选项（options）的原始（raw）命令，原始命令会将命令后面的所有内容当作参数（argument）传递。不过，很多原始命令也可以带命令选项，当使用命令选项的时候，需要在命令选项后面加 "--" 以区分命令选项和参数。

例如，常用的 expression 就是 raw 命令，一般情况下，使用 expression 输出一个内容的示例如下：

```
(lldb) expression count
(int) $2 = 4
```

当想输出一个对象的时候，需要使用-O 命令选项，应该用 "--" 将命令选项和参数区分：

```
(lldb) expression -O -- self
<ViewController: 0x7f9000f17660>
```

3. 唯一匹配原则

LLDB 的命令遵循唯一匹配原则：根据前 n 个字母已经能唯一匹配到某个命令，则只写前 n 个字母等效于写下完整的命令。

例如前面提到的设置断点的命令，可以使用唯一匹配原则简写。下面两条命令等效：

```
breakpoint set -n main
br s -n main
```

4. ~/.lldbinit

LLDB 有了一个启动时加载的文件~/.lldbinit，每次启动时都会加载它。所以，一些初始化内容可

以写入 ~/.lldbinit 中，比如给命令定义别名等。但是由于这时程序还没有真正运行，因此部分操作无法在里面工作，比如设置断点。

5. LLDB 命令 expression

expression 命令的作用是执行一个表达式，并将表达式返回的结果输出。expression 的完整语法是这样的：

```
expression <cmd-options> -- <expr>
```

1）<cmd-options>：命令选项，一般情况下使用默认的即可，不需要特别标明。

2）--：命令选项结束符，表示所有的命令选项已经设置完毕，如果没有命令选项，则 "--" 可以省略。

3）<expr>：要执行的表达式。

expression 是 LLDB 里面最重要的命令之一，因为能实现两个功能：执行表达式和输出结果。

在代码运行过程中，可以通过执行某个表达式来动态改变程序运行的轨迹。假如在运行过程中，突然想把 self.view 颜色改成红色，看看效果。不必写下代码，重新运行，只需要暂停程序，用 expression 改变颜色，再刷新一下界面，就能看到效果。

```
// 改变颜色
(lldb) expression -- self.view.backgroundColor = [UIColor redColor]
// 刷新界面
(lldb) expression -- (void)[CATransaction flush]
```

也就是说，可以通过 expression 输出内容。

例如，想输出 self.view：

```
(lldb) expression -- self.view
(UIView *) $1 = 0x00007fe322c18a10
```

6. p、print 和 call

一般情况下，直接用 expression 的情况还是比较少的，更多时候用的是 p、print、call，这三个命令其实都是 expression -- 的别名（"--" 表示不再接受命令选项，详见前面原始命令）。

1）p：可以看作 print 的简写。

2）print：输出某个内容，可以是变量和表达式。

3）call：调用某个方法。

从表面上来看，可能有不一样的地方，实际都是执行某个表达式（变量也当作表达式），将执行的结果输出到控制台上。所以可以用 p 调用某个方法，也可以用 call 输出内容。

例如，下面代码效果相同：

```
(lldb) expression -- self.view
(UIView *) $5 = 0x00007fb2a40344a0
(lldb) p self.view
(UIView *) $6 = 0x00007fb2a40344a0
(lldb) print self.view
```

```
(UIView *) $7 = 0x00007fb2a40344a0
(lldb) call self.view
(UIView *) $8 = 0x00007fb2a40344a0
(lldb) e self.view
(UIView *) $9 = 0x00007fb2a40344a0
```

根据唯一匹配原则，如果没有自己添加特殊的命令别名，则 e 也可以表示 expression 的意思。因为原始命令默认没有命令选项，所以 e 也能带给同样的效果。

7. po

众所周知，Objective-C 里所有的对象都是用指针表示的，所以在输出的时候，一般输出的是对象的指针，而不是对象本身。如果想输出对象，则需要使用命令选项：-O。为了更方便地使用，LLDB 为 expression -O -- 定义了一个别名：po。

```
(lldb) expression -- self.view
(UIView *) $13 = 0x00007fb2a40344a0
(lldb) expression -O -- self.view
<UIView: 0x7fb2a40344a0; frame = (0 0; 375 667); autoresize = W+H; layer = <CALayer:
0x7fb2a4018c80>>
(lldb) po self.view
<UIView: 0x7fb2a40344a0; frame = (0 0; 375 667); autoresize = W+H; layer = <CALayer:
0x7fb2a4018c80>>
```

8. 线程回溯

有时候想要了解线程堆栈信息，可以使用 thread backtrace。thread backtrace 的作用是将线程的堆栈输出。现在来看看语法。

```
thread backtrace [-c <count>][-s <frame-index>][-e <boolean>]
```

thread backtrace 后面跟的是下列命令选项。

-c：设置输出堆栈的帧（frame）数。

-s：设置从哪个帧开始输出。

-e：是否显示额外的回溯。

实际上，一般不需要使用这些命令选项。

例如，当发生 crash 的时候，可以使用 thread backtrace 查看堆栈调用。

```
(lldb) thread backtrace
* thread #1: tid = 0xdd42, 0x000000010afb380b libobjc.A.dylib`objc_msgSend + 11, queue =
'com.apple.main-thread', stop reason = EXC_BAD_ACCESS (code=EXC_I386_GPFLT)
  frame #0: 0x000000010afb380b libobjc.A.dylib`objc_msgSend + 11
  * frame # 1: 0x000000010aa9f75e TLLDB `-[ ViewController viewDidLoad ] ( self =
0x00007fa270e1f440, _cmd="viewDidLoad") + 174 at ViewController.m:23
  frame #2: 0x000000010ba67f98 UIKit`-[UIViewController loadViewIfRequired]+ 1198
  frame #3: 0x000000010ba682e7 UIKit`-[UIViewController view]+ 27
  frame #4: 0x000000010b93eab0 UIKit`-[UIWindow addRootViewControllerViewIfPossible]+ 61
  frame #5: 0x000000010b93f199 UIKit`-[UIWindow _setHidden:forced:]+ 282
  frame #6: 0x000000010b950c2e UIKit`-[UIWindow makeKeyAndVisible]+ 42
```

可以看到 crash 发生在-[ViewController viewDidLoad] 中，只需要检查这行代码是不是执行了非法操作就可以了。

LLDB 还为 backtrace 专门定义了一个别名：bt，其效果与 thread backtrace 相同，如果不想写那么长一串字母，直接写下 bt 即可。

```
(lldb) bt
    thread return
```

在调试的时候，也许会因为各种原因，不想让代码执行某个方法，或者要直接返回一个想要的值。这时候就该 thread return 上场了。thread return 可以接受一个表达式，调用命令之后直接从当前的 frame 返回表达式的值。

例如，有一个名为 someMethod 方法，它默认情况下返回 YES。如果想要让该方法返回 NO，则只需要在该方法的开始位置加一个断点，当程序中断的时候，输入以下命令：

```
(lldb) thread return NO
```

效果相当于在断点位置直接调用 return NO，不会执行断点后面的代码。

9. c、n、s、finish

在调试程序的时候，经常会用到图 2.2 所示 4 个按钮。

喜欢用触摸板的人，可能会觉得单击这 4 个按钮比较费劲。其实 LLDB 命令也可以实现上面 4 个按钮对应的操作，而且如果不输入命令，直接按<Enter>键，LLDB 会自动执行上次的命令。按一下<Enter>键就能达到想要的效果，顿时感觉很惬意！

现在来看看对应这 4 个按钮的 LLDB 命令。

1）c、continue、thread continue：这三个命令表示程序继续运行。

● 图 2.2　LLVM 开发调试示例

2）n、next、thread step-over：这三个命令表示单步运行。

3）s、step、thread step-in：这三个命令表示进入某个方法。

4）finish、step-out：这两个命令表示直接执行完当前方法，返回到上层 frame。

LLDB 是一个开源、内置于 Xcode 的调试工具，它能够帮助用户在开发中更快地进行定位和调试bug，无论是正向开发还是逆向开发，都能发挥很大的作用。

图 2.3 是 Xcode 调试区域的按钮解释。

10. 线程中其他不常用的命令

线程中还有其他一些不常用的命令，这里简单介绍一下即可，如果需要了解更多，则可以使用命令 help thread 查阅。

thread jump：直接让程序跳到某一行。由于 ARC 下编译器实际插入了不少 retain、release 命令，因此跳过一些代码不执行很可能会造成对象内存混乱，发生 crash。

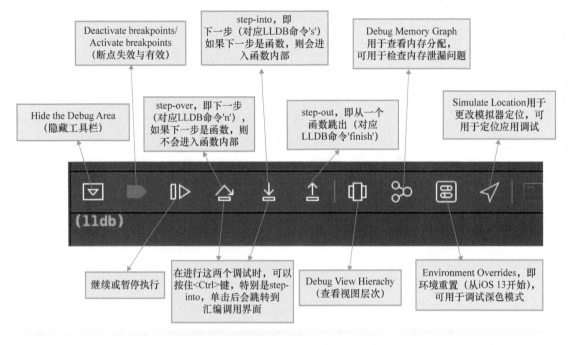

● 图 2.3 Xcode 调试区域的按钮解释

1) thread list：列出所有的线程。

2) thread select：选择某个线程。

3) thread until：传入一个 line 的参数，让程序执行到这行的时候暂停。

4) thread info：输出当前线程的信息。

图 2.4 表示 LLDB 线程调试示例。

● 图 2.4　LLDB 线程调试示例

1) thread info：输出当前的线程。

2) thread return：不再执行下面的代码。

11. frame（帧）

前面提到过很多次帧，但可能有些读者对帧这个概念还不太了解。随便打个断点，就可以看到如图 2.5 所示控制台上输出的帧示例。

1) frame select：断点排序值。

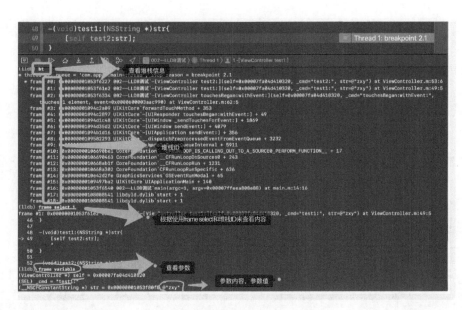

● 图 2.5　控制台上输出的帧示例

2）frame variable：查看参数。

3）bt：查看堆栈信息。

通过 up（向上）与 down（向下）查看调试示例，如图 2.6 所示。

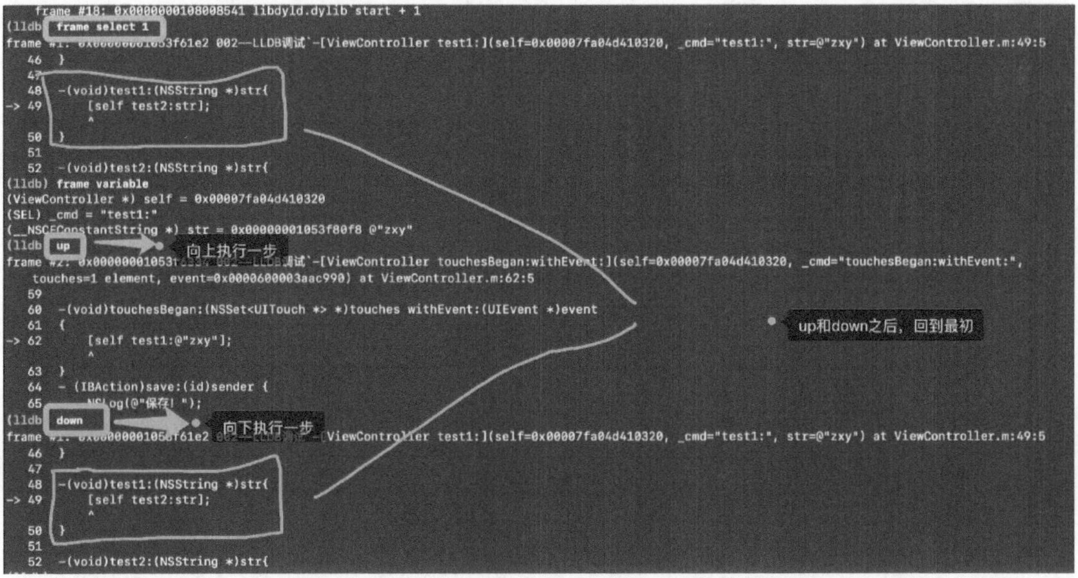

● 图 2.6　通过 up 与 down 查看调试示例

通过 image 指令完成定位示例，如图 2.7 所示。

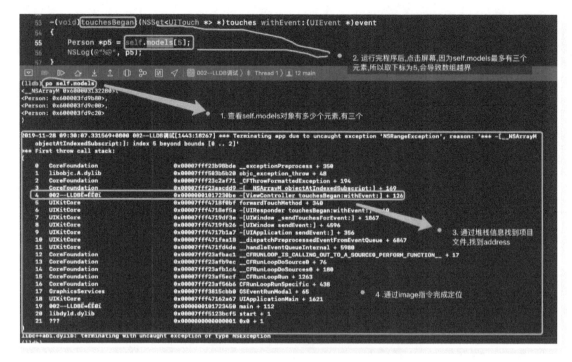

● 图 2.7　通过 image 指令完成定位示例

通过 image lookup -a address 查找崩溃信息示例，如图 2.8 所示。

● 图 2.8　通过 image lookup -a address 查找崩溃信息示例

12. frame variable（帧变量）

在平时调试的时候，经常做的事就是查看变量的值。通过 frame variable 命令，可以输出当前帧的所有变量。

```
(lldb) frame variable
(ViewController *) self = 0x00007fa158526e60
(SEL) _cmd = "text:"
(BOOL) ret = YES
(int) a = 3
```

可以看到，将 self、_cmd、ret、a 等本地变量都输出了。

如果需要打印指定变量，也可以向 frame variable 传入参数：

```
(lldb) frame variable self->_string
(NSString *) self->_string = nil
```

不过 frame variable 只接受变量作为参数，不接受表达式，也就是说，无法使用 frame variable self.string，因为 self.string 是调用 string 的 getter 方法。所以一般输出指定变量时，更喜欢用 p 或者 po。

13. 其他不常用命令

（1）frame 中两个不常用命令

一般 frame variable 输出所有变量的情况比较多。frame 还有下列两个不常用的命令。

1）frame info：查看当前帧的信息。

```
(lldb) frame info
frame#0: 0x0000000101bf87d5 TLLDB `-[ViewController text:](self = 0x00007fa158526e60,
_cmd="text:", ret=YES) + 37 at
```

2）frame select：选择某个帧。

```
(lldb) frame select 1
frame#1: 0x0000000101bf872e TLLDB `-[ViewController viewDidLoad](self = 0x00007fa158526e60,
_cmd="viewDidLoad") + 78 at ViewController.m:23
   1.     20
   2.     21     -(void)viewDidLoad {
   3.     22         [super viewDidLoad];
   4.->          23         [self text:YES];
   5.     24         NSLog(@"1");
   6.     25         NSLog(@"2");
   7.     26         NSLog(@"3");
```

当选择 frame 1 的时候，会把 frame 1 的信息和代码都输出。不过一般都是直接在 Xcode 左边单击某个帧，这样更方便。

（2）breakpoint（断点）

在调试过程中，用得最多的可能就是断点了。LLDB 中的断点命令非常强大。

（3）breakpoint set（断点集）

breakpoint set 命令用于设置断点，LLDB 提供了多种设置断点的方式。

1）使用-n 根据方法名设置断点。

例如，想给所有类中的 viewWillAppear 设置一个断点：

```
(lldb) breakpoint set -n viewWillAppear:
Breakpoint 13: 33 locations.
```

2）使用-f 指定文件。

例如，只需要给 ViewController.m 文件中的 viewDidLoad 设置断点：

```
(lldb) breakpoint set -f ViewController.m -n viewDidLoad
Breakpoint 22: where = TLLDB`-[ViewController viewDidLoad]+ 20 at ViewController.m:22,
address = 0x000000010272a6f4
```

这里需要注意，如果方法未写在文件中（比如写在类文件或者父类文件中），那么，在指定文件之后，将无法给这个方法设置断点。

3）使用-l 指定文件某一行设置断点。

例如，想给 ViewController.m 文件中的第 38 行设置断点。

```
(lldb) breakpoint set -f ViewController.m -l 38
Breakpoint 23: where = TLLDB`-[ViewController text:]+ 37 at ViewController.m:38, address
= 0x000000010272a7d5
```

4）使用-c 设置条件断点。

例如，text 方法接受一个 ret 参数，想让 ret==YES 的时候程序中断：

```
(lldb) breakpoint set -n text: -c ret == YES
Breakpoint 7: where = TLLDB`-[ViewController text:]+ 30 at ViewController.m:37, address
= 0x0000000105ef37ce
1.使用-o 设置单次断点
2.
3.e.g: 如果刚刚那个断点只想让其中断一次：
1.(lldb) breakpoint set -n text: -o
2.`breakpoint 3`: where = TLLDB`-[ViewController text:]+ 30 at ViewController.m:37, ad-
dress = 0x000000010b6f97ce
```

（4）breakpoint command（断点命令）

有的时候，可能需要给断点添加一些命令，比如每次执行到这个断点的时候，都需要输出 self 对象。只需要给断点添加一个 po self 命令，就不用每次执行断点时自己输入 po self 了。

（5）breakpoint command add（断点命令加）

"断点命令加"命令就是给断点添加命令的命令。

例如，假设需要在 ViewController 的 viewDidLoad 中查看 self. view 的值。首先给-[ViewController viewDidLoad] 添加一个断点。

```
(lldb) breakpoint set -n "-[ViewController viewDidLoad]"
'breakpoint 3': where = TLLDB`-[ViewController viewDidLoad]+ 20 at ViewController.m:23,
address = 0x00000001055e6004
```

可以看到，在添加成功之后，这个断点的 id 为 3，然后给其增加一个命令：po self.view。

```
(lldb) breakpoint command add -o "po self.view" 3
```

-o 的完整写法是--one-liner，表示增加一条命令。3 表示对 id 为 3 的断点增加命令。

在添加完命令之后，每次程序执行到这个断点就可以自动输出 self.view 的值了。

如果想一次增加多条命令，比如，想在 viewDidLoad 中输出当前 frame 的所有变量，但是不想让其中断，也就是在输出完成之后，需要继续执行，则可以这样做：

```
(lldb) breakpoint command add 3
Enter your debugger command(s).  Type 'DONE' to end.
1.> frame variable
2.> continue
3.> DONE
```

输入"breakpoint command add 3"对断点 3 增加命令，会要求输入增加的命令，以及输入"DONE"表示结束。这时候就可以输入多条命令了。

（6）breakpoint command list（断点列表）

如果想查看某个断点已有的命令，则可以使用 breakpoint command list。例如，查看一下上文提到的断点 3 已有的命令。

2.2　C++标准库 libc++

2.2.1　libc++库概述

libc++是 C++标准库的一个新实现，目标是 C++ 11 及其更高版本。

1. 特点和目标

1）C++ 11 标准定义的正确性。

2）快速执行。

3）内存使用最少。

4）快速编译时间。

5）ABI 与 GCC 的 libstdc++的兼容性，用于一些低级功能，如异常对象、RTTI（Run-Time Type Identification，运行时类型标识）和内存分配。

2. 设计和实施

1）广泛的单元测试。

2）内部链接器模型可以转储/读取为文本格式。

3）附加链接功能可以作为 "passes" 插入。

4）特定于操作系统和 CPU 的代码。

▶▶ 2.2.2　Ubuntu 下安装 Clang 和 libc++

1. 需要在 Ubuntu 上安装 Clang++

如果选择 Clang 5.0 最终版，那么可将官网指南中 trunk 改成 tags/RELEASE_500/final。例如：

```
http://llvm.org/svn/llvm-project/llvm/trunk
```

可以改成：

```
http://llvm.org/svn/llvm-project/llvm/tags/RELEASE_500/final
```

2. Clang 安装步骤

安装必要的包：

```
sudo apt install subversion
sudo apt install cmake
```

建立目录（这里取名为 CL）：

```
cd ~
sudo mkdir CL
cd CL
```

下载 LLVM：

```
svn co http://llvm.org/svn/llvm-project/llvm/tags/RELEASE_500/final llvm
```

下载 Clang：

```
cd llvm/tools
svn co http://llvm.org/svn/llvm-project/cfe/tags/RELEASE_500/final clang
cd ../..
```

下载 Clang 工具（可选）：

```
cd llvm/tools/clang/tools
svn co http://llvm.org/svn/llvm-project/clang-tools-extra/tags/RELEASE_500/final extra
cd ../../../..
```

下载 compiler-rt（可选）：

```
cd llvm/projects
svn co http://llvm.org/svn/llvm-project/compiler-rt/tags/RELEASE_500/final compiler-rt
cd ../..
```

下载标准库 libcxx（一定要下载）和 libcxxabi（千万不要遗漏）：

```
cd llvm/projects
svn co http://llvm.org/svn/llvm-project/libcxx/tags/RELEASE_500/final libcxx
svn co http://llvm.org/svn/llvm-project/libcxxabi/tags/RELEASE_500/final libcxxabi
cd ../..
```

编译安装：

```
mkdir build
cd build
```

注意将默认的调试模式换成发布模式：

```
cmake -G "Unix Makefiles" -DCMAKE_BUILD_TYPE=Release ../llvm
make
sudo make install
```

可以用了！

测试一下：

```
clang++ --help
```

基于 C++ 11 使用 libc++编译 x.cpp 并执行 a.out：

```
clang++ -std=c++11 -stdlib=libc++ x.cpp
.\a.out
```

验证 x.cpp 的正确性：

```
clang x.cpp -fsyntax-only
```

输出 x.cpp 未优化的 LLVM 代码：

```
clang x.cpp -S -emit-llvm -o -
```

输出 x.cpp 经过 O3 优化的 LLVM 代码：

```
clang x.cpp -S -emit-llvm -o - -O3
```

输出 x.cpp 的原生机器码：

```
clang x.cpp -S -O3 -o -
```

安装完毕之后，可以用 Clang 再编译安装一次：

```
CC=clang CXX=clang++cmake -G "Unix Makefiles"
-DCMAKE_BUILD_TYPE=Release ../llvm
```

2.3 compiler-rt 运行时库

▶▶ 2.3.1 compiler-rt 项目组成

1. builtins 内置

一个简单的库，提供代码生成和其他运行时组件所需的低级目标特定钩子的实现。例如，当为 32

位目标编译时，将双精度转换为 64 位无符号整数就是编译为对"＿＿fixunsdfdi"函数的运行时调用。内置库提供了此例程和其他低级例程的优化实现，可以是目标独立的 C 形式，也可以是高度优化的程序集。

内置程序在支持的目标上提供了对 libgcc 接口的完全支持，并在汇编中提供了常用函数（如＿＿floatundidf）的高性能手动调优实现，这些实现比 libgcc 实现快得多。通过添加新目标所需的新例程，引入内置程序来支持新目标应该非常容易。

2. sanitizer 运行时

运行带有 sanitizer 程序插入的代码所需的运行库。这包括以下方面的运行时：

1）AddressSanitizer

2）ThreadSanitizer

3）UndefinedBehaviorSanitizer

4）MemorySanitizer

5）LeakSanitizer

6）DataFlowSanitizerProfile

3. Profile

用于收集覆盖范围信息的库。

4. BlocksRuntime

苹果 Blocks 运行时接口的独立于目标的实现。

compiler-rt 项目中的所有代码都是根据 **MIT** 许可证和 **UIUC** 许可证（类似 **BSD** 许可证）获得双重许可的。

▶▶ 2.3.2　compiler-rt 的作用

目前 compiler-rt 主要由 Clang 和 LLVM 项目用作运行时编译器支持库的实现。

▶▶ 2.3.3　平台支持

众所周知，内置程序可以在以下平台上工作。

1）机器体系结构：i386、x86-64、SPARC64、ARM、PowerPC、PowerPC64。

2）操作系统：DragonFlyBSD、FreeBSD、NetBSD、OpenBSD、Linux、Darwin。

大多数 sanitizer 程序运行时仅在 Linux x86-64 上得到支持。

图 2.9 展示了 Xcode 开发调试平台。

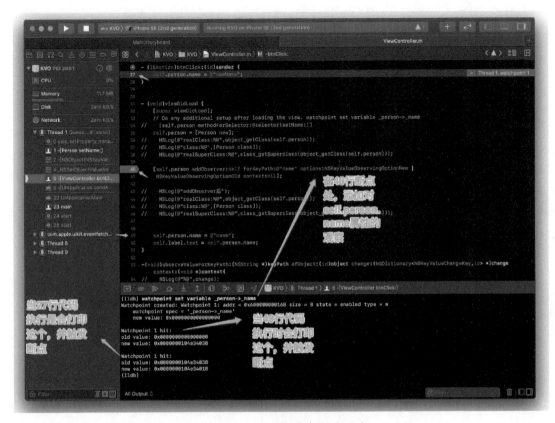

• 图 2.9　Xcode 开发调试平台

▶▶ 2.3.4　compiler-rt 源代码结构

compiler-rt 源代码（目录）结构的简要说明如下。

为了进行测试，可以构建一个通用库和一个优化库。优化库是通过将优化的版本叠加到通用库上而形成的。当然，有些体系结构具有额外的功能，因此优化库可能具有通用版本中找不到的功能。

include/contains：可以包含在用户程序中的头文件（例如，用户可以直接从实现程序运行时调用某些函数）。

lib/contains：库实现。

lib/builtins：内置例程的通用可移植实现。

lib/builtins/arch：针对所支持的体系结构优化了一些例程的版本。

test/contains：compiler-rt 运行时的测试套件。

▶▶ 2.3.5　构建 compiler-rt

通常，需要在构建 LLVM/Clang 后才能构建 compiler-rt。compiler-rt 可以与 LLVM 和 Clang 一起构建，也可以单独构建。

要单独构建它，首先单独构建 LLVM 以获得 LLVM 配置二进制文件，然后运行：

```
cd llvm-project
mkdir build-compiler-rt
cd build-compiler-rt
cmake ../compiler-rt -DLLVM_CONFIG_PATH=/path/to/llvm-config
make
```

sanitizer 程序运行时的测试被移植到 llvm-lit，并由 llvm/clang/compiler-rt 构建树中的 make-check-all 命令运行。

compiler-rt 库通过在 LLVM/Clang/compiler-rt 或独立 compiler-rt 构建树中的 make-install 命令安装到系统中。

如果有问题，请在运行时类别下的论坛上提问。对 compiler-rt 的提交会自动发送到 LLVM 提交邮件列表。

2.4 DragonEgg

▶▶ 2.4.1 DragonEgg 将 LLVM 作为 GCC 后端

DragonEgg 是一个 GCC 插件，它用 LLVM 项目中的优化器和代码生成器取代了 GCC 的优化器与编码生成器。它与 GCC 4.5 或更新版本配合使用，可以针对 x86-32/x86-64 和 ARM 处理器系列，并已成功用于 Darwin、FreeBSD、KFreeBSD、Linux 和 OpenBSD 平台。它完全支持 Ada、C、C++和 Fortran，部分支持 Go、Java、Objective-C 和 Objective-C++。

完全支持所有 GCC 语言。当前状态如下。

1）与 GCC 4.6 配合使用效果最佳。

2）Fortran 运行得很好。Ada、C 和 C++也能很好地工作。Ada 在使用 GCC 4.7 及更高版本时表现不佳。

3）可以编译合理数量的 Objective-C、Objective-C++和 Go。

4）可以编译简单的 Java 程序，但程序不能正确执行（这是 Java 前端不支持 GCC 的 LTO 的结果）。

5）调试信息不足。

▶▶ 2.4.2 DragonEgg 实践

以下是使用 GCC 4.5 编译一个简单的 hello-world 程序的结果：

```
$ gcc hello.c -S -O1 -o -
    .file   "hello.c"
    .section .rodata.str1.1,"aMS",@progbits,1
.LC0:
    .string"Hello world!"
    .text
.globl main
```

```
        .type    main, @function
main:
    subq     $8, %rsp
    movl     $.LC0, %edi
    call     puts
    movl     $0, %eax
    addq     $8, %rsp
    ret
    .size    main, .-main
    .ident   "GCC: (GNU) 4.5.0 20090928 (experimental)"
    .section  .note.GNU-stack,"",@progbits
```

在 gcc 命令行中添加-fplugin＝path（路径）/dragonegg.so 会导致程序被 LLVM 优化和编码：

```
$ gcc hello.c -S -O1 -o - -fplugin=./dragonegg.so
    .file    "hello.c"
# 文件作用域内联汇编程序的开始
    .ident   "GCC: (GNU) 4.5.0 20090928 (experimental) LLVM: 82450:82981"
# 文件作用域内联汇编程序的结束

    .text
    .align   16
    .globl   main
    .typemain,@function
main:
    subq     $8, %rsp
    movl     $.L.str, %edi
    call     puts
    xorl     %eax, %eax
    addq     $8, %rsp
    ret
    .size    main, .-main
    .type    .L.str,@object
    .section  .rodata.str1.1,"aMS",@progbits,1
.L.str:
    .asciz   "Hello world!"
    .size    .L.str, 13

    .section  .note.GNU-stack,"",@progbits
```

添加-fplugin-arg-dragonegg-emit-ir 或-flto 会导致输出 LLVM IR（需要借助汇编程序输出-S，而不是目标代码输出-c，否则 GCC 会将 LLVM IR 传递给系统汇编程序，而系统汇编程序不能对其进行汇编）：

```
$ gcc hello.c -S -O1 -o - -fplugin=./dragonegg.so
-fplugin-arg-dragonegg-emit-ir
;ModuleID = 'hello.c'
targetdatalayout =
"e-p:64:64:64-i1:8:8-i8:8:8-i16:16:16-i32:32:32-i64:64:64-f32:32:32-f64:64:64-v64:64:64-
v128:128:128-a0:0:64-s0:64:64-f80:128:128"
```

```
target triple = "x86_64-unknown-linux-gnu"

module asm "\09.ident \09 \22GCC: (GNU) 4.5.0 20090928 (experimental) LLVM: 82450:82981 \22"

@.str = private constant [13 x i8]c"Hello world! \00", align 1 ; <[13 x i8] * > [#uses=1]

define i32 @main()nounwind {
entry:
  %0 = tail call i32 @puts(i8 * getelementptr inbounds ([13 x i8] * @.str, i64 0, i64 0))
nounwind ; <i32> [#uses=0]
  ret i32 0
}

declare i32 @puts(i8 * nocapture) nounwind
```

获取 DragonEgg 3.3 源代码：

```
wget http://llvm.org/releases/3.3/dragonegg-3.3.src.tar.gz
```

解开压缩包：

```
tar xzf dragonegg--3.3.src.tar.gz
```

安装 LLVM 的 3.3 版，例如下载并安装适用于现有平台的 LLVM 3.3 二进制文件（称为 Clang 二进制文件）。

确保安装了 GCC 4.5、GCC 4.6、GCC 4.7 或 GCC 4.8（不需要构建自己的副本）；GCC 4.6 效果最好。在 Debian 和 Ubuntu 上，需要安装相应的插件开发包（gcc-4.5-plugin-dev、gcc-4.6-plugin-dev 等）。

执行：

```
GCC=gcc-4.6 make
```

确认使用的是 GCC 4.6；否则用目前现存的 GCC 版本替换 GCC 4.6。在 dragonegg--3.3.src 目录中，应该构建 dragonegg.so。如果 LLVM 二进制文件不在目前路径中，那么可以使用

```
GCC=gcc-4.6 LLVM_CONFIG=directory_where_llvm_installed/bin/llvm-config make
```

如果只构建了 LLVM 而没有安装它，那么仍然可以通过将 LLVM_CONFIG 设置为指向构建树中 LLVM 配置的副本来构建 DragonEgg。

要使用 dragonegg.so，请使用 GCC 4.6 或用户现使用的任何版本的 GCC 来编译一些内容，在命令行中添加-fplugin=path_To_dragonegg（到 DragonEgg 安装目录的路径）/dragonegg.so。

下面介绍如何获取开发版本的源代码。

获取 DragonEgg 开发版本的源代码：

```
svn http://llvm.org/svn/llvm-project/dragonegg/trunk
```

获取 LLVM 开发版本的源代码：

```
svn http://llvm.org/svn/llvm-project/llvm/trunkllvm
```

以通常的方式构建 LLVM：

可以安装 GCC 4.5、GCC 4.6、GCC 4.7 或 GCC 4.8（不需要构建自己的副本）。在 Debian 和 Ubuntu 上，需要安装相应的插件开发包（gcc-4.5-plugin-dev、gcc-4.6-plugin-dev 等）。

执行：

```
GCC=place_you_installed_gcc（安装 GCC 的目录）/bin/gcc make
```

然后，在 dragonegg 目录中构建 dragonegg.so。

要使用 dragonegg.so，请先使用刚安装的 GCC 版本编译一些组件，在命令行中添加-fplugin＝path_to_dragonegg/dragonegg.so。

2.5 构建 RISC-V LLVM 并编译和运行 test-suite

▶▶ 2.5.1 构建 RISC-V 的前期准备

RISC-V LLVM 源代码地址：

```
llvm/llvm-project
  github.com/llvm/llvm-project
```

做好工具链的安装，可以参考：

```
sunshaoce/learning-riscv
  github.com/sunshaoce/learning-riscv/blob/main/2/2.md
```

其中包含多个模拟器的安装。

做好环境路径设置的准备，可以提前统一设置为：

```
export PATH="$HOME/riscv/bin:$PATH"
$ sudo apt update
$ sudo apt install cmake ninja-build
```

▶▶ 2.5.2 开始构建

```
git clone https://github.com/llvm/llvm-project.git
cd llvm-project
mkdir build && cd build
## 在链接过程中,硬盘空间可能不足,请指定-DLLVM_PARALLEL_LINK_JOBS 以限制并行 ld 链接器数量
$cmake -DLLVM_PARALLEL_LINK_JOBS=3 -DLLVM_TARGETS_TO_BUILD="X86;RISCV" -DLLVM_ENABLE_
PROJECTS="clang" -G Ninja ../llvm
$ ninja
$ ninja check     ###可能出现 failed,暂时不用管,不影响后续工作
```

▶▶ 2.5.3 编译 test-suite

参考链接：

```
test-suite Guide
  llvm.org/docs/TestSuiteGuide.html
```

1）检测 LLVM 是否构建成功。

```
<LLVM 构建路径>/bin/llvm-lit --version    ###路径可以直接写全路径
```

2）下载 test-suite。

```
git clone https://github.com/llvm/llvm-test-suite.git test-suite
```

3）构建 suite，注意路径。

```
CMake -DCMAKE_C_COMPILER=/llvm/rvv-llvm/build/bin/clang
-C../test-suite/cmake/caches/O3.cmake  ../test-suite
```

4）编译。

由于此过程耗时过长（第一次的话，至少半天），首先要对下列两个报错提前进行修改。

报错 1：

```
    /usr/bin/ld: CMakeFiles/Dither.dir/orderedDitherKernel.c.o: relocation R_X86_64_32S
against `.rodata' can not be used when making a PIE object; recompile with -fPIE
    /usr/bin/ld: CMakeFiles/Dither.dir/__/utils/glibc_compat_rand.c.o: relocation R_X86_64
_32S against `.bss' can not be used when making a PIE object; recompile with -fPIE
    collect2: error: ld returned 1 exit status
    make[2]: * * * [MicroBenchmarks/ImageProcessing/Dither/CMakeFiles/Dither.dir/build.
make:146: MicroBenchmarks/ImageProcessing/Dither/Dither]Error 1
    make[1]: * * * [ CMakeFiles/Makefile2:14633: MicroBenchmarks/ImageProcessing/Dither/
CMakeFiles/Dither.dir/all]Error 2
    make: * * * [Makefile:130: all]Error 2
```

解决办法：在 test-suite 下修改文件中的

```
CMAKE_C_FLAGS:STRING = -fPIE
CMAKE_CXX_FLAGS:STRING = -fPIE
```

提示：由于文件过多，因此建议使用命令 grep -nir "xxxx" 来找这两句，然后修改。

报错 2：

```
    [37%]Building CXX objectMicroBenchmarks/XRay/ReturnReference/CMakeFiles/retref-bench
.dir/retref-bench.cc.o
    /home/removed/release/test-suite/MicroBenchmarks/XRay/ReturnReference/retref-bench.
cc:18:10: fatal error:
        'xray/xray_interface.h' file not found
    #include "xray/xray_interface.h"
         ^~~~~~~~~~~~~~~~~~~~~~~~
    1 error generated.
    make[2]: * * *
    [MicroBenchmarks/XRay/ReturnReference/CMakeFiles/retref-bench.dir/build.make:63:
    MicroBenchmarks/XRay/ReturnReference/CMakeFiles/retref-bench. dir/retref-bench. cc. o]
Error 1
    make[1]: * * * [CMakeFiles/Makefile2:19890:
    MicroBenchmarks/XRay/ReturnReference/CMakeFiles/retref-bench.dir/all]Error 2
    make: * * * [Makefile:130: all]Error 2
    ```
```
```

解决办法：在 MicroBenchmarks/CMakeLists.txt 中注释掉 add_subdirectory（XRay）。

提示：如果一时半会没找到文件，那么同样建议使用上面的字符串搜索命令。应该是在 build 目录的 test-suite 或者 test-suite-build 子目录下。

▶▶ 2.5.4　运行 LLVM test-suite

执行时加上全路径，如下所示：

```
$ llvm-lit -v -j 1 -o results.json .
# 确保 pandas 和 SciPy 已安装。如有必要,请预写`sudo`
$ pip install pandasscipy
# 显示单个结果文件
$ test-suite/utils/compare.py results.json
```

交叉编译 RISC-V 的 LLVM test-suite。

1. 在 clang_riscv_linux.cmake 中配置工具链信息

在 test-suite-build 目录下新建 riscv-build 目录：

```
mkdir riscv-build && cd riscv-build
```

新建配置文件 clang_riscv_linux.CMake，内容如下：

```
set(CMAKE_SYSTEM_NAME Linux )
set(tripleriscv64-unknown-linux-gnu )
set(CMAKE_C_COMPILER /llvm/llvm-project/build/bin/clang CACHE STRING "" FORCE)
set(CMAKE_C_COMPILER_TARGET ${triple} CACHE STRING "" FORCE)
set(CMAKE_CXX_COMPILER /llvm/llvm-project/build/bin/clang++ CACHE STRING "" FORCE)
set(CMAKE_CXX_COMPILER_TARGET ${triple} CACHE STRING "" FORCE)
set(CMAKE_SYSROOT /root/riscv/linux/sysroot )
set(CMAKE_C_COMPILER_EXTERNAL_TOOLCHAIN  /root/riscv/linux/)
set(CMAKE_CXX_COMPILER_EXTERNAL_TOOLCHAIN  /root/riscv/linux/)
###操作时请注意每一个路径的修改
```

2. CMake 的使用

```
CMake
-DCMAKE_TOOLCHAIN_FILE =/llvm/llvm-projects/build/test-suite-build/riscv-build/clang_
riscv_linux.CMake
-DCMAKE_C_COMPILER="/llvm/llvm-project/build/bin/clang"  ../
```

可能会报错：

```
OMPILER="/llvm/llvm-projects/build/bin/clang"  ../
-- The C compiler identification is unknown
CMake Error at CMakeLists.txt:7 (project):
  TheCMAKE_C_COMPILER:
    /llvm/llvm-projects/build/bin/clang
  is not a full path to an existing compiler tool.
```

解决办法：根据前面的参考做法，做好工具链的安装配置，修改好对应的路径。

3. 在模拟器上运行交叉编译的 test-suite

因为目的平台上生态资源贫乏，所以可能无法运行所需的编译器。交叉编译是指在一个平台上生成另一个平台上的可执行代码。

1）需要安装 device-tree-compiler：

```
apt-get install device-tree-compiler
```

2）ld 命令加上选项 -static

CMAKE_EXE_LINKER_FLAGS：STRING = -static

在 CMakeCache.txt 中修改下面的配置项：

```
//链接器在所有生成类型期间使用的标志
CMAKE_EXE_LINKER_FLAGS:STRING= -static
apt-get install device-tree-compiler
```

首先做好 Spike 与 PK 的安装。

在对 Spike 编译安装时，需要在模拟器上进行，RISCV$ 对应一开始设置的环境变量。

这是另外一种模拟器 Spike 安装方法，依旧先下载源代码：

```
git clone https://github.com/riscv/riscv-isa-sim.git
```

然后编译安装 newlib 版：

```
RISCV$ cd riscv-isa-sim
riscv-isa-sim$ mkdir build
riscv-isa-sim$ cd build
build$ ../configure --prefix=$RISCV/newlib   #Linux 版为$RISCV/linux
build$ make # 内存较大时可用 -j $(nproc)
build$ make install
```

riscv-pk 的安装：

```
riscv/riscv-pk
  github.com/riscv/riscv-pk
```

GNU/Linux 工具链可以用来构建这个工具链，方法是设置 --host = riscv64-unknown-linux-gnu。

所以，在构建时，注意对后面参数的修改。

```
shell
root @ e7299bcbf9e1:  ~/llvm/projects/llvm-test-suite-main/riscv-build/SingleSource/
Benchmarks/Linpack# spike --isa=RV64gc /root/bin/riscv64-unknown-linux-gnu/bin/pk functiono-
bjects
```

注意，riscv-pk 需要是 Linux/GNU 版本。

有一些可以成功的运行案例，有一些测试程序需要用到动态链接库。

试了一下，这个程序是可以正确执行的：

```
SingleSource/Benchmarks/BenchmarkGame/fannkuch
```

仿真命令是：

```shell
spike --isa=RV64gc /root/bin/riscv64-unknown-linux-gnu/bin/pk fannkuch > fannkuch.result
2>&1
```

2.6 Clang 附加工具

LLVM 最显著的设计决策是分离前端和后端，分别为单独的 LLVM 核心库和 Clang。LLVM 起步于一套以 LLVM 中间表示（IR）为基础的工具，依赖于一个定制的 GCC，用 GCC 将高级语言翻译为特殊 IR，存储为位代码文件。位代码是效仿 Java 字节码文件而新造的一个术语。Clang 作为由 LLVM 团队特别设计的第一前端，已成为 LLVM 项目的一个重要里程碑。Clang 不仅将 C 和 C++转换为 LLVM IR，而且能够监督整个编译过程，作为一个灵活的编译器驱动器，努力与 GCC 兼容共处。

将 Clang 看作一个前端编译器，而不是一个编译器驱动器，它负责将 C 和 C++程序翻译为 LLVM IR。利用 Clang 可以设计出强大的工具，让 C++程序员能够自由地探索 C++热门技术，例如 C++代码重构工具和源代码分析工具。这是 Clang 程序库激动人心的一面。Clang 自带的一些工具或许能让用户了解其程序库的用途。

1）Clang Check：能够进行语法检查，实施快速修正以解决常见的问题，还能够输出任意程序的内部 Clang 抽象语法树（Abstract Syntax Tree，AST）。

2）Clang Format：它是一个工具，也是一个 LibFormat 库，既能整理代码缩进，又能格式化任意的 C++代码，使之符合 LLVM 编码标准、Google 代码风格、Chromium 代码风格、Mozilla 代码风格和 WebKit 代码风格。

代码仓库 clang-tools-extra 收集了更多建立在 Clang 之上的应用程序（即工具）。它们能够读入大型 C 或 C++代码库并执行各种代码重构或分析。下面列举其中一些工具，但不仅限于此。

1）ClangModernizer：它是一个代码重构工具，扫描 C++代码并将旧风格转换为更现代的风格，这些新风格是在新的标准中提出的，例如 C++ 11 标准。

2）Clang Tidy：它是一个小程序工具，用来检查常见的编程错误，这些错误违背了 LLVM 或者 Google 的编码标准。

3）Modularize：帮助找出适合组成一个模块（module）的 C++头文件。

4）Trace：一个跟踪 Clang C++预处理器的活动的简单工具。

至于如何运用这些工具，以及如何编译自己的工具，将在介绍 Clang 工具和 LibTooling 内容时详细阐述。下面介绍如何编译和安装 Clang 附加（extra）工具。

可以获取这个 Clang 项目的官方源代码，如 3.4 版本：http：//releases. llvm. org/3.4/clang-tools-extra-3.4.src.tar. gz。另外，也可以查看 Clang 所有可获取的版本：http：//releases. llvm. org/。凭借 LLVM 编译系统，将这套 Clang 附加工具和核心 LLVM、Clang 源代码一起编译，编译轻而易举。这要求按如下方式将 Clang 源代码目录放在 Clang 源代码树中：

```
$ wget http://releases.llvm.org/3.4/clang-tools-extra-3.4.src.tar.gz
$ tar xzf clang-tools-extra-3.4.src.tar.gz
$ mv clang-tools-extra-3.4llvm/tools/clang/tools/extra
```

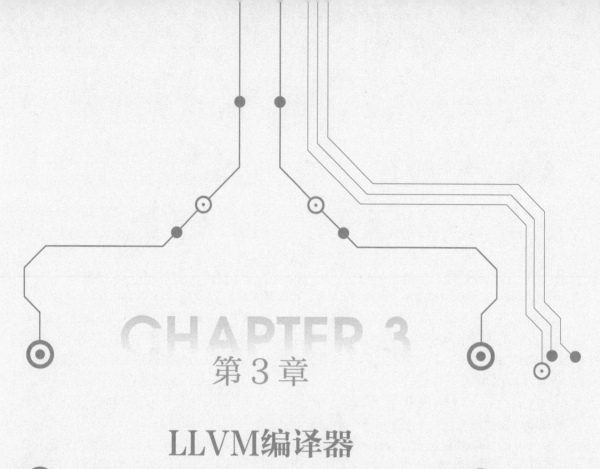

CHAPTER 3

第 3 章

LLVM编译器

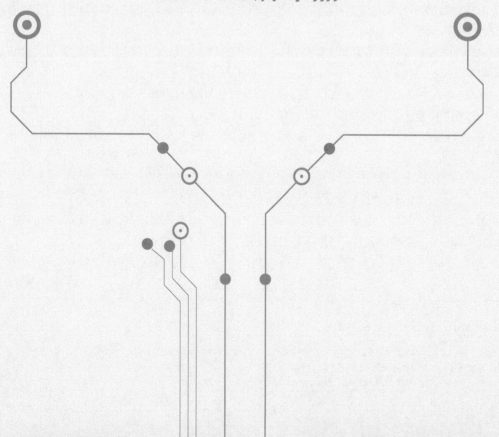

3.1 LLVM 与 Clang 源代码的下载及编译

▶▶ 3.1.1 下载并编译 LLVM

先下载 LLVM 项目，再编译名为 llvm 的文件夹。实现命令如下所示：

```
git clone https://github.com/llvm/llvm-project.git
cd llvm-project
mkdir build
cd build
CMake -G Xcode -DLLVM_ENABLE_PROJECTS=clang ../llvm
```

生成 LLVM 的 Xcode 编译工程。

利用 git 命令获取 LLVM 项目的源代码：

```
git clone https://github.com/llvm/llvm-project.git
```

下载源代码后，进入 llvm-project 目录，可看到包括如下内容，如图 3.1 所示。

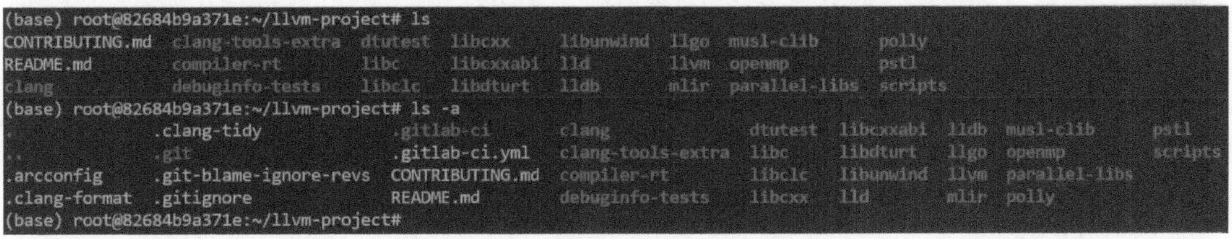

● 图 3.1 下载的 llvm-project 源代码

llvm-project/llvm 目录包括如下内容，如图 3.2 所示。

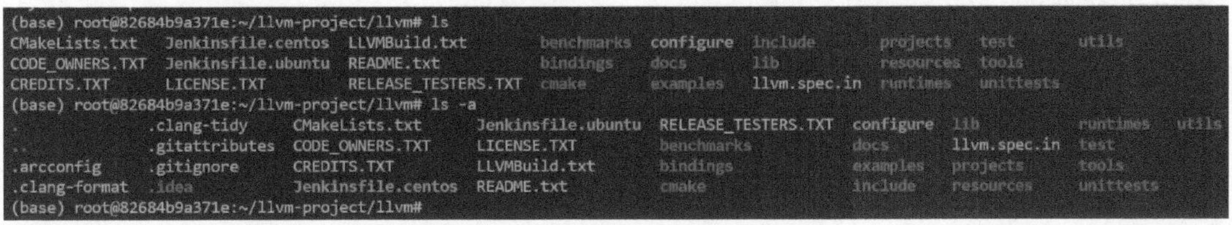

● 图 3.2 查看 llvm 目录内容

▶▶ 3.1.2 Clang 源代码的下载与编译

下载 Clang 源代码，命令如下所示：

```
$ cd llvm/tools
$ git clone https://git.llvm.org/git/clang.git/
```

LLVM 的子项目为 Clang，但二者的源代码分开，将 Clang 源代码放在 llvm/tools 位置。图 3.3 为查看 LLVM 的子项目 Clang 对应 clang 目录的结果。

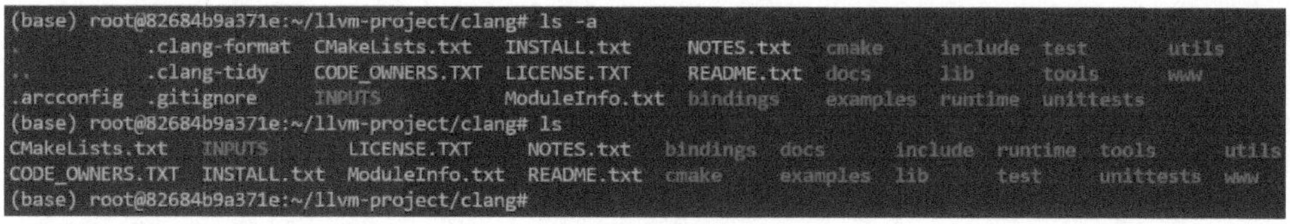

```
(base) root@82684b9a371e:~/llvm-project/clang# ls -a
.          .clang-format  CMakeLists.txt   INSTALL.txt     NOTES.txt   cmake     include  test       utils
..         .clang-tidy    CODE_OWNERS.TXT  LICENSE.TXT     README.txt  docs      lib      tools      www
.arcconfig .gitignore     INPUTS           ModuleInfo.txt  bindings    examples  runtime  unittests
(base) root@82684b9a371e:~/llvm-project/clang# ls
CMakeLists.txt   INPUTS       LICENSE.TXT     NOTES.txt   bindings  docs      include  runtime  tools      utils
CODE_OWNERS.TXT  INSTALL.txt  ModuleInfo.txt  README.txt  cmake     examples  lib      test     unittests  www
(base) root@82684b9a371e:~/llvm-project/clang#
```

● 图 3.3　查看 LLVM 的子项目 Clang 对应 clang 目录

对于源代码编译，终端输出 Clang 是 Xcode，而 LLVM 开发需要编译 Clang。先安装 CMake 和 Ninja（先安装 brew），命令如下所示：

```
$ brew install cmake
$ brew install ninja
```

如果 Ninja 安装失败，则可从 GitHub 获取发布版，并放入/usr/local/bin 中。在 LLVM 源代码工程同级目录中创建 llvm_build 目录，然后在 llvm_build 目录下生成 build.ninja。命令如下所示：

```
$ cd llvm_build
$CMake -G Ninja ../llvm -DCMAKE_INSTALL_PREFIX=LLVM 的安装路径
```

若生成 build.ninja，就表示编译成功。-DCMAKE_INSTALL_PREFIX 表示将编译好的内容放在指定的路径中，-D 表示参数。

依次进行编译，再执行以下指令：

```
$ ninja
$ ninja install
```

编译就完成了。

另一种方式是通过 Xcode 编译，但速度很慢（需要 1 个多小时）。

方法如下：在 LLVM 工程的同级目录下创建 llvm_xcode 目录。命令如下所示：

```
$ cd llvm_xcode
$cmake -G Xcode ../llvm
```

3.2 LLVM 编译器基础结构

3.2.1 LLVM 工作原理

1. LLVM 产生背景

LLVM 项目是模块化和可重用的编译器与工具链技术的集合。LLVM 与传统虚拟机几乎没有关系。LLVM 原本是项目的全名。

LLVM 起初是伊利诺伊大学的一个研究项目，提供了一个现代化的、基于 SSA 编译策略的、同时支持静态和动态编译的任何编程语言的编译器架构。目前，LLVM 已经发展成为一个由多个子项目组成的总体项目，其中许多子项目正在被各种商业和开源项目用于生产环境，广泛用于学术研究。LLVM 项目中的代码均是以"Apache 2.0 License with LLVM exceptions"许可证进行发布的。

2. LLVM 到 Clang 工作流程

图 3.4 为 LLVM-Clang 源文件编译流程。

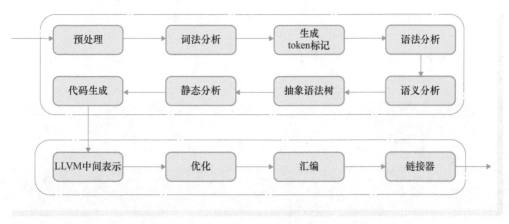

● 图 3.4　LLVM-Clang 源文件编译流程

各个模块解析如下。

1）预处理（Pre-process）：主要工作包括将宏替换、删除注释符以启用头文件、生成.i 文件。

2）词法分析（Lexical Analysis）：将代码切成一个个 token，比如大小括号、等于号、字符串等。这是计算机科学中将字符序列转换为标记序列的过程。

3）语法分析（Syntactic Analysis）：编译程序的核心部分，其任务是检查词法分析器输出的单词序列是否为源语言中的句子，亦即是否符合源语言的语法规则。

4）语义分析（Semantic Analysis）：验证语法是否正确，然后将所有节点组成抽象语法树。由 Clang 中解析和 Sema 配合完成。

5）静态分析（Static Analysis）：使用它来分析源代码，以便自动发现错误。

6）中间代码生成（Code Generation）：开始 IR 中间代码的生成，CodeGen 负责将语法树自顶向下遍历并逐步翻译成 LLVM IR，IR 是编译过程中的前端的输出、后端的输入。

7）优化（Optimize）：LLVM 会去做一些优化工作，在 Xcode 的编译设置里也可以设置优化级别：-O1、-O3、-Os，还可以写些自己的 Pass，官方有比较完整的 Pass 教程："Writing an LLVM Pass"（https://releases.llvm.org/8.0.0/docs/WritingAnLLVMPass.html）。如果开启了 bitcode，那么苹果会做进一步的优化，即使有新的后端架构的需求，还是可以用这份优化过的 bitcode 去生成。

8）生成目标文件（Assemble）：生成目标相关对象（Mach-O 文件）。

9）链接（Link）：生成可执行文件。

经过这些步骤，用各种高级语言编写的代码就转换成机器可以理解与执行的目标代码了。

3. LLVM 编译器工程环境示例

LLVM 的输入是高级编程语言源代码，输出是机器码，由一系列模块化的编译器组件和工具链组成。

LLVM 分为前端、中端（优化）和后端三部分。每当出现新的编程语言，只需要开发相应的前端，将编程语言转换成 LLVM 的中间表示；类似地，出现新的硬件架构，只需要开发相应的后端，对接上 LLVM 的中间表示。

模块化避免了因编程语言和 CPU 架构的升级而引发的编译器适配问题，大大简化了编译器的开发工作。

为了让读者体会一下 LLVM 的实际开发环境，图 3.5 展示了用 VS Code 工具打开的 LLVM 编译器工程环境示例。

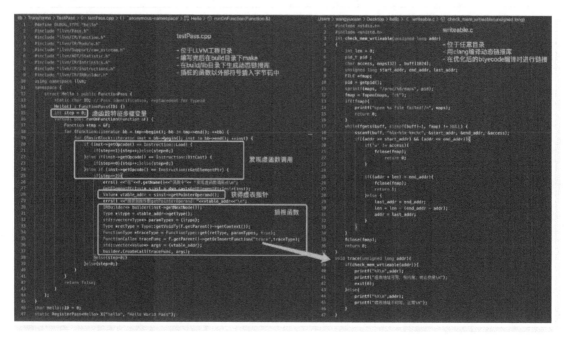

● 图 3.5　LLVM 编译器工程环境示例

▶▶ 3.2.2　LLVM 的主要子项目

1. LLVM 核心库

LLVM 核心库提供了一个现代的、独立于源和目标的优化器，以及对许多流行 CPU（以及一些不太常见的 CPU）的代码生成支持。这些库是围绕一个层次清晰的代码表示构建的，该代码表示称为 LLVM 中间表示（LLVM IR）。LLVM 核心库有很好的文档说明，而且用户特别容易发明自己的编程语言（或移植现有编译器）来使用 LLVM 作为优化器和代码生成器。

2. LLVM 前端 Clang

Clang 是一个 LLVM 原生 C/C++/Objective-C 编译器，它的目标是提供快速编译（例如，在调试配

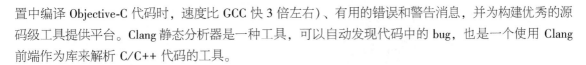

置中编译 Objective-C 代码时，速度比 GCC 快 3 倍左右）、有用的错误和警告消息，并为构建优秀的源码级工具提供平台。Clang 静态分析器是一种工具，可以自动发现代码中的 bug，也是一个使用 Clang 前端作为库来解析 C/C++ 代码的工具。

3. LLDB 子项目

LLDB 子项目建立在 LLVM 和 Clang 提供的库之上，以提供一个很棒的本机调试器。它使用了 Clang AST 和表达式解析器、LLVM JIT、LLVM 反汇编器等，从而提供了一种正常工作的体验。与 GDB 相比，它加载符号的速度更快，内存效率更高。

4. libc++ 与 libc++ ABI 子项目

libc++ 和 libc++ ABI 子项目提供了 C++ 标准库的标准一致性和高性能实现，包括对 C++ 11 和 C++ 14 的完全支持。

5. compiler-rt 子项目

compiler-rt 子项目提供了对底层代码生成器的高度调优实现，支持 __fixunsdfdi 之类的例程，以及在目标没有用于实现核心 IR 操作的短序列本机指令时生成的其他调用。它还为动态测试工具（如 AddressSanitizer、ThreadSanitizer、MemorySanitizer 和 DataFlowSanitizer）提供了运行时库的实现。

6. MLIR 子项目

MLIR 子项目是一种构建可重用和可扩展编译器基础结构的新方法，旨在解决软件碎片问题，可改进异构硬件的编译，能显著降低构建特定领域编译器的成本，并将现有编译器连接在一起。

7. OpenMP 子项目

OpenMP 子项目为 Clang 中的 OpenMP 实现提供了一个 OpenMP 运行时。

8. polly 子项目

polly 子项目使用多面体模型实现了一系列缓存位置优化，以及自动并行化和向量化。

9. libclc 子项目

libclc 子项目的目标是实现 OpenCL 标准库。

10. klee 子项目

klee 子项目实现了一个符号虚拟机，它使用一个定理验证器来评估程序中的所有动态路径，以发现 bug 并证明函数的属性。klee 的一个主要特性是，它可以在检测到 bug 时生成一个测试用例。LLVM 拥有一个用户广泛且友好的社区，其中许多人对构建优秀的低级工具感兴趣。

11. SAFECode 项目

SAFECode 项目是一个用于 C/C++ 程序的内存安全编译器。它使用运行时检查来检测运行时的内存安全错误（例如，缓冲区溢出）。它可以让软件免受安全攻击，也可以像 Valgrind 一样用作内存安全错误调试工具。

12. LLD 子项目

LLD 子项目是一个新的链接器。它是一个系统链接器的临时替代品，运行速度更快。

图 3.6 为 LLVM 编译工程框架全貌。

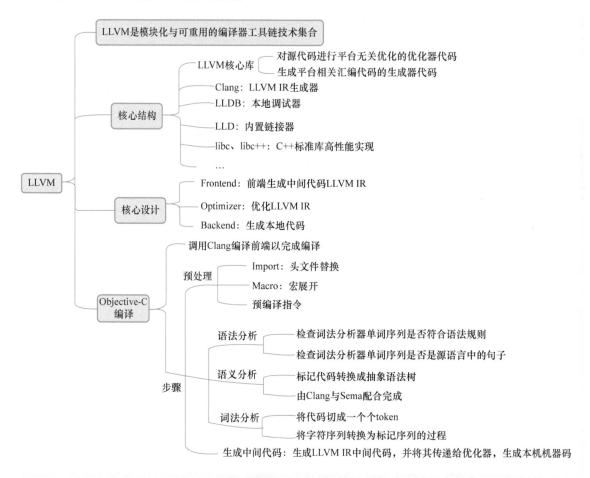

● 图 3.6 LLVM 编译工程框架全貌

除了 LLVM 的官方子项目之外，其他许多项目也都使用 LLVM 的组件来完成各种任务。通过这些外部项目，可以使用 LLVM 编译 Ruby、Python、Haskell、Java、D、PHP、Pure、Lua 等语言。LLVM 的主要优点有通用性、灵活性和可重用性，被用于广泛的不同任务：从轻量级 JIT 编译嵌入式语言（如 Lua）到为大型超级计算机编译 Fortran 代码。

▶▶ 3.2.3 LLVM 与 Clang 语法

LLVM 是代码工程名，是可重用与模块化工具链和编译器集合。LLVM 是指优化源代码的核心库，能编译生成不同平台的机器码。

LLVM 工程包含核心库、Clang、LLDB、LLD 等。而 LLVM 的 Clang，包括 C、C++ 和 Objective-C 的编译器，可提供比 GCC 更快的编译速度。Clang 静态分析器包括语义分析与中间代码生成。同时对语法树进行静态分析，且执行代码规范检查。

3.3　LLVM 三段式编译

3.3.1　传统编译器三段式设计及其实现

1. 传统编译器三段式设计

图 3.7 为传统编译器三段式设计。

1）前端：前端组件解析程序源码，检查语法错误，生成一个基于语言特性的 AST 来表示输入代码。

2）优化器：优化器组件接收前端生成的 AST，进行优化处理。

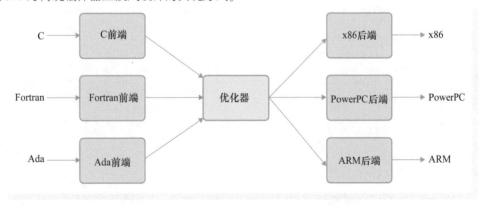

● 图 3.7　传统编译器三段式设计

3）后端：把优化器优化后的 AST 翻译成机器能识别的语言。

2. 传统编译器三段式设计的实现

这种模式的第一个优点在于，当编译器决定支持多种语言或者多种目标设备的时候，如果编译器在优化器这里采用普通的代码表示时，前端可以使用任意的语言来进行编译，后端也可以使用任意的目标设备来汇编。

使用这种设计，使编译器支持一种新的语言，需要实现一个新的前端，但是优化器及后端都可以复用，不用改变。实现支持新的语言，需要从最初的前端设计开始，支持 N 种设备和 M 种源码语言，一共需要 $N×M$ 种编译方式。

这种三段式设计的第二个优点是编译器提供了一个非常宽泛的语法集，即对于开源编译器项目来说，会有更多的人参与，自然就提升了项目的质量。这就是一些开源编译器通常更为流行的原因。

这种三段式设计的第三个优点是实现了一个编译器前端，相对于优化器与后端，它是完全不同的。对于专注于设计前端来提升编译器的多用性（支持多种语言）来说，相对容易一些。

图 3.8 为传统编译器三段式设计的实现方式。

● 图 3.8　传统编译器三段式设计的实现方式

▶▶ 3.3.2 LLVM 的三段式设计的实现

在基于 LLVM 的编译器中，前端的作用是解析、验证和诊断代码错误，将解析后的代码翻译为 LLVM IR（通常的做法是，先生成 AST，然后将 AST 转换为 LLVM IR）。翻译后的 IR 代码经过一系列的优化过程与分析后，代码得到改善，将其送到代码生成器以产生原生的机器码。过程如图 3.9 所示，该图展示了非常直观的三段式设计的实现方式，但这只是简单的描述，省去了一些细节的实现。

编译实现如图 3.9 所示，这是三段式设计的实现方式。

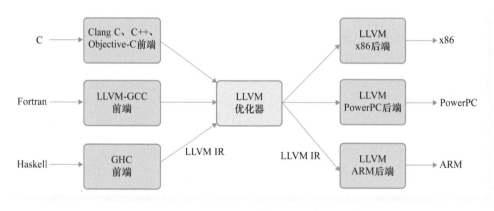

● 图 3.9 LLVM 三段式设计的实现方式

LLVM 中最重要的设计模块是 LLVM IR，它在编译器中表示代码的一种形式。它被设计在编译器的优化模块中，可进行中间层的分析与转换。经过特殊设计，它支持轻量级的运行时优化、过程函数的优化、整个程序的分析、代码完全重构和翻译等。其中最重要的是，定义了清晰的语义。LLVM IR 包括以下两种等价格式：

1）不可读的.bc（Bitcode）文件；

2）可读的.ll 文件。

可以使用下面的命令得到这两种格式的 IR 文件，而这些命令如下所示：

```
$ clang -S -emit-llvm factorial.c # factorial.ll
$ clang -c -emit-llvm factorial.c # factorial.bc
```

当然，LLVM 也提供了将代码文本转换为二进制文件格式的工具：llvm-as，将.ll 文件转换为.bc 文件。另外，llvm-dis 可将.bc 文件转换为.ll 文件。如图 3.10 所示。

```
$ llvm-as factorial.ll # factorial.bc
$ llvm-dis factorial.bc # factorial.ll
```

对于.cpp 文件，将 Clang 转换成 Clang++即可。

```
$ clang++ -S -emit-llvm main.cpp # main.ll
$ clang++ -c -emit-llvm main.cpp # main.bc
```

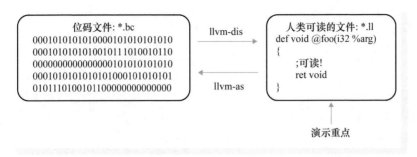

● 图 3.10　llvm-as 将 .ll 文件转换为 .bc 文件格式, llvm-dis 将 .bc 文件转换为 .ll 文件格式

3.4　LLVM 与 Clang 架构

▶ 3.4.1　LLVM 与 Clang 架构简介

LLVM 的前端是 Clang。从广义上来说, LLVM 是指 LLVM 的整个架构, 而从狭义上来说, LLVM 是指 LLVM 后端 (包括代码优化与目标 Codegen)。图 3.11 为 LLVM 优化器流程分析。而经典的 LLVM 三段式架构, 可分为前端、优化器和后端。当需要支持新语言时, 只需要实现前端部分。当需要支持新的架构时, 只需要实现后端部分。而前后端的连接枢纽就是 IR。由于 IR 独立于编程语言和机器架构, 故 IR 阶段的优化可以做到抽象及通用。

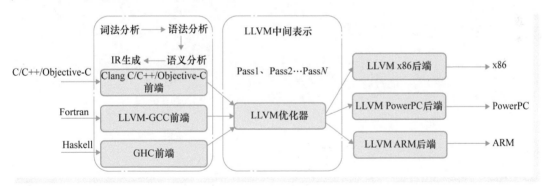

● 图 3.11　LLVM 优化器流程分析

这里表示源码 (C/C++) 经过 Clang 产生中间代码 (经过一系列的优化, 优化用的是 Pass), 最终转换为机器码。

Objective-C 源文件编译过程用 Xcode 构建 Test 工程, 再用 cd 命令切换到 main.m 上一路径。
可用如下命令行查看编译过程:

```
$ clang -ccc-print-phases main.m
Input, "main.m", objective-c
preprocessor, {0}, objective-c-cpp-output
```

```
compiler, {1}, ir
backend, {2}, assembler
assembler, {3}, object
linker, {4}, image
bind-arch, "x86_64", {5}, image
cmake-build,{6},.
```

1）找到 main.m 文件。

2）预处理器，处理 include、import、宏定义。

3）编译器编译，编译成 IR 中间代码。

4）后端，生成目标代码。

5）汇编。

6）链接其他动态库、静态库。

7）编译成适合某个架构的代码。

查看 preprocessor（预处理）结果的命令：$ clang -E main. m，执行后，终端就会输出许多信息，大致如下：

```
# 1 "main.m"
# 1 "<built-in>" 1
# 1 "<built-in>" 3
# 353 "<built-in>" 3
# 1 "<command line>" 1
# 1 "<built-in>" 2
# 1 "main.m" 2

int main(intargc, const char * argv[]) {
@autoreleasepool {
    NSLog(@"Hello, World!");
}
return 0;
}
```

▶▶ 3.4.2 编译架构特点分析

1）前端：分析语法与语义，完成中间代码的生成。而且 Xcode 会显示错误，可实时调用 LLVM 前端。

2）公用优化器：优化中间文件，优化结构与去除冗余代码。

3）后端：将中间代码优化后变为汇编语言，再优化。可生成可执行文件，并且将文件代码转换为二进制代码（机器语言）。

1. Clang 与 Swiftc 的区别

Swiftc 是 Swift Compiler 的缩写，表示 Swift 的编译器。Swift 自定义了 Swiftc 前端，而不用 Clang 前端。Clang 与 Swiftc 的区别如图 3.12 所示。

对于 LLVM 三段式设计，只需要实现编译器前端，就可支持新语言。

相比 Clang，Swiftc 增加了 SIL（Swift Intermediate Language，Swift 中间语言）。SIL 可实现更高级别优化。

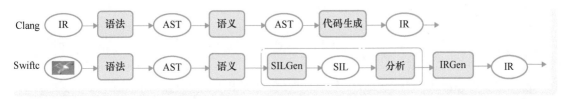

● 图 3.12 Clang 与 Swiftc 区别

2. LLVM 架构的优点

Clang 是 LLVM 项目的一个子项目，是基于 LLVM 架构的 C/C++/Objective-C 编译器前端。

相比 GCC，LLVM 前端 Clang 具有如下优点。

1）编译速度快：在某些平台上，Clang 的编译速度明显快于 GCC（Debug 模式下编译 Objective-C 的速度比 GCC 快 3 倍）。

2）占用内存小：Clang 生成的 AST 所占用的内存是 GCC 的 1/5 左右。

3）模块化设计：Clang 采用基于库的模块化设计，易于进行集成及其他用途的重用。

4）诊断信息可读性强：在编译过程中，Clang 创建并保留了大量详细的元数据（metadata），这有利于调试和错误报告。

5）设计清晰简单，容易理解，而且易于扩展增强。

使用 LLVM 中间表示（LLVM IR）统一中间代码。如果要支持新的编程语言，则需要实现新的前端（新增了 Swiftc 前端）。图 3.13 为 LLVM 编译流程分析。

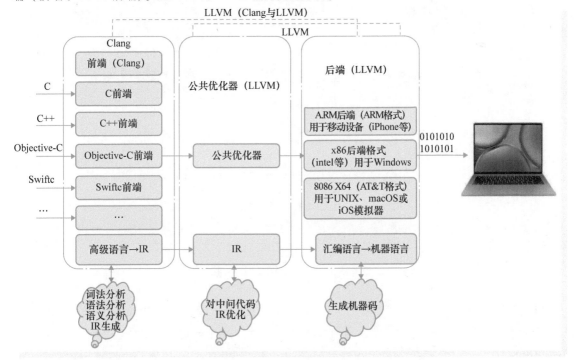

● 图 3.13 LLVM 编译流程分析

3.5 LLVM 与 GCC 的区别

有一种说法，GCC 的代码很难被复用到其他项目中。但是，GCC 和基于 LLVM 实现的编译器其实都是分为前端、优化器、后端模块的，为什么 GCC 的代码就不能被复用呢？

这就是 LLVM 设计的精髓所在：完全模块化。就拿优化器来说，典型的优化类型（LLVM 优化器中称为 Pass）有代码重排、函数内联、循环不变量外移等。在 GCC 的优化器中，这些优化类型实现在一起，形成一个整体，要么不用，要么都用；或者可以通过配置只使用其中一些优化类型。而 LLVM 的实现方式是，每个优化类型独立成为一个模块，而且每个模块之间尽可能相互独立，这样就可以只将需要的优化类型编译进程序中，而不是把整个优化器都编译进去。

在核函数中，并不是所有线程一起启动并执行的，核函数的执行以线程束（Warp）为单位，Warp 的执行由 Warp 调度器进行调度，一个调度器只能调度一个 Warp 去执行指令，一个 Warp 里的所有线程几乎是同时执行的。

以一个 Warp 调度器为例：图 3.14 为对偶 Warp 调度器。假设一个核函数开启了 128 个线程，那么它们被划分成 16 个 Warp。

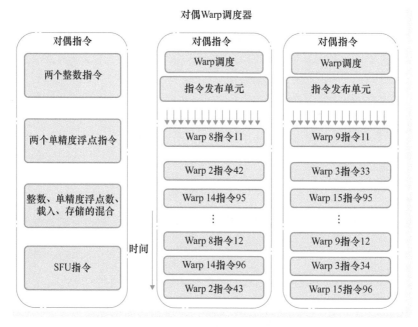

● 图 3.14 对偶 Warp 调度器

LLVM 的实现方法是用一个类来表示一个优化类型，所有优化类型都直接或者间接继承自一个称为 Pass 的基类，并且大多数优化类型都是自己占用一个 .cpp 文件，且位于一个匿名命名空间中，这样别的 .cpp 文件中的类便不能直接访问，只能通过一个函数获取到实例，这样 Pass 之间就不会存在耦合，如下面代码所示：

```
namespace {
 class Hello : publicFunctionPass {
 public:
   // 输出正在优化的 LLVM IR 中的函数名称
   virtual boolrunOnFunction(Function &F) {
cerr << "Hello: " << F.getName() << "\n";
     return false;
   }
 };
}
FunctionPass * createHelloPass() { return new Hello(); }
```

这里的每个.cpp 文件都会被编译成一个目标文件（.o 文件），然后被打包进一个静态链接库.a 文件中。当第三方需要使用其中一些优化类型时，只需要选择它们需要的。由于这些优化类型都是独立于.a 文件的一个.o 文件，因此只有真正被用到的.o 文件才会被链接进入目标程序，这就实现了用多少取多少的目标，不搞搭售。而如果第三方还有自己独特的优化要求，那么按照同样的方法实现一个优化即可。

LLVM 是一堆库与机制（mechanism）的组合，可将源代码整体框架编译，但不能编译任何代码。而编译什么代码、怎么编译、怎么优化，以及怎么生成这些策略，均由用户自定义。如 Clang 使用 LLVM 制定了编译 C 代码的策略，Clang 可称为驱动（driver）。

图 3.15 是 Clang/LLVM 的简单架构。最初，LLVM 的前端是 GCC，后来 Apple 公司自己开发了一套 Clang，把 GCC 取代了，不过现在带有 DragonEgg 的 GCC 还是可以生成 LLVM IR 的，也同样可以取代 Clang 的功能，甚至可以开发自己的前端，与 LLVM 后端配合，实现自定义编程语言的编译器。

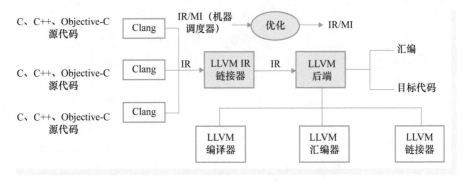

● 图 3.15　Clang/LLVM 的整体流程架构

LLVM IR 是 LLVM 的中间表示，大多数优化都依赖于 LLVM IR 展开。把优化模块单独放在一起，是为了简化图的内容。LLVM 的设计思想是，优化可以渗透到整个编译流程的各个阶段，比如编译时、链接时、运行时等。

在 LLVM 中，IR 有下列三种表示。

1）第一种表示是可读的 IR，类似于汇编代码，但其实介于高级语言和汇编语言之间。这种表示就是给人看的，而磁盘文件扩展名为.ll。

2）第二种表示是不可读的二进制 IR，被称作代码（bitcode），而磁盘文件扩展名为.bc。

3）第三种表示是一种内存格式，只保存在内存中，所以谈不上文件格式和文件扩展名。这种表示是 LLVM 之所以编译快的一个原因，而不像 GCC，每个阶段结束都会生成一些中间过程文件，同时编译的中间数据都是这第三种表示的 IR。

三种表示是完全等价的，可以在 Clang/LLVM 工具的参数中指定生成上述这些文件（默认不生成，而且对于非编译器开发人员来说，也没必要生成），也可以通过 llvm-as 和 llvm-dis，在前两种文件格式之间做转换。

llvm-as 就是 LLVM 的汇编器。它会将 LLVM IR 转为 LLVM bitcode（就像把普通的汇编代码转成可执行文件）。它以 LLVM IR 作为输入、以.bc 文件作为输出。

llvm-as 示例：$ llvm-as test.ll -o test.bc。

代码解释：-o <filename>表示输出到目标文件。

LLVM bitcode（也称为字节码——bytecode）由两部分组成：位流（bitstream，可类比字节流），以及将 LLVM IR 编码成位流的编码格式。其作用是将 LLVM 位代码文件转换为目标机器的汇编代码。

LLVM 位代码示例：$ llc test.bc -o test.s。

llvm-dis 即 LLVM 反汇编器，使用 LLVM 位代码文件作为输入，输出 LLVM IR。其作用是把 .bc 文件转换为 LLVM IR。

llvm-dis 示例：$ llvm-dis test.bc -o test.ll。

llvm-link 是 IR 的链接器，而不是 GCC 中的链接器。为了实现链接时优化，LLVM 在前端（Clang）生成单个代码单元的 IR 后，先将整个工程的 IR 都链接起来，然后做链接时优化。把生成的.bc 文件变成一个单一的、包含了所有所需引用的位代码文件，即链接.bc 文件。llvm-link 工具的功能和传统的链接器一致：如果一个函数或者变量在一个文件中被引用，却在另一个文件中定义，那么链接器会解析这个文件中引用的符号。但实现方式和传统的链接器不同，llvm-link 不会链接对象文件生成一个二进制文件，它只链接位代码文件。

LLVM 后端是 LLVM 真正的后端，称为 LLVM 核心，包括编译、汇编、链接这一套操作，最后生成汇编文件或者目标代码。LLVM 编译器和 GCC 中的编译器不一样，LLVM 编译器只是编译 LLVM IR。

GCC 的汇编器，输入的是汇编代码，输出的是目标文件，实际上相当于 LLVM 中的 llvm-mc（它是 Clang 中的工具，但 Clang 默认不用这个工具，而会调用相同的库执行汇编指令的降级优化和发送操作）。

llvm-mc 是一个使用 MC（机器码）框架来实现汇编器和反汇编器的工具。在 llvm-mc 内部，MCInst 用于在二进制和文本格式间进行翻译。此时，工具并不关心是什么编译器产生的汇编或者目标文件。

MCInst 是一个比较简单的格式。MCInst 尽可能地去除语义信息，只保存指令的操作码和操作数。像 LLVM IR 一样，它也是一个内部的表示，可以有不同的编码格式，经常使用的是汇编和二进制文件。

GCC 的链接器，输入的是目标文件，而输出的是最终可执行文件。它相当于 LLVM 中的链接器，称作 LLD，但仍然不成熟，所以 Clang 驱动程序调用的链接器仍然是系统链接器，可以选择使用 GCC 的 ld。

MI 表示 MIScheduler，即机器调度器，可辅助 LLVM 调度优化。

3.6 LLVM IR

▶▶ 3.6.1 什么是 LLVM IR

LLVM IR 可以这样定义：

1）LLVM IR 本质上是一种与源编程语言和目标机器架构无关的通用中间表示；

2）LLVM IR 是一种类似于 RISC 的低级虚拟指令集；

3）LLVM IR 是使用简单类型系统的强类型（例如，i32 是一个 32 位整数，i32＊＊是指向 32 位整数的指针）；

4）LLVM IR 不会使用一组固定的命名寄存器，而是使用一个名为%字符（%+字符形式）的无限临时集合；

5）LLVM IR 被设计成三种不同的形式，即内存编译器 IR、磁盘二进制文件（.bc 文件）的表示（适合即时编译器的快速加载）和可读的汇编语言文件（.ll 文件）表示。

▶▶ 3.6.2 LLVM IR 编译流程

前端经过词法分析、语法分析后生成 AST。

接着进行语义分析，而语义分析是编译过程的一个逻辑阶段，并且语义分析的任务是对结构上正确的源程序进行上下文有关性质的审查，同时进行类型审查。语义分析审查源程序有无语义错误，并且为代码生成阶段收集类型信息。

随后进行中间代码生成（Intermediate Code Generation），即生成 IR。

在编译过程中，LLVM 前端是通过 Clang 解析出 IR 的过程，而 LLVM 后端是 IR 转换成目标机器码的过程。前端的输出或后端的输入称为 LLVM IR，而前、后端包括桥接语言，如图 3.16 所示。

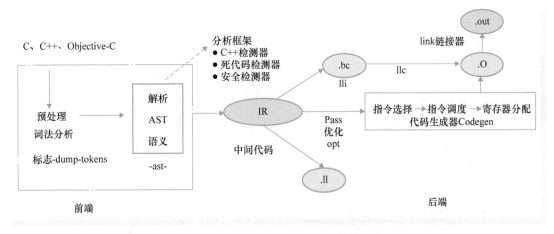

● 图 3.16 LLVM 前、中、后端编程流程

前端 Clang 负责解析、验证和诊断输入代码中的错误，将解析的代码转换为 LLVM IR，后端 LLVM 编译把 IR 进行一系列改进代码的分析和优化，然后发送到代码生成器，生成本机机器代码。

无论编译的是 Objective-C 还是 Swift，也无论对应的硬件平台是什么类型，LLVM 里唯一不变的就是中间语言 LLVM IR，与用何种语言开发无关。如果开发一个新语言，那么只需要在完成语法解析后，通过 LLVM 提供的接口生成 IR，然后就可以直接在各个不同的平台上运行了。

图 3.17 为 Clang 与 Swift 编译过程。

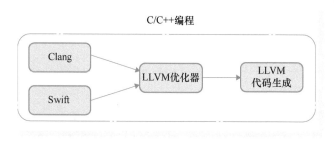

● 图 3.17 Clang 与 Swift 编译过程

相比 Clang，Swift 新增了对 SIL（Swift Intermediate Language）的处理过程。而 SIL 是 Swift 引入的新的高级中间语言，可用以实现更高级别的优化。

LLVM IR 有以下三种表示：

1）第一种是.bc 扩展名，位代码的存储格式；

2）第二种是可读的 .ll 文件格式；

3）第三种是用于开发时操作 IR 的内存格式。

Swift 源代码经过词法分析、语法分析和语义分析后生成 AST。SILGen 获取 AST 后生成 SIL，此时的 SIL 称为 Raw SIL。在经过分析和优化后，生成 Canonical SIL。最后，IRGen 在将 Canonical SIL 转化为 LLVM IR 后交给优化器和后端处理。

▶▶ 3.6.3 如何得到 IR

这里先在 factorial.c 文件中以尾递归实现阶乘函数，然后在 main.cpp 文件的 main 函数中调用阶乘函数，实现代码如下所示：

```
// factorial.c
int factorial(int val, int total) {
  if(val==1) return total;
  return factorial(val-1, val * total);
}
// main.cpp
extern "C" int factorial(int);
int main(intargc, char ** argv) {
    return factorial(2, 1) * 7 == 42;
}
```

这里 LLVM IR 包括两种等价格式，分别是.bc（Bitcode）与人可理解的.ll 文件。并且，可通过命令得到这两种 IR 文件。实现命令如下所示：

```
$ clang -S -emit-llvm factorial.c # factorial.ll
$ clang -c -emit-llvm factorial.c # factorial.bc
```

可用 grep 命令查看 Clang 参数。

```
$ clang --help | grep -w -- -[Sc]
-c 只运行预处理、编译及汇编步骤
-S 只运行预处理与编译步骤
```

这两种格式等价，可以相互转换。

```
$llvm-as factorial.ll # factorial.bc
$llvm-dis factorial.bc # factorial.ll
```

对于.cpp 文件，将 Clang 换成 Clang++即可。

```
$ clang++ -S -emit-llvm main.cpp # main.ll
$ clang++ -c -emit-llvm main.cpp # main.bc
```

▶▶ 3.6.4　IR 文件链接

图 3.18 展示了 LLVM 编译代码 pipeline，利用不同高级语言对应的前端（这里 C 和 C++的前端都是 Clang）将源代码转换成 LLVM IR，再进行优化，链接后，传给不同目标的后端，编译成特定目标的二进制代码。IR 是 LLVM 对代码的一种中间表示，看下面这条命令：

```
$llvm-link factorial.bc main.bc -o linked.bc # lined.bc
```

● 图 3.18　LLVM 编译代码 pipeline

这里 llvm-link 将两个 IR 文件链接起来，factorial.bc 是 C 语言代码转成的 IR，main.bc 是 C++语言代码转成的 IR，到了 IR 这个级别，高级语言间的差异消失了，可以相互链接。进一步可以将链接得到的 IR 转成目标相关的代码。实现代码如下所示：

```
llc --march=x86-64 linked.bc # linked.s
```

▶▶ 3.6.5　IR 文件编译流程

IR 是 LLVM 的"发动机"，现在看下面的命令：

```
llvm-link factorial.bc main.bc -o linked.bc # lined.bc
```

llvm-link 链接两个 IR 文件：factorial.bc 与 main.bc，它们分别是 C 和 C++语言代码转换而成的 IR。可将 IR 转成目标代码，实现代码如下所示：

```
llc --march=x86-64 linked.bc # linked.s
```

图 3.19 为 IR 文件的编译处理流程。图 3.20 为简化的 IR 布局流程。

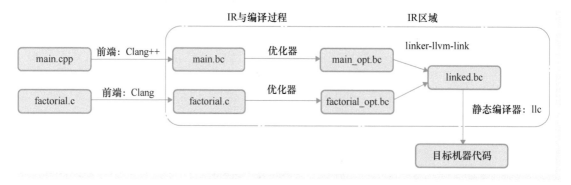

● 图 3.19　IR 文件的编译处理流程

● 图 3.20　简化的 IR 布局流程

▶▶ 3.6.6　IR 语法中的关键字

IR 语法中的关键字介绍如下。

1) 注释以分号（;）开头。

2) 以@开头表示全局标识符，以%开头表示局部标识符。

3) alloca，在当前函数栈中进行内存分配。

4) i32，32bit，即 4B。

5) align，内存对齐。

6) store，写入数据。

7) load，读取数据。

3.7　词法分析与语法分析

▶▶ 3.7.1　词法分析

词法分析是计算机科学中将字符序列转换为标记（token）序列的过程。进行词法分析的程序或者函数称为词法分析器（Lexical analyzer，简称 Lexer），也称为扫描器（Scanner）。词法分析器一般以函数的形式存在，供语法分析器调用。完成词法分析任务的程序称为词法分析程序或词法分析器（扫描器）。

词法分析阶段是编译过程中的第一个阶段，是编译的基础。这个阶段的任务是从左到右一个个字符地读入源程序，即对构成源程序的字符流进行扫描，然后根据构词规则识别单词（也称单词符号或符号）。词法分析程序可实现这个任务。词法分析程序可以使用 Lex 等工具自动生成。

词法分析是编译程序时的第一个阶段且是必要阶段。词法分析的核心任务是扫描、识别单词且对识别出的单词给出定性、定长的处理。常见的实现词法分析程序的途径有自动生成与手动生成。

词法分析的步骤包括输入、扫描、分析、输出。

首先接收字符串形式的源程序，然后按照源程序的输入次序依次扫描源程序，可在扫描的同时根据语言的词法规则，识别出具有独立意义的单词，并产生与源程序等价的标记流。词法分析的特点：

1) 只要不修改接口，词法分析器所做的修改就不会影响整个编译器，且词法分析器易于维护。

2) 整个编译器结构简单、清晰。

3) 可以采用有效的方法和工具进行处理。

关于词法分析，生成 token 符号的方式如下所示：

```
$ clang -fmodules -E -Xclang -dump-tokens main.m
```

可将代码分成多个 token 小单元，实现代码如下所示：

```
void test(int a, int b){
    int c=a+b-3;
 }


void'void' [StartOfLine]  Loc=<main.m:18:1>
identifier'test'  [LeadingSpace]Loc=<main.m:18:6>
l_paren'('  Loc=<main.m:18:10>
int'int'   Loc=<main.m:18:11>
identifier'a' [LeadingSpace]Loc=<main.m:18:15>
```

```
comma ','      Loc=<main.m:18:16>
int 'int'      [LeadingSpace]Loc=<main.m:18:18>
identifier 'b' [LeadingSpace]Loc=<main.m:18:22>
r_paren ')'    Loc=<main.m:18:23>
l_brace '{'    Loc=<main.m:18:24>
int 'int'      [StartOfLine][LeadingSpace]  Loc=<main.m:19:5>
identifier 'c' [LeadingSpace]Loc=<main.m:19:9>
equal '='      [LeadingSpace]Loc=<main.m:19:11>
identifier 'a' [LeadingSpace]Loc=<main.m:19:13>
plus '+'       [LeadingSpace]Loc=<main.m:19:15>
identifier 'b' [LeadingSpace]Loc=<main.m:19:17>
minus '-'      [LeadingSpace]Loc=<main.m:19:19>
numeric_constant '3'  [LeadingSpace]Loc=<main.m:19:21>
semi ';'       Loc=<main.m:19:22>
r_brace '}'  [StartOfLine]  Loc=<main.m:20:1>
eof ''       Loc=<main.m:20:2>
```

这里将词法分析代码拆分成单词，而后面的数字表示某一行的第几个字符。

▶▶ 3.7.2　AST 结构分析

语法分析是编译过程中的一个逻辑阶段。语法分析的任务是在词法分析的基础上，将单词序列组合成各类语法短语，如"程序""语句""表达式"等。语法分析程序判断源程序在结构上是否正确，而源程序的结构由上下文无关文法描述。语法分析程序可以用 YACC（Yet Another Compiler Compiler）等工具自动生成。

完成语法分析任务的程序称为语法分析器，或语法分析程序。按照源语言的语法规则，可从词法分析的结果中识别出相应的语法范畴，同时进行语法检查。

关于语法分析，生成语法树的实现代码如下所示：

```
(AST,Abstract Syntax Tree): $ clang -fmodules -fsyntax-only -Xclang -ast-dump main.m
```

生成的语法树如下：

```
|-FunctionDecl 0x7fa1439f5630 <line:18:1, line:20:1> line:18:6 test 'void (int, int)'
| |-ParmVarDecl 0x7fa1439f54b0 <col:11, col:15> col:15 used a 'int'
| |-ParmVarDecl 0x7fa1439f5528 <col:18, col:22> col:22 used b 'int'
| `-CompoundStmt 0x7fa142167c88 <col:24, line:20:1>
|   `-DeclStmt 0x7fa142167c70 <line:19:5, col:22>
|     `-VarDecl 0x7fa1439f5708 <col:5, col:21> col:9 c 'int' cinit
|       `-BinaryOperator 0x7fa142167c48 <col:13, col:21> 'int' '-'
|         |-BinaryOperator 0x7fa142167c00 <col:13, col:17> 'int' '+'
|         | |-ImplicitCastExpr 0x7fa1439f57b8 <col:13> 'int' <LValueToRValue>
|         | | `-DeclRefExpr 0x7fa1439f5768 <col:13> 'int' lvalue ParmVar 0x7fa1439f54b0 'a' 'int'
|         | `-ImplicitCastExpr 0x7fa1439f57d0 <col:17> 'int' <LValueToRValue>
|         |   `-DeclRefExpr 0x7fa1439f5790 <col:17> 'int' lvalue ParmVar 0x7fa1439f5528 'b' 'int'
|         `-IntegerLiteral 0x7fa142167c28 <col:21> 'int' 3
`-<undeserialized declarations>
```

语法通常表示成四元组：$G[S] = (V_T, V_N, S, \xi)$

V_T：终结符号集。

V_N：非终结符号集。

S：语法开始符号，这是一个特殊的非终结符号集。

ξ：产生式的集合。

图 3.21 为 AST 结构分析。

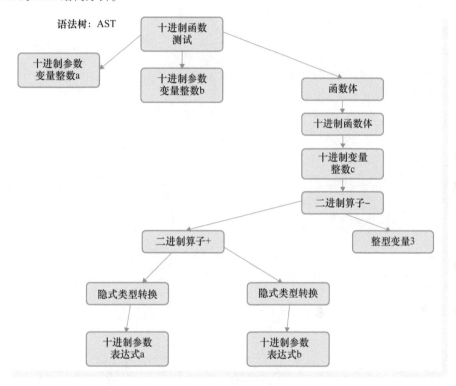

● 图 3.21　AST 结构分析

这里 LLVM IR 有以下 3 种等价形式。

1）text：文本格式，类似于汇编语言，拓展名为.ll（$ clang -S -emit-llvm main.m）。

2）memory：内存格式。

3）bitcode：二进制格式，拓展名为.bc（$ clang -c -emit-llvm main.m）。

如以 text 形式编译，可查看如下代码所示：

```
; Function Attrs: noinline nounwind optnone ssp uwtable
define void @test(i32, i32) #2 {
  %3=alloca i32, align 4
  %4=alloca i32, align 4
  %5=alloca i32, align 4
  store i32 %0, i32 * %3, align 4
  store i32 %1, i32 * %4, align 4
```

```
%6=load i32, i32 * %3, align 4
%7=load i32, i32 * %4, align 4
%8=addnsw i32 %6,%7
%9=subnsw i32 %8, 3
store i32 %9, i32 * %5, align 4
ret void
}
```

这里包括两种运行指令集实现方式：

1）单周期循环（Single Cycle，即单循环）；

2）多周期循环（Multi Cycle，即多循环）。

在确定具体微架构之前，有必要了解一下指令是如何执行的。

指令的执行过程大致有 5 个步骤：

1）取指令；

2）分析指令；

3）取数据；

4）进行操作；

5）写回结果。

图 3.22 所示为单循环与多循环。

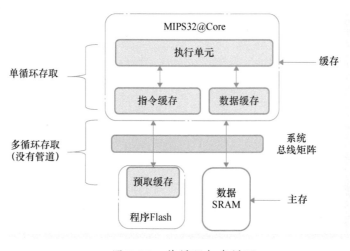

● 图 3.22 单循环与多循环

3.8 交叉编译器

▶▶ 3.8.1 主机与目标机

编译器可将源代码转换为可执行代码。编译器与输出的新程序运行在计算机上。

进行编译的计算机称为主机，而执行新程序的计算机称为目标机。当主机与目标机类型相同时，编译器实际上就是本机编译器。当主机与目标机不同时，编译器是交叉编译器。图 3.23 为 Linux 编译架构。

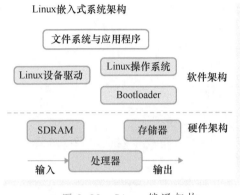

Linux嵌入式系统架构

● 图 3.23 Linux 编译架构

▶▶ 3.8.2 为什么要交叉编译

某些设备构建计算机，可获取目标硬件（或模拟器），并且触发 Linux 发布，同时进行本地编译。但对于 Linux 路由器来说，就会有以下缺陷。

1）速度：目标平台比主机慢。

2）性能：编译相当耗资源。通常目标平台没有大内存与磁盘空间；同时构建不用资源的复杂库包。

3）可用性：在未运行过的硬件平台上运行 Linux 时，需要交叉编译器。

4）灵活性：Linux 发布涉及数百个软件包，但交叉编译依赖主机发布。交叉编译要构建部署目标包，而不是花时间获取并在目标系统上运行。

5）便利性：不友好的用户界面，造成调试中断不方便。

图 3.24 为交叉编译示例。

```
#ls
ARM_Tools ARM_Tools.tar.gz led.lds led.S Makefile
#arm-linux-gcc -g -c led.S
                                编译
#ls
ARM_Tools ARM_Tools.tar.gz led.lds led.c led.S Makefile
#arm-linux-ld -Tled.ids -o led.elf led.o
                                            链接
#ls
ARM_Tools ARM_Tools.tar.gz led.elf led.lds led.o led.S
Makefile
#arm-linux-objcopy -0 binary -S led.elf led.bin
#ls                      可烧录文件   二进制     格式转换
ARM_Tools led.bin led.lds led.S
ARM_Tools.tar.gz led.elf led.o led.S Makefile

#make clean   清除编译、链接、格式转换产生的文件
rm *.o led.elf led.bin
#ls
ARM_Tools ARM_Tools.tar.gz led.lds led.S Makefile
#make   编译、链接、格式转换产生可烧录文件
arm-linux-gcc -g -c led.o -c led.S
arm-linux-ld -Tled.lds -o led.elf led.o
arm-linux-objcopy -0 binary led.elf led.bin
#ls
ARM_Tools led.bin led.lds led.S
ARM_Tools.tar.gz led.elf led.o led.S Makefile
#
```

● 图 3.24 交叉编译示例

▶▶ 3.8.3 交叉编译难点

1. 交叉编译程序本身与构建系统问题

大多数程序都是在本地编译的。交叉编译时会在以下两方面遇到问题：程序本身与构建系统。这里程序本身问题会影响包括本机与交叉构建在内的所有非 x86 目标。并且大多数程序都要求匹配相关平台，否则程序将无法运行。常见的假设包括以下内容。

1）字的大小：将指针复制到整型数据，可能会在 64 位平台上丢失数据，通过判断乘以 4 的结果不是 sizeof（long），可确定 malloc 的大小不好。而整数溢出会导致细微安全漏洞。

2）端序：各系统在内部存储二进制数据的方式不同，因此，读取整型或浮点型数据时可能需要转换。

3）对齐：包括 ARM 在内的某些平台要求从 4 字节偶数倍地址开始读写整数，否则会出现段错误。

4）默认配置：默认为有符号或无符号的 char 数据类型，但会导致一些错误。可提供编译器参数，如"-funsigned-char"，能强制默认值为已知值。

5）NOMMU：没有内存管理单元的目标平台，需要配置一些信息。需要配置 vfork，不配置 fork，由于只有某些类型的 mmap 工作，因此，堆栈不会动态增长。

2. 交叉编译流程困难

编译过程涉及预处理、编译、汇编、链接等功能。每个功能都由一个单独的工具来实现，并且合在一起形成了一个完整的工具集。同时编译过程又是一个有先后顺序的流程，必然牵涉到工具的使用顺序，而各个工具按照先后关系串连在一起，就形成了一个链式结构。

因此，交叉编译链就是为了编译跨平台体系结构的程序代码而形成的，它是由多个工具构成的一个完整的工具集。同时，隐藏了预处理、编译、汇编、链接等细节，当指定了 C 源文件（.c）时，会自动按照编译流程调用不同的工具，并且自动生成最终的二进制程序映像（.bin）。

注意：从严格意义上来说，交叉编译器，只是指交叉编译的 GCC，但实际上，为了方便，交叉编译器就是交叉工具链。本书对这两个概念不加以区分，它们都是指编译链。实际上，编译过程是按照不同的功能，依照先后顺序组成的一个复杂的流程。

图 3.25 为交叉编译代码调用过程。

图 3.26 为交叉编译框架流程。交叉编译有以下一系列流程问题。

● 图 3.25 交叉编译代码调用过程

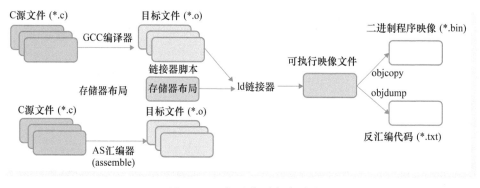

● 图 3.26 交叉编译框架流程

1）配置问题：具有单独配置步骤的包（标准 configure/make/make install 的"./configure"部分）在本机编译时可移植。而交叉编译时，会给出错误的结果。

2）HOSTCC 与 TARGETCC：构建过程需要在主机系统上编译运行，如配置测试，或生成代码程序（如创建 .h 文件的 C 程序，在 main 构建期间调用#include 引用库）。而用主机编译器替代目标编译器时，会破坏正在构建的运行库，因为这种库需要访问主机与目标编译器。

3）工具链泄漏：那些不完善的交叉编译工具链会将主机内容泄漏到已编译程序中，尽管易于检测，但难以诊断与修复故障。

4）共享库：在编译时，动态链接的程序需要访问适当的共享库。目标系统的共享库，需要添加到交叉编译工具链中，以便程序可以链接到。

5）测试：本机构建提供了方便的测试环境。在交叉编译时，需要配置引导，包括加载程序、内核、根文件系统与共享库。

3.9　后端开发

▶▶ 3.9.1　XLA 后端分析

XLA 能提供抽象接口，用来运行 TensorFlow 图形。而且大多数实现如下：

1）CPU 体系结构，而 XLA 并未正式支持，无论是否存在 LLVM 后端；

2）现有 LLVM 的非 CPU 类硬件后端；

3）没有现有 LLVM 的非 CPU 类硬件后端。

▶▶ 3.9.2　SSA 问题分析

用 factor 表示处理表达式中的操作数，而且操作数可以是单个 NUMBER_TOKEN 类型的 Token 对象，或者 OP_LEFT_PARENT_TOKENL 类型的标志对象。

若用 IR 实现 factorial 函数，则实现代码如下所示：

```
int factorial(int val) {
  int temp=1;
  for (int i=2; i <= val; ++i)
  temp * = i;
  return temp;
}
```

这里 factorial 函数是一个递归调用过程函数，主要用于计算给定数的阶乘。按照 C 语言规则，可循环实现的 factorial 阶乘函数的编译，如图 3.27 所示。

这里运行 opt-verify <filename>命令，会发现%temp 与%i 多次赋值了，表明不合法。如果把第二处的%temp 和%i 换掉，如图 3.28 所示，那么，循环实现的 factorial 阶乘函数的编译会得到改进，同时返回值是 1。

这里实现递归的方式是通过跳转指令而非函数的再次调用，而在函数 factorial 执行的整个过程中，栈内存中仅有对应的一个栈帧（由调用 factorial 的函数通过调用指令创建）。

```
int factorial （int val) {
int temp = 1;
for(int i =2; i <= val; ++i)
  temp *= i;
return temp;
}

define i32 @factorial(i32 %val) {
entry:
   %i = add i32 0, 2
   %temp = add i32 0, 1
   br label %check_for_condition
check_for_condition:

%i_leq_val = icmp sle i32 %i, %val
br i1 %i_leq_val, label %for_body, label %end_loop
for_body:

You wish you could do this ...
%temp = mul i32 %temp, %i
%i  = add i32 %i, 1
```

```
int factorial （int val) {
int temp = 1;
for(int i =2; i <= val; ++i)
  temp *= i;
return temp;
}

define i32 @factorial(i32 %val) {
entry:
   %i = add i32 0, 2
   %temp = add i32 0, 1
   br label %check_for_condition
check_for_condition:

%i_leq_val = icmp sle i32 %i, %val
br i1 %i_leq_val, label %for_body, label %end_loop
for_body:
So you do this ...
%new_temp = mul i32 %temp, %i
%i_plus_one  = add i32 %i, 1
br label %check_for_condition
end_loop:
ret i32 %temp
}
```

● 图 3.27　循环实现的 factorial 阶乘函数的编译 ● 图 3.28　循环实现的 factorial 阶乘函数的编译的改进

如果尝试尾递归调用优化，会有什么结果呢？

在 factorial 函数的第一种实现方式中，由于函数的前一次调用结果依赖于函数下一次调用的返回值，会导致存放在栈帧中的局部变量 num 的值无法被清理，因此编译器无法通过消除历史函数调用栈帧的方式来模拟函数的递归调用过程。

这就是尾递归调用优化以"递归调用语句必须作为函数返回前的最后一条语句"为前提条件的原因。在这种情况下，编译器才能够确定函数的返回值没有被上一个栈帧所使用。

不过，现代编译器具备非强的程序执行流分析能力。在很多情况下，能够直接提取程序中可以使用循环进行表达的部分，同时避免调用指令的过程。因此，至于编译器是否采用了尾递归调用优化，在大多数情况下已经很难直接从程序对应的汇编代码中看出来了。

根据编译器实现尾递归调用优化的理论基础，要尽可能地从代码层面优化程序。但实际执行时的效果如何，就要取决于具体编译器的能力了。毕竟，与如今强大的 GCC 与 Clang 等编译器相比，还有很多开源编译器甚至连基本的 C 标准特性都没有完全支持。

使用尾递归调用优化，可以减少函数调用栈帧的创建与销毁次数，而这个过程涉及寄存器的保存与恢复、栈内存的分配与释放等。但需要注意的是，尾递归调用优化的效果在那些函数体本身较小，且递归调用次数较多的函数上体现得更加明显。需要平衡的一点是：函数自身的执行时间与栈帧的创建和销毁时间，二者哪个占比更大。很明显，选择优化对性能影响更大的因素，通常会得到更大的收益。

▶▶ 3.9.3　目标信息代码分析

示例 linked.ll 解析文件头，实现代码如下所示：

```
;ModuleID = linked.bc
source_filename =llvm-link
```

```
targetdatalayout = e-m:e-i64:64-f80:128-n8:16:32:64-S128
target triple = x86_64-unknown-linux-gnu
```

ModuleID=linked.bc 指明了模块 ID，source_filename 说明模块是如何编译得到的（main.ll 的值是 main.cpp），并且模块是由 llvm-link 链接得到的。

目标信息的主要模块结构如图 3.29 所示。

● 图 3.29　目标信息的主要模块结构

3.10　LLVM 示例实践

▶▶ 3.10.1　如何在 ARM 上编译 LLVM/Clang

1. 关于在 ARM 上构建 LLVM/Clang 环境的说明

ARM 包含多种 CPU，而且主要基于 ARMv 架构芯片。同时使用 ARM 开发板上的 Ubuntu 操作系统。

2. 编译方案

（1）在发布模式下构建 LLVM/Clang

最好在发布模式下构建 LLVM/Clang，因为消耗的内存更少。否则，构建过程很可能会因为内存不足而失败。而只构建相关后端（ARM 和 AArch64）也要快得多，因为不太可能使用 ARM 开发板交叉编译到其他平台。如果正在运行 compiler-rt 实时编译器测试，则需要同时包括 x86 后端，否则某些测试将失败。

```
cmake $LLVM_SRC_DIR -DCMAKE_BUILD_TYPE=Release \
                -DLLVM_TARGETS_TO_BUILD="ARM; X86; AArch64"
```

可以使用的其他选项包括以下内容。

1）用 Ninja 替代 Make：-G Ninja。

2）使用断言构建：-DLLVM_ENABLE_ASSERTIONS=True。

3）本地（非 sudo）安装路径：-DCMAKE_INSTALL_PREFIX=$HOME/llvm/install。

4）CPU flags 标志：DCMAKE_C_FLAGS=-mcpu=cortex-a15（对应 CXX_FLAGS）。

5）输入 make-jN 或 ninja 即可构建所有内容。使用 make-jN check all 或 ninja check all 将运行所有编译器测试。

（2）在内存小于或等于 1GB 的 ARM 开发板上构建 LLVM/Clang

如果在内存小于或等于 1GB 的 ARM 开发板上构建 LLVM/Clang，则需要使用 gold 而不是 GNU ld。不管怎样，设置交换分区可能是一个好主意。

```
$ sudo ln -sf /usr/bin/ld /usr/bin/ld.gold
```

（3）不稳定 ARM 开发板构建

ARM 开发板可能不稳定，开发人员也可能会体验到内核正在消失。而缓存采用 ARM 的 big.LITTLE 架构，并且采用该架构的处理器的工作速度更快，更高效。如三星 Galaxy S6、HTC M9、LG G4 等手机均采用基于 big.LITTLE 架构的处理器。为了减小这种影响，可使用小脚本，并且在所有内核上将 Linux 调度程序设置为 performance，实现代码如下所示：

```
# 执行下面的代码要求先安装包 cpufrequtils
for ((cpu=0; cpu<`grep -c proc /proc/cpuinfo`; cpu++)); do
    sudocpufreq-set -c $cpu -g performance
done
```

在构建后，关闭该选项，否则可能会烧坏 CPU。由于大多数现代内核都不需要该功能，因此只有在有问题的时候才会使用。

（4）U 盘辅助

在 SD 卡上运行 build 是可以的，但相比高质量的 U 盘，它更容易发生故障，而且 U 盘的读写速度比外部硬盘快得多。所以，应该考虑买一个高速 U 盘。在具有快速 eMMC 的系统上，这也是一个不错的选择。

（5）配置好电源供电

确保有一个像样的电源，可以提供至少 4A 的电流，如果在开发板上使用 USB 设备，这是特别重要的。而外部供电的 USB/SATA 硬盘甚至比性能好的电源更佳。

▶▶ 3.10.2　如何编写 LLVM Pass

1. 什么是 Pass

LLVM Pass 框架是 LLVM 系统的一个重要组成部分，因为 LLVM Pass 是编译器大多数有趣部分的存放处。而 Pass 通过编译器代码的结构化技术，先构建转换使用的分析结果，再执行构成编译器的转换和优化。

与通过继承定义传递接口的传统 Pass 管理器下的 Pass 不同，新 Pass 管理器下的 Pass 依赖于多态性，但没有显式接口。这里所有的 LLVM Pass 都继承自 PassInfoMixin<PassT>中的 CRTP mix。而该 Pass 应该有一个运行方法，且该方法返回一个 PreservedAnalyses，并与一个分析管理器一起接收一些 IR 单元。例如，函数 Pass 将有一个 Preserved Analyses 类示例：

```
PreservedAnalyses run(Function &F, FunctionAnalysisManager &AM);
```

这里展示构建一个 Pass 的过程，包括从设置构建、创建 Pass 到执行，再到测试 Pass 几个步骤。而查看现有 Pass 始终是了解细节的好方法。

LLVM 先为 CodeGen 管道使用传统的 Pass 管理器，随后处理新的 Pass 管理器。

2. 快速开始——编写 HelloWorld 程序

HelloWorld 程序旨在简单地输出正在编译的程序中存在的非外部函数的名称。实际上，这里只做检查，根本不修改程序。而其他示例代码，可以在 HelloWorld 程序源文件基础上，任意创建一个具有不同名称的 Pass。

3. 编译设置

首先，按照 LLVM 系统中的描述，配置和构建 LLVM。

随后，将重用现有目录（创建一个新目录时需要处理比想象中的更多的 CMake 文件）。可使用已创建的 CPP 文件 llvm/lib/Transforms/Utils/HelloWorld.cpp。如果想创建自定义的 Pass，可在 llvm/lib/Transforms/Utils/CMakeLists.txt 中添加一个新的源文件（假设 Pass 在 Transforms/Utils 目录中）。若已经构建了一个新的 Pass，则需要为 Pass 本身编写代码。

4. 需要编写基本代码

现在已经为新的 Pass 设置了构建流程，因此，接着只需要编写代码。

首先，需要在头文件中定义 Pass，创建 llvm/include/llvm/Transforms/Utils/HelloWorld.h 文件。该文件应包含以下模板文件：

```
#ifndef LLVM_TRANSFORMS_HELLONEW_HELLOWORLD_H
#define LLVM_TRANSFORMS_HELLONEW_HELLOWORLD_H
#include "llvm/IR/PassManager.h"
namespace llvm {
class HelloWorldPass : public PassInfoMixin<HelloWorldPass> {
public:
  PreservedAnalyses run(Function &F, FunctionAnalysisManager &AM);
};
} // LLVM 命名空间
#endif // LLVM_TRANSFORMS_HELLONEW_HELLOWORLD_H
```

再使用实际运行 Pass 的方法的声明为 Pass 创建类。这里从 PassInfoMixin<PassT>中继承并设置了更多的模板，这样就不必自定义编写了。

由于类位于 LLVM 命名空间中，因此不会损坏全局命名空间。

接下来，将创建 llvm/lib/Transforms/Utils/HelloWorld.cpp 文件，可从以下代码开始：

```
#include "llvm/Transforms/Utils/HelloWorld.h"
```

包括刚才创建的头文件。

```
using namespace llvm;
```

这一步是必需的，因为 include 文件中的函数位于 LLVM 命名空间中，只能在非头文件中完成。随后进行 Pass 的运行定义，实现代码如下所示：

```
PreservedAnalyses HelloWorldPass::run(Function &F,
    FunctionAnalysisManager &AM) {
  errs() << F.getName() << "\n";
  returnPreservedAnalyses::all();
}
```

这里只是将函数名输出到 stderr 中。Pass 管理器会确保 Pass 将在模块中的每个函数上运行。而 PreservedAnalyses 返回值表示，由于没有修改任何函数，因此在此 Pass 之后，所有分析（如支配树）仍然有效。

这就是 Pass 本身。现在为了注册 Pass，需要将其添加到几个位置。实现代码如下所示：

```
// FUNCTION_PASS 内容添加到 llvm/lib/Passes/PassRegistry.def
FUNCTION_PASS("helloworld", HelloWorldPass())
```

在 helloworld 的名称下添加了 Pass。

由于各种原因多次使用，因此 llvm/lib/Passes/PassRegistry.def 包含在 llvm/lib/Passes/PassBuilder.cpp 中。因为构造了 Pass，所以需要在 llvm/lib/Passes/PassBuilder.cpp 中添加适当的#include。

```
#include "llvm/Transforms/Utils/HelloWorld.h"
```

这些应该是 Pass 所需的所有代码，随后是编译和运行的时候了。

5. 使用 opt 运行 Pass

现在有了一个全新的 Pass，并且可以构建优化，并在 Pass 中运行一些 LLVM IR。实现代码如下所示：

```
$ ninja -C build/opt
#或者正在使用的任何构建的 system/build 目录
$ cat /tmp/a.ll
define i32 @foo() {
  %a = add i32 2, 3
  ret i32 %a
}
define void @bar() {
  ret void
}
$ build/bin/opt -disable-output /tmp/a.ll -passes=helloworld
foo
bar
```

Pass 按预期运行并输出函数的名称。

6. 测试 Pass

测试 Pass 对于防止回退非常重要。将会在 llvm/test/Transforms/Utils/helloworld.ll 中添加一个 lit 测试。实现代码如下所示：

```
$ cat llvm/test/Transforms/Utils/helloworld.ll
; RUN: opt -disable-output -passes=helloworld %s 2>&1 | FileCheck %s
; CHECK: {{^}}foo{{$}}
```

```
define i32 @foo() {
  %a = add i32 2, 3
  ret i32 %a
}
; CHECK-NEXT: {{^}}bar{{$}}
define void @bar() {
  ret void
}
$ ninja -C build check-llvm
```

这里与其他所有 LLVM 列表一起运行新测试。

7. Pass 常见问题

定义返回 true 的静态 isRequired 方法的 Pass 是必需的。实现代码如下所示：

```
class HelloWorldPass : public PassInfoMixin<HelloWorldPass> {
public:
  PreservedAnalyses run(Function &F, FunctionAnalysisManager &AM);
  static bool isRequired() { return true; }
};
```

必需的 Pass 是不能跳过的，而所需 Pass 的一个示例是 AlwaysInlinerPass，要求始终运行保留 alwaysinline 语义的程序。另外，Pass 管理器是必需的，因为可能包含其他必需的 Pass。

对于如何跳过 Pass，一个典型的示例是 optnone 函数属性，并且该属性指定不应在函数上运行优化。而所需的 Pass 仍将在 optnone 函数上运行。

▶▶ 3.10.3 基于 LLVM 的依赖分析方案

LLVM 项目是一个包含一系列分模块、可重用的编译工具的工具链。LLVM 提供了一种代码编写友好的中间表示（IR）。因此，它既可以作为多种语言的后端，又可以提供与编程语言无关的优化，以及针对多种 CPU 架构的代码生成功能。

以下示例会说明整个 LLVM 的编译过程。

```
// main.m
#include <stdio.h>
#define kPeer 3
int main(intargc, const char * argv[]) {
    int a = 1;
    int b = 2;
    int c = a + b +kPeer;
    printf("%d",c);
    return 0;
}

// 执行命令 clang -ccc-print-phases main.m 以输出
input, "main.m", objective-c
preprocessor, {0}, objective-c-cpp-output
```

```
compiler, {1}, ir
backend, {2}, assembler
assembler, {3}, object
linker, {4}, image
bind-arch, "x86_64", {5}, image
```

LLVM 整体流程如图 3.30 所示。

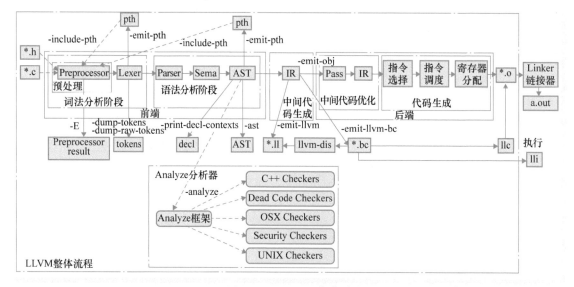

● 图 3.30　LLVM 整体流程

图 3.30 所示 LLVM 整体流程包括以下几个阶段。

（1）预处理（Preprocessor）阶段

预处理包括条件编译、源文件包含、宏替换、行控制、抛错、杂注和空指令等阶段。命令如下所示：

```
clang -E main.m
```

（2）词法分析阶段

行词法分析：将预处理过的代码转化成一个个 token，比如左括号、右括号、等于、字符串等词法变量。命令如下所示：

```
clang -fmodules -fsyntax-only -Xclang -dump-tokens main.m
```

（3）语法分析（AST）阶段

行语法分析：根据当前语言的语法，先验证语法是否正确，接着将所有节点组合成 AST。命令如下所示：

```
clang -fmodules -fsyntax-only -Xclang -ast-dump main.m
```

（4）中间代码（IR）生成阶段

CodeGen 负责对语法树从顶至下遍历，再翻译成中间代码，即 IR。其中 IR 是 LLVM 前端的输出，也是 LLVM 后端的输入，并可桥接前、后端。命令如下所示：

```
clang -S -fobjc-arc -emit-llvm main.m -o main.ll
```

（5）中间代码优化（Opt）阶段

例如，Xcode 中开启了 Bitcode，那么苹果公司产品后台获取的就是这种中间代码，苹果公司可以对 Bitcode 做进一步优化。命令如下所示：

```
clang -emit-llvm -c main.m -o main.bc
```

（6）代码生成（CodeGen）阶段

```
// 生成汇编代码
clang -S -fobjc-arc main.m -o main.s
// 生成目标文件
clang -fmodules -c main.m -o main.o
```

（7）链接成可执行文件阶段

执行阶段命令如下所示：

```
clang main.o -o main
```

其中 IR 代码生成（CodeGen）阶段，会遍历整个 AST，在此处插桩记录函数名 + 行号 + 文件路径 + 源代码哈希值等信息，以便生成依赖分析的元数据。

3.11 LLVM 数据并行、时间并行和多核并行

1. LLVM 并行计算概述

在 LLVM 中，可实现数据和时间的并行，即数据并行和任务并行。

1）数据并行（Data Parallelism）：将数据集分割成多个小部分，并在多个处理器核上同时处理这些部分。

2）任务并行（Task Parallelism）：同时执行多个独立任务。

LLVM 提供多种方法来实现这些并行策略，如 OpenMP、线程构建，以及在 LLVM IR 层面使用并行构造。

图 3.31 展示了两种处理器设计的简化视图，用于解释数据的并行性，这两种处理器分别是单线程顺序执行与多线程并行并发处理。每种处理器执行计算的一部分，该计算有条件地将常数添加到数组 A 的每个值中。

图 3.32 展示了利用数据并行性的两种处理器设计的简化视图。

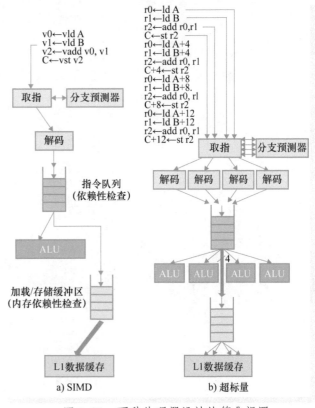

● 图 3.31　两种处理器设计的简化视图

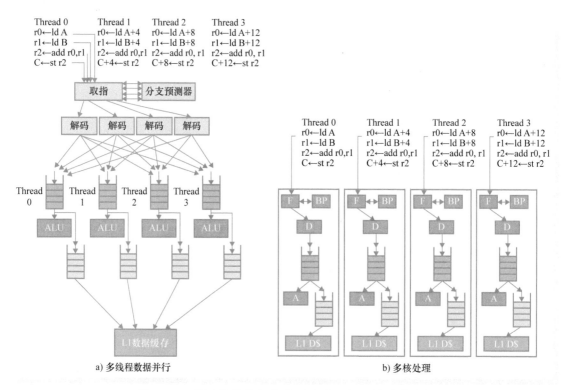

● 图 3.32 利用数据并行性的两种处理器设计的简化视图

对于存储体高速缓存的数据阵列，其中每个高速缓存行（如 CL0）都被划分为四个存储体。要访问单行，所有行索引都是相同的。对于聚集和散射，允许行索引不同。小箭头指向实体表示对示例聚集或分散的访问，如图 3.33 所示。

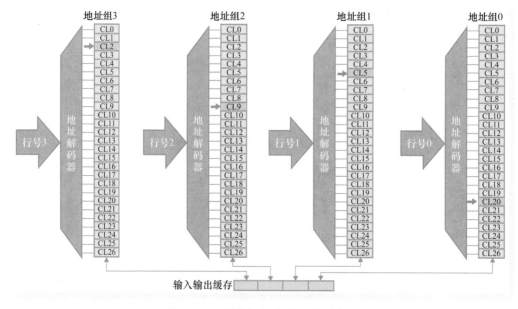

● 图 3.33 存储体高速缓存的数据阵列

图 3.34 为标量与 SIMD 寄存器文件。SIMD 寄存器保存各种数据类型：long-bit 向量；64 位、32 位和 8 位整数；双精度浮点数。

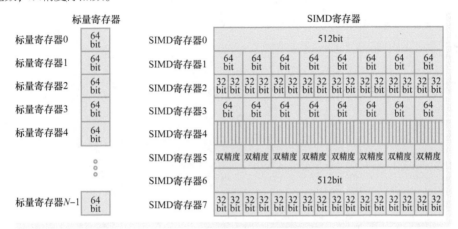

● 图 3.34　标量与 SIMD 寄存器文件

图 3.35 展示了 SIMD 混合指令器。

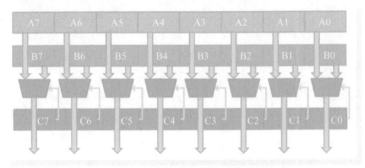

● 图 3.35　SIMD 混合指令器

图 3.36 展示了流体仿真的数据并行速度计算，可同时为所有体素计算。

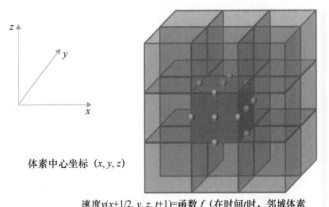

体素中心坐标 (x, y, z)

速度 $v(x+1/2, y, z, t+1)$＝函数 f（在时间 t 时，邻域体素的速度与压力；在时间 t 时，邻域表面与边沿的速度）

● 图 3.36　流体仿真的数据并行速度计算，可同时为所有体素计算

2. LLVM 并行计算示例

以下是一个简单的示例，它展示了如何在 LLVM IR 中使用并行构造。

```
;假设有一个函数 foo(int*)，它对数组进行求和
define i32 @foo(i32*) {
    %sum = alloca i32
    store i32 0, i32* %sum

    %arr = bitcast i32* %0 to i32**
    %len = load i32, i32* %arr

    ;使用线程构建实现数据并行
    %tid = call i32 @llvm.thread.id()
    %ntid = call i32 @llvm.thread.ntid.x()

    %chunk_size = udiv i32 %len, %ntid
    %start = mul i32 %tid, %chunk_size
    %end = add i32 %start, %chunk_size
br i1 %tid.0, label %for.body, label %for.end

for.body:                                  ; preds = %for.body, %entry
    %idx = phi i32 [ %start, %entry ], [ %inc, %for.body ]
    %inc = add i32 %idx, 1
    %should_continue = icmp ult i32 %idx, %end
br i1 %should_continue, label %for.body, label %for.end

for.end:                                   ; preds = %for.body, %entry
    %val = load i32, i32* %arr, align 4
    %sum_val = load i32, i32* %sum
    %new_sum = add i32 %sum_val, %val
    store i32 %new_sum, i32* %sum

    ret i32 0
}
```

在这个例子中，使用 llvm.thread.id() 和 llvm.thread.ntid.x() 内建函数来分别获取线程 ID 与线程总数，并计算每个线程的工作区间。然后，使用一个简单的 for 循环来处理该区间内的数据。这样的代码可以在多核处理器上实现真正的数据并行。

注意，LLVM 本身并不直接提供并行执行的能力，这需要结合硬件特性（如多核处理器）以及运行时系统（如 OpenMP 或其他任务调度器）来实现。上述代码是在 LLVM IR 层面上实现的示例，并不能直接运行，需要通过 LLVM 编译流程和链接到运行时库后才能执行。

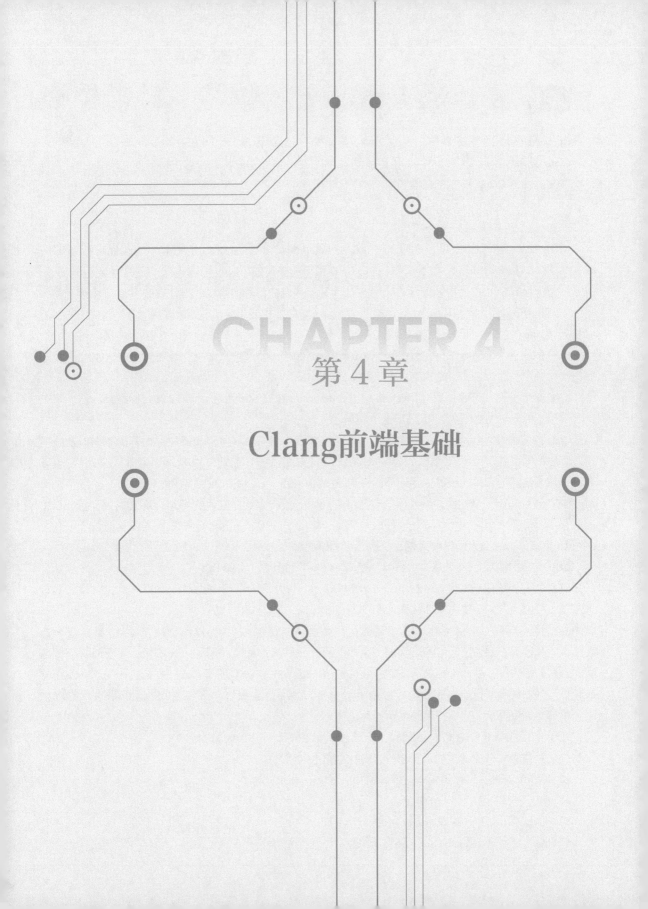

CHAPTER 4

第 4 章

Clang前端基础

4.1 编译器 Clang 会代替 GCC 吗

Clang 是一个 C 语言、C++、Objective-C 语言的轻量级编译器，遵循 BSD 协议。

Clang 具备编译速度快、内存占用小、兼容 GCC 等一些突出的特点，这使得很多工具都在使用它。下文会介绍 Clang 和 GCC 的异同。

▶▶ 4.1.1 GCC 概述

GNU（Gnu's Not UNIX）编译器套装（GNU Compiler Collection，GCC）是指一套编程语言编译器，以 GPL 及 LGPL 许可证发行的自由软件，是 GNU 项目的关键部分，也是 GNU 工具链的主要组成部分。GCC（特别是其中的 C 语言编译器）也常被认为是跨平台编译器的事实标准。1985 年，它由理查德·马修·斯托曼开始发展，现在由自由软件基金会负责维护工作。GCC 原本用 C 开发，后来因为LLVM、Clang 的崛起，开发语言转换为 C++。

GCC 的原名为 GNU C 语言编译器（GNU C Compiler），因为它原本只能处理 C 语言。GCC 在发布后很快得到了扩展，变得可处理 Fortran、Pascal、Objective-C、C++、Java、Ada、Go 与其他语言。

许多操作系统，包括许多类 UNIX 系统，如 Linux 及 BSD 家族都采用 GCC 作为标准编译器。苹果计算机预装的 macOS 操作系统也采用这个编译器。

GCC 目前由世界各地不同的数个程序员小组维护。它是目前移植到最多中央处理器架构以及最多操作系统的编译器。由于 GCC 已成为 GNU 系统的官方编译器（包括 GNU/Linux 家族），因此它也成为编译与创建其他操作系统的主要编译器，包括 BSD 家族、macOS、NeXTSTEP 与 BeOS。

GCC 通常是跨平台软件的编译器的首选。有别于一般局限于特定系统与运行环境的编译器，GCC在所有平台上都使用同一个前端处理程序，产生一样的中间代码，因此此中间代码在其他各个平台上使用 GCC 编译，有很大的机会可得到正确无误的输出程序。

GCC 支持的主要处理器架构：ARM、x86、x86-64、MIPS、PowerPC 等。

GCC 的外部接口长得像一个标准的 UNIX 编译器。用户在命令行中输入 GCC 程序名，以及一些命令参数，以便决定每个输入文件使用的个别语言编译器，并为输出代码使用适合硬件平台的汇编语言编译器，并且选择性地运行链接器以创建可执行的程序。每个语言编译器都是独立程序，此程序可处理输入的源代码，并输出汇编语言代码。全部的语言编译器都拥有共同的中介架构：一个前端解析匹配此语言的源代码，并产生抽象语法树；将此语法树翻译成为 GCC 的寄存器转换语言的后端。编译器最优化与静态代码解析技术在此阶段应用于代码上。最后，适用于此硬件架构的汇编语言代码以杰克·戴维森与克里斯·弗雷泽共同发明的算法产出。

几乎全部的 GCC 都由 C/C++写成，除了 Ada 前端大部分以 Ada 写成。

一个完整的 C++编译过程（如 g++ a.cpp 生成可执行文件），总共包含以下四个过程。

1）编译预处理，也称预编译，可以使用命令 g++ -E 执行。

2）编译，可以使用 g++ -S 执行。

3）汇编，可以使用 as 或者 g++ -c 执行。

4）链接，可以使用 g++ ×.o ×.so ×.a 执行。

这里简单介绍了 g++ 编译阶段，C++ 语法错误的检查就是在这个阶段进行的。在检查无误后，g++ 把代码翻译成汇编语言。

可以使用 -S 选项进行查看，该选项只进行编译而不进行汇编。

```
g++ -S main.ii -o main.s
```

汇编代码中生成的是和 CPU 架构相关的汇编指令，不同 CPU 架构采用的汇编指令集不同，生成的汇编代码也不一样，如图 4.1 所示。

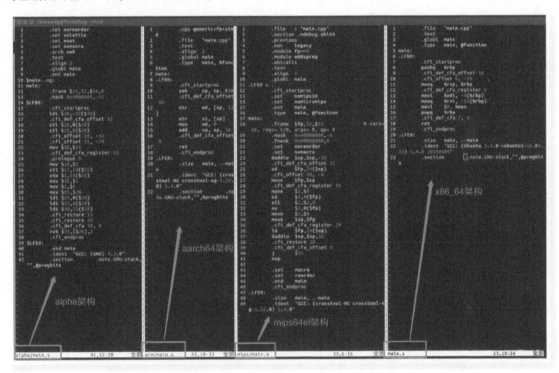

● 图 4.1　不同 CPU 架构采用的汇编指令集不同，生成的汇编代码也不同

▶▶ 4.1.2　Clang 概述

Clang 是一个 C、C++、Objective-C 和 Objective-C++ 编程语言的编译器前端。它采用底层虚拟机（LLVM）作为其后端。它的目标是提供一个 GNU 编译器套装（GCC）的替代品。Clang 的作者是克里斯·拉特纳（Chris Lattner），它在苹果公司的赞助支持下进行开发，而源代码授权则是使用类 BSD 的伊利诺伊大学厄巴纳-香槟分校开源码许可。Clang 主要由 C++ 编写。

Clang 项目包括 Clang 前端和 Clang 静态分析器等。这个软件项目在 2005 年由苹果公司发起，是 LLVM 编译器工具集的前端，目的是输出代码对应的抽象语法树，并将代码编译成 LLVM 位代码。接着在后端使用 LLVM 编译成平台相关的机器语言。

Clang 本身性能优异，其生成的 AST 所消耗的内存仅仅是 GCC 的 20% 左右。2014 年 1 月发行的 FreeBSD 10.0 将 Clang/LLVM 作为默认编译器。

测试证明，Clang 编译 Objective-C 代码时的速度为 GCC 的 3 倍，它还能针对发生的编译错误准确地给出建议。

▶▶ 4.1.3　GCC 基本设计与示例

1. GCC 基本设计

对于传统的 IPO（即链接时间优化 LTO），跨模块内联分析被延迟到链接时间，因为它是整个编译中所有模块（翻译单元）可用的第一个点。这需要对程序的所有源模块的中间表示进行序列化。

当使用 FDO（Feedback Directed Optimizations，反馈导向优化）时，会引入其他步骤。程序构建包括以下步骤：

1）使用工具构建目标程序；

2）用代表性的输入数据集运行所述工具化程序；

3）将程序配置文件转储到配置文件数据库中；

4）利用在训练过程中收集到的自定义反馈构建程序。

有了这种设计，就不需要对源模块的持久中间表示进行序列化。带有 FDO 的轻量级 IPO 构建系统场景如图 4.2 所示。可以看到，IPA 分析（模块/功能划分）阶段被合并到配置文件收集运行阶段。

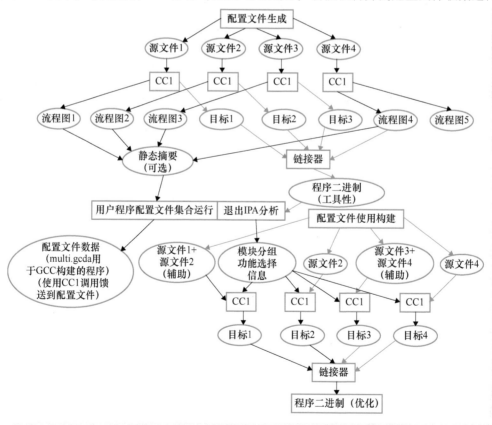

● 图 4.2　带有 FDO 的轻量级 IPO 构建系统场景

所得到的模块分组信息将在摘要文件使用编译阶段使用，以指导编译。

2. 一个简单的 GCC 例子

该小程序包含 3 个源模块，模块 b.c 包含对模块 a.c 中定义的热函数的调用，模块 c.c 包含对交流中定义的功能的冷调用。

a.c 程序：

```
int foo (int * ap, int i)
{
    return ap[i] + ap[i + 1];
}
```

b.c 程序：

```
#include <stdio.h>
#include <stdlib.h>
extern int foo (int *, int);
extern int bar (void);

int main (int argc, char * * argv)
{
    int n, i, s = 0;
    int * data;
    FILE * data_file;

    n = atoi (argv[1]);
    data = (int *) malloc (sizeof (int) * n);
    if ((data_file = fopen ("data.dat","r")) == 0)
        return -1;
    fread (data, sizeof (int), n, data_file);

    for (i = 0; i< n - 1; i++)
        s += foo (data, i);

    s += bar ();
    fprintf (stderr, "result = %d\n", s);
    return 0;
}
```

c.c 程序：

```
extern int foo (int *, int);
int a[4] = {3,4,6,10};
int bar (void)
{
    return foo (&a[0], 0) + foo (&a[2], 0);
}
```

▶▶ 4.1.4　GCC 与 Clang 的区别

除支持 C、C++、Objective-C、Objective-C++语言以外，GCC 还支持 Java、Ada、Fortran、Go 等；

当前，Clang 对 C++的支持落后于 GCC；GCC 支持更多平台；GCC 更流行，使用广泛，支持完备。

Clang 的特性：编译速度快；内存占用小；兼容 GCC；设计清晰简单、容易理解，易于扩展增强；基于库的模块化设计，易于 IDE 集成；出错提示更友好。

Clang 采用的许可证是 BSD，而 GCC 是 GPLv3。

将 GCC 与 Clang 进行特色比较：

1）GCC 支持 Clang 不支持的语言，如 Java、Ada、Fortran、Go 等；

2）GCC 比 Clang 支持更多的目标；

3）GCC 支持许多语言扩展，而对于其中一些，Clang 不能实现。

二者使用的宏不同。

1）GCC 定义的宏包括：

- __GNUC__
- __GNUC_MINOR__
- __GNUC_PATCHLEVEL__
- __GNUG__

2）除支持 GCC 定义的宏以外，Clang 还定义了：

- __clang__
- __clang_major__
- __clang_minor__
- __clang_patchlevel__

4.2 使用 Clang 静态分析器进行分析调试

4.2.1 静态分析器概述

Clang 是 LLVM 的一个前端，底层依赖于 LLVM 架构，而 Xcode 使用 Clang。

LLVM 是一个工具集，用于构建编译器、优化器、运行时环境。Clang 只是在其基础上建立的 C 语系（C/C++/Objective-C）编译器，该计划最初设想提供基于 SSA 编译策略的，支持任意编程语言的静态和动态编译，现今该计划已经发展出多个模块化的子项目，成为编译器和相关工具链的合集。

静态分析器是 Clang 项目的一部分，在 Clang 基础上构建，静态分析引擎被实现为可重用的 C++ 库，可以在多种环境下使用（Xcode、命令行、接口调用等）。静态分析会自动检查源码中的隐含 bug，并产生编译器警告。随着静态分析技术的发展，其已经从简单的语法检查，发展到深层的代码语义分析。由于使用最新的技术深入分析代码，因此静态分析可能比编译慢得多（即使启用编译优化），查找错误所需的某些算法在最坏的情况下需要指数时间。静态分析还可能会存在假阳性问题（False Positive）。如果需要更多检查器来让静态分析引擎执行特定检查，则需要在源代码中实现。

4.2.2 静态分析器库的结构

静态分析器库包含两层：

1）静态分析引擎（GRExprEngine.cpp 等）；

2）多个静态检查器（＊Checker.cpp）。

后者通过 Checker 和 CheckerVisitor 接口（Checker.h 和 CheckerVisitor.h）构建在前者之上。检查器接口设计足够简洁，以便增加更多检查器，并尽量避免涉及引擎内部繁杂的细节。

▶▶ 4.2.3　静态分析器工作原理

简而言之，分析器是一个源代码的模拟器，追踪其可能的执行路径。程序状态（变量和表达式的值）被封装为 ProgramState。程序中的位置被称为 ProgramPoint。状态和程序点的组合是 ExplodedGraph 中的节点。术语 exploded 来自控制流图（Control-Flow Graph，CFG）中爆炸式增长的控制流边。

从概念上来讲，分析器会沿着 ExplodedGraph 执行可达性分析（reachability analysis）。从具有程序入口点和初始状态的根节点开始，分析模拟每个单独表达式的转移。表达式分析会产生状态改变，使用更新后的程序点和状态创建新节点。当满足某些 bug 条件时（检测不变量，checking invariant），就认为发现了 bug。

分析器通过推理分支（branch）追踪多条路径（path），分叉状态：在 true 分支上认为分支条件为 true，在 false 分支上认为分支条件为 false。这种假设创建了程序中的值约束（constraint），这些约束被记录在 ProgramState 对象（通过 ConstraintManager 修改）中。如果假设分支条件会导致不能满足约束，这条分支就被认为不可行，路径也不会被选取。这就是实现路径敏感（path-sensitivity）的方式。路径敏感方法降低了缓存节点的指数爆炸的概率。如果和已存在节点含相同状态和程序点的新节点将被生成，则路径会出缓存（cache out），只简单重用已有节点。因此 ExplodedGraph 不是有向无环图（DAG），它可以包含循环（cycle），路径相互循环，以及出缓存。

ProgramState 和 ExplodedNode 在创建后基本上是不可变的。当产生新状态时，需要创建一个新的 ProgramState。这种不变性是必要的，因为 ExplodedGraph 表示了从入口点开始分析的程序的行为。为了高效表达，使用了函数式数据结构（比如 ImmutableMaps）在实例间共享数据。

最终，每个单独检查器也通过操作分析状态来工作。分析引擎通过访问者接口（visitor interface）与之沟通。比如，PreVisitCallExpr 方法被 GRExprEngine 调用，告诉检查器将要分析一个 CallExpr，然后这个检查器被请求检查任意前置条件，这些条件可能不会被满足。检查器不会做除此之外的任何事情：生成一个新的 ProgramState 和包含更新后的检查器状态的 ExplodedNode。如果发现了一个 bug，就会把错误告诉 BugReporter 对象，提供引发该问题的路径上的最后一个 ExplodedNode 节点。

▶▶ 4.2.4　内部检查器

所有检查器都由 CheckerManager 管理调度，而 CheckerManager 由分析引擎内核管理。

图 4.3 为静态检查器示例。

内部检查器沿 ExplodedGraph 构造节点，遇到违反约束条件的状态时报告错误。图 4.4 为静态检查器报告错误示例。

分析器核心

检测1

检测2

bug

● 图 4.3　静态检查器示例

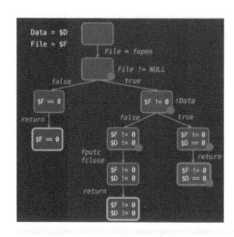

```
void writeCharToLog(char *Data) {
    FILE *File = fopen("mylog.txt", "w");

    if (File != NULL) {

        if (!Data)
            return;

        fputc(*Data, File);
        fclose(File);
    }

    return;

}
```

查找bug图形可达性，有效
减少冗余的线程交错处理；
圆点表示文件已打开。

● 图 4.4　静态检查器报告错误示例

▶▶ 4.2.5　关于 Clang 静态分析器

1. 静态分析器快速使用

静态分析器是一个 Xcode 内置的工具，使用它可以在不运行源代码的状态下进行静态的代码分析，并且找出其中的 bug，为应用提供质量保证。

静态分析器工作的时候并不会动态地执行代码，它只是进行静态分析，因此它甚至会去分析代码中没有被常规的测试用例覆盖到的代码执行路径。

静态分析器只支持 C、C++、Objective-C 语言，因为静态分析器隶属于 Clang 体系。不过，即便如此，它也可以很好地支持 Objective-C 和 Swift 混编的工程。

下面是一个实际的使用案例，即使用 Objective-C 和 Swift 混编的工程。通过单击 Xcode 的 Product 菜单栏中的 Analyze 选项，就可以让分析器开始工作。

图 4.5 展示了 Xcode 的 Product 菜单栏中的 Analyze 选项。

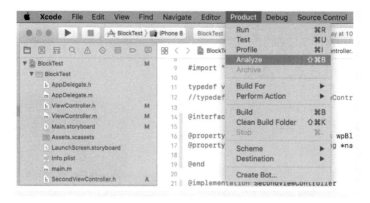

● 图 4.5　Xcode 的 Product 菜单栏中的 Analyze 选项

Clang 静态分析器的目标是提供一个工业级别的静态分析框架，用于分析 C、C++ 和 Objective-C 程序代码。它是免费可用的、可扩展的，并且拥有极高的代码分析质量。

Clang 静态分析器基于 Clang 和 LLVM。LLVM 之父克里斯·拉特纳在对外介绍 LLVM 时，将其称为一系列接口清晰的可重用库，Clang 就是这些库中的一个，所以它具备很好的可重用性。

Clang 是 LLVM 体系中的编译器独立前端，针对 C、C++和 Objective-C 三种语言（Clang 就是 C 语言的意思）。Clang 的静态分析器是 Clang 的子工具，它在编译 Clang 后可独立运行，目的就是对代码进行静态检查、捕获问题然后报告问题。

2. 静态分析器源代码结构

图 4.6 展示了静态分析器与检查器源代码结构，源代码工程在 LLVM 工程中的模块位置：/clang/lib/StaticAnalyzer。

● 图 4.6 静态分析器与检查器源代码结构

LLVM 中 Clang 静态分析器模块源代码位置为 llvm/Clang/lib/StaticAnalyzer/Checkers。

可以看到，这个检查器目录下有一个个检查器，每一个检查器负责一个独立的检查项目，有很多复用结构，共用逻辑部分下沉到核心模块中。

因为整个模块位于 Clang 和 LLVM 的上层，所以核心模块强烈依赖 LLVM、Clang 中的库。

woboq 是一个在线的源代码阅读工具，可以看到检查器路径下的所有检查器文件源代码，以及上一级的 "Core & Frontend"。

3. scan-build 和 scan-view

scan-build 负责对目标代码进行分析，并生成 HTML 样式的分析报告。

scan-view 负责在本地运行一个简易的 Web 服务器，用来让使用者方便地查看生成的报告。

图 4.7 展示了编译后的 scan-build 和 scan-view，LLVM 编译后生成的 scan-build 和 scan-view 两个命令的位置：

```
/build/tools/clang/tools/scan-build
/build/tools/clang/tools/scan-view
```

● 图 4.7　编译后的 scan-build 和 scan-view

4.3　如何进行编译时间混编优化

2019 年 3 月 25 日，苹果公司发布了 Swift 5.0 版本，宣布了 ABI 稳定，并且 Swift 运行时和标准库已经植入系统中，而且苹果公司新出文档都用 Swift，示例代码也是 Swift，可以看出，Swift 是苹果公司扶持与研发的重点方向。

国内外多家大公司都在相继试水。只要了解 Swift 在国内 iOS 生态圈的现状，就会发现，Swift 在国内应用的比例逐渐升高。对于新应用来说，可以直接用纯 Swift 进行开发，而对于老应用来说，绝大部分以前都是用 Objective-C 开发的，因此 Swift 与 Objective-C 混编是一个必然面临的问题。

关于 Swift 和 Objective-C 间如何混编，业内已经有很多相关文章详细介绍，简单来说，Objective-

C/Swift 调用 Swift, 最终通过 Swift 模块进行, 而 Swift 调用 OC 时, 则是通过 Clang 模块, 当然也可以通过 Clang 模块进行 Objective-C 对 Objective-C 的调用。

在模块化实践中发现, 实际数据与苹果官方模块编译时间数据不一致, 于是通过 Clang 源代码和数据相结合的方式对 Clang 模块进行了深入研究, 找到了耗时的原因。由于 Swift 与 Objective-C 混编下需要模块化的支持, 同时借鉴业内 HeaderMap 方案, 调用 Objective-C 时避开模块化调用, 将编译时间节省了约 35%, 因此较好地解决了模块化下的编译时间问题。

Clang 模块在 2012 LLVM 开发者大会上第一次被提出, 主要用来解决 C 语言预处理的各种问题。模块试图通过隔离特定库的接口, 并且编译一次, 生成高效的序列化文件, 以避免 C 预处理器重复解析头文件的问题。图 4.8 展示了编译输出为目标文件的流程。

● 图 4.8 编译输出为目标文件流程

源码在经过 Clang 前端时, 进行词法分析、语法分析、语义分析, 输出与平台无关的 IR (LLVM IR generator), 然后交给后端进行词法分析, 生成汇编输出目标文件。

词法分析作为前端处理的第一个步骤, 负责处理源码的文本输入, 具体步骤就是将语言结构拆分为一组单词和标记 (token), 跳过注释、空格等无意义的字符, 并将一些保留关键字转义为定义好的类型。在词法分析过程中, 若遇到源码中的 "#" 字符, 且该字符在源码行的起始位置, 则认为它是一个预处理指令, 会调用预处理器进行后续处理。在开发中引入外部文件的 include/import 指令、定义宏等指令, 均是在预处理阶段交由预处理器进行处理的。Clang 模块机制的引入, 着重于解决常规预处理阶段的问题, 可以重点探究一下其中的区别和实现原理。

4.4 Clang 模块实现原理探究

Clang 模块机制的引入, 主要是为了解决预处理器遇到的各种问题, 那么在开启模块之后, 工程会有哪些变化呢? 在编译过程中, 编译器工作流程与之前有哪些不同呢?

▶▶ 4.4.1 ModuleMap 与 Umbrella

以基于 CocoaPods 作为组件化管理工具为例, 开启模块之后工程上带来的最直观的改变是, 在 Pod 组件下支持文件目录新增 pod×××.moduleMap、pod×××-umbrella.h 文件。图 4.9 为 iOS ModuleMap 与 Umbrella 工程。

Clang 官方文档指出, 如果要支持模块, 则必须提供一个 ModuleMap 文件, 用来描述从头文件到模块逻辑结构的映射关系。ModuleMap 文件的书写使用模块映射语言。通过示例, 可以发现它定义了模块的名字, Umbrella 头文件包含了其目录下的所有头文件。module ＊ (通配符) 的作用是为每个头文件创建一个子模块。图 4.10 为从 Umbrella 头文件到子模块的映射关系。

ModuleMap

```
module PodB{
 umbrella header "PodB-umbrella.h"

 export *
 module * {export *}
}
```

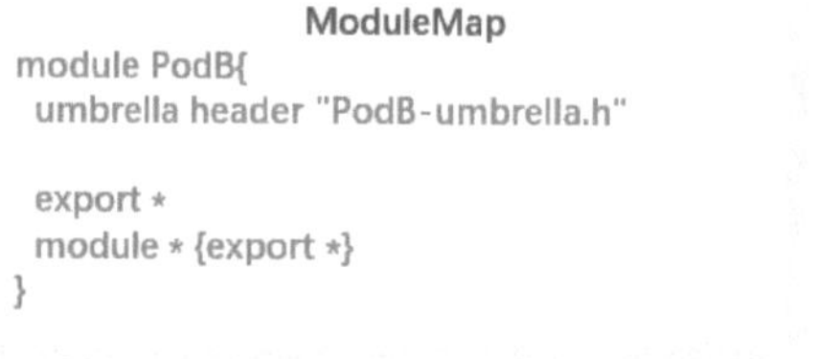

● 图 4.9　iOS ModuleMap 与 Umbrella 工程

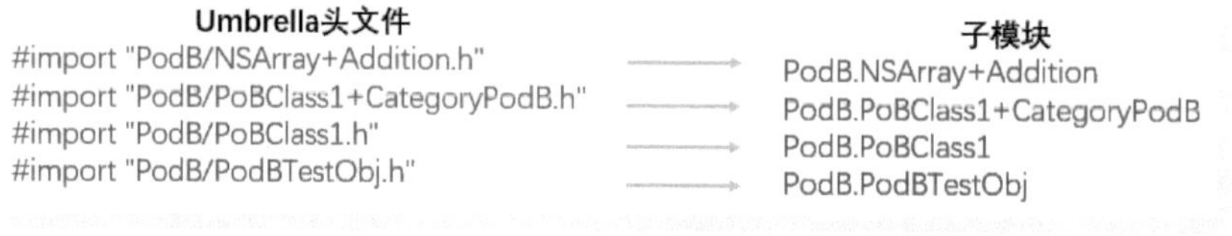

Umbrella头文件　　　　　　　　　　　　　　**子模块**

#import "PodB/NSArray+Addition.h"　　　⟶　　PodB.NSArray+Addition
#import "PodB/PoBClass1+CategoryPodB.h"　⟶　PodB.PoBClass1+CategoryPodB
#import "PodB/PoBClass1.h"　　　　　　　⟶　　PodB.PoBClass1
#import "PodB/PodBTestObj.h"　　　　　　⟶　　PodB.PodBTestObj

● 图 4.10　从 Umbrella 头文件到子模块的映射关系

简单来说，可以认为 ModuleMap 文件为编译器提供了构建 Clang 模块的一张"地图"。它描述了要构建的模块的名称，以及模块结构中要暴露给外界访问的 API。

除上述开启模块的组件会新增 ModuleMap 与 Umbrella 文件以外，在使用开启模块的组件时也有一些改变，使用模块组件导致构建设置中其他 C 标志中增加 -fmodule-map-file 参数。对该参数的解释为：当加载一个头文件属于 ModuleMap 的目录或者子目录时，加载 ModuleMap 文件。

▶▶ 4.4.2　模块的构建

在了解完 ModuleMap 与 Umbrella 文件和新增的参数之后，下面深入跟踪这些文件与参数在编译期间的使用状态。上文提到过，在词法分析阶段，以"#"开头的预处理指令，将针对头文件进行真实路径查找，并对要导入的文件进行同样的词法、语法、语义分析等操作。在开启模块之后，头文件查找流程与之前有什么区别呢？在不修改代码的基础上，编译器又是怎么识别为语义化模型导入呢？在初始化阶段的预处理之前，会针对构建设置中设置的头文件搜索路径、框架搜索路径等编译参数进行解析并赋值给 SearchDirs。

与非模块不同，继续追踪 LoadModule，后续会发生什么？ModuleLoader 会进行指定模块的加载，而这里的 LoadModule 正是模块机制的差异之处。模块的编译与加载是指在第一次遇到 ModuleImport 类型的 importAction 时进行缓存查找和加载，模块的编译依赖 ModuleMap 文件的存在，该文件也是编译器的编译模块读取文件的入口。若编译器在查找过程中命中不了缓存，则会在开启新的 compilerInstance，并具备新的预处理上下文时，处理编译模块下的头文件。产生抽象语法树，然后将该树以二进制形式持久化保存到扩展名为 .pcm 的文件中（有关 PCM 文件，后文有详细介绍），在遇到需要模块导入的地方，反序列化 PCM 文件中的 AST 内容，将需要的类型定义、声明等节点加载到当前的翻译单元中。图 4.11 表示加载节点到翻译单元中。

模块保存模块构建中对每个头文件的引用，如果其中任何一个头文件发生变化，或者模块依赖的任何模块发生变化，则模块会自动重新编译，该过程不需要开发人员干预。

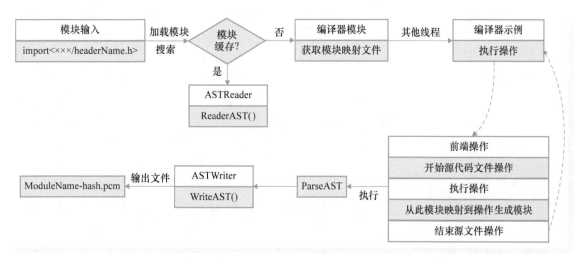

● 图 4.11　加载节点到翻译单元中

▶▶ 4.4.3　Clang 模块复用机制

Clang 模块机制的引入，不仅仅是从之前的文本复制到语义化模型导入的转变。它的设计理念同样强调复用机制，做到一次编译写入缓存 PCM 文件，在此后其他的编译实体中复用缓存。关于模块编译和缓存关系探究的验证，可以在生成日志中通过 -fmodules-cache-path 获取模块缓存路径（例如，/Users/×××/Library/Developer/Xcode/DerivedData/ModuleCache.noindex/ ）。当前，如果想自定义缓存路径，则可以通过添加 -fmodules-cache-path 来指定。

针对已有组件化工程，每个 Pod 库都可能存在复杂的依赖关系，下面以图 4.12 所示工程示例为例进行介绍。

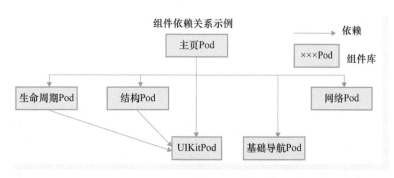

● 图 4.12　每个 Pod 库都可能存在复杂的依赖关系

在多组件工程中，会发现不同的组件之间存在相同的依赖情况。针对复杂的模块依赖的场景，通过 Clang 源代码发现，在编译 Module-lifeCirclePod 时，lifeCirclePod 依赖于 Module-UIKitPod。在编译 Module-lifeCirclePod 时，若需要导入 Module-UIKitPod，则会挂起该编译实体的线程，开启新的线程以进行 Module-UIKitPod 的编译。

当 Module-UIKitPod 编译完成时，才会恢复 lifeCirclePod 的任务。而开启模块之后，每个组件都会作为一个模块编译并缓存，而当 MainPagePod 后续编译过程中遇到 Module-UIKitPodModule 的导入时，复用机制就可以触发。编译器可以通过读取 PCM 文件，反序列化 AST 文件并直接使用。编译器不用每次都重复解析外部头文件内容。通过上文的介绍，对模块的本质及其复用机制有了一定的了解，是不是就可以随意开启模块了呢？其实不然！在实践中发现（以基于 CocoaPods 管理为例），在 -fmodules-cache-path 的路径下存在很多份 PCM 缓存文件。

可以发现，在工程的一次编译下，会出现多个目录中存在同一个模块的缓存情况（例如，lifeCir-clePod-1EBT2E5N8K8FN.pcm）。之前讲过，模块机制是一次编译、后续复用，但实际情况好像与理论冲突！这就要求深入探究模块复用的机制。

追踪 Clang 的源代码后会发现，编译器在进行预处理器的创建时，会根据白身工程的参数来设定模块缓存的路径。

如图 4.13 所示，影响模块缓存生成的哈希（hash）主要编译参数，可分为几大类。

在实际的工程中，不同 Pod 间的构建设置常常不同，导致在编译过程中会生成不同的哈希目录，从而在缓存查找时，会出现查找不到 PCM 缓存而重复生成模块缓存的现象。这也解释了上面发现的不同的缓存哈希目录下会出现相同名字的 PCM 缓存的问题。了解模块缓存的因素，有助于在复杂的工程场景中，提高模块的复用率，并减少模块编译时间。

哈希参数	详细内容
编译器选择	Clang的版本相关信息
语言选择	objcRuntime的kind、版本等
目标选择	iOS部署目标、ABI等
预处理器选择	预定义宏
头文件搜索选择	系统库路径、编译器路径

● 图 4.13　主要影响模块缓存生成的
哈希编译参数分类

除了上述缓存哈希目录以外，会发现在此目录下存在形如 ModuleName-hash××××××.pcm 的文件，那么缓存文件的命名方式是 ModuleName+hash 值，hash 值来自 ModuleMap 文件的路径，所以保持工程路径的一致性也是模块复用的关键因素。

▶▶ 4.4.4　PCH 与 PCM 文件

上文提到了一个很重要的文件，即 PCM 文件，那么 PCM 文件作为模块的缓存存放，它的内容是怎么样的呢？提到 PCM 文件，第一时间很容易联想到 PCH。PCH 文件的应用，许多读者应该都很熟悉。苹果公司在介绍 PCH 的官方文档中展示了其结构，如图 4.14 所示。

PCH 中存放着不同的模块，每个模块都包含 Clang 内部数据的序列化表示。PCH 采用 LLVM 位流格式的方式存储。其中包括以下内容。

1）元数据（Metadata）块主要用于验证 AST 文件的使用情况。

2）源管理器（SourceManager）块是前端 SourceManager 类的序列化，它主要用来维护 SourceLocation 到源文件或者宏实例化的实际行/列的映射关系。

3）预处理器：PCH 文件包含一些常用的头文件和库文件的声明与定义，以便在编译其他源代码

预编译头文件
元数据
源管理器
预处理器
类型
声明
标识符表
方法池

● 图 4.14　PCH 文件结构

文件时提高编译速度。

4）类型（Types）：包含 TranslationUnit 引用的所有类型的序列化数据，在 Clang 类型节点中，每个节点都有对应的类型。

5）声明（Declarations）：包含 TranslationUnit 引用的所有声明的序列化表示。

6）标识符表（Identifier Table）：它包含一个哈希表，该表记录了 AST 文件中每个标识符到标识符信息的序列化表示。

7）方法池（Method Pool）：它与标识符表类似，也是哈希表，提供了 Objective-C 中的方法选择器和从具体类方法到实例方法的映射。模块实现机制与 PCH 相同，也是序列化 AST 文件，可以通过 llvm-bcanalyzer 把 PCM 文件的内容输出。

模块的编译是独立的线程，独立的编译实体过程，与输出目标文件对应的前端操作不同，它所对应的 FrontAction 为 GenerateModuleAction。模块的主要机制是提供一种语义化的模块导入方式。所以 PCM 的缓存内容同样会经过词法、语法、语义分析过程，PCM 文件中的 AST 模块的序列化保存是在语义分析之后。

PCM 利用了 Clang AST 基类中的 ASTConsumer 类，该类提供了若干可以 override 的方法，用来接收 AST 解析过程中的回调，当编译单元（TranslationUnit）的 AST 完整解析后，可以通过调用 Handle-TranslationUnit 获取完整抽象语法树上的所有节点。PCM 文件的写入由 ASTWriter 类提供 API，这些具体的流程可以在 ASTWriter 类中具体跟踪。在该过程中，主要是进行 ControlBlock 信息的写入，该步骤包含元数据、输入文件、头搜索路径等信息的记录。

通过 clang/lib/Lex/ModuleMap.cpp 源代码等，相信读者已经掌握了以下内容：

1）ModuleMap 文件用来描述从头文件到模块逻辑结构的映射关系，Umbrella 或者 Umbrella 头文件描述了子模块的概念；

2）模块的构建是独立进行的，在模块间存在依赖关系时，优先编译完成被依赖的模块；

3）Clang 提供了模块的新用法（@import ModuleName），但是针对 Clang 工程无须改造，Clang 在预处理时提供了模块与非模块的转换；

4）模块提供了复用机制，它将以 AST 文件格式存储并暴露给外界的 API，在代码未发生变化时，直接读取缓存内容。而在代码变动时，Xcode 会在合适的时机对模块进行更新，开发者无须额外干预。

4.5　使用 Clang 校验 AST

作为 iOS 开发工具，相信很多读者非常熟悉 Clang 和 LLVM 了，可用 Clang 制作一个代码扫描小工具，把 Clang 命令行工具开发流程记录下来。

4.5.1　制作 Clang 命令行工具的初衷

Clang 作为前端编译器，对 iOS 源代码进行词法、语法分析，实现"万千代码，终归一体"的效果，以便可以从词法、语法的角度实现对工程质量的保证。

制作 Clang 命令行工具的初衷有以下两个：

1）业务代码定制扫描，保证工程代码质量，比如检测工程里的危险代码调用、敏感代码调用和成对代码调用等；

2）代码自动化生成，提升开发效率，避免不必要的错误，比如 PBCoding 代码生成。

▶▶ 4.5.2　制作 Clang 命令行工具主要步骤

经过摸索，把学习 Clang 命令行工具的过程用表 4.1 中 5 个步骤来概括。

表 4.1　制作 Clang 命令行工具的主要步骤

步　　骤	说　　明
0. 预备知识	iOS 工程编译流程
1. 环境搭建	LLVM Clang 开发环境搭建
2. 开发框架选择	libclang（ClangKit）
	LibTooling
3. 代码开发	RecursiveASTVisitor
	MatchFinder
4. 插件化、工具化	生成命令行
	生成 Xcode 插件

如果能看懂图 4.15 所表达的含义，那么可以说已经具备 iOS 工程编译流程的相关知识了。

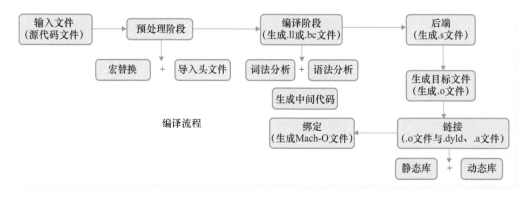

● 图 4.15　iOS 工程编译流程

如果想再验证一下自己掌握的 iOS 工程编译流程知识是否扎实，则可以试着回答这样几个问题：

1）如果动手制作一个框架，应该怎么做？哪些条件是制作框架前要商定好的？

2）什么情况下，框架只能使用二进制包进行开发，而不能使用子模块协同开发？

3）Clang 是 LLVM 的子集吗？Clang 和 LLVM 是什么关系？

4）注入等热加载工具的原理是什么？

这几个问题是在 iOS 工程编译中会遇到的问题。

基于 iOS 工程编译流程的预备知识略去不讲，这里从环境搭建开始，描述 Clang 命令行工具的开发流程。

▶▶ 4.5.3　环境搭建

1. 复制 LLVM 项目

复制 LLVM 项目：

```
git clone https://github.com/llvm/llvm-project.git
```

2. 编译 LLVM

在 llvm-project 项目中新建 build 目录，并通过执行 cd build 命令进入该目录，使用 cmake 命令编译 LLVM 工程，生成 Xcode 可以编译的文件格式。

```
cmake -G Xcode -DLLVM_ENABLE_PROJECTS=clang ../llvm
```

3. 文件概览

查看 llvm-project 项目，可以重点查看 build、Clang（前端编译器）、lld（链接器）、lldb（调试器）、llvm（代码优化 + 生成平台相关的汇编代码）模块。

4. Xcode 编译 LLVM

依次打开 build→LLVM.xcodeproj，选择 Autocreat 方案，添加 All_BUILD 方案，使用<command+B>组合键进行编译。

5. 生成结构概览

编译完成后，依次打开 llvm-project→build→Debug→bin，可以看到编译生成的命令行工具，其中一些是非常有用的，比如 clang-format 可以实现代码格式化。

6. 新建 Clang 开发文件

下面开始通过 Clang 构建工具，首先进入 llvm-project→clang→tools。

1）新建 AddCodePlugin 文件夹，在文件夹中添加 AddCodePlugin.cpp 和 CMakeLists.txt。

AddCodePlugin.cpp 是编写工具代码的地方；CMakeLists.txt 是使用 CMake 编译时，添加依赖文件的地方。

2）在 llvm-project→clang→tools 目录下的 CMakeLists.txt 文件中新增：

```
add_clang_subdirectory(AddCodePlugin)
```

7. 重新编译

在编写完 AddCodePlugin.cpp，以及配置好 CMakeLists.txt 后，开始重编译：返回 build 文件夹，执行"cmake -G Xcode -DLLVM_ENABLE_PROJECTS=clang ../llvm"。

如此操作后，就可以看到文件编译出来了。

8. 打开 LLVM.xcodeproj 项目

接着重新打开 LLVM.xcodeproj，这时在 LLVM.xcodeproj 中已经能看到刚才新增的项目文件了。到此，开发 Clang 命令行工具的环境已经准备完毕，可以使用 Xcode 进入开发流程了。

4.5.4　开发框架选择

现在有了 AddCodePlugin.cpp 文件，接下来的问题是：怎么开发呢？在 iOS 中进行 UI 设计时，有 UIKit 框架，新建对象时有 NSObject 类。那么，开发 Clang 命令行工具时有框架可以选择吗？有。

共有 libclang（ClangKit）、LibTooling 两个工具库可供开发时使用，下面是对这两个库的描述。

1. libclang

libclang 提供了一个稳定的高级 C 接口，Xcode 使用的就是 libclang。libclang 具备访问 Clang 的上层高级抽象的能力，比如获取所有 token、遍历语法树、代码补全等。由于 API 很稳定，因此 Clang 版本更新对其影响不大。但是，libclang 并不能完全访问到 Clang AST 信息。

使用 libclang 时可以直接使用它的 C API。其官方提供了 Python 绑定脚本以供调用。它还有开源的 node-js、Ruby 绑定。要是不熟悉其他语言，还有一个第三方开源的 Objective-C 编写的 ClangKit 库可供使用。

2. LibTooling

LibTooling 是一个 C++ 接口，通过它能够编写独立运行的语法检查和代码重构工具。LibTooling 的优势如下：

1）所编写的工具不依赖于构建系统，可以作为一个命令单独使用，比如 clang-check、clang-fixit、clang-format；

2）可以完全控制 Clang AST，能够和 Clang 插件共用一份代码；

3）与 Clang 插件相比，LibTooling 无法影响编译过程。

与 libclang 相比，LibTooling 的接口没有那么稳定，也无法开箱即用，当 AST 的 API 升级后，需要更新接口的调用。但是，LibTooling 基于能够完全控制 Clang AST 和可独立运行的特点，可以做的事情就非常多了，比如代码语言转换、代码规范制定、代码分析，以及代码重构等。

在 LibTooling 的基础之上有一个开发工具合集——Clang 工具。Clang 工具作为 Clang 项目的一部分，已经提供了一些工具，主要包括：

1）语法检查工具 clang-check；

2）自动修复编译错误工具 clang-fixit；

3）自动代码格式工具 clang-format；

4）新语言和新功能的迁移工具；

5）重构工具。

针对 AST 进行操作，libclang 不能完全访问到 Clang AST 的信息，或许会成为未来的一个瓶颈，LibTooling 库使用起来也挺方便，只是 AST 的 API 升级确实会造成代码变动，但 Clang 命令行的使用场景是接受缓存对接新 API 的，所以使用 LibTooling 也不错。

4.5.5　代码开发

1. 新建测试类文件

新建一个名为 callMethod.m 的测试类文件，其代码如下所示：

```
#import "ViewController.h"
@interfaceViewController ()
@property (nonatomic, strong)NSString * test;
@end
@implementationViewController
- (void)viewDidLoad {
   [super viewDidLoad];
}

- (void)hello {
   [self viewDidLoad];
   [self exit];
}
- (void)exit {

}
@end
```

有人可能会觉得这份测试类代码有点问题，怎么在 hello 方法里主动调用了 viewDidLoad 呢？其实是故意这样处理的，目的就是：编写 Clang 命令行工具，检测出了 viewDidLoad 的主动调用方法。

2. AST 结构

在具体开发 Clang 插件前，可以输入如下命令查看 AST 的结构：

```
clang -Xclang -ast-dump -fsyntax-only /Users/Desktop/callMethod.m
```

这种 AST 结构是一种类似节点的结构。

在 AST 中搜索一下 viewDidLoad 方法，可以发现有两个地方被检索到了（一处是 viewDidLoad 方法本身，另一处是调用 viewDidLoad 方法）。

在 viewDidLoad 方法中输出了注册观察者的线程，这是主线程。然后在子线程中异步地发送一条报告，具体代码如图 4.16 所示。

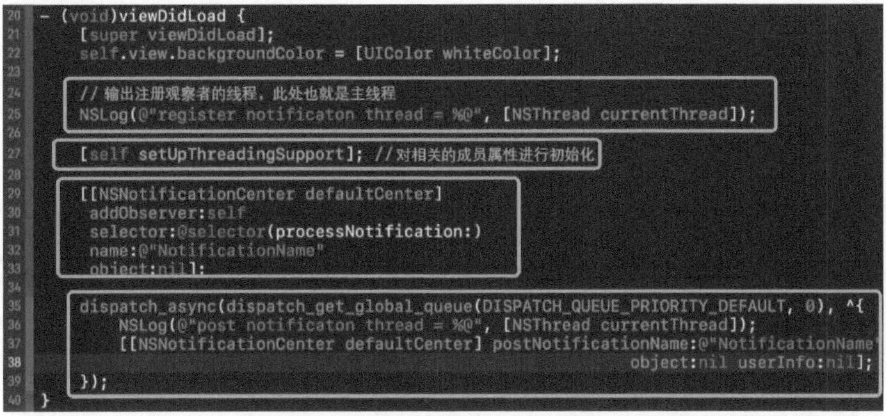

● 图 4.16　viewDidLoad 方法线程示例

其中：

1）TranslationUnitDecl 为根节点，表示一个编译单元；

2）TypedefDecl 表示一个声明；

3）CompoundStmt 表示语句；

4）DeclRefExpr 表示表达式；

5）IntegerLiteral 表示字面量，这是一种特殊的表达式。

在 Clang 里，节点主要分成类型、声明、语句三种，其他的都是这三种的派生。通过扩展这三类节点，能够将无限的代码形态用有限的形式表示。

在 iOS 编译流程中，AST 生成后就要交给 LLVM 做优化和后端编译了，可以说 AST 是一个和平台无关的 LLVM 前端 Clang 中间代码。

3. 开发流程

图 4.17 为 iOS 工程 Clang 开发流程示例。

（1）main 函数入口

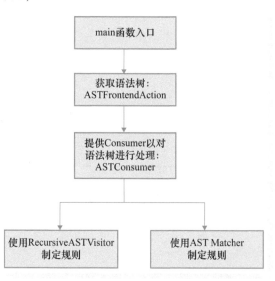

● 图 4.17　iOS 工程 Clang 开发流程示例

像 iOS 工程一样，Clang 工具的开发也有一个 main 函数入口：

```
// main 函数
int main(intargc, const char ** argv) {
    CommonOptionsParser OptionsParser(argc, argv, ObfOptionCategory);
    ClangTool
Tool(OptionsParser.getCompilations(),OptionsParser.getSourcePathList());
    return
Tool.run(newFrontendActionFactory<ObfASTFrontendAction>().get());
}
```

main 函数的主要作用是将要声明的 AST 匹配器返回，比如这里要构建的 AST 匹配器称为 ObfAST-FrontendAction。

（2）获取数据源

接着，需要获取 AST 的数据源。获取 AST 数据源的方式比较简单，声明一个类继承自 ASTFrontendAction 即可，如下所示：

```
class ObfASTFrontendAction : public ASTFrontendAction {
public:
    //创建 AST Consumer
    std::unique_ptr<ASTConsumer> CreateASTConsumer(clang::CompilerInstance &CI,
StringRef file) override {
        return std::make_unique<ObfASTConsumer>(&CI);
    }
    void EndSourceFileAction() override {
```

```
            cout << "处理完成" << endl;
        }
    };
```

（3）声明处理 AST 用户

在构建 ASTFrontendAction 时，构建了 AST 用户，AST 用户中会构建匹配方法：

```
    class ObfASTConsumer : public ASTConsumer {
    private:
        ClangAutoStatsVisitor Visitor;
    public:
        void HandleTranslationUnit(ASTContext &context) {
            TranslationUnitDecl *decl = context.getTranslationUnitDecl();
            Visitor.TraverseTranslationUnitDecl(decl);
        }
    };
```

这里可以通过 RecursiveASTVisitor 构建匹配方法，也可以通过 AST 匹配器制定匹配规则。

上面采用了 ASTConsumer + RecursiveASTVisitor 的匹配方式，如果使用 ASTConsumer + AST Matcher 的匹配方式，则应声明如下：

```
    class ObfASTConsumer : public ASTConsumer {
    public:
        ObfASTConsumer(CompilerInstance *aCI) :handlerMatchCallback(aCI)  {
            //添加匹配器
    matcher.addMatcher(objcMessageExpr().bind("objCMessageExpr"),&handlerMatchCallback);
        }
        void HandleTranslationUnit(ASTContext &Context) override {
            //运行匹配器
            matcher.matchAST(Context);
        }
        private:
        MatchFinder matcher;
        MatchCallbackHandler handlerMatchCallback;
    };
```

（4）匹配规则

在使用 RecursiveASTVisitor 进行匹配时，重写下面这三个方法就行：

```
    bool ObfuscatorVisitor::VisitObjCMessageExpr(ObjCMessageExpr *messageExpr) {
        //遇到了一个消息表达式,例如:[self getName];
        return true;
    }
    bool ObfuscatorVisitor::VisitObjCImplementationDecl(ObjCImplementationDecl *D) {
        //遇到了一个类的定义,例如:@implementationViewController
        return true;
    }
    bool ObfuscatorVisitor::VisitObjCInterfaceDecl(ObjCInterfaceDecl *iDecl {
        //遇到了一个类的声明,例如:@interfaceViewController : UIViewController
```

```
    return true;
  }
```

比如，这里可以写成如下所示：

```
class ClangAutoStatsVisitor : public RecursiveASTVisitor<ClangAutoStatsVisitor> {
private:
    Rewriter &rewriter;
public:
    explicit ClangAutoStatsVisitor(Rewriter &R) : rewriter{R} {} // 创建方法
    bool VisitObjCMessageExpr(ObjCMessageExpr *messageExpr) {
        cout << "调用的方法:" + messageExpr->getSelector().getAsString() << endl;
        return true;
    }
};
```

4.6 LLVM 与 Clang 的底层原理

▶▶ 4.6.1 传统编译器设计

图 4.18 为传统编译器开发流程。

源码 ⟶ | 前端 | 优化器 | 后端 | ⟶ 机器码

● 图 4.18 传统编译器开发流程

1. 前端（Frontend）

前端的任务是解析源代码。它会进行词法分析、语法分析和语义分析，检查源代码是否存在错误，然后构建抽象语法树，LLVM 的前端还会生成中间代码 IR。

2. 优化器（Optimizer）

优化器负责进行优化，如缩小包的体积（剥离符号）、改善代码的运行时间（消除冗余计算、减少指针跳转次数等）。

3. 后端（Backend）/代码生成器（CodeGenerator）

后端将代码映射到目标指令集，然后生成机器代码，并且进行机器相关的代码优化。

由于传统编译器（如 GCC）是作为整体的应用程序设计的，不支持多种语言或者硬件架构，因此它们的用途受到了很大的限制。

4. LLVM 的设计

当编译器决定支持多种语言或硬件架构时，LLVM 最重要的地方就体现出来了。

LLVM 设计中最重要的方面是，使用通用的代码表示形式（IR）在编译器中表示代码的格式。LLVM 可以为任何编程语言独立编写前端，并且可以为任意硬件架构独立编写后端。

在需要支持一种新语言时，只需要对应编写一个可以产生 IR 的独立前端；在需要支持一种新硬件架构时，只需要对应编写一个可以接收 IR 的独立后端。图 4.19 为 LLVM 编译器生成 IR 流程。

5. iOS 的编译器架构

Objective-C、C、C++使用的编译器前端都是 Clang，而苹果 Swift 开发语言使用的编译器后端是 LLVM。

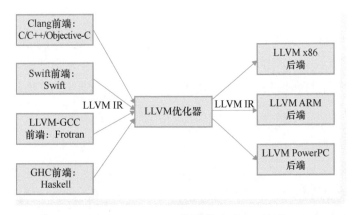

● 图 4.19　LLVM 编译器生成 IR 流程

▶▶ 4.6.2　Clang 前端

Clang 是 LLVM 项目中的一个子项目。它是基于 LLVM 架构的轻量级编译器，诞生之初是为了替代 GCC，提供更快的编译速度。它是负责编译 Objective-C、C、C++语言的编译器，属于整个 LLVM 架构中的编译器前端。对于开发者来说，研究 Clang 可以带来很多好处。

1. 编译流程

通过以下命令可以输出源代码的编译阶段信息：

```
clang -ccc-print-phases main.m
```

1）输入源文件：找到源文件并输入。

2）预处理阶段：包括宏的替换、头文件的导入。

3）编译阶段：进行词法分析、语法分析、语义分析，检测语法是否正确，最终生成 IR 或位代码。

4）后端：这里 LLVM 会通过一个个 Pass（环节、片段）去优化，每个 Pass 完成一些功能，最终生成汇编代码。

5）生成目标文件。

6）链接：链接需要的动态库和静态库，生成可执行文件。

7）根据不同的硬件架构（此处是 M1 版 iMAC，ARM64），生成对应的可执行文件。

如图 4.20 所示，在整个过程中，没有明确指出优化器，因为优化已经分布在前、后端了。

● 图 4.20　LLVM Clang 编译器全流程

2. 词法分析

预处理完成后就会进行词法分析，将代码分割成一个个 Token 并标明其所在的行数和列数，包括关键字、类名、方法名、变量名、括号、运算符等。

使用下面命令，可以看到词法分析后的结果：

```
clang -fmodules -fsyntax-only -Xclang -dump-tokens main.m
```

3. 语法分析

词法分析完成之后就是语法分析，它的任务是验证源码的语法结构的正确性。在词法分析的基础上，将单词序列组合成各类语法短语，如"语句""表达式"等，然后将所有节点组成抽象语法树。

通过下面命令，可以查看语法分析后的结果：

```
clang -fmodules -fsyntax-only -Xclang -ast-dump main.m
// 如果找不到需要导入的头文件，则可以指定 SDK clang -isysroot sdk 路径
-fmodules -fsyntax-only -Xclang -ast-dump main.m
```

语法树分析：

```
// 这里的地址都是虚拟地址(当前文件的偏移地址),运行时才会开辟真实地址
// Mach-O 反编译后获取的地址就是这个虚拟地址
// typedef, 0x1298ad470 虚拟地址
-TypedefDecl 0x1298ad470 <line:12:1, col:13> col:13 referenced XJ_INT_64 'int'
| `-BuiltinType 0x12a023500 'int'
// main 函数,返回值类型为 int,第一个参数类型为 int,第二个参数 const char **
`-FunctionDecl 0x1298ad778 <line:15:1, line:22:1> line:15:5 main 'int (int, const char **)'
  // 第一个参数
  |-ParmVarDecl 0x1298ad4e0 <col:10, col:14> col:14 argc 'int'
  // 第二个参数
  |-ParmVarDecl 0x1298ad628 <col:20, col:38> col:33 argv 'const char **':'const char **'
  // 复合语句,当前行第 41 列到第 22 行第 1 列
  // 即 main 函数的"{}"范围之内
  /*
  {
    XJ_INT_64 a = 10;
    XJ_INT_64 b = 20;
    printf("%d", a + b + C);

    return 0;
  }
  */
  `-CompoundStmt 0x12a1aa560 <col:41, line:22:1>
    // 声明第 17 行的第 5 列到第 21 列,即 XJ_INT_64 a = 10
    |-DeclStmt 0x1298ad990 <line:17:5, col:21>
      // 变量 a, 0x1298ad908 虚拟地址
      |-VarDecl 0x1298ad908 <col:5, col:19> col:15 used a 'XJ_INT_64':'int' cinit
        // 值是 10
        | `-IntegerLiteral 0x1298ad970 <col:19> 'int' 10
```

```
      // 声明第 18 行的第 5 列到第 21 列,即 XJ_INT_64 b = 20
      |-DeclStmt 0x1298adeb8 <line:18:5, col:21>
        // 变量 b, 0x1298ad9b8 虚拟地址
      | `-VarDecl 0x1298ad9b8 <col:5, col:19> col:15 used b 'XJ_INT_64':'int' cinit
          // 值是 20
      |   `-IntegerLiteral 0x1298ada20 <col:19> 'int' 20
      // 调用 printf 函数
      |-CallExpr 0x12a1aa4d0 <line:19:5, col:27> 'int'
        //函数指针类型,即 int printf(const char * __restrict, ...)
      | |-ImplicitCastExpr 0x12a1aa4b8 <col:5> 'int (*)(const char *, ...)'
   <FunctionToPointerDecay>
          // printf 函数,0x1298ada48 虚拟地址
      | | `-DeclRefExpr 0x1298aded0 <col:5> 'int (const char *, ...)' Function 0x1298ada48
'printf' 'int (const char *, ...)'
```

4. 语义分析

语义分析代码如下所示:

```
          // 第一个参数,'和'之间内容
      | |-ImplicitCastExpr 0x12a1aa518 <col:12> 'const char *' <NoOp>
        // 类型说明
      | | `-ImplicitCastExpr 0x12a1aa500 <col:12> 'char *' <ArrayToPointerDecay>
          // %d
      | |   `-StringLiteral 0x1298adf30 <col:12> 'char [3]' lvalue "%d"
        // 加法运算, a + b 的值作为第一个值和第二个值的和, 即 30
      | `-BinaryOperator 0x12a1aa440 <col:18, line:10:11> 'int' '+'
          // 加法运算, a + b
      |   |-BinaryOperator 0x12a1aa400 <line:19:18, col:22> 'int' '+'
            // 类型说明
      |   | |-ImplicitCastExpr 0x1298adfc0 <col:18> 'XJ_INT_64':'int' <LValueToRValue>
            // a
      |   | | `-DeclRefExpr 0x1298adf50 <col:18> 'XJ_INT_64':'int' lvalue Var 0x1298ad908 'a'
'XJ_INT_64':'int'
            // 类型说明
      |   | `-ImplicitCastExpr 0x1298adfd8 <col:22> 'XJ_INT_64':'int' <LValueToRValue>
            //b
      |   |   `-DeclRefExpr 0x1298adf88 <col:22> 'XJ_INT_64':'int' lvalue Var 0x1298ad9b8 'b'
'XJ_INT_64':'int'
          // 宏替换后的 30
      |   `-IntegerLiteral 0x12a1aa420 <line:10:11> 'int' 30
      // 返回 0
      `-ReturnStmt 0x12a1aa550 <line:21:5, col:12>
        `-IntegerLiteral 0x12a1aa530 <col:12> 'int' 0
    \
```

5. 生成中间代码 IR

完成以上步骤后就可以开始生成中间代码 IR 了, 代码生成器会将语法树自顶向下遍历, 逐步翻译成 LLVM IR。Objective-C 代码会在这一步进行运行时的桥接, 比如特征合成、ARC 处理等。

这是 IR 的基本语法格式：

@：全局标识。

%：局部标识。

Alloca：开辟空间。

align：内存对齐。

i32：32bit，即 4B。

store：写入内存。

load：读取数据。

call：调用函数。

ret：返回。

通过下面命令，可以生成扩展名为.ll 的文本文件，以便查看中间代码 IR。

```
clang -S -fobjc-arc -emit-llvm main.m
```

图 4.21 展示了生成的扩展名为.ll 的文本文件。

● 图 4.21　查看生成的扩展名为.ll 的文本文件

▶▶ 4.6.3　IR 的优化

在上面的中间代码 IR 中，可以看到，通过一点点翻译语法树，生成的中间代码 IR 看起来有点粗糙，其实它是可以优化的。

LLVM 的优化级别分别是-O0、-O1、-O2、-O3、-Os、-Ofast、-Oz（第一个字符是大写英文字母 O）。可以使用下列命令进行优化：

```
clang -Os -S -fobjc-arc -emit-llvm main.m -o main.ll
```

优化后的 IR 代码，简洁明了（优化等级并不是越高越好，发布模式下为-Os，这也是最推荐的）。也可以在 Xcode 中设置：目标→构建设置→优化级。

▶▶ 4.6.4　bitcode

在 Xcode 7 以后，如果开启位代码，苹果会对扩展名为.ll 的 IR 文件做进一步优化，生成.bc 文件的中间代码。

通过以下所示命令，使用优化后的中间代码 IR 生成.bc 文件：

```
clang -emit-llvm -c main.ll -o main.bc
```

1. 后端阶段（生成扩展名为.s 的汇编文件）

后端将接收到的 IR 结构转化成不同的处理对象，并将其处理过程实现为一个个 Pass 类型。通过处理 Pass，完成对 IR 的转换、分析和优化。然后，生成汇编代码（.s 文件）。

通过下面命令，使用.bc 或者.ll 文件中的代码生成汇编代码：

```
//bitcode -> .sclang -S -fobjc-arc main.bc -o main.s
// IR -> .sclang -S -fobjc-arc main.ll -o main.s
// 也可以对汇编代码进行优化
clang -Os -S -fobjc-arc main.ll -o main.s
```

2. 汇编阶段（生成扩展名为.o 的目标文件）

这里汇编器以汇编代码作为输入，将汇编代码转换为机器代码，最后输出目标文件（.o 文件）。命令如下所示：

```
clang -fmodules -c main.s -o main.o
```

通过 nm 命令，查看 main.o 中的符号，如下所示：

```
xcrun nm -nm main.o
```

在执行该命令时，会报一个错误：找不到外部的_printf 符号，因为这个函数是从外部引入的，需要将使用的对应的库链接进来。

3. 链接阶段（生成可执行文件——Mach-O 文件）

链接器把编译产生的.o 文件、需要的动态库.dylib 和静态库.a 链接到一起，生成可执行文件（Mach-O 文件）。

命令如下所示：

```
clang main.o -o main
```

查看链接之后的符号，如下所示：

```
baypac@JustindeiMac Clang % xcrun nm -nm main
                (undefined) external _printf(from libSystem)
                (undefined) external dyld_stub_binder(from libSystem)
                (__TEXT, __text)[referenced dynamically]external __mh_execute_header
                (__TEXT, __text) external _test
                (__TEXT, __text) external _main
                (__DATA, __data) non-external __dyld_private
```

可以看到，输出结果中依然显示找不到外部符号_printf，但是后面多了来自 libSystem 的信息，指明了_printf 所在的库是 libSystem。这是因为 libSystem 动态库需要在运行时动态绑定。

test 函数和 main 函数也已经生成了文件的偏移位置。目前这个文件已经是一个正确的可执行文件了。

同时还多了一个 dyld_stub_binder 符号，其实，只要链接，就会有这个符号，这个符号是负责动态绑定的，在 Mach-O 文件进入内存后（即执行），dyld 立刻将 libSystem 中 dyld_stub_binder 的函数地址与 Mach-O 文件中的符号进行绑定。

先介绍一下"懒绑定"机制：在每次滚动时，只有表格中可视范围内的单元格及其关联的数据才会被加载。由于只有可视范围内的数据才会被加载，因此有效地减少了内存占用，大大提升了性能。

dyld_stub_binder 符号是非懒绑定。其他的懒绑定符号，比如_printf，在首次使用的时候通过 dyld_stub_binder 来将真实的函数地址与符号进行绑定，调用的时候就可以通过符号找到对应库里面的函数地址进行调用了。外部函数绑定图解如图 4.22 所示。

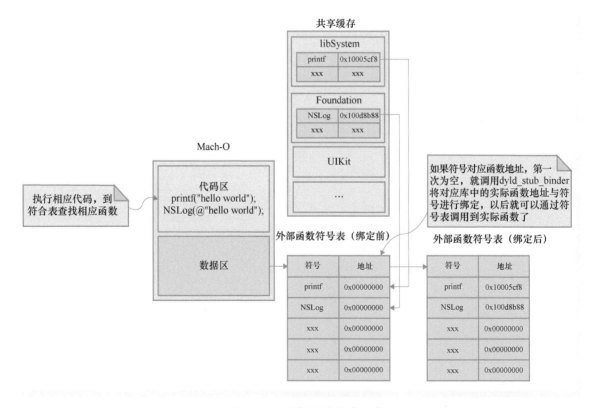

● 图 4.22　外部函数绑定图解

链接和绑定的区别：

1）链接，编译时，标记符号在哪个库，只是做了一个标记；

2）绑定，运行时，将外部函数地址与 Mach-O 文件中的符号进行绑定。

使用如下命令执行 Mach-O 文件：./main。

4. 绑定硬件架构

根据不同的硬件架构（此处是 M1 版 iMAC，ARM64），生成对应的可执行文件。

▶▶ 4.6.5　编译流程总结示例

```
\
//// ====== 前端开始=====
// 1.词法分析
clang -fmodules -fsyntax-only -Xclang -dump-tokens main.m
// 2.语法分析
clang -fmodules -fsyntax-only -Xclang -ast-dump main.m
// 3.生成 IR 文件
clang -S -fobjc-arc -emit-llvm main.m
// 3.1 指定优化级别,生成 IR 文件
clang -Os -S -fobjc-arc -emit-llvm main.m -o main.ll
// 3.2 (根据编译器设置) 生成位码文件
clang -emit-llvm -c main.ll -o main.bc

//// ====== 后端开始=====
// 1.生成汇编文件
//bitcode -> .s
clang -S -fobjc-arc main.bc -o main.s
// IR -> .s
clang -S -fobjc-arc main.ll -o main.s
// 指定优化级别,生成汇编文件
clang -Os -S -fobjc-arc main.ll -o main.s

// 2.生成目标 Mach-O 文件
clang -fmodules -c main.s -o main.o
// 2.1 查看 Mach-O 文件
xcrun nm -nm main.o

// 3.生成可执行 Mach-O 文件
clang main.o -o main

//// ====== 执行开始=====
// 4.执行可执行 Mach-O 文件
./main
```

生成汇编文件就已经是编译器后端的工作了，为什么还使用 Clang 命令呢？因为使用 Clang 提供的接口可启动后端相应的功能。

4.7 自定义 Clang 命令，利用 LLVM Pass 实现对 Objective-C 函数的静态插桩

Objective-C 在函数 hook 方面的方案比较多，但通常只实现了函数切片，也就是在函数的调用前或调用后进行 hook，这里介绍一种利用 LLVM Pass 进行静态插桩的思路。

▶▶ 4.7.1　Objective-C 中的常见的函数 hook 实现思路

Objective-C 是一门动态语言，具有运行时的特性，所以能选择的方案比较多，常用的有：方法重排、消息转发（aspectku）、libffi、fishhook。但列举的这些方案只能实现函数切片，也就是在函数的调用前或者调用后进行 hook。但如果想在函数的逻辑中插入桩函数（如下面代码所示），常见的 hook 思路就没办法实现了。

```
- (NSInteger)foo:(NSInteger)num {
    NSInteger result = 0;
    if (num > 0) {
        // 往这里插入一个桩函数:__hook_func_call(int,...)
        result = num + 1;
    }else {
        // 往这里插入一个桩函数:__hook_func_call(int,...)
        result = num + 2;
    }
    return result;
}
```

为了解决上述问题，接下来介绍如何在编译的过程中修改对应的文件，把桩函数插入到指定的函数实现中。例如，以上函数展示了插入桩函数之后的效果（在函数打个断点，然后查看汇编代码，就能看到对应的自定义桩函数）。

那么如何自定义 Clang 命令，利用 LLVM Pass 实现对函数的静态插桩呢？下面分为两部分介绍，一部分是 LLVM Pass，另一部分是自定义 Clang 的编译参数。两者合起来可以实现这个功能。

▶▶ 4.7.2　什么是 LLVM Pass

LLVM Pass 是一个框架设计，是 LLVM 系统里的重要组成部分，一系列 Pass 组合，构建了编译器的转换和优化部分，抽象成结构化的编译器代码。LLVM Pass 分为两种：分析流程和变换流程。前者进行属性和优化空间相关的分析，同时产生后者需要的数据结构。两者都是 LLVM 编译流程，并且相互依赖。

由于 LLVM 良好的模块化特点，因此直接写一个优化 Pass 来实现优化算法的方法是可行的，也是相对容易的。编写 Pass 的流程如下。

1）挑选测试用例 foo.c 作为 LLVM 编译器的输入。

2）利用 Clang 前端生成 LLVM 中间表示 foo.ll，通过 LLVM 后端的 CodeGen 生成目标平台代码。命令是 clang -emit-llvm foo.c -S -o foo.ll，需要参考的文档可能包括 LLVM Command Guide。

3）生成目标平台的汇编代码，命令是 llc foo.ll -march=Target -o foo.s。

4）使用汇编器和链接器，将 foo.s 编译成平台可执行文件。统计测试程序的执行时间。

5）用 profile 等性能分析工具对程序做分析，找出程序的"热点"，也就是程序的性能瓶颈，查看汇编代码中哪段代码耗时比较多，判断是否有可提升的空间。

6）在分析 foo.s 后，找出程序的缺陷，分析一般形式，提出改进后的目标代码 foo_opt.s。

7）找出与"热点"代码相对应的 IR，在对 IR 实现的基础上，结合改进的目标代码，写出改进后的 IR。这是最关键的一步，因为从 IR 到目标代码还要进行很多的优化、转换，必须对程序以及 IR 进行足够的分析，才能知道什么样的 IR 可以生成期望的汇编代码。这需要参考一些 LLVM 文档，包括 LLVM 参考手册、LLVM 分析与转换流程。

8）要编写 LLVM 转换的 Pass，可参考 LLVM 编程手册、LLVM 编码标准、Doxygen 生成文档，总结一个编写 LLVM Pass 的流程。

该流程在图 4.23 中给出。通过这些步骤，可以实现一个优化 Pass。该优化算法解决的最重要的问题包括，如何能够使数组地址实现自增，以及在何处插入 PHI 结点。

常见的应用场景有代码混淆、单测代码覆盖率、代码静态分析等。

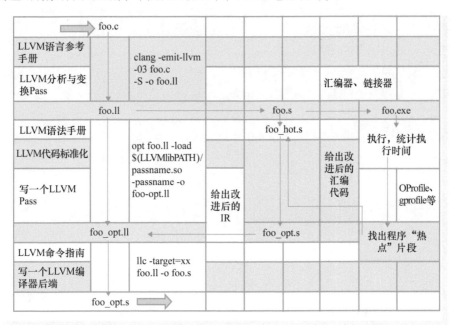

● 图 4.23　编写 Pass 流程

▶▶ 4.7.3　编译过程

图 4.24 展示了 Objective-C 的编译流程。

● 图 4.24　Objective-C 的编译流程

4.8 指令系统

▶▶ 4.8.1 指令系统概述

本节以个人计算机为例,介绍指令系统。

指令:CPU 中的控制器执行的命令,即机器指令。

指令系统:一台计算机所能执行的全部指令的集合。

一台特定的计算机只能执行自己的指令系统中的指令。因此,指令系统就是计算机的机器语言。指令系统直接与计算机系统的运行性能、硬件结构、复杂程度等密切相关;它是设计一台计算机的起始点与基本依据。

字节:8 位二进制代码表示一个字节。

字(存储字):由字节组成,如字长 32 位,即 4 字节。

数据字:一个存储字表示一个数。

指令字:一个存储字表示一条指令。

机器字长:计算机一次能直接处理的二进制代码位数。

指令字长:一条指令中包括的二进制代码位数。

半字长指令:指令字长等于半个机器字长的指令(半字)。

单字长指令:指令字长等于一个机器字长的指令(机器字长)。

双字长指令:指令字长等于两个机器字长的指令(机器字长+机器字长)。

定字长指令结构:在一个指令系统中,各种指令字长相等。

变字长指令结构:在一个指令系统中,各种指令字长不相等。

一条指令应完成以下功能:

1)执行什么操作?(操作码)

2)操作数到哪里去取?(地址码)

3)运算结果送到哪里?(地址码)

4)为了使程序自动执行,还应给出下一条指令的地址。(地址码)

操作码与地址码示例,见表 4.2。

表 4.2 操作码与地址码示例

操 作 码	地 址 码
MOV	r, m
ADD	r1, r2

指令的操作码:用于指明本条指令的操作功能。例如,算术加、减,逻辑与、或,读、写内存,读、写外设,等等。

指令的地址码：用于给出操作数的地址，包括参与运算的一个或多个操作数地址、运算结果的保存地址等。

▶▶ 4.8.2 指令格式

图 4.25 展示了指令格式，包括操作码、地址码等模块。

● 图 4.25 指令格式的基本方式

1. 地址码结构

指令地址码结构包括两个方面：地址码的物理结构与操作地址的全部信息。

地址码结构涉及两方面问题：

1）操作数或运算结果存放的物理结构及存取特点；

2）指令的地址部分是否给出完成某一操作的全部信息。

前者取决于数据的存储结构，后者与地址码的结构有关。计算机中有不同的存储结构，数据存放在哪里，指令中就应该给出相应的存储地址。

地址不在指令当中，但不代表没有，能隐含给出，即用隐含寻址方式，目的是减少指令长度。

2. 操作码结构

当采用统一操作码，指令长度与各类指令地址长度发生矛盾时，通常采用"扩展操作码"技术加以解决。

扩展操作码是一种指令优化技术，即让操作码的长度随地址数的减少而增加（即扩展）。

根据不同的地址指令格式，如三地址、二地址、单地址指令等，操作码的位数可以有不同的选择，从而在满足需要的前提下，有效地缩短了指令长度。

例如，某指令系统，指令字长为 16 位，地址码长度为 4 位，试提出一种分配方案，使该指令系统有 15 条三地址指令、14 条二地址指令、31 条单地址指令，并留有表示零地址指令的可能，见表 4.3。

表 4.3 指令地址码及长度

OP	D1	D2	D3
4 位	4 位	4 位	4 位

图 4.26 展示了扩展操作码技术的具体示例。

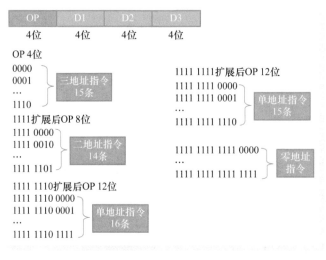

● 图 4.26　扩展操作码技术的具体示例

▶▶ 4.8.3　指令的寻址方式

指令寻址包括程序顺序执行与程序跳跃执行两种方式，如图 4.27 所示。

下一条指令怎么找：在程序顺序执行，控制器转移的时候，使用转移指令 JMP，目的是把新地址送给 PC，如果 PC 原来的地址是断点，就要压入堆栈。

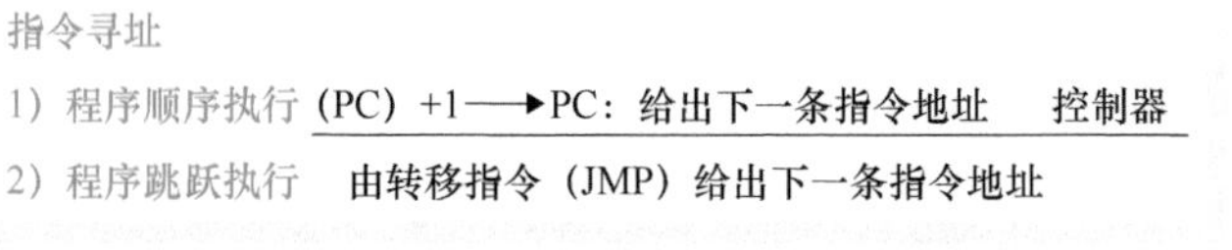

指令寻址
1）程序顺序执行 (PC) +1 ——► PC：给出下一条指令地址　控制器
2）程序跳跃执行　由转移指令（JMP）给出下一条指令地址

● 图 4.27　顺序执行与程序跳跃执行

指令的寻址方式：操作数寻址。

研究各种操作数寻址方式的主要目的是：

1）是否扩大操作数的寻址空间；

2）是否为编程提供方便。

常见的寻址方式包括：

1）立即寻址；

2）直接寻址；

3）寄存器直接寻址；

4）隐含寻址；

5）间接寻址；

6）寄存器间接寻址（需要一次地址计算）；

7）相对寻址；

8）变址寻址；

9）基址寻址；

10）堆栈寻址。

下面详细介绍这些寻址方式。

（1）立即寻址（操作数本身就在指令中）

立即寻址是一种特殊的寻址方式，指令中的地址码不是操作数地址，而是操作数本身，这样的数称为立即数。

操作码与立即数的特点：

1）在取指令时，操作码与操作数被同时取出；

2）指令执行过程中不再访存，提高了指令的执行速度；

3）立即数的位数限制了操作数的表示范围。

用途：设置常数

例如：

```
MOV BX, 2000H, BX←2000H(设置常数)
MOV CX, 100,   CX←100(设置常数)
```

（2）直接寻址（操作数在内存中）

操作数的有效地址 $E_A=A$（A 为操作数地址）。直接寻址如图 4.28 所示。

• 图 4.28　直接寻址

直接寻址的特点：

1）不需要进行任何寻址运算，简单、直观且便于硬件实现；

2）在指令执行过程中，需要一次访存；

3）A 的位数决定了操作数的寻址范围；

4）寻找不同操作数，必须通过编程改变 A 的值。

（3）寄存器直接寻址（操作数在寄存器中）

操作数的有效地址 $E_A=R_i$（R_i 为操作数地址）。寄存器直接寻址如图 4.29 所示。

寄存器直接寻址的特点：

1）在指令执行过程中，不需要访存，提高了指令执行速度；

2）相对于内存单元地址，寄存器号位数少，缩短了指令长度。

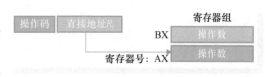

• 图 4.29　寄存器直接寻址

（4）隐含寻址（操作数在累加器中）

一些特殊指令的操作数地址隐含在操作码中，通过在指令中减少地址字段，缩短指令字长。另一个操作数隐含在 AC（累加器）中。操作数在累加器中的隐含寻址方式，如图 4.30 所示。

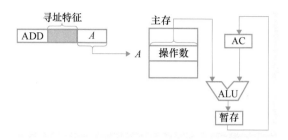

● 图 4.30　操作数在累加器中的隐含寻址方式

（5）间接寻址（操作数地址、操作数均在内存中）

操作数的有效地址 $E_A = (A)$（A 为操作数地址的地址）。操作数地址与操作数本身均在内存中的间接寻址方式，如图 4.31 所示。

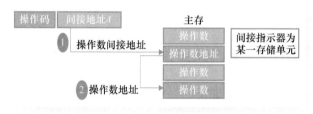

● 图 4.31　操作数地址与操作数本身均在内存中的间接寻址方式

间接寻址的特点：

1）在指令执行过程中，需要两次访存，指令执行速度慢；

2）扩大了操作数的寻址范围；

3）为编程提供了方便。

（6）寄存器间接寻址（操作数地址在寄存器中，操作数在内存中）

操作数的有效地址 $E_A = (R_i)$（R_i 为操作数地址的地址）。操作数地址在寄存器中，而操作数本身在内存中的寄存器间接寻址方式，如图 4.32 所示。

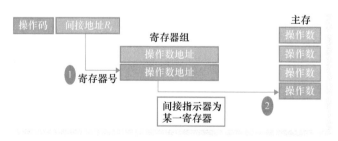

● 图 4.32　寄存器间接寻址方式

寄存器间接寻址的特点：

1）指令短，且在指令执行过程中，只需要一次访存；

2）便于循环编程。

（7）相对寻址（相对当前指令地址）

操作数的有效地址 $E_A=(PC)\pm A$（形式地址）。相对当前指令地址的相对寻址方式，如图 4.33 所示。

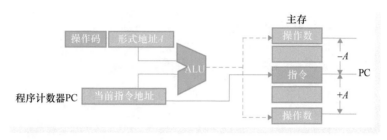

● 图 4.33　相对寻址

相对寻址的特点：

1）A 的位数决定了操作数的寻址范围；

2）解决了程序浮动的问题，即编程时，只要保证其相对距离不变，就可在主存中任意浮动，源程序不改，仍能保证程序正确执行；

3）广泛的转移指令。

（8）变址寻址

操作数有效地址 $E_A=A$（形式地址）$\pm(IX)$。变址寻址方式，如图 4.34 所示。

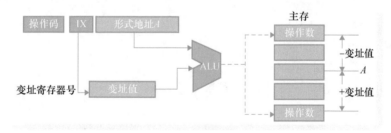

● 图 4.34　变址寻址

变址寄存器 IX 内容：由程序员设定，程序执行过程中可变。

形式地址 A：在程序执行过程中不可变。

变址寻址的特点：

1）相比相对寻址，它扩大了寻址范围；

2）它是循环程序设计的需要，主要针对数组进行快速重复运算、数据块的传递等。

（9）基址寻址

基址寻址操作数有效地址 $E_A=(BR)\pm A$（形式地址）。基址寻址方式如图 4.35 所示。

基址寄存器 BR 存放的地址由操作系统确定，程序执行中不可变。形式地址 A 是一个偏移量（可正、可负），程序执行过程中可变。

基址寻址方式的特点：可扩大寻址范围；有利于多道程序。

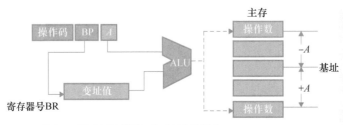

特点：可扩大寻址范围；有利于多道程序。

● 图 4.35　基址寻址方式

（10）堆栈寻址

递归调用子程序需要保证，在每次调用时，不能破坏前面调用时所用到的参数与产生的结果，递归子程序又必须有递归结束条件，以防止调用无法嵌套。

在调用时，为保证不破坏调用时所用到的参数与产生的结果，要求每次调用时，将要用到的参数与中间结果不存放到内存中，也就是每次调用时，都应重新分配存放参数及结果存储区，实现这一点的最好方法是栈（先进先出）。

堆栈寻址用处：

1）子程序嵌套、子程序递归与可再入性；

2）多重循环；

3）中断程序的链接；

4）逆波兰表达式求值。

堆栈寻址锯齿形图如图 4.36 所示。

举例：子程序嵌套（指在子程序中可以再次调用子程序）。

寻址方式、操作数的地址、操作数存放位置的对应关系，见表 4.4。

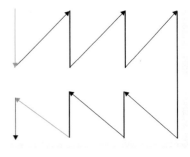

● 图 4.36　堆栈寻址锯齿形图

表 4.4　寻址方式、操作数地址、操作数存放位置的对应关系

寻 址 方 式	操作数地址	操作数存放位置
立即寻址		指令中
隐含寻址	隐含寄存器号	特定寄存器
直接寻址	内存单元地址	内存
寄存器直接寻址	寄存器号	寄存器
间接寻址	内存单元地址—内存单元地址	内存
寄存器间接寻址	寄存器号—内存单元地址	内存
相对寻址	PC+A（可变）	内存
基址寻址	基址寄存器+A（可变）	内存
变址寻址	A+变址寄存器（可变）	内存
堆栈寻址	SP	堆栈

▶▶ 4.8.4 指令的类型与功能

无论什么指令系统，数据传送类指令都是必不可少的。一个较完善的指令系统应当包含：数据传送类指令、算术运算类指令、逻辑运算类指令、移位类指令、程序控制类指令、输入输出类指令等。

（1）数据传送类指令

将数据从源地址传送到目的地址，且源地址中数据不变。

1）传送：从一个地方传送到另一个地方。

2）复制：传送是以复制方式实现的。

（2）算术运算类指令

实现各种算术运算（大型机中有向量运算指令，直接对整个向量或矩阵进行求和、求积运算）。

（3）逻辑运算类指令

把一个数据字看作一个位数组，分别处理每一位。

（4）移位类指令

实现逻辑移位、循环移位、算术移位。

（5）程序控制类指令

控制程序的执行顺序与选择程序的运行方向。它是计算机的智能机构，设置较为复杂。

（6）输入输出类指令

控制输入输出设备，完成计算机与输入输出设备之间的数据交换。

▶▶ 4.8.5 CISC 和 RISC 的比较

CISC（Complex Instruction Set Computer，复杂指令集计算机）是采用功能强大而复杂的指令集的计算机，其主要特点为：指令类型多、功能强，指令格式复杂，实现庞大指令集的硬件较为复杂。RISC（Reduced Instruction Set Computer，精简指令集计算机）是采用高效简洁的指令集的计算机，其主要特点是：指令字的长度和格式固定，能在一个时钟周期内装入完成一条指令，完成复杂功能的指令用软件实现，对编译优化要求高。

CISC 与 RISC 的主要特征对比，见表 4.5。

表 4.5 CISC 与 RISC 的主要特征对比

CISC 主要特征	RISC 主要特征
系统指令复杂、庞大，各种指令使用频度相差大	选用使用频度较高的一些简单指令，复杂指令的功能由简单指令来组合而成
指令长度不固定、指令格式种类多、寻址方式多	指令长度固定、指令格式种类少、寻址方式少
访存指令不受限制	只有 LOAD/STORE 指令访存
CPU 中设有专用寄存器	CPU 中设有多个通用寄存器
大多数指令需要多个时钟周期才能执行完毕	采用流水线技术，一个时钟周期内完成一条指令
采用微程序控制器	采用组合逻辑控制器
难以用优化编译生成高效的目的代码	采用优化的编译程序

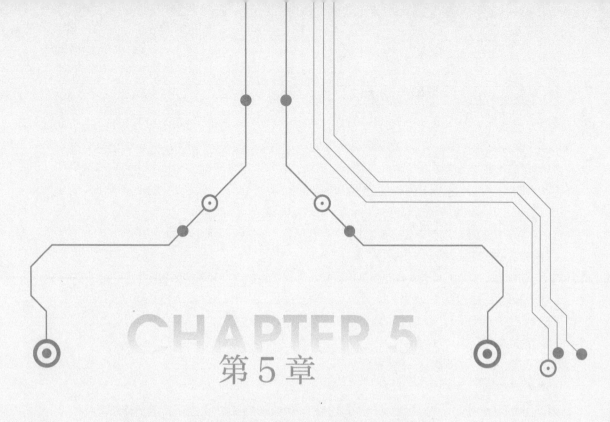

CHAPTER 5

第 5 章

Clang架构与实践示例

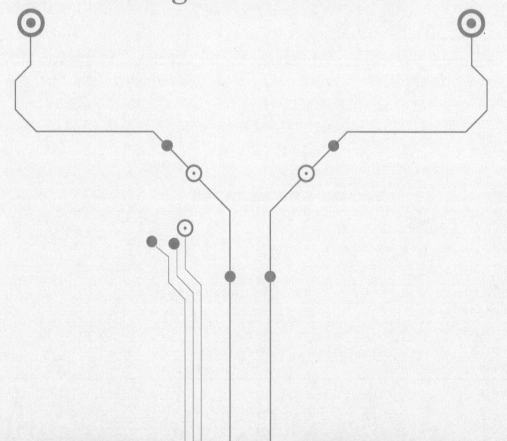

5.1 C 语言编译器 Clang

▶▶ 5.1.1 Clang 和 GCC 编译器架构

Clang 编译器是在苹果公司编译器专家克里斯·拉特纳主导下编写的，其目标是替换大名鼎鼎的
GCC 编译器。

从源代码到可执行程序一般经过预处理、编译、链接过程，而编译是编译器的工作，编译分为三
个阶段，分别为前端、优化器、后端，如图 5.1 所示。

● 图 5.1 编译器的前、中、后端

1）前端：将源代码转化成中间代码。其详细过程包括：词法分析、语法分析、生成中间代码。

2）优化器：对编译器生成的中间代码进行一些优化，最终提供给编译后端。

3）后端：根据不同的芯片架构，将中间代码汇编，产生汇编代码，最后解析汇编指令，生成目
标代码，也就是机器码。编译器具备前端、优化器、后端的架构，如图 5.2 所示。

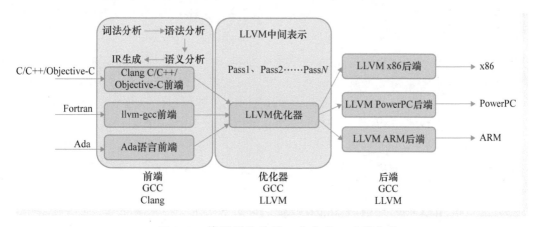

● 图 5.2 编译器的前端、优化器、后端架构

这种架构的优点：

1）当为新的语言开发编译器时，只需要针对新的语言开发前端，产生标准通用的中间代码，这
样优化器与后端可以不用修改。

2）当为新的架构开发编译器时，只需要针对新的架构开发后端，而无须修改前端和优化器。

所以，这种架构对编译器的开发、维护工作来说就简单许多，同时可提升执行效率。

▶▶ 5.1.2　Clang 起源

从 Xcode 4，也就是 MacOS X 10.6 版本系统开始，苹果公司宣布停止更新 GCC 编译器，这样 GCC 就停留在了 4.2 版本，并建议用户使用 LLVM Compiler 2.0（LLVM-Clang），该版本完全支持 C++/Objective-C++，并提供 libc++库来支持新的 C++标准（C++0x 标准），而 GCC/LLVM-GCC 支持的是 GCC 标准库 libstdc++。

从 Xcode 4.2 开始，默认使用 LLVM-Clang，彻底抛弃了 GCC；而 LLVM-GCC 改为 GCC 的一个插件 DragonEgg。图 5.3 为三种编译器的对比。

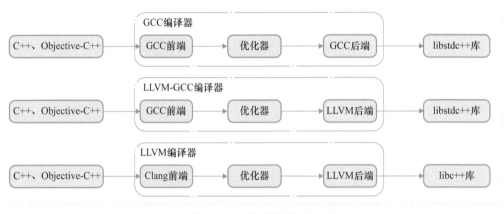

● 图 5.3　三种编译器的对比

由于 Clang 设计之初就考虑到了模块化设计，因此，它清晰简单、出错提示更好、易于扩展、容易与 IDE 集成；而 GCC 由于早期设计只支持 C 语言，后面虽然不断扩展 C++、Java、Ada、Fortran、Go 等，支持更多的平台，而且更流行，使用更广泛，支持更完备，但是其代码接口耦合性强，因此更新维护和性能等较差。

由于 LLVM-Clang 的优秀设计，因此 Android NDK 从 R11 开始建议用户切换到 Clang，并且把 GCC 标记为 deprecated，将 GCC 版本锁定在 4.9，不再更新；Android NDK 从 R13 起，默认使用 Clang 进行编译，但是暂时没有把 GCC 删掉，因为 Google 考虑到 libc++（LLVM-Clang 的 C++标准库）还不够稳定；Android NDK 在 R17 中宣称不再支持 GCC，并会在后续的 R18 中删掉 GCC。现在 GCC 的主战场只剩下 Linux 与部分 Windows 应用软件开发。

在本书写作时，LLVM 已经发布了 16.0.0 版本，官方地址如下。

LLVM 编译器基础架构：http://llvm.org/。

Clang：http://clang.llvm.org/。

DragonEgg：http://dragonegg.llvm.org/。

5.2　Clang 模块内部实现原理及源代码分析

开发工程中开始支持 Swift，但在适配 Clang 模块的过程中，遇到了各种各样的编译问题。为了弄

清楚编译失败的真正原因，以及进行 Clang 模块的最佳实践，可分析 Clang 模块的实现代码。

▶▶ 5.2.1 编译参数分析

Xcode 的构建设置，针对 Clang 模块有专门的设置分组，如下面代码所示：

```
App Clang-Language-Module
Setting
Allow Non-modular Includes In Framework Modules
Disable Private Modules Warnings
Enable Module Debugging
Enable Modules (C and Objective-C)
Link Frameworks Automatically
```

下面分别解释一下各个参数的作用。

1. Enable Modules（C and Objective-C）

该使能参数用于设置是否开启 Clang 模块特性。

当它设置为 YES 的时候，会设置编译器参数-fmodules，开启 Clang 模块特性。当设置为 NO 的时候，其他 4 个选项也会随之失效，不会设置编译器参数-fmodules。

2. Enable Module Debugging

该参数用于对引用的外部 Clang 模块或者预编译头文件生成调试信息。

当它设置为 YES 的时候，会设置编译器参数-gmodules。

举例说明一下这个参数，如果自己模块的 Objective-C 源代码中有#import <Foundation/Foundation.h>，那么 Foundation（基础）模块属于被引用的外部 Clang 模块。当开启 Clang 模块特性的时候，会根据基础模块提供的 modulemap 生成 Clang 模块编译缓存，其缓存的目录是通过编译器参数-fmodules-cache-path 来设定的。

默认 Xcode 会设定编译缓存目录为 ModuleCache.noindex。

```
-fmodules-cache-path =/Users/wjm/Library/Developer/Xcode/DerivedData/ModuleCache.noin-
dex
```

ModuleCache.noindex 为 Clang 模块缓存目录，Foundation-3DFYNEBRQSXST.pcm 为基础的缓存文件。

当 Enable Module Debugging 为 YES 的时候，这个缓存文件为 Mach-O 格式的文件，其中__CLANG、__clangast 节为缓存内容，这个文件还携带__DWARF、__debug_info 等调试信息。

其中缓存内容中前 4 个字节的签名是 CPCH，应该是"已编译的 PCH"的缩写。图 5.4 为 CPCH 编译器工程示例。

当 Enable Module Debugging 为 NO 的时候，缓存文件直接就是 CPCH 文件，不会生成 Mach-O 格式且携带调试信息，如图 5.5 所示。

建议正常开发的时候关闭这个设置。当出现 Clang 模块编译问题的时候，可以开启这个调试选项，因为有了 DWARF 的调试信息，可以精确定位错误代码的行号和列号。

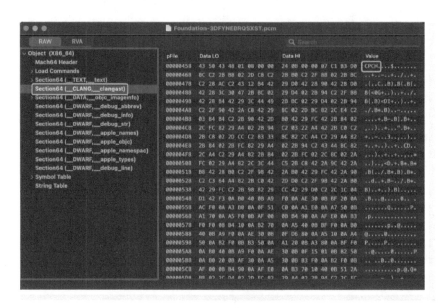

● 图 5.4 CPCH 编译器工程示例

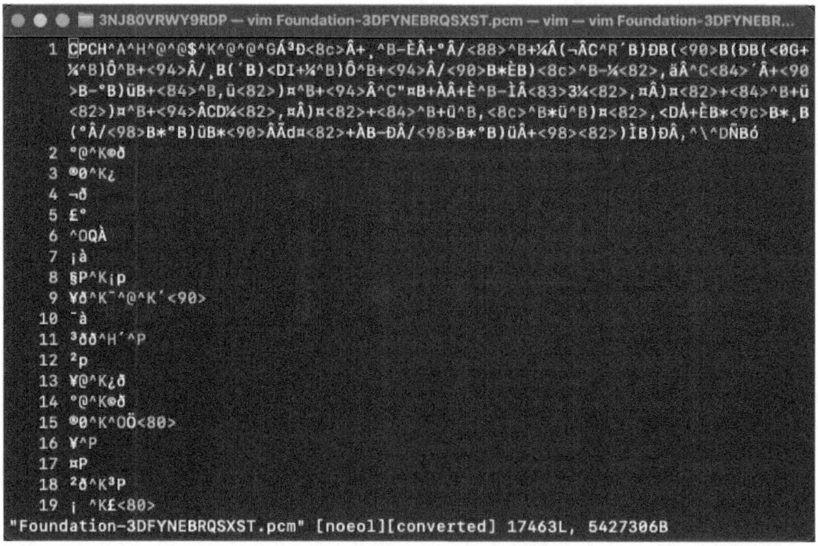

● 图 5.5 Enable Module Debugging 为 NO 时的 CPCH 编译器工程示例

在开启这个选项后，编译时会有性能损失，因为缓存变成了 Mach-O 格式，需要完整加载整个文件，读取__clangast 节，才能获取真正的缓存内容。

从下面代码中可以看出，CPCH 文件内容其实就是 AST 的位代码，所以，Clang 模块的实现机制是和预编译头文件一致的，Clang 模块可以被认为是更通用的预编译头文件，如图 5.6 所示。

3. Disable Private Modules Warnings

私有模块的概念比较复杂。

4. Allow Non-modular Includes In Framework Modules

参数设置允许框架模块中有非 Clang 模块的 include 指令。

当设置为 NO 的时候，会设置编译器参数-Wnon-modular-include-in-framework-module。如果在引用的模块中，遇到非 Clang 模块的头文件，例如 #import "XXX.h"，就会报错。

5. Link Frameworks Automatically

在开启 Clang 模块后，导入 Clang 模块时会自动对链接器 ld64 增加链接参数，如图 5.7 中矩形框所示。

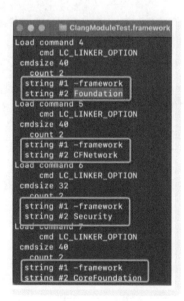

• 图 5.6　通用的预编译头文件　　　　　• 图 5.7　增加链接参数

因为链接参数都是使用 CocoaPods 来管理依赖的，所以，最好关闭此选项，统一在 Podspec 中声明依赖的框架和 weak_frameworks。

关闭后，会增加编译器参数-fno-autolink。

6. 定义模块

当链接开启的时候，会生成 modulemap 文件，如果当前编译模块有和已有模块同名的头文件，则 modulemap 编译器会帮忙合成一个，也支持自定义设置 modulemap 文件。

开启时会增加两个编译器参数，其中一个用于设置 Clang 模块名。

```
-fmodule-name=ClangModuleTest
```

另一个用于形成虚拟的 Clang 模块层，让当前源代码编译的模块也可以伪装成 Clang 模块格式。

虚拟的 Clang 模块层内容是 JSON，如图 5.8 所示。

● 图 5.8　虚拟的 Clang 模块层

7. ClangModuleTest 源代码

LLVM 项目地址：https://github.com/llvm/llvm-project。

ClangModuleTest 隶属于 LLVM，调试代码时，用 Xcode 创建一个新的框架工程，称为 ClangModuleTest，新增 Test 类，分析 Test.m 的编译流程，如图 5.9 所示。

Xcode 内置的 Clang 版本应该是有一些功能没有开源，开源 Clang 不能识别参数-index-unit-outputpath 和 -index-store-path，调试的时候将这两个参数删除即可。

● 图 5.9　用 Xcode 创建新的框架工程

最新版本的 Clang 的编译参数都统一定义在 Options.td 文件中，通过 clang-tblgen 统一生成，这样生成出来的 rst 文档和 Options.inc 是一致的，在 Options.td 中没有找到上述两个参数。

如果使用的是 Visual Studio Code，要配置 settings.json 和 launch.json 文件，那么内容大致如图 5.10 与图 5.11 所示。

```
.vscode > {} settings.json > ...
  1  {
  2      "cmake.sourceDirectory": "${workspaceFolder}/llvm",
  3      "cmake.buildDirectory": "${workspaceFolder}/build",
  4      "cmake.generator": "Ninja",
  5      "cmake.configureSettings":{
  6          "LLVM_ENABLE_PROJECTS": "clang",
  7          "LLVM_TARGETS_TO_BUILD": "X86",
  8          "LLVM_OPTIMIZED_TABLEGEN": "ON",
  9          "CMAKE_BUILD_TYPE": "Debug"
 10      }
 11  }
```

● 图 5.10　配置 settings.json 文件

```
.vscode > {} launch.json > Launch Targets > {} Clang
  1  {
  2      // Use IntelliSense to learn about possible attributes.
  3      // Hover to view descriptions of existing attributes.
  4      // For more information, visit: https://go.microsoft.com/fwlink/?linkid=830387
  5      "version": "0.2.0",
  6      "configurations": [
  7          {
  8              "name": "Clang",
  9              "type": "cppdbg",
 10              "request": "launch",
 11              "program": "${workspaceRoot}/build/bin/clang",
 12              "MIMode": "lldb",
 13              "cwd": "${fileDirname}"
 14          }
 15      ]
 16  }
```

● 图 5.11　配置 launch.json 文件

▶▶ 5.2.2 预处理

clang∷Preprocessor 是负责预处理的类，预处理主要是处理编译单元中的一些以#开头的预处理指令，比如，#import 是导入头文件预编译指令，这些指令定义在 TokenKinds.def 文件中，如图 5.12 所示。

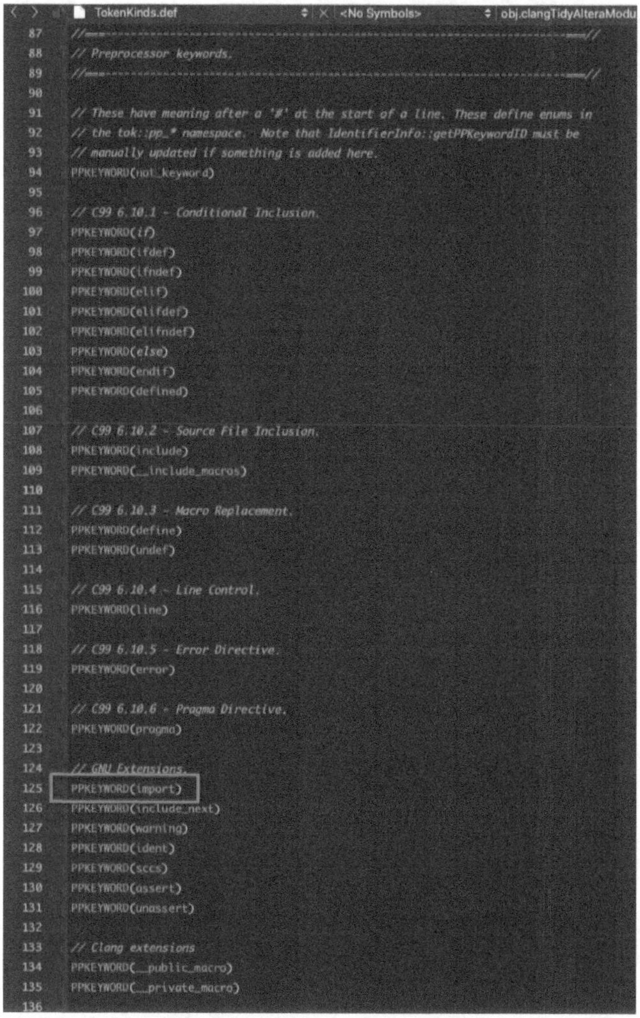

● 图 5.12 导入预编译指令

所以，Preprocessor 是需要分词的词法分析，在开始预处理之前的 EnterSourceFile 中，就会创建词法分析对象，如图 5.13 所示。

测试代码，第一行就是#import 指令，如图 5.14 所示。

如图 5.15 所示，在 HandleDirective 方法中分别调用各预处理指令的处理函数。

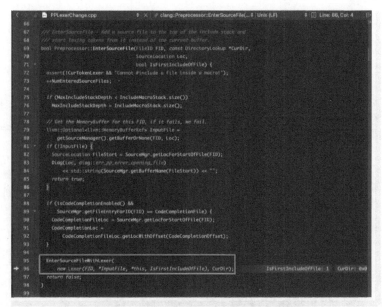

● 图 5.13　Preprocessor 创建词法分析对象

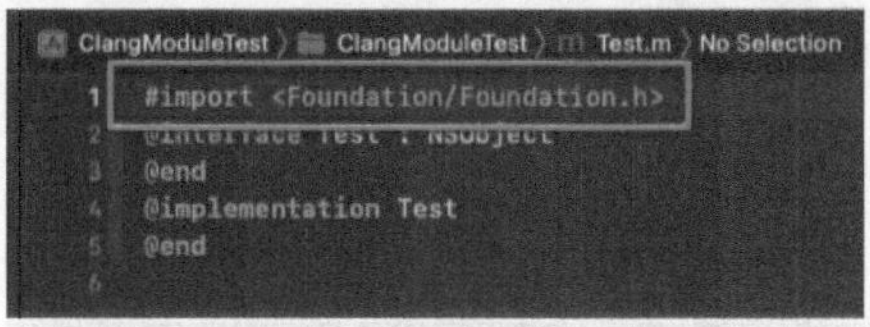

● 图 5.14　输入指令，测试代码

● 图 5.15　HandleDirective 预处理指令函数

因为预处理指令是#import <Foundation/Foundation.h>，所以可以推断出是基础模块。如图 5.16 所示，从 HeaderSearch 中，可以找到对应的基础的 module.modulemap 文件。

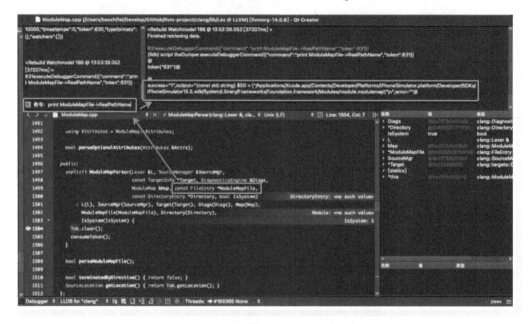

● 图 5.16 从 HeaderSearch 中，找到 module.modulemap 文件

通过分析 Clang 模块的实现代码，大致清楚了 Clang 模块的实现原理，当导入一个模块头文件时，如果这个模块是 Clang 模块，则会直接读取其 PCM 缓存文件，如果没有缓存，则会开启另外一个编译器来生成 PCM 文件。PCM 是一种多媒体音频文件，PCM 文件内容就是 AST 文件，这样多个编译单元可以最大程度复用，减少编译时间。

5.3 好用的代码检查工具

常用的静态代码检测工具都列在了图 5.17 中，比如 Cppcheck。
在 Linux 上安装比较方便：

```
sudo apt install cppcheck
```

在 Windows 上，需要下载 Cppcheck 的安装包：cppcheck.sourceforge.io/，也可以下载源代码，注意安装成功后需要配置一下环境变量。

也可以使用 Clang-Tidy 来做静态代码检测。不同于 Cppcheck 使用正则表达式进行静态代码分析，Clang-Tidy 是基于语法分析树的静态代码检查工具，虽然速度比正则表达式慢一些，但是检查得更准确、更全面，而且不仅可以做静态检查，还可以做一些修复工作，自行添加一些自定义检查规则。

这里重点推荐 Cpplint，因为它可以检测代码是否符合 Google 的编码规范，会把不符合规范的模块都找出来。

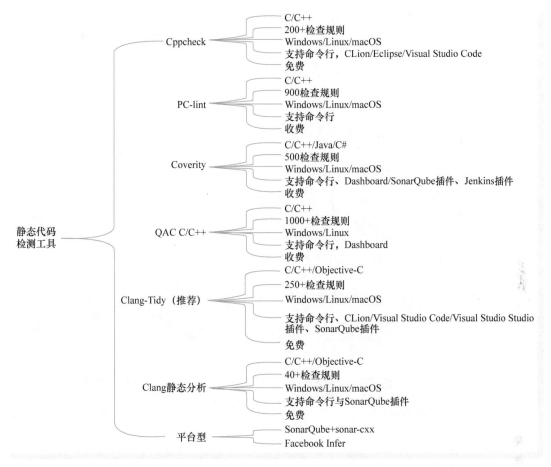

● 图 5.17　静态代码检测工具

下面介绍 Clang 的 ProgramPoint 程序关键点（等同于 checker 类成员函数、回调函数），如图 5.18 所示。

在 Clang 静态分析器中，ProgramPoint 是一个表示程序执行点的抽象概念。它可以用来表示程序中的任何一个位置，如函数调用、语句执行、分支语句等。具体来说，Clang 静态分析器中主要有以下几种 ProgramPoint。

1）PreStmt：表示在执行语句之前的程序点。

2）PostStmt：表示在执行语句之后的程序点。

3）PreCall：表示在函数调用之前的程序点。

4）PostCall：表示在函数调用之后的程序点。

5）BlockEntrance：表示在基本块入口处的程序点。

6）BlockExit：表示在基本块出口处的程序点。

7）Location：表示在程序中任意位置的程序点。

这些 ProgramPoint 可以用来表示程序执行的不同阶段和位置，从而帮助 Clang 进行静态分析。例如，PreStmt 和 PostStmt 分别用来表示语句执行前、后的状态，PreCall 和 PostCall 分别用来表示函数调用前、后的状态，BlockEntrance 和 BlockExit 分别用来表示基本块的入口与出口。

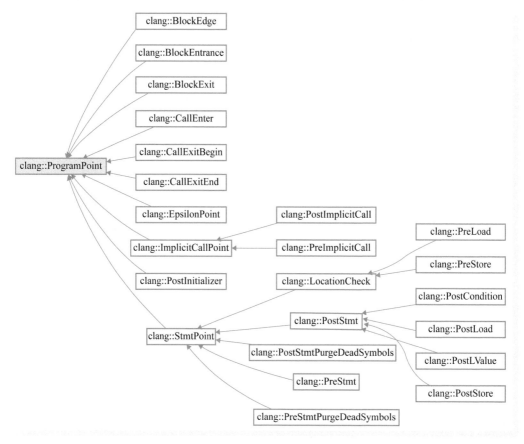

● 图 5.18　ProgramPoint 程序关键点

5.4　Clang 在 Objective-C 中的使用

Clang 是一个 C、C++、Objective-C、Objective-C++语言的轻量级编译器。其源代码基于 BSD 协议发布，能在终端环境中使用。

▶▶ 5.4.1　终端使用特点

终端使用特点包括以下 3 个方面。

1）快速编译和较少内存占用。

2）有诊断功能。

3）兼容 GCC。

▶▶ 5.4.2 Clang 的简单使用

1. 编译 Objective-C

1）打开终端，使用 cd Desktop 跳转到桌面上。

2）使用终端命令 vim HelloWorld.m 创建一个 .m 文件。

3）在 HelloWorld.m 中输入如下代码：

```
#import <Foundation/Foundation.h>
  int main(intargc, const char * argv[]) {
      @autoreleasepool {
      // insert code here...
      NSLog(@"你好世界！");
      }
      return 0;
  }
```

4）在终端输入 clang -fobjc-arc -framework Foundation HelloWorld.m -o nihao 命令以进行编译。

2. 指令解释

指令解释包括以下几个方面：

1）fobjc-arc 表示编译需要支持 ARC 特性。

2）-framework Foundation 表示引用基础框架，这个框架中定义了很多基础类，例如字符串、数组、字典等。

3）后面的 HelloWorld.m 就是待编译的源代码文件名。

4）-o nihao 表示输出的可执行文件的文件名是 nihao。

5.5 Clang 重排对象类结构分析

▶▶ 5.5.1 概述

下面将探究根类、超类、子类的关系。通过属性重排，可展示对成员变量的布局优化。

在开发中，应使用运行时 API，而不是指针偏移、mask 等更底层的方式获取信息。因为可能对底层逻辑进行优化，如果直接访问，会有不稳定问题，但对外提供的 API 是稳定的，所以推荐使用运行时 API 来解决遇到的问题。

▶▶ 5.5.2 根类、超类、子类

这里比较可惜的是，无法直观地看到 OBJC_METACLASS_ $_NSObject 中的结构，但可以通过运行时或源代码分析，得到图 5.19 这张经典图片。根据前面的代码分析，可以直观地验证图 5.19 所示的大部分关系。

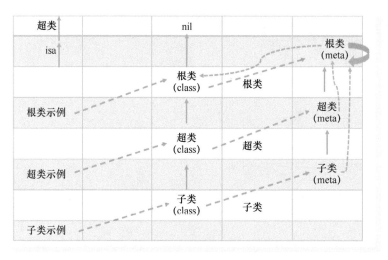

● 图 5.19　根类、超类、子类的关系图

5.6　使用 Clang 编译 C 程序并在安卓设备中执行

由于 Android NDK 从 R18 开始就已经抛弃 GCC，转而将 Clang 当作默认编译器，因此可以直接使用 NDK 工具包进行编译。

1. 实验环境

1）安卓模拟器。

2）安装 android-ndk-r19c。

2. 实验步骤

第一步，编写源代码。

新建 test.c 文件。

```
#include <stdio.h>
int main()
{
    printf("Hello world! \n");
    return 0;
}
```

第二步，编译源代码。

android-ndk-r19c 目录下工具链文件夹中的 llvm 文件夹即 Clang 编译工具包。

在 llvm 的子目录 bin 下存放着针对各个架构的 Clang 编译器，由于模拟器采取 ARM 架构，因此这里使用 armv7a-linux-androideabi23-clang。

在命令行窗口中执行如下指令：

```
armv7a-linux-androideabi23-clang test.c -o test
```

由于 Clang 已经指定 Android 23 版本的 SDK，因此这里无须像 GCC 那样指定-static 以进行静态编译。

第三步，将编译后的可执行文件传至安卓设备（这里使用安卓模拟器）。

```
adb push test /data/
```

第四步，执行文件。

在控制台输入文件名即可执行。

```
./test
```

如果提示权限拒绝，那么使用如下命令：

```
chmod 777 test
```

如果用 C 语言和汇编语言混合开发，那么同样也可使用 Clang 编译：

```
armv7a-linux-androideabi23-clang aaa.s test.c -o test
```

5.7 分析 Swift 高效的原因

绝大多数公司都选择 Swift 语言开发 iOS 应用，因为 Swift 比 Objective-C 有更高的运行效率，更加安全的类型检测，更多提升开发效率的现代语言的特性。这一系列优点使 Swift 语言的热度越来越高。

自从 2014 年苹果公司发布 Swift 语言以来，语言本身和基础库都日趋稳定，目前国内外很多大型科技企业都在积极加入 Swift 阵营。

大多数人都知道 Swift 语言的运行效率比 Objective-C 语言更高，但是却不知道为什么，这里通过 Swift 编译层，探讨一下 Swift 语言高效的原因。

▶▶ 5.7.1 Swift 的函数派发机制

在开始讨论 Swift 数据类型之前，先讨论一下 Swift 的函数派发机制。

Swift 的函数派发机制包括静态派发（static dispatch）、动态派发（dynamic dispatch）、消息派发（message dispatch）三个模块。

静态派发是指在编译期就能确定调用方法的派发方式。

动态派发是指编译期无法确定调用方法，需要在运行时才能确定的派发方式。

除了上面两种方式之外，Swift 里面还会使用 Objective-C 的消息派发机制；因为 Objective-C 采用了运行时阶段的 obj_msgsend 进行消息派发，所以 Objective-C 的一些动态特性在 Swift 里面也可以被限制使用。

静态派发比动态派发更快，而且还会进行内联（inline）等一些优化，减少函数的寻址及内存地址的偏移计算等一系列操作，使函数的执行速度更快，性能更高。

▶▶ 5.7.2 结构体定义的内存分配

内存分配可以分为堆（heap）区和栈（stack）区。由于栈区内存是连续的，内存的分配和销毁是通过入栈与出栈操作进行的，因此速度要高于堆区。堆区存储高级数据类型，在数据初始化时，查找没有使用的内存，销毁时再从内存中清除，所以堆区的数据存储不一定是连续的。

类（class）和结构体（struct）在内存分配上是不同的，基本数据类型和结构体默认分配在栈区，而像类这种高级数据类型存储在堆区，且堆区数据存储不是线程安全的，在频繁的数据读写操作时，要进行加锁操作。

在 Swift 文档里面能看到对结构的描述，结构体是值类型，当值类型的数据赋给一个变量或常量，或者传递给一个函数时，使用值复制方法。

例如：

```
struct Resolution {
  var width = 0
  var height = 0
}


let hd = Resolution(width: 1920, height: 1080)
var cinema = hd
cinema.width = 2048


print("cinema is now \(cinema.width) pixels wide")
// 输出 "cinema is now 2048 pixels wide"


print("hd is still \(hd.width) pixels wide")
// 输出 "hd is still 1920 pixels wide"
struct Resolution {
  var width = 0
  var height = 0
}


let hd = Resolution(width: 1920, height: 1080)
var cinema = hd
cinema.width = 2048


print("cinema is now \(cinema.width) pixels wide")
// 输出 "cinema is now 2048 pixels wide"


print("hd is still \(hd.width) pixels wide")
// 输出 "hd is still 1920 pixels wide"
```

通过这个例子能清楚地看到，当 hd 赋值给 cinema 时，这是将 hd 中存储的值复制给 cinema，所以当给 cinema 的 width 属性赋值的时候，并不会改变 hd 中的属性值，如图 5.20 所示。

结构体除了属性的存储更安全、效率更高之外，其函数的派发也更高效。由于结构体不能被继承，也就是结构体的类型被 final 修饰，因此，对于静态派发及动态派发的描述，有如下所示结论。

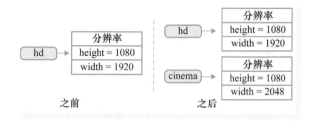

●图 5.20　当给 cinema 的 width 属性赋值的时候，并不会改变 hd 中的属性值

1）其内部函数应该属于静态派发，因为在编译期就确定了函数的执行方式。

2）其函数的调用通过内联的方式进行优化。

3）其内存连续，减少了函数的寻址及内存地址的偏移计算。

4）其运行比动态派发更加高效。

多态是面向对象的一大特性，在结构体中不能通过继承或者引用来使用多态语言，Swift 就引入了协议（protocol），通过这些协议实现了结构体的多态特性，这也是 Swift 面向协议编程的核心所在。

对于类来说，每个类都会创建一个虚函数表指针，这个指针则指向一个虚拟表，也就是虚函数表，表内存储着该类的函数指针数组，拥有继承关系的子类会在虚函数表内通过继承顺序（C++可以实现多继承）来展示虚函数表指针。类的派发则是根据虚函数表指针来进行的。

而结构体中没有继承，也就是说，结构体并没有虚拟表用于函数的派发。为了实现这一特性，在结构体的协议里添加了协议见证表，用于管理协议类型的方法的派发。

▶▶ 5.7.3　编译 SIL

上面介绍了 Swift 在数据结构上的一些优化。除了数据结构优化之外，Swift 也对编译过程进行了大量的优化，其中最核心的优化是在编译过程中引入了 SIL。

SIL 是为了优化 Swift 编译过程而设计的中间语言，主要包含以下功能。

1）一系列高级别优化保障，用于对运行时和诊断行为提供可预测的基线。

2）对 Swift 语言数据流分析强制要求，对不满足强制要求的问题产生诊断。例如，变量和结构体必须明确初始化，代码可达性即方法返回的检测结果，以及转换的覆盖率。

3）确保高级别优化。包含保留/释放优化、动态方法的去虚拟化、闭包内联、内存初始化提升，以及泛型方法实例化。

4）可用于分配脆弱内联的稳定分配格式，将 Swift 库组件的泛型优化为二进制。

▶▶ 5.7.4　Clang 编译流程的缺点

Clang 编译流程有以下几个缺点。

1）在代码与 LLVM IR 之间有巨大的抽象鸿沟。

2）IR 不适合源代码级别的分析。

3）CFG 缺少精准度（fidelity）。

4）CFG 偏离主通道。

5）在 CFG 和 IR 下译中会出现重复分析问题。

图 5.21 展示了 Clang 编译流程。

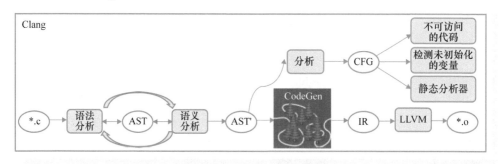

• 图 5.21　Clang 编译流程

由于以上这些缺点，因此 Swift 语言开发团队在开发过程中进行了一系列的优化，其中最关键的是引入了 SIL。

▶▶ 5.7.5　Swift 的特点及其编译器的使用流程

1. Swift 的特点

Swift 作为一个安全与高级别的语言，具有以下特点。

（1）高级别语言

1）通过代码，充分展示语言的特性。

2）支持基于协议的泛型。

（2）安全语言

1）充分的数据流检查：对于未初始化变量，函数会进行检测，在检测不合格时，会产生对应的编译错误。

2）边界和溢出检测。

Swift 编译流程，如图 5.22 所示。

• 图 5.22　Swift 编译流程

从 Swift 源代码到 IR 的流程，如图 5.23 所示。

• 图 5.23　从 Swift 源代码到 IR 的流程

Swift 编译流程中引入 SIL 有以下几个优点。

1）完全表示程序语义。

2）既能进行代码的生成，又能进行代码分析。

3）处在编译管线的主通道。

4）构建连接源代码与 LLVM 的桥梁，减小源代码与 LLVM 之间的抽象鸿沟。

2. Swift 编译器的使用流程

Swift 编译器作为高级编译器，具有以下严格的传递流程结构。

Swift 编译器的使用流程如下。

1）语法分析组件从 Swift 源代码中生成 AST。

2）语义分析组件对 AST 进行类型检查，并对其进行类型信息注释。

3）SILGen 组件从 AST 中形成原始的 Swift 中间语言。

4）在一系列 Swift 中间语言上运行，用于确定优化和诊断是否合格，对不合格的代码嵌入特定的语言诊断。这些操作一定会执行，在-Onone 选项下也不例外。之后会产生可靠的 Swift 中间语言。

5）运行 Swift 中间语言优化是可选的，这个检测可以提升可执行结果文件的性能，可以通过优化级别来控制，在-Onone 模式下不会执行。

6）IRGen 会将 Swift 中间语言降级为 LLVM IR。

7）LLVM 后端提供 LLVM 优化，执行 LLVM 代码生成器，并产生二进制码。

在上面的流程中，Swift 中间语言对编译过程进行了一系列的优化，既保证了代码执行的安全性，又提升了代码执行的效率。

5.8 LLVM 中矩阵的实现分析

5.8.1 背景说明

Clang 提供了 C/C++语言对矩阵的扩展支持，以方便用户使用可变大小的二维数据类型来实现计算，目前该特性还处于试验阶段，设计和实现都在变化中。目前，LLVM 被设计为支持小型列矩阵，其对矩阵的设计基于向量。它为用户提供向量代码生成功能，能够减少不必要的内存访问，并且提供用户友好的接口。现在基于 LLVM 13，以 Intel x86 架构为平台，用来试验和分析 LLVM 编译器对矩阵运算的基本支持。

LLVM 目前支持的矩阵间运算包括矩阵转置、加法、减法、乘法及除法。其中，矩阵除法只支持矩阵除以标量，不支持矩阵与矩阵相除。

5.8.2 功能实现

1. 数据实现

矩阵支持的元素类型有整型、单精度、双精度、半精度，用户可以通过 matrix_type 属性定义各种不同元素类型、不同行列数的矩阵，如图 5.24 所示。

2. 内建支持

（1）Clang

Clang 前端提供了 3 个内建接口，以供用户使用，见表 5.1。目前，矩阵的 load 和 store 都是按列操作的，对行矩阵的支持也在计划之中。

```
typedef double dx5x5_t __attribute__((matrix_type(5, 5)));
typedef float fx2x3_t __attribute__((matrix_type(2, 3)));
typedef float fx3x2_t __attribute__((matrix_type(3, 2)));
typedef int ix20x4_t __attribute__((matrix_type(20, 4)));
typedef int ix4x20_t __attribute__((matrix_type(4, 20)));
typedef unsigned ux1x6_t __attribute__((matrix_type(1, 6)));
```

● 图 5.24　通过 matrix_type 属性定义不同的矩阵

表 5.1　Clang 前端提供的内建接口

接口名称	功　能	参　　数	返　回　值
__builtin_matrix_column_major_load	按列加载矩阵	T *ptr：起始地址；size_t row：矩阵行数；size_t col：矩阵列数；size_t columnStride：跨步，是指加载完一列数据后 ptr 自增的元素个数	Row 行 col 列 T 元素类型矩阵
__builtin_matrix_column_major	按列存储矩阵	Dx4x4_t matrix：待存储的矩阵；T *ptr：存储起始地址；size_t columnStride：跨步，是指 ptr 存储完一列数据后自增的元素个数	无
__builtin_matrix_transpose	矩阵转置	Dx4x4_t matrix：待转置的矩阵	转置后的矩阵

当从一个基地址 *ptr 加载矩阵时，列矩阵是一列列依次赋值的。图 5.25 展示了跨步为 5 时，列矩阵的 load 和 store 操作。

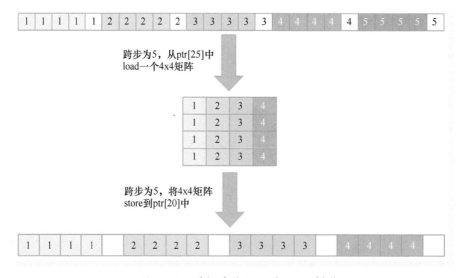

● 图 5.25　列矩阵的 load 和 store 操作

（2）LLVM

LLVM 后端提供了 int_matrix_multiply 内建函数，该接口并未在 Clang 前端暴露，用户在编码矩阵乘法计算时，只需要使用乘法符号（*），LLVM 在创建中间表示（IR）的时候，会自动创建对该内建函数的调用。

（3）算法流程

通过 clang -cc1 -fenable-matrix -emit-llvmmatrix_load. c 编译代码，生成的 IR 中包含对内建接口的调用，如图 5. 26 所示。

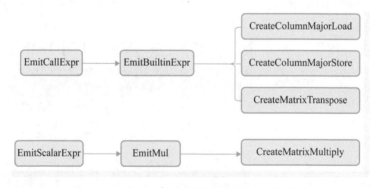

• 图 5. 26　Clang 编译代码，生成内建接口的调用

Clang 中的 3 个内建接口是用户在编码过程中可以直接调用的，所以它们的 IR 的生成过程进行的是内建解析，矩阵乘法在用户编码时并不是函数调用，所以进行的是标量乘法解析，在其中增加了矩阵类型的分支，如图 5. 27 所示。

```
EmitCallExpr → EmitBuiltinExpr → CreateColumnMajorLoad
                                  CreateColumnMajorStore
                                  CreateMatrixTranspose

EmitScalarExpr → EmitMul → CreateMatrixMultiply
```

• 图 5. 27　Clang 内建解析与标量乘法解析过程

CreateColumnMajorLoad 函数的详细代码如图 5. 28 所示。

实际上，LLVM x86 中矩阵操作最终都是转换成向量来完成的。所以，这一步生成的 IR 还需要进一步降级，使用向量指令替换内建接口的调用指令，并且对已经替换的接口指令做了缓存，下次再调用同类矩阵接口指令时，可以直接从缓存中取出向量指令，而不需要再去执行矩阵转向量的操作，从而提高了性能。通过 clang -fenable-matrix -emit-llvm -S matrix_load. c，可以生成最终的 IR，该命令行在 Clang. cpp 中给后端传递了 -enable-matrix 选项，该选项会在 PassBuilder. cpp 中添加 LowerMatrixIntrinsics-Pass 优化，该优化将上述 IR 中的矩阵操作转换成向量操作，如图 5. 29 所示。

```
CallInst *CreateColumnMajorLoad(Value *DataPtr, Align Alignment,
                                Value *Stride, bool IsVolatile,
                                unsigned Rows, unsigned Columns,
                                const Twine &Name = "") {
  // 处理源指针
  PointerType *PtrTy = cast<PointerType>(DataPtr->getType());
  // 获取指针元素类型
  Type *EltTy = PtrTy->getElementType();
  // 根据指针元素类型创建（行*列）大小的向量
  auto *RetType = FixedVectorType::get(EltTy, Rows * Columns);
  // 创建调用内建函数的参数
  Value *Ops[] = {DataPtr, Stride, B.getInt1(IsVolatile), B.getInt32(
Rows), B.getInt32(Columns)};
  Type *OverloadedTypes[] = {RetType};
  // 获取内建函数
  Function *TheFn = Intrinsic::getDeclaration(
      getModule(), Intrinsic::matrix_column_major_load, OverloadedTyp
es);
  // 创建对内建函数的调用
  CallInst *Call = B.CreateCall(TheFn->getFunctionType(), TheFn, Ops,
Name);
  Attribute AlignAttr =
      Attribute::getWithAlignment(Call->getContext(), Alignment);
  Call->addAttribute(1, AlignAttr);
  return Call;
```

```
// Clang.cpp
if (Args.hasArg(options::OPT_fenable_matrix)) {
  CmdArgs.push_back("-fenable-matrix");
  CmdArgs.push_back("-mllvm");
  CmdArgs.push_back("-enable-matrix");
}

// PassBuilder.cpp
if (EnableMatrix) {
  OptimizePM.addPass(LowerMatrixIntrinsicsPass());
  OptimizePM.addPass(EarlyCSEPass());
}
```

● 图 5.28　CreateColumnMajorLoad 函数的详细代码　　● 图 5.29　矩阵操作转换成向量操作

假设有一个 4×4 的矩阵，如图 5.30 所示，现在需要以 11 为基址，从中计算一个 2×3 的子矩阵，LLVM 提供了 computeVectorAddr 函数来计算子矩阵的地址。BasePtr 是指矩阵（向量）起始元素地址，VecIdx 是指当前向量在子矩阵中的索引，Stride 是指加载时的跨步，NumElements 是指每个向量中的元素个数，EltType 是指元素类型。函数中 VecStart 变量通过 VecIdx 与 Stride 相乘得到，该变量表示当前计算的向量的起始位置，比如，示例矩阵中 13 对应的 VecStart = 2×4 = 8；如果 VecStart = 0，则代表第 0 列向量，此时将 BasePtr 赋给 VecStart，作为新向量的起始地址；如果 VecStart！=0，则通过 Builder. CreateGEP 创建一个 IR 操作 getelementptr，取对应列首地址，以此类推；最后通过 Builder. CreatePointerCast，把上述列的首地址转换成 VecPtrType 对应的向量地址，这样就生成了新向量，如图 5.31 所示。

00	01	02	03
10	11	12	13
20	21	22	23
30	31	32	33

```
// Column 0: computeVectorAddr(Base, 0 (column), 4 (stride), 2 (num rows), ..)
//           -> returns Base
// Column 1: computeVectorAddr(Base, 1 (column), 4 (stride), 2 (num rows), ..)
//           -> returns Base + (1 * 4)
// Column 2: computeVectorAddr(Base, 2 (column), 4 (stride), 2 (num rows), ..)
//           -> returns Base + (2 * 4)
Value *computeVectorAddr(Value *BasePtr, Value *VecIdx,
                         Value *Stride,
                         unsigned NumElements, Type *EltType,
                         IRBuilder<> &Builder) {
  assert((!isa<ConstantInt>(Stride) ||
          cast<ConstantInt>(Stride)->getZExtValue() >= NumElements) &&
         "Stride must be >= the number of elements in the result vector.");
  unsigned AS = cast<PointerType>(BasePtr->getType())->getAddressSpace();

  // Compute the start of the vector with index VecIdx as VecIdx * Stride.
  Value *VecStart = Builder.CreateMul(VecIdx, Stride, "vec.start");

  // Get pointer to the start of the selected vector. Skip GEP creation,
  // if we select vector 0.
  if (isa<ConstantInt>(VecStart) && cast<ConstantInt>(VecStart)->isZero())
    VecStart = BasePtr;
  else
    VecStart = Builder.CreateGEP(EltType, BasePtr, VecStart, "vec.gep");

  // Cast elementwise vector start pointer to a pointer to a vector
  // (EltType x NumElements)*.
  auto *VecType = FixedVectorType::get(EltType, NumElements);
  Type *VecPtrType = PointerType::get(VecType, AS);
  return Builder.CreatePointerCast(VecStart, VecPtrType, "vec.cast");
```

● 图 5.30　4×4 的矩阵示例　　● 图 5.31　计算子矩阵的 computeVectorAddr 函数代码

有了以上 computeVectorAddr 函数，只要给定相应的参数，就可以计算出一个向量（子矩阵）的地址，调用过程如图 5.32 所示。LLVM 中在 load 矩阵时，便会根据矩阵的列数（对于行矩阵，则会根据行数）依次生成原始矩阵对应的向量，比如一个整型 5×4 的矩阵会被 load 为 4 个<5 x i32>向量，而一个整型 4×5 的矩阵会被 load 为 5 个<4 x i32>向量。

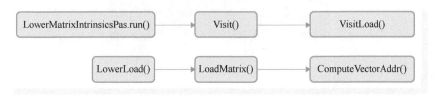

● 图 5.32　计算向量（子矩阵）的地址的调用过程

矩阵的加、减法是对应位置元素加、减，所以，在拆成向量后，可以复用向量的加、减操作，乘法与加、减法的运算规则不同，所以需要对拆出来的向量进一步处理。假设矩阵 *A* 乘矩阵 *B* 等于矩阵 *C*，元素类型都是 int，如图 5.33 所示。

矩阵A			
00	01	02	03
10	11	12	13
20	21	22	23
30	31	32	33
40	41	42	43

矩阵B				
00	01	02	03	04
10	11	12	13	14
20	21	22	23	24
30	31	32	33	34

矩阵C				
00	01	02	03	04
10	11	12	13	14
20	21	22	23	24
30	31	32	33	34
40	41	42	43	44

● 图 5.33　矩阵 *A* 乘矩阵 *B* 等于矩阵 *C*

在进行 load 操作的时候，矩阵 *A* 被拆成 4 个<5 x i32>向量，矩阵 *B* 被拆成 5 个<4 x i32>向量。LLVM 会根据拆分后的向量的地址，把向量进一步整合成适合目标架构宽度乘法运算的新向量，具体是通过目标架构寄存器宽度和当前向量元素类型宽度的比值，得出要整合的向量的大小。当前 x86 架构中，这里的 VF 返回的是 4，也就是说，以 4 个元素为一组向量来整合矩阵 *A* 和矩阵 *B*，整合完成后进行向量运算，代码如下：

```
<A00, A10, A20, A30>x<B00, B00, B00, B00>+
<A01, A11, A21, A31>x<B10, B10, B10, B10>+
<A02, A12, A22, A32>x<B20, B20, B20, B20>+
<A03, A13, A23, A33>x<B30, B30, B30, B30>=
<C00, C10, C20, C30>
```

可以看到，C40 还没有被计算出来，此时就剩 1 个元素需要计算了，于是把矩阵 *A* 每一列最后 1 个元素和矩阵 *B* 第一列每个元素转换成<1 x i32>向量，然后对应元素相乘后再相加，从而完成计算。相关代码如下：

```
<A40>x<B00>+<A41>x<B10>+<A42>x<B20>+<A43>x<B30>=<C40>
```

那么，如何使得到的最后的向量是<1 x i32>类型呢？如前所述，VF 决定了整合的向量的元素个数，LLVM 通过以下代码来实现，C = 4，R = 5，当 I+BlockSize>R 时，会不断对 BlockSize 取半，确保了除 1 以外的其他向量元素个数都是偶数，BlockSize 初值为 4，第 0 列、第 0 行时，I+BlockSize＝4＜R，所以取 4 个元素作为一组向量；第 0 列、第 5 行时，I+BlockSize＝8＞R，BlockSize 在 while 循环中最终算得 1 后满足条件，如图 5.34 所示。

```
for (unsigned J = 0; J < C; ++J) {
  unsigned BlockSize = VF;
  for (unsigned I = 0; I < R; I += BlockSize) {
    while (I + BlockSize > R)
      BlockSize /= 2;
```

● 图 5.34　计算 BlockSize 代码

实际在 IR 中使用了 shufflevector、extractelement 和 insertelement 来生成新的向量。如图 5.35 所示代码，%col.load 为矩阵 **A** 第 0 列元素，%col.load2 为矩阵 **A** 第 1 列元素，%col.load10 为矩阵 **B** 第 0 列元素，从%col.load 中取 4 个元素后，依次与%col.load10 中的第 0 个元素相乘，从%col.load2 中取 4 个元素后，依次与%col.load10 中的第 1 个元素相乘，再把乘积依次相加，如图 5.35 所示。

矩阵**A**

%col.load	%col.load2		
00	01	02	03
10	11	12	13
20	21	22	23
30	31	32	33
40	41	42	43

矩阵**B**

%col.load10				
00	01	02	03	04
10	11	12	13	14
20	21	22	23	24
30	31	32	33	34

● 图 5.35　两个矩阵对应元素相乘

矩阵相乘汇编方式的代码如下：

```
key  value
% block        < A00, A10, A20, A30>
% splat.splat  < B00, B00, B00, B00>
% block23      < A01, A11, A21, A31>
% splat.splat25    < B10, B10, B10, B10>
```

key 与对应的 value 见表 5.2。

表 5.2　key 与对应的 value

key	value
%block	<A00, A10, A20, A30>
%splat. splat	<B00, B00, B00, B00>
%block23	<A01, A11, A21, A31>
%splat. splat25	<B10, B10, B10, B10>

两个矩阵对应元素相乘代码如图 5.36 所示。

```
%1 = bitcast [25 x i32]* %element to i32*
store i32* %1, i32** %Ptr, align 8
%2 = load i32*, i32** %Ptr, align 8
%vec.cast = bitcast i32* %2 to <5 x i32>*
%col.load = load <5 x i32>, <5 x i32>* %vec.cast, align 4
%vec.gep = getelementptr i32, i32* %2, i64 5
%vec.cast1 = bitcast i32* %vec.gep to <5 x i32>*
%col.load2 = load <5 x i32>, <5 x i32>* %vec.cast1, align 4

%3 = load [20 x i32]*, [20 x i32]** %m2.addr, align 8
%4 = bitcast [20 x i32]* %3 to <20 x i32>*
%5 = bitcast <20 x i32>* %4 to i32*
%vec.cast9 = bitcast i32* %5 to <4 x i32>*
%col.load10 = load <4 x i32>, <4 x i32>* %vec.cast9, align 4

%block = shufflevector <5 x i32> %col.load, <5 x i32> poison, <4 x i32>
<i32 0, i32 1, i32 2, i32 3>
%6 = extractelement <4 x i32> %col.load10, i64 0
%splat.splatinsert = insertelement <4 x i32> poison, i32 %6, i32 0
%splat.splat = shufflevector <4 x i32> %splat.splatinsert, <4 x i32> po
ison, <4 x i32> zeroinitializer
%7 = mul <4 x i32> %block, %splat.splat
%block23 = shufflevector <5 x i32> %col.load2, <5 x i32> poison, <4 x i32>
> <i32 0, i32 1, i32 2, i32 3>
%8 = extractelement <4 x i32> %col.load10, i64 0
%splat.splatinsert24 = insertelement <4 x i32> poison, i32 %8, i32 0
%splat.splat25 = shufflevector <4 x i32> %splat.splatinsert24, <4 x i32
> poison, <4 x i32> zeroinitializer
%9 = mul <4 x i32> %block23, %splat.splat25
```

• 图 5.36　两个矩阵对应元素相乘代码

▶▶ 5.8.3　举例说明

1. 矩阵加载

编写一段测试用例代码（matrix_load. c），通过 matrix_type 属性指定行、列数，定义 5×5 的整型矩阵，跨步设为 5，这样正好把数组中的 25 个元素都加载到矩阵中，如图 5.37 所示。

```
typedef int ix5x5 __attribute__((matrix_type(5, 5)));

int main(){
    int element[25] = {1, 1, 1, 1, 1, 2, 2, 2, 2, 2, 3, 3, 3, 3, 3, 4, 4, 4, 4,
4, 5, 5, 5, 5, 5};
    int *Ptr = &element;
    ix5x5 m1 = __builtin_matrix_column_major_load(Ptr, 5, 5, 5);
    return 1;
```

• 图 5.37　矩阵加载代码

生成的 IR 正如前文所述，首先每次从数组 element 中取出 5 个元素来组成一个向量，如图 5.38 所示。再依次保存到 m1 对应的矩阵的地址中，如图 5.39 所示。

```
%1 = bitcast [25 x i32]* %element to i32*
store i32* %1, i32** %Ptr, align 8
%2 = load i32*, i32** %Ptr, align 8
%vec.cast = bitcast i32* %2 to <5 x i32>*
%col.load = load <5 x i32>, <5 x i32>* %vec.cast, align 4
%vec.gep = getelementptr i32, i32* %2, i64 5
%vec.cast1 = bitcast i32* %vec.gep to <5 x i32>*
%col.load2 = load <5 x i32>, <5 x i32>* %vec.cast1, align 4
%vec.gep3 = getelementptr i32, i32* %2, i64 10
%vec.cast4 = bitcast i32* %vec.gep3 to <5 x i32>*
%col.load5 = load <5 x i32>, <5 x i32>* %vec.cast4, align 4
%vec.gep6 = getelementptr i32, i32* %2, i64 15
%vec.cast7 = bitcast i32* %vec.gep6 to <5 x i32>*
%col.load8 = load <5 x i32>, <5 x i32>* %vec.cast7, align 4
%vec.gep9 = getelementptr i32, i32* %2, i64 20
%vec.cast10 = bitcast i32* %vec.gep9 to <5 x i32>*
```

```
%3 = bitcast [25 x i32]* %m1 to <25 x i32>*
%4 = bitcast <25 x i32>* %3 to i32*
%vec.cast12 = bitcast i32* %4 to <5 x i32>*
store <5 x i32> %col.load, <5 x i32>* %vec.cast12, align 4
%vec.gep13 = getelementptr i32, i32* %4, i64 5
%vec.cast14 = bitcast i32* %vec.gep13 to <5 x i32>*
store <5 x i32> %col.load2, <5 x i32>* %vec.cast14, align 4
%vec.gep15 = getelementptr i32, i32* %4, i64 10
%vec.cast16 = bitcast i32* %vec.gep15 to <5 x i32>*
store <5 x i32> %col.load5, <5 x i32>* %vec.cast16, align 4
%vec.gep17 = getelementptr i32, i32* %4, i64 15
%vec.cast18 = bitcast i32* %vec.gep17 to <5 x i32>*
store <5 x i32> %col.load8, <5 x i32>* %vec.cast18, align 4
%vec.gep19 = getelementptr i32, i32* %4, i64 20
%vec.cast20 = bitcast i32* %vec.gep19 to <5 x i32>*
```

• 图 5.38　从数组中取出元素以组成向量　　　• 图 5.39　保存到矩阵的地址中

生成的汇编部分代码如图 5.40 所示，可以看到，长度为 25 的数组的元素被拆成 4+4+4+4+4+4+1 后取出来，放到对应的地址中，保存时以 4+1 为一组，保存了 5 次，正好构成 5×5 的矩阵。

```
movl    .L__const.main.element+96(%rip), %eax   #eax对应element数组最后一个元素
movl    %eax, -16(%rbp) #最后一个元素取的整型
movaps  .L__const.main.element+80(%rip), %xmm0  #16字节对齐移动, 表示4个打包的
单精
movaps  %xmm0, -32(%rbp)
movaps  .L__const.main.element+64(%rip), %xmm0
movaps  %xmm0, -48(%rbp)
movaps  .L__const.main.element+48(%rip), %xmm0
movaps  %xmm0, -64(%rbp)
movaps  .L__const.main.element+32(%rip), %xmm0
movaps  %xmm0, -80(%rbp)
movaps  .L__const.main.element+16(%rip), %xmm0
movaps  %xmm0, -96(%rbp)
movaps  .L__const.main.element(%rip), %xmm0   #从0偏移开始, 对齐取4个单精
movaps  %xmm0, -112(%rbp)  #将上面取到的4个单精存到rbp-112
leaq    -112(%rbp), %rax   #装载后的数组地址传给rax
movq    %rax, -120(%rbp)
movq    -120(%rbp), %rax
movups  (%rax), %xmm4  #将16个字节移入内存
movl    16(%rax), %edi  #移4字节整数
movups  20(%rax), %xmm3
movl    36(%rax), %esi
movups  40(%rax), %xmm2
movl    56(%rax), %edx
movups  60(%rax), %xmm1
movl    76(%rax), %ecx
movups  80(%rax), %xmm0
```

● 图 5.40　生成的汇编部分代码

2. 矩阵转置

矩阵转置也是将矩阵操作转换为向量操作，编写测试用例代码，如图 5.41 所示。

图 5.42 是生成的部分 IR，从矩阵中 load 每一列向量，第 0 列第 0 个元素插入到 %4 代表的 <5 x double> 新向量第 0 位置上，第 1 列第 0 个元素插入到 %4 第 1 位置上，第 2 列第 0 个元素插入到 %4 第 2 个位置上，依次提取，按序插入，这样就完成了矩阵的转置操作。

```
void transpose_int_5x5(ix5x5_t *a) {
  ix5x5_t a_t = __builtin_matrix_transpose(*a);
  print_ix5x5(&a_t);
}

int main() {
  int element[25] = {1, 1, 1, 1, 1,  2, 2, 2, 2, 2,  3, 3, 3, 3, 3,  4, 4, 4,
  4, 5, 5, 5, 5, 5};
  int *Ptr = &element;
  ix5x5_t s = __builtin_matrix_column_major_load(Ptr, 5, 5, 5);
  transpose_int_5x5(&s);
}
```

● 图 5.41　编写测试用例代码

● 图 5.42　生成的部分 IR

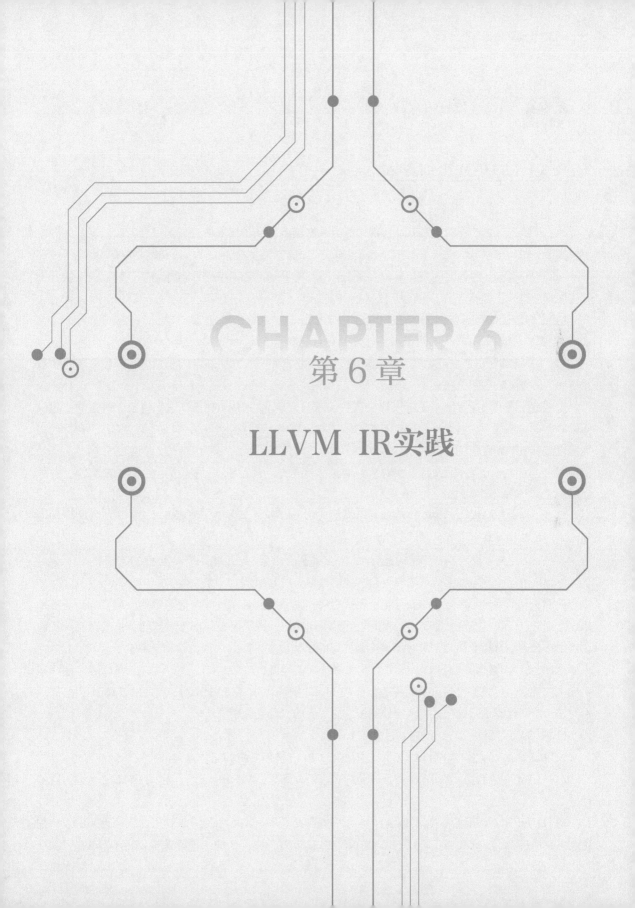

CHAPTER 6

第 6 章

LLVM IR实践

6.1 LLVM 架构简介

▶▶ 6.1.1 LLVM IR 的演变

1. LLVM IR 语言的演变

随着计算机技术的不断发展以及各种领域需求的增多，许多编程语言如雨后春笋般出现，大多为了解决某一些特定领域的需求，比如为 JavaScript 增加静态类型检查的 TypeScript、为解决服务器端高并发问题的 Golang、为解决内存安全和线程安全问题的 Rust。随着编程语言的增多，编程语言的开发者往往都会遇到下列一些相似的问题。

1）怎样能让编程语言在尽可能多的平台上运行。

2）怎样让编程语言充分利用各个平台自身的优势，做到最大程度的优化。

3）怎样让编程语言在汇编层面实现定制，能够控制如符号索引表中的函数名、函数调用时参数的传递方法等汇编层面的概念。

有些编程语言选择使用 C 语言来解决这些问题，如早期的 Haskell 等。它们将自己语言的源码编译成 C 代码，然后再在各个平台调用 C 编译器来生成可执行程序。为什么选择 C 语言来作为目标代码的语言呢？有下列几个原因。

第一，绝大部分操作系统都是由 C 和汇编语言写成的，因此平台大多会提供一个 C 编译器，这样就解决了第一个问题。

第二，绝大部分操作系统都会提供 C 语言的接口，以及 C 语言库。编程语言因此可以很方便地调用相应的接口来实现更广泛的功能。

第三，C 语言本身并没有笨重的运行时，代码很贴近底层，可以使用一定程度的定制。

由于以上三个理由，因此可选择将自己的语言编译成 C 代码。

然而，一个平台最终运行的二进制可执行文件，实际上就是运行的与之等价的汇编代码。与汇编代码比起来，C 语言还是太抽象了，希望能更灵活地操作一些更底层的部分。同时，也希望相应代码在各个平台上能有和 C 语言一致，甚至比其更好的优化程度。

因此，LLVM 出现后，成为一个更好的选择。简单地说，LLVM 取代了 C 语言在现代语言编译器实现中的地位。可以将自己语言的源码编译成 LLVM 中间代码（LLVM IR），然后由 LLVM 自己的后端对这个中间代码进行优化，并且编译到相应的平台的二进制程序中。

LLVM 的优点正好对应之前提到过的三个问题。

1）LLVM 后端支持的平台很多，不需要担心 CPU、操作系统的问题（运行库除外）。

2）LLVM 后端的优化水平较高，只需要将代码编译成 LLVM IR，就可以由 LLVM 后端做相应的优化。

3）LLVM IR 本身比较贴近汇编语言，同时也提供了许多 ABI 层面的定制化功能。因为 LLVM 的优越性，所以除了 LLVM 自己研发的 C 编译器 Clang 以外，许多新的工程都选择使用 LLVM，可以在其官网上看到使用 LLVM 的项目的列表，其中，比较著名的就是 Rust、Swift 等语言。

2. LLVM C/C++编译器

如图 6.1 所示，从高层来看，它是一个标准编译器：

1）与标准 makefile 兼容；

2）使用 GCC 3.4 C 和 C++解析器。

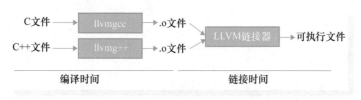

● 图 6.1　编译器与区别特征

特征区别如下所示：

1）使用 LLVM 优化器，而不是 GCC 优化器；

2）.o 文件包含 LLVM IR/字节码，而不是机器码；

3）可执行文件可以是字节码（JIT）或机器码。

如图 6.2 所示，使用 LLVM 作为中级 IR 的标准编译器架构，介绍如下。

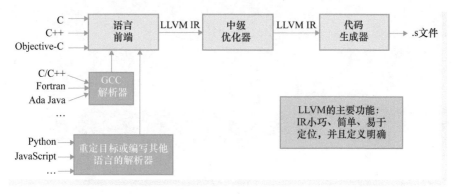

● 图 6.2　使用 LLVM 作为中级 IR 的标准编译器架构

1）特定于语言的前端将代码降低到 LLVM IR。

2）独立于语言/目标的优化器改进代码。

3）代码生成器将 LLVM 代码转换为目标代码（如 IA64）。

3. LLVM 在编译时查看事件框架示例

LLVM 在编译时查看事件框架示例，如图 6.3 所示。

4. 中间表示代码示例

```
;将字符串常量声明为全局常量...
@.LC0 = internal constant [13 x i8] c"hello world\0A\00"
```

```
; [13 x i8] *
; i32 外部 put 函数声明
declare i32@ puts(i8 *)
; i32(i8 *) *
; i32 主函数定义
@main() {
    ; i32() *
    ; Convert [13x i8] * to i8 *... %cast210 = getelementptr [13 x i8] * @.LC0, i64 0,
        i64 0
    ; i8 *
    ;调用 put 函数将字符串写入 stdout…
        call i32 @ puts(i8 * %cast210)
    ret i32 0
}
```

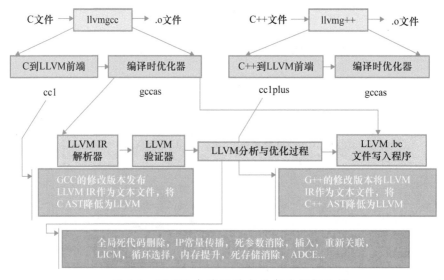

● 图 6.3 LLVM 在编译时查看事件框架示例

▶▶ 6.1.2 LLVM IR 是什么

LLVM 的 IR 有 3 种形式：汇编形式、二进制形式，以及内存中的二进制形式。这 3 种表示是等价的。一般来说，IR 均是可读的汇编形式，约定以.ll 作为文件扩展名。

IR 是语言无关（language-independent）和平台无关（target-independent，或称目标无关）的，即不依赖于前端的高级语言以及后端平台，可以说是一种低级平台无关语言。它的特性介绍如下。

1）类 RISC 三地址指令。

2）使用无限虚拟寄存器的 SSA 形式。

3）低层次控制流结构。

4）Load／Store 指令使用类型指针。

IR 语言中的变量可以是下面的类型。

1）全局变量：以@开头，形如@var＝common global i32 0, align 4。

2）局部变量：以%开头，形如%2＝load i32 ＊ %1, align 4。

3）函数参数：形如 define i32 @fact（i32 %n）。

LLVM 提供的优化工具可用于修改 IR。优化工具可以读取 IR 输入文件（包括汇编形式和二进制形式），然后按照用户指定的顺序对其执行特定 LLVM Pass。命令行语法是：

```
opt < input.ir [arguments][pass-name] > output.ir
```

这个工具非常强大，可以按照任意顺序执行 LLVM 的任意 Pass，同时可以利用-stats 参数选项输出 Pass 的统计信息；用-time-passes 统计并输出每个 Pass 的执行时间。例如，在对 bar.ll 这个 IR 模块添加 O3 优化选项时，经过了哪些 Pass，以及这些 Pass 的执行时间是多少，可以使用以下所示的命令输出：

```
opt < bar.ll -O3 -stats -time-passes > bar-O3.ll
```

▶▶ 6.1.3 LLVM 架构

1. Clang 示例

要解释使用 LLVM 后端的编译器整体架构，就可以 C 语言编译器 Clang 为例。

在一个 x86_64 指令集的 macOS 系统上，有一个最简单的 C 程序 test.c：

```
int main() {
    return 0;
}
```

使用

```
clang test.c -o test
```

究竟经历了哪几个步骤呢？接下来就介绍这些步骤。

2. 前端的语法分析

首先，Clang 的前端编译器会将这个 C 语言代码进行预处理、词法分析、语法分析、语义分析，也就是常说的源代码解析。这里不同语言会有不同的做法。总之，这是将源码转化为内存中有意义的数据，表示这个代码究竟想表达什么。

可以使用

```
clang -Xclang -ast-dump -fsyntax-only test.c
```

test.c 经过编译器前端的预处理、词法分析、语法分析、语义分析后，生成 AST：

```
TranslationUnitDecl 0x7fc02681ea08 <<invalid sloc>> <invalid sloc>
|-TypedefDecl 0x7fc02681f2a0 <<invalid sloc>> <invalid sloc> implicit __int128_t
'__int128'
```

```
|  `-BuiltinType 0x7fc02681efa0 '__int128'
|-TypedefDecl 0x7fc02681f310 <<invalid sloc>> <invalid sloc> implicit __uint128_t
'unsigned __int128'
|  `-BuiltinType 0x7fc02681efc0 'unsigned __int128'
|-TypedefDecl 0x7fc02681f5f8 <<invalid sloc>> <invalid sloc> implicit __NSConstantString
'struct __NSConstantString_tag'
|  `-RecordType 0x7fc02681f3f0 'struct __NSConstantString_tag'
|    `-Record 0x7fc02681f368 '__NSConstantString_tag'
|-TypedefDecl 0x7fc02681f690 <<invalid sloc>> <invalid sloc> implicit
__builtin_ms_va_list 'char *'
|  `-PointerType 0x7fc02681f650 'char *'
|    `-BuiltinType 0x7fc02681eaa0 'char'
|-TypedefDecl 0x7fc02681f968 <<invalid sloc>> <invalid sloc> implicit __builtin_va_list
'struct __va_list_tag [1]'
|  `-ConstantArrayType 0x7fc02681f910 'struct __va_list_tag [1]' 1
|    `-RecordType 0x7fc02681f770 'struct __va_list_tag'
|      `-Record 0x7fc02681f6e8 '__va_list_tag'
`-FunctionDecl 0x7fc02585a228 <test.c:1:1, line:3:1> line:1:5 main 'int ()'
  `-CompoundStmt 0x7fc02585a340 <col:12, line:3:1>
    `-ReturnStmt 0x7fc02585a330 <line:2:5, col:12>
      `-IntegerLiteral 0x7fc02585a310 <col:12> 'int' 0
```

这一长串输出让人眼花缭乱，然而，只需要关注最后四行：

```
`-FunctionDecl 0x7fc02585a228 <test.c:1:1, line:3:1> line:1:5 main 'int ()'
  `-CompoundStmt 0x7fc02585a340 <col:12, line:3:1>
    `-ReturnStmt 0x7fc02585a330 <line:2:5, col:12>
      `-IntegerLiteral 0x7fc02585a310 <col:12> 'int' 0
```

这才是源码的 AST。可以看出，经过 Clang 前端的预处理、词法分析、语法分析、语义分析后，代码被分析成一个函数，其函数体是一个复合语句，这个复合语句包含一个返回语句，返回语句中使用了一个整型字面量 0。

因此，基于 LLVM 的编译器的第一步，就是将源码转化为内存中的 AST。

▶▶ 6.1.4 前端生成中间代码

第二个步骤，就是根据内存中的 AST 生成 LLVM 中间表示代码（有些比较新的编译器还会先将 AST 转化为 MLIR（本书第 11 章内容），再转化为 IR）。

写编译器的最终目的，这是将源码交给 LLVM 后端处理，让 LLVM 后端进行优化，并编译到相应的平台。而 LLVM 后端代码为提供的中间表示，就是 LLVM IR。只需要将内存中的 AST 转化为 LLVM IR，就可以放手不管了，接下来的所有事都由 LLVM 后端实现。

关于 LLVM IR，下文会详细解释。现在先看看将 AST 转化之后，会产生什么样的 LLVM IR。使用

```
clang -S -emit-llvm test.c
```

这时，会生成一个 test.ll 文件，其内容如下：

```
;ModuleID = 'test.c'
source_filename = "test.c"
targetdatalayout = "e-m:o-i64:64-f80:128-n8:16:32:64-S128"
target triple = "x86_64-apple-macosx10.15.0"
; Function Attrs: noinline nounwind optnone ssp uwtable
define i32 @main() #0 {
  %1 =alloca i32, align 4
  store i32 0, i32 * %1, align 4
  ret i32 0
}
attributes #0 = {noinline nounwind optnone ssp uwtable "correctly-rounded-divide-sqrt-fp-
math"="false" "darwin-stkchk-strong-link" "disable-tail-calls"="false" "frame-pointer"=
"all" "less-precise-fpmad"="false" "min-legal-vector-width"="0" "no-infs-fp-math"="false"
"no-jump-tables"="false" "no-nans-fp-math"="false" "no-signed-zeros-fp-math"="false" "no-
trapping-math"="false" "probe-stack"="___chkstk_darwin" "stack-protector-buffer-size"="8"
"target-cpu"="penryn" "target-features"="+cx16,+cx8,+fxsr,+mmx,+sahf,+sse,+sse2,+sse3,
+sse4.1,+ssse3,+x87" "unsafe-fp-math"="false" "use-soft-float"="false" }
!llvm.module.flags = !{!0, !1, !2}
!llvm.ident = !{!3}
!0 = !{i32 2, !"SDK Version", [3 x i32][i32 10, i32 15, i32 4]}
!1 = !{i32 1, !"wchar_size", i32 4}
!2 = !{i32 7, !"PIC Level", i32 2}
!3 = !{!"Apple clang version 11.0.3 (clang-1103.0.32.62)"}
```

这里看上去更加让人迷惑。然而，同样只需要关注以下五行内容：

```
define i32 @main() #0 {
  %1 =alloca i32, align 4
  store i32 0, i32 * %1, align 4
  ret i32 0
}
```

这是 AST 转化为 LLVM IR 的核心部分，可以隐约感受到这个代码所表达的意思。

▶▶ 6.1.5 LLVM 后端优化 IR

LLVM 后端在读取了 IR 之后，就会对这个 IR 进行优化。这在 LLVM 后端中是由 opt 这个组件完成的，它会根据输入的 LLVM IR 和相应的优化等级，进行相应的优化，并输出对应的 LLVM IR。

可以用

```
opt test.ll -S --O3
```

对相应的代码进行优化，也可以直接用

```
clang -S -emit-llvm -O3 test.c
```

优化，并输出相应的优化结果：

```
;ModuleID = 'test.c'
source_filename = "test.c"
targetdatalayout = "e-m:o-i64:64-f80:128-n8:16:32:64-S128"
```

```
target triple = "x86_64-apple-macosx10.15.0"
; Function Attrs: norecurse nounwind readnone ssp uwtable
define i32 @main() local_unnamed_addr #0 {
  ret i32 0
}
attributes #0 = {norecurse nounwind readnone ssp uwtable "correctly-rounded-divide-sqrt-
fp-math"="false" "darwin-stkchk-strong-link" "disable-tail-calls"="false" "frame-pointer"=
"all" "less-precise-fpmad"="false" "min-legal-vector-width"="0" "no-infs-fp-math"="false"
"no-jump-tables"="false" "no-nans-fp-math"="false" "no-signed-zeros-fp-math"="false" "no-
trapping-math"="false" "probe-stack"="___chkstk_darwin" "stack-protector-buffer-size"="8"
"target-cpu"="penryn" "target-features"="+cx16,+cx8,+fxsr,+mmx,+sahf,+sse,+sse2,+sse3,
+sse4.1,+ssse3,+x87" "unsafe-fp-math"="false" "use-soft-float"="false" }
!llvm.module.flags = !{!0, !1, !2}
!llvm.ident = !{!3}
!0 = !{i32 2, !"SDK Version", [3 x i32][i32 10, i32 15, i32 4]}
!1 = !{i32 1, !"wchar_size", i32 4}
!2 = !{i32 7, !"PIC Level", i32 2}
!3 = !{!"Apple clang version 11.0.3 (clang-1103.0.32.62)"}
```

观察@main 函数，可以发现其函数体确实减少了很多内容。

但实际上，上述这个优化代码只能通过 clang -S -emit-llvm -O3 test.c 生成。如果对之前生成的 test.ll 使用 opt test.ll -S --O3，这是不会有变化的。因为在 Clang 的修改中，默认给所有 O0 优化级别的函数增加 optnone 属性，所以会导致函数不被优化。如果要使 opt test.ll -S --O3 正确运行，那么生成 test.ll 时需要使用以下命令。

```
clang -cc1 -disable-O0-optnone -S -emit-llvm test.c
```

▶▶ 6.1.6 LLVM 后端生成汇编代码

1. 生成汇编代码

LLVM 后端优化的最后一步，就是由 LLVM IR 生成汇编代码，这是由 llc 这个组件完成的。可以用：

```
llc test.ll
```

生成 test.s，其内容如下：

```
.section __TEXT,__text,regular,pure_instructions
.build_version macos, 10, 15sdk_version 10, 15, 4
.globl _main                      ## -- Begin function main
.p2align4, 0x90
_main:                            ## @main
.cfi_startproc
## %bb.0:
pushq%rbp
.cfi_def_cfa_offset 16
.cfi_offset %rbp, -16
movq%rsp, %rbp
```

```
.cfi_def_cfa_register %rbp
xorl%eax, %eax
movl $0, -4(%rbp)
popq%rbp
retq
.cfi_endproc
  ## -- End function
.subsections_via_symbols
```

这就回到了熟悉的汇编代码中。

有了汇编代码，就需要调用操作系统自带的汇编器与链接器，最终生成可执行程序。

2. 使用 LLVM IR

根据上面讲的原理，一个基于 LLVM 后端的编译器的整体使用过程是：

```
.c --frontend--> AST --frontend-->LLVM IR--LLVM opt-->LLVM IR--LLVM llc-->
.s Assembly --OS Assembler--> .o --OS Linker--> executable
```

由此可见，LLVM IR 是连接编译器前端与 LLVM 后端的一个桥梁。同时，整个 LLVM 后端也是围绕 LLVM IR 来运行的。

那么，LLVM IR 究竟是什么呢？它的英文全称是 LLVM Intermediate Representation，也就是 LLVM 的中间表示。事实上，LLVM IR 同时表示了三种内容：

1）内存中的 LLVM IR；

2）比特码形式的 LLVM IR；

3）可读形式的 LLVM IR。

内存中的 LLVM IR 是编译器最常接触的一种形式，也是其最本质的形式。当在内存中处理 AST 时，需要根据当前的项，生成对应的 LLVM IR，这也就是编译器前端所做的事。编译器前端可以用许多语言写，LLVM 也为许多语言提供了绑定，但其本身还是用 C++ 写的，所以这里就以 C++ 为例。

LLVM 的 C++ 接口在 llvm/IR 目录下提供了许多头文件，如 llvm/IR/Instructions.h 等，可以使用其中的值、函数、返回指令等成千上万的类来完成工作。也就是说，并不需要把 AST 变成一个个字符串，如 ret i32 0 等，而是需要将 AST 变成 LLVM 提供的 IR 类的实例，然后在内存中交给 LLVM 后端处理。

而比特码形式和可读形式，则是将内存中的 LLVM IR 持久化的方法。比特码是采用特定格式的二进制序列。而可读形式的 LLVM IR，则是采用特定格式的人可读的代码。

可以用以下所示命令：

```
clang -S -emit-llvm test.c
```

生成可读形式的 LLVM IR 文件 test.ll。需要采用以下所示命令：

```
clang -c -emit-llvm test.c
```

生成比特码形式的 LLVM IR 文件 test.bc。需要采用以下所示命令：

```
llvm-as test.ll
```

将可读形式的 test.ll 转化为比特码文件 test.bc。需要采用以下所示命令：

```
llvm-dis test.bc
```

将比特码文件 test.bc 转化为可读形式的 test.ll。

6.2 获取 LLVM IR

▶▶ 6.2.1 LLVM IR 的三种形式

LLVM IR 有三种形式，分别是内存中的编译中间表示、磁盘上的二进制码和可读汇编文本，后两种形式可以通过以下所示命令获取：

```
# 二进制码形式
clang -emit-llvm -c main.c -o main.bc

# 可读汇编文本形式
clang -emit-llvm -S -c main.c -o main.ll
```

LLVM IR 可读汇编文本形式的示例，如图 6.4 所示。

```
 1 ; ModuleID = 'add.c'
 2 source_filename = "add.c"
 3 target datalayout = "e-m:o-i64:64-f80:128-n8:16:32:64-S128"
 4 target triple = "x86_64-apple-macosx10.14.0"
 5
 6 ; Function Attrs: noinline nounwind optnone ssp uwtable
 7 define i32 @main() #0 {
 8   %1 = alloca i32, align 4
 9   store i32 0, i32* %1, align 4
10   ret i32 0
11 }
12
13 ; Function Attrs: noinline nounwind optnone ssp uwtable
14 define i32 @add(i32, i32) #0 {
15   %3 = alloca i32, align 4
16   %4 = alloca i32, align 4
17   store i32 %0, i32* %3, align 4
18   store i32 %1, i32* %4, align 4
19   %5 = load i32, i32* %3, align 4
20   %6 = load i32, i32* %4, align 4
21   %7 = add nsw i32 %5, %6
22   ret i32 %7
23 }
24
25 attributes #0 = { noinline nounwind optnone ssp uwtable "correctly-rounded-divide
   -sqrt-fp-math"="false" "disable-tail-calls"="false" "less-precise-fpmad"="false"
   "min-legal-vector-width"="0" "no-frame-pointer-elim"="true" "no-frame-pointer-eli
   m-non-leaf" "no-infs-fp-math"="false" "no-jump-tables"="false" "no-nans-fp-math"=
   "false" "no-signed-zeros-fp-math"="false" "no-trapping-math"="false" "stack-prote
   ctor-buffer-size"="8" "target-cpu"="penryn" "target-features"="+cx16,+cx8,+fxsr,+
   mmx,+sahf,+sse,+sse2,+sse3,+sse4.1,+ssse3,+x87" "unsafe-fp-math"="false" "use-sof
   t-float"="false" }
26
27 !llvm.module.flags = !{!0, !1}
28 !llvm.ident = !{!2}
29
30 !0 = !{i32 1, !"wchar_size", i32 4}
31 !1 = !{i32 7, !"PIC Level", i32 2}
32 !2 = !{!"clang version 9.0.0 (tags/RELEASE_900/final)"}
```

● 图 6.4 LLVM IR 可读汇编文本形式的示例

在图 6.4 中，分号是注释符，第 7~11 行是 main 函数，第 14~23 行是 @add 函数，第 25 行是函数属性，第 27~32 行是模块元信息。

▶▶ 6.2.2　LLVM IR 结构

图 6.5 展示了 LLVM IR 的几个具有依次包含关系的概念。

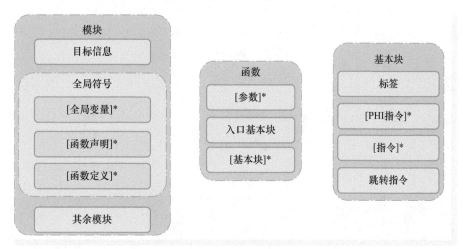

● 图 6.5　几个具有依次包含关系的概念

首先需要理解以下四个具有依次包含关系的基本概念。

1）模块是 LLVM IR 的顶层容器，对应于编译前端的翻译单元。每个模块都由目标机器信息、全局符号（全局变量和函数）及其余模块（如元信息）组成。

2）函数就是编程语言中的函数，包括函数参数和若干个基本块。函数内的第一个基本块称为入口基本块。

3）基本块是一个顺序执行的指令集合，只有一个入口和一个出口，在非头、尾指令执行时，不会违反顺序，跳转到其他指令上。基本块的最后一条指令一般是跳转指令（跳转到其他基本块上），而函数内最后一个基本块的最后一条指令是函数返回指令。

4）指令是 LLVM IR 中的最小可执行单位，每一条指令都单占一行。

LLVM IR 头部有一些目标信息，内容为：

```
;ModuleID = 'add.c'
source_filename = "add.c"
target datalayout = "e-m:o-i64:64-f80:128-n8:16:32:64-S128"
target triple = "x86_64-apple-macosx10.14.0"
```

每一行分别介绍如下。

1）ModuleID：编译器用于区分不同模块的 ID。

2）source_filename：源文件名。

3）target datalayout：目标机器架构数据布局。

4）target triple：用于描述目标机器信息的一个元组，一般形式是<architecture>-<vendor>-<system>

［-extra-info］。

需要关注的是 target datalayout，它由以"-"分隔的一系列规格组成。

1）e：内存存储模式为小端模式。

2）m：o：目标文件的格式是 Mach-O。

3）i64：64：64 位整数的对齐方式是 64 位，即 8 字节对齐。

4）f80：128：80 位扩展精度浮点数的对齐方式是 128 位，即 16 字节对齐。

5）n8：16：32：64：整型数据有 8 位、16 位、32 位和 64 位的。

6）S128：128 位栈自然对齐。

▶▶ 6.2.3 标识符与变量

LLVM IR 中的标识符有两种基本类型：全局标识符（以@开头）和局部标识符（以%开头）。

LLVM IR 要求标识符以前缀开头有两个原因：一个原因是无须担心带有保留字的名称冲突，并且将来可以扩展保留字的集合，而不会带来任何损失；另一个原因是未命名的标识符，使编译器可以快速提出一个临时变量，而不必避免符号索引表冲突。

全局标识符，包括全局变量、全局常量和函数，比如

```
@globalVar = global i32 20, align 4
@c = constant i32 100, align 4
define i32 @main() {
    ret i32 0
}
```

globalVar 其实是一个指针。

局部标识符，即局部变量。LLVM IR 中的局部变量有以下两种分类方案。

（1）按照是否命名分类

1）命名局部变量：顾名思义，比如%tmp。

2）未命名局部变量：以带前缀的无符号数字表示，比如%1、%2，按顺序编号，函数参数、未命名基本块都会增加计数。

（2）按照分配方式分类

1）寄存器分配的局部变量：此类局部变量多采用%1 = some value（某个值）的形式进行分配，一般是接受指令返回结果的局部变量。

2）栈分配的局部变量：使用 alloca 指令在栈帧上分配的局部变量，比如%2 = alloca i32，%2 也是一个指针，访问或存储时必须使用 load 和 store 指令。

以下是 LLVM IR 代码示例。

```
define i32 @main() {
    %1 = alloca i32, align 4
    %tmp = alloca i32, align 4
    store i32 1, i32 * %1, align 4
    store i64 2, i32 * %tmp, align 8
```

```
    %2 = add nsw i32 %1, %tmp
    %result = add nsw i32 %1, %2
}
```

其中%1 是栈分配的未命名局部变量，%tmp 是栈分配的命名局部变量，%2 是寄存器分配的未命名局部变量，%result 是寄存器分配的命名局部变量。

6.3　LLVM IR 实践——Hello world

▶▶ 6.3.1　LLVM IR 程序设计方法概述

在系统学习 LLVM IR 语法之前，应当首先掌握的是使用 LLVM IR 写的最简单的程序，也就是大家常说的 Hello world 版程序。这是因为，编程语言的学习，往往需要伴随着练习。但是，对于一个独立的程序，往往需要许多的前置语法基础知识，但也不可能在了解了所有前置语法基础知识之后，才完成第一个独立程序，否则在学习前置语法基础知识的时候，就没有办法在实际的程序中练习了。因此，正确的学习方式应该是，首先掌握由编程语言编写的独立程序的基础框架，然后每学习一个新的语法知识点，就在框架中练习，并编译以查看结果是否是自己期望的结果。

综上所述，学习一门语言的第一步，就是掌握其最简单的程序的基本框架。

▶▶ 6.3.2　最基本的程序

以 macOS 10.15 为例，最基本的程序为：

```
; main.ll
target datalayout = "e-m: o-i64: 64-f80: 128-n8: 16: 32: 64-S128"
target triple = "x86_64-apple-macosx10. 15. 0"

define i32 @main ( ) {
    ret i32 0
}
```

这个程序可以看作最简单的 C 语言代码

```
int main() {
    return 0;
}
```

在 macOS 10.15 上编译而成的结果。

可以直接测试这个代码的正确性：

```
clang main.ll -o main
./main
```

使用 Clang 可以直接将 main.ll 编译成可执行文件 main。这个程序在运行后，会自动退出，并返回 0。这正符合预期。

▶▶ 6.3.3 基本概念解释

下面对 main.ll 逐行解释，以便读者了解一些基本概念。

1. 注释

首先，第一行为 ";main.ll"。这是一个注释。在 LLVM IR 中，注释以 ";" 开头，并一直延伸到行尾。所以在 LLVM IR 中，并没有像 C 语言中 "/ * comment block * /" 那样的注释块，而全部都类似于 "// comment line" 那样的注释行。

2. 目标汇编代码的数据分布和平台

第二行的 target datalayout 和第三行的 target triple，则分别注明了目标汇编代码的数据分布和平台。LLVM 是一个面向多平台的深度定制化编译器后端，而 LLVM IR 的目的则是让 LLVM 后端根据 IR 代码生成相应平台的汇编代码。所以，需要在 IR 代码中指明需要生成哪一个平台的代码，也就是 target triple 字段。类似地，还需要定制数据的大小端序、对齐形式等，所以也需要指明 target datalayout 字段。关于这两个字段的值的详细情况，可以分别参考官方文档 Data Layout（https://llvm.org/docs/LangRef.html#data-layout）和 Target Triple（https://llvm.org/docs/LangRef.html#target-triple）。可以对照这两个官方文档，解释在 macOS 上得到的结果。

```
target datalayout = "e-m:o-i64:64-f80:128-n8:16:32:64-S128"
```

上面这段代码的解释上文已经给出，不再赘述。

```
target triple = "x86_64-apple-macosx10.15.0"
```

这里解释一下上面这段代码。

1）x86_64：目标架构为 x86_64。

2）apple：供应商为苹果公司。

3）macosx10.15.0：目标操作系统为 macOS 10.15。

在一般情况下，都是想生成当前平台的代码，也就是说，不太会改动这两个值。因此，可以直接写一个简单的 test.c 程序，然后使用：

```
clang -S -emit-llvm test.c
```

生成 LLVM IR 代码 test.ll，最后在 test.ll 中找到 target datalayout 和 target triple 这两个字段，复制到代码中即可。

比如，在 x86_64 指令集的 Ubuntu 20.04 的机器上得到的就是：

```
target datalayout =
"e-m:e-p270:32:32-p271:32:32-p272:64:64-i64:64-f80:128-n8:16:32:64-S128"
target triple = "x86_64-pc-linux-gnu"
```

这与在 macOS 上生成的代码就不太一样。

▶▶ 6.3.4 主程序

主程序是可执行程序的入口点，所以任何可执行程序都需要 main 函数。所以，如下所示代码：

```
define i32 @main() {
    ret i32 0
}
```

就是一段代码的主程序。关于正式的函数、指令的定义，会在之后的内容中提及。这里只需要知道，@main 之后的就是这个函数的函数体，"ret i32 0" 就代表 C 语言中的 "return 0;"。因此，如果要增加代码，就只需要在大括号内、"ret i32 0" 前增加代码。

6.4 LLVM IR 数据表示

LLVM IR 和其他汇编语言类似，其核心就是对数据的操作。这涉及两个问题：什么数据和怎么操作。在 LLVM IR 中，到底是如何表示一个数据的呢？

▶▶ 6.4.1 汇编层次的数据表示

LLVM IR 是最接近汇编语言的一层抽象，所以首先需要了解在计算机底层，汇编语言的层次中，数据是怎样表示的。

谈到汇编层次的数据表示，一个常用的程序就是：

```
#include <stdlib.h>
int global_data = 0;
int main() {
    int stack_data = 0;
    int * heap_pointer = (int *)malloc(16 * sizeof(int));
    return 0;
}
```

一个 C 语言程序从代码实现到执行的流程是：代码→硬盘上的二进制程序→内存中的进程。在代码被编译到二进制程序的时候，global_data 本身就写在了二进制程序中。在操作系统中将二进制程序载入内存时，就会在特定的区域（数据区）初始化这些值。而 stack_data 代表的局部变量，则是在程序执行其所在的函数时，在栈上初始化。类似地，heap_pointer 这个指针也是在栈上，而其指向的内容则是分配在堆上的操作系统。

图 6.6 是一个简化后的进程的内存模型。也就是说，一共有三种数据：

1）栈上的数据；

2）堆中的数据；

3）数据区里的数据。

但是，仔细考虑一下，堆中的数据能否独立存在？操作系统提供的在堆上创建数据的接口，如 malloc 等，都是返回一个指针，那么这个指针会存放在哪里呢？可能在寄存器、栈、数据区，或者另一个被分配在堆上的

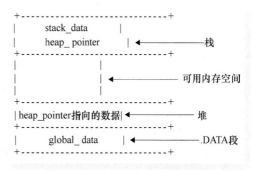

● 图 6.6 简化后的进程的内存模型

指针中。也就是说，可能会是如下所示代码：

```
#include <stdlib.h>
int *global_pointer = (int *)malloc(16 * sizeof(int));
int main() {
    int *stack_pointer = (int *)malloc(16 * sizeof(int));
    int **heap_pointer = (int **)malloc(sizeof(int *));
    *heap_pointer = (int *)malloc(16 * sizeof(int));
    return 0;
}
```

但不管怎样，堆中的数据都不可能独立存在，一定会有一个位于其他位置的引用。所以，在内存中的数据按其表示划分，一共分为两类：

1）栈上的数据；

2）数据区里的数据。

除了内存之外，还有一个存储数据的地方，那就是寄存器。因此，在程序中可以用来表示的数据，一共分为三类：

1）寄存器中的数据；

2）栈上的数据；

3）数据区里的数据。

▶▶ 6.4.2　LLVM IR 中的数据表示

在 LLVM IR 中，需要表示的数据也是以上三种。那么，这三种数据各有什么特点？又需要根据 LLVM 的特性做出什么样的调整呢？

1. 数据区里的数据

数据区里的数据，其最大的特点就是，能够在整个程序的任何一个地方使用。同时，数据区里的数据也是占静态的二进制可执行程序的体积的。所以，应该只将需要全程序使用的变量放在数据区中。而依据现代编程语言的经验，这类全局静态变量应该越少越好。

同时，由于 LLVM 是面向多平台的，因此还需要考虑怎么处理这些数据。一般来说，大多数平台的可执行程序格式中都会包含.DATA 分区，用来存储这类数据。但除此之外，每个平台还有专门的更加细致的分区，比如，Linux 的 ELF 格式中就有.rodata 分区来存储只读数据。因此，LLVM 的策略是，尽可能细致地定义一个全局变量，比如注明其是否只读等，如果平台的可执行程序格式支持相应的特性，就可以进行优化。

一般来说，在 LLVM IR 中定义一个存储在数据区中的全局变量，其格式为：

```
@global_variable = global i32 0
```

这个语句定义了一个 i32 类型的全局变量@global_variable，并且将其初始化为 0。

如果是只读的全局变量，也就是常量，则可以用 constant 来代替 global：

```
@global_constant = constant i32 0
```

这个语句定义了一个 i32 类型的全局常量@global_constant，并将其初始化为 0。

2. 符号索引表

关于在数据区中的数据，有两个需要特别注意的地方，就是数据的名称与二进制文件中的符号索引表。在 LLVM IR 中，所有的全局变量的名称都需要用@开头。有一个这样的 LLVM IR：

```
; global_variable_test.ll
targetdatalayout = "e-m:o-i64:64-f80:128-n8:16:32:64-S128"
target triple = "x86_64-apple-macosx10.15.0"
@global_variable = global i32 0
define i32 @main() {
    ret i32 0
}
```

也就是说，在之前最基本的程序的基础上，新增了一个全局变量@global_variable。将其直接编译成可执行文件：

```
clang global_variable_test.ll -o global_variable_test
```

然后，使用 nm 命令查看其符号索引表：

```
nm global_variable_test
```

结果为：

```
0000000100000000 T __mh_execute_header
0000000100001000 S _global_variable
0000000100000f70 T _main
                 U dyld_stub_binder
```

注意到，出现了_global_variable 字段。这里开头的 "_" 可以不用关注，这是由 Mach-O 的名字改编策略导致的，在 Ubuntu 下可以用同样的步骤查看，出现的是 global_variable 字段。

这表明，直接定义的全局变量，其名称会出现在符号索引表之中。那么，怎么控制这个行为呢？首先，需要简单地了解一下符号索引表。

简单来说，ELF 文件中的符号索引表会有两个区域：.symtab 和.dynsym。在最初只有静态链接时，符号索引表的作用主要有两个：调试和静态链接。在调试的时候，往往会需要某些数据的符号，而这就是放在.symtab 里的；同样，当用链接器将两个目标文件链接时，也需要解决其中的符号交叉引用问题，这时的信息也是放在.symtab 里的。然而，这些信息有一个共同的特点：不需要在运行时载入内存。在运行时，根本不关心某些数据的符号，也不需要链接，所以.symtab 在运行时不会载入内存。然而，在出现了动态链接后，就产生了变化。动态链接允许可执行文件在载入内存与运行这两个阶段，再链接动态链接库，那么这时就需要解决符号的交叉引用问题。因此，有些符号就需要在运行时载入内存。将整个.symtab 全部载入内存是不现实的，所以就把一部分需要载入内存的符号复制到.dynsym 这个分区，也就是动态符号索引表中。

在 LLVM IR 中，控制符号索引表与两个概念密切相关：链接与可见性，LLVM IR 也提供了链接类型和可见性样式这两个修饰符来控制相应的行为。

▶▶ 6.4.3　链接类型

对于链接类型，常用的有三种：什么都不加（默认为 external）、private 和 internal。

若什么都不加（external），就直接把全局变量的名字放在了符号索引表中。用 nm 查看，在_global _variable 之前是 S，表示除几个主流分区以外的其他分区。如果用 llc 将代码输出成汇编代码，则可以看到 global_variable 在 macOS 下是在__DATA 段的__common 节中的。

若用 private，则代表这个变量的名字不会出现在符号索引表中。将原来的代码改写成：

```
@global_variable = private global i32 0
```

那么，若用 nm 查看其编译出的可执行文件：

```
0000000100000000 T __mh_execute_header
0000000100000f70 T _main
                 U dyld_stub_binder
```

这个变量的名字就消失了。

若用 internal，则表示这个变量是以局部符号的身份出现的（全局变量的局部符号，可以理解成 C 中的 static 关键词）。将原来的代码改写成：

```
@global_variable = internal global i32 0
```

那么，再次将其编译成可执行程序，并用 nm 查看：

```
0000000100000000 T __mh_execute_header
0000000100001000 b _global_variable
0000000100000f70 T _main
                 U dyld_stub_binder
```

_global_variable 前面的符号变成了 b，这代表这个变量是位于__bss 节的局部符号。

LLVM IR 层次的链接类型，也就控制了实际目标文件的链接策略，如什么符号是导出的、什么符号是本地的、什么符号是消失的。但是，这个变量放在可执行程序中的哪个区、哪个节并不是统一的，这是与平台相关的。如在 macOS 上什么都不加的 global_variable 放在__DATA 段的__common 节，而 internal 的 global_variable 则处于__DATA 段的__bss 节。而在 Ubuntu 上，什么都不加的 global_ variable 则位于.bss 节，internal 的 global_variable 是处于.bss 节的局部符号。

▶▶ 6.4.4　可见性

可见性在实际使用中则比较少，主要分为三种：default、hidden 和 protected，它们的主要区别在于符号能否被重载。default 的符号可以被重载，而 protected 的符号则不可以；此外，hidden 不会将变量放在动态符号索引表中，因此其他模块不可以直接引用这个符号。

1. 寄存器内的数据和栈上的数据

将这两种数据放在一起讲。除了 DMA 等之外，大多数对数据的操作，如加减乘除、比较大小等，都需要操作寄存器内的数据。为什么需要把数据放在栈上呢？主要有以下两个原因：

1）寄存器数量不够；

2）需要操作内存地址。

家用型 CPU 最多有十几个通用寄存器，而一个函数内若有三四十个局部变量，就不可能把所有变量都放在寄存器中，因此需要把一部分数据放在内存中，栈就是一个很好的存储数据的地方；此外，有时候需要直接操作内存地址，但是寄存器并没有通用的地址表示，所以只能把数据放在栈上以完成对地址的操作。

因此，在不操作内存地址的前提下，栈只是寄存器的一个替代品。有一个很简单的例子可以解释这个概念。有一个很简单的 C 程序：

```
// max.c
int max(int a, int b) {
    if (a > b) {
        return a;
    } else {
        return b;
    }
}


int main() {
    int a = max(1, 2);
    return 0;
}
```

在 x86_64 架构的 macOS 上编译的话，首先来看 max(1, 2) 是如何被调用的：

```
movl    $1, %edi
movl    $2, %esi
callq   _max
```

将参数 1 和 2 分别放到寄存器 edi 与 esi 里。那么，max 函数又是如何操作的呢？

```
        pushq   %rbp
        movq    %rsp, %rbp
        movl    %edi, -8(%rbp)      # 将存储在%edi 中的数据移动到-8(%rbp)处的堆栈
        movl    %esi, -12(%rbp)     # 将存储在%esi 中的数据移动到-12(%rbp)处的堆栈
        movl    -8(%rbp), %eax      # 将存储在堆栈-8(%rbp)的数据移动到%eax 寄存器
        cmpl    -12(%rbp), %eax     # 将存储在堆栈-12(%rbp)的数据与存储在%eax 中的
                                    # 数据进行比较
        jle LBB0_2                  # 如果比较结果是小于或等于，则转到标签 LBB0_2
## %bb.1:
        movl    -8(%rbp), %eax      # eax#将存储在堆栈-8(%rbp)的数据移动到%eax 寄存器
        movl    %eax, -4(%rbp)      # 将存储在%eax 中的数据移动到-4(%rbp)处的堆栈
        jmp LBB0_3                  # 转到标签 LBB0_3
LBB0_2:
        movl    -12(%rbp), %eax     # 将存储在-12(%rbp)堆栈中的数据移动到%eax 寄存器
        movl    %eax, -4(%rbp)      # 将存储在%eax 中的数据移动到-4(%rbp)处的堆栈
LBB0_3:
```

```
movl    -4(%rbp), %eax # 将堆栈中存储在-4(%rbp)的数据移动到寄存器%eax
popq    %rbp
retq
```

将这个汇编程序中每一个重要步骤所做的操作都以注释形式写在了代码里面。这看上去很复杂，但实际上进行的是这样的操作：

1）把 int a 和 int b 看作局部变量，分别存储在栈的-8（%rbp）和-12（%rbp）上；

2）为了比较这两个局部变量，将其中一个局部变量由栈上导入到寄存器 eax 中；

3）比较 eax 寄存器中的值和另一个局部变量；

4）将两者中比较大的那个局部变量存储在栈的-4（%rbp）上（由于 x86_64 架构不允许直接将内存中的一个值复制到另一个内存区域中，因此得先把内存区域中的值复制到 cax 寄存器里，再从 cax 寄存器复制到目标内存中）；

5）将栈上-4（%rbp）这个用来存储返回值的区域的值复制到 eax 中，并返回。

这里看上去真是太费事了。但是，这也是无奈之举。这是因为，在没有优化的情况下，一个 C 语言函数中的局部变量（包括传入参数）和返回值，都应该存储在函数本身的栈帧中。所以，需要将这两个值在不同的内存区域和寄存器之间来回复制。

2. 优化效果

如果优化一下，结果会怎样呢？如使用以下所示命令：

```
clang -O1 -S max.c
```

之后，_max 函数的汇编代码就是以下所示：

```
pushq   %rbp
movq    %rsp, %rbp
movl    %esi, %eax
cmpl    %esi, %edi
cmovgel %edi, %eax
popq    %rbp
retq
```

原本那么长的一串代码，竟然变得如此简洁了。这个代码翻译成伪代码后就是这样的：

```
function max(register a, register b) {
    register c = register b
    if (register a >= register c) {
        register c = register a
    }
    return register c
}
```

这是很简单的事，并且把所有的操作都从对内存的操作变成了对寄存器的操作。

由这个简单的例子可以看出，如果寄存器数量足够多，并且代码中不需要操作内存地址，那么寄存器是胜任的，并且是更加高效的。

6.4.5 寄存器

1. 虚拟寄存器

正因为如此，LLVM IR 引入了虚拟寄存器的概念。在 LLVM IR 中，一个函数的局部变量可以是寄存器或者栈上的变量。对于寄存器而言，只需要像普通的赋值语句一样操作，但需要注意名字必须以 % 开头：

```
%local_variable = add i32 1, 2
```

此时，%local_variable 这个变量就代表一个寄存器，它此时的值就是 1 和 2 相加的结果。

可以写一个简单的程序验证这一点：

```
; register_test.ll
targetdatalayout = "e-m:o-i64:64-f80:128-n8:16:32:64-S128"
target triple = "x86_64-apple-macosx10.15.0"
define i32 @main() {
    %local_variable = add i32 1, 2
    ret i32 %local_variable
}
```

在 x86_64 架构的 macOS 系统上，查看其编译出的汇编代码，其主函数为：

```
_main:
    movl    $2, %eax
    addl    $1, %eax
    retq
```

确实，局部变量 %local_variable 变成了寄存器 eax。

关于寄存器，还需要了解一点。在不同的 ABI 下，会有一些被调用者保存寄存器（callee-saved）和调用者保存寄存器（caller-saved）。简单来说，就是在函数内部，某些寄存器的值不能改变。或者说，在函数返回时，某些寄存器的值要和进入函数前相同。比如，在 System V 的 ABI 下，rbp、rbx、r12、r13、r14、r15 都需要满足这一条件。因为 LLVM IR 是面向多平台的，所以需要一份代码以适用于多种 ABI。因此，LLVM IR 内部自动完成了这些事。如果把所有没有被保留的寄存器都用光，那么 LLVM IR 会把这些被保留的寄存器放在栈上，然后继续使用这些被保留的寄存器。当函数退出时，会自动将从栈上获取到的相应的值放回寄存器内。

如果所有通用寄存器都用光了，那么该怎么办呢？LLVM IR 会把剩余的值放在栈上，但是对用户而言，实际上都是虚拟寄存器，用户是感觉不到差别的。

因此，可以粗略地理解 LLVM IR 对寄存器的使用：

1）当所需寄存器数量较少时，直接使用被调用者保存寄存器，即不需要保留的寄存器；

2）当被调用者保存寄存器不够时，将调用者保存寄存器原本的值压栈，然后使用调用者保存寄存器；

3）当寄存器用光以后，就把虚拟寄存器的值压栈。

可以写一个简单的程序验证。对于 x86_64 架构，只需要使用 15 个虚拟寄存器，就可以验证这件事。如果想看详细代码，可以去 GitHub 仓库中查看 many_registers_test.ll。将其编译成汇编语言之后，可以看到函数开头就是这样的：

```
pushq    %r15
pushq    %r14
pushq    %r13
pushq    %r12
pushq    %rbx
```

也就是把那些需要保留的寄存器压栈。在寄存器用光后，第 15 个虚拟寄存器就会使用栈：

```
movl    %ecx, -4(%rsp)
addl    $1, %ecx
```

2. 栈的使用

当不需要操作地址并且寄存器数量足够时，可以直接使用寄存器。而 LLVM IR 的策略保证了可以使用无数的虚拟寄存器。那么，在需要操作地址以及可变变量时，就需要使用栈。

LLVM IR 对栈的使用十分简单，直接使用 alloca 指令即可。例如：

```
%local_variable = alloca i32
```

就可以声明一个在栈上的变量。

6.5 LLVM IR 类型系统

▶▶ 6.5.1 类型系统

类型系统是 LLVM IR 最重要的特性之一，强类型有利于在 LLVM IR 上开启大量优化。

1. void 类型

void 类型代表无类型，与 C/C++ 中的 void 同义，例如下面这段 IR 中定义了一个名为 nop 的 void 类型函数。

```
define void nop() {

}
```

2. 函数类型

可以将函数类型看作函数签名，它由返回类型和形参类型列表组成，返回类型可以是 void 类型或除标签类型与元数据类型以外的一等类型。

语法格式如下：

```
<returntype> (<parameter list>)
```

其中 <parameter list> 是以逗号分隔的类型列表，其中可能包括某类型（可变数量参数类型）。

以下列举了几种函数类型的示例：

```
; 返回类型为 i32 且只有一个 i32 参数的函数
i32 (i32)

; 一个返回类型为 float 且参数类型为 i16 和 i32 * 的函数指针
float (i16, i32 *) *

; 可变数量参数的函数,这其实是 printf 函数的签名
i32 (i8 *, ...)

; 返回类型为包含两个 i32 的结构体,参数类型为一个 i32 的函数
{i32, i32} (i32)
```

3. 一等类型

在 LLVM IR 中,一等类型的值只能由指令运算得出。显然,void 类型和函数类型就不是一等类型,因为它们都不能通过指令运算得出。一等类型包括 8 种,分别介绍如下。

(1) 单值类型

单值类型,从 CodeGen 的角度来看,是在寄存器中有效的类型。

1) 整数类型。

整数类型(也称整型)是一个非常简单的类型,它简单地为所需的整数类型指定一个任意的数据宽度。可以指定 $1 \sim 2^{23}-1$(约 800 万)位的任何数据宽度。

语法格式如下:

```
iN
```

其中的 N 就是数据宽度,例如:

```
; 单位整数类型, 可以表示布尔类型
i1

; 最常见的 32 位整数类型
i32

; 数据宽度超过 100 万位的超级大整数类型
i1942652
```

2) 浮点数类型(也称浮点型)。

- half:16 位浮点数。
- float:32 位浮点数。
- double:64 位浮点数。
- fp128:128 位浮点数(其中 112 位尾数)。
- x86_fp80:80 位浮点数(X87)。
- ppc_fp128:128 位浮点数(两个 64 位)。
- half、float、double 和 fp128 的二进制格式分别对应于 IEEE 754—2008 标准的 binary16、binary32、binary64 和 binary128。

3）x86_mmx 类型。

x86_mmx 类型表示在 x86 机器上的 MMX 寄存器中保存的值。允许的操作相当有限：参数和返回值，load 指令和 store 指令，以及 bitcast 指令。用户指定的 MMX 指令表示具有此类型的参数和结果的内部调用或 asm 调用。不存在这种类型的数组、向量或常量。

语法格式如下：

```
x86_mmx
```

4）指针类型。

指针类型（也称指针型）用于指定内存位置，指针通常用于引用内存中的对象。

指针类型可能有一个可选的地址空间属性，该属性定义指向对象所在的编号地址空间。默认地址空间是数字 0，非 0 地址空间的语义是特定于目标的。

注意，LLVM 不允许指向 void（void＊）的指针，也不允许指向标签（label＊）的指针，如果有相关需要，请使用 i8＊代替。

语法格式如下：

```
<type> *
```

示例如下：

```
; 4 个 i32 的数组指针
[4 x i32] *

; 函数指针,它接受一个 i32 * 类型参数,返回类型是 i32
i32 (i32 *) *

; i32 值的指针,指向驻留在地址空间#5 中的值
i32 addrspace(5) *
```

5）向量类型。

向量类型是表示元素向量的简单派生类型，用于单个指令并行操作多个基本数据（SIMD）。向量类型需要指定大小、基础原始数据类型和可伸缩属性，以表示在编译时确定硬件向量长度未知的向量。

语法格式如下：

```
< <# elements> x <elementtype> >                 ;定长向量
< vscale x <# elements> x <elementtype> >        ;可伸缩向量(弹性向量)
```

向量中的元素数量必须是一个大于 0 的整型常量，元素的原始类型只能是整型、浮点型和指针型。

对于可伸缩向量，元素的总数必须是其对应的定长向量的元素数量的整数倍（这个倍数称为 vscale）。vscale 在编译期未知，在运行期，对于所有的可伸缩向量来说，这是一个硬件的常数。虽然可伸缩向量类型的值所占用字节大小直到运行时才能被检测出来，但在 LLVM IR 里，它的尺寸就是常量（只是在运行前无法得知这个常量罢了）。

示例如下：

```
; 4 个 32 位整数值的向量
<4 x i32>

; 8 个 32 位浮点值的向量
<8 x float>

; 2 个 64 位整数值的向量
<2 x i64>

; 4 个 64 位整数值指针的向量
<4 x i64 * >

; 4 个 32 位整数值的倍数的可伸缩向量
<vscale x 4 x i32>
```

（2）令牌类型

当值与指令相关联时，使用令牌（token）类型，但该值的所有用法都没有作用。因此，具有 phi 或 select 类型令牌是不合适的。

语法格式如下：

```
token
```

（3）元数据类型

元数据类型表示嵌入的元数据。除函数参数以外，不得从元数据中创建派生类型。

语法格式如下：

```
metadata
```

（4）聚合类型

聚合类型是派生类型的一个子集，可以包含多个成员类型。数组和结构是聚合类型，而向量不是聚合类型。

（5）数组类型

数组类型是一种非常简单的派生类型，它将元素按顺序排列在内存中，需要指定大小（元素数量）和元素类型。

语法格式如下：

```
[<# elements> x <elementtype>]
elements 是一个常数整数值；elementtype 可以是任何尺寸的类型
```

示例如下：

```
; 包含 40 个 32 位整数值的数组
[40 x i32]

; 包含 41 个 32 位整数值的数组
[41 x i32]
```

```
; 包含 4 个 8 位整数值的数组
[4 x i8]

; 下面是多维数组

; 3×4 的 32 位整数值数组
[3 x [4 x i32]]

; 12×10 的单精度浮点数组
[12 x [10 x float]]

; 2×3×4 的 16 位整数值数组
[2 x [3 x [4 x i16]]]
```

除了静态类型隐含的数组末尾以外，没有对索引的限制（尽管在某些情况下索引超出了分配对象的范围）。这意味着可以在零长度数组类型的 LLVM 中，实现单维可变大小数组。例如，若要在 LLVM 中实现 Pascal 样式数组，则可以使用类型 ｛i32, [0 x float]｝。

（6）结构体类型（Structure Type）

结构体类型用于表示内存中一组数据成员的集合，结构体中的数据成员可以是任何具有大小的类型。

通过 getelementptr 指令，获取指向结构体中某个字段的指针，然后使用 load 和 store 指令，访问这个指针指向的内存。若需要使用寄存器中的结构体，则可使用 extractvalue 指令和 insertvalue 指令进行访问。

还有一种稠密结构体（packed structure），它按单字节对齐（也就是没有进行内存对齐），在内存中成员字段之间没有空白可填充。与之相比，一般的结构体为了按照 target-datalayout 进行内存对齐，成员字段之间可能插入一些空白以填充。

结构体既可以是字面量，也可以是赋值标识符。

1）字面量结构体以内联的方式进行定义，而标识符结构体始终在 LLVM IR 顶层使用名称进行定义。

2）字面量结构体被其内容唯一标识，既不能是递归的，也不能是抽象的（opaque）。而标识符结构体恰恰相反，既可以是递归的，也可以是抽象的。

语法格式如下：

```
%T1 = type { <type list> }    ; 一般结构体类型
%T2 = type <{ <type list> }>  ; 稠密结构体类型
```

示例如下：

```
{ i32, i32, i32 }          ; 包含 3 个 i32 类型的结构体
{ float, i32 (i32) * }     ; 成员是 float 类型和函数指针类型的结构体
<{ i8, i32 }>              ; 5 字节大小的稠密结构体
```

（7）抽象结构体类型（Opaque Structure Types）

抽象结构体类型用于表示没有实体的命名结构体类型，比如 C 语言中的前置结构体声明。

语法格式如下：

```
%X = type opaque
%52 = type opaque
```

汇编语言是弱类型的。在操作汇编语言的时候，实际上考虑的是一些二进制串。但是，LLVM IR 却是强类型的，在 LLVM IR 中，所有变量都必须有类型。这是因为，在使用高级语言编程的时候，往往会使用强类型的语言，弱类型的语言无必要性，也不利于维护。因此，使用强类型语言，LLVM IR 可以更好地对其进行优化。

（8）标签类型

在汇编语言中，一切控制语句、函数调用都是由标签来控制的；在 LLVM IR 中，控制语句是需要标签来完成的。

▶▶ 6.5.2 元数据类型

在使用 Clang 将 C 语言程序输出成 LLVM IR 时，就会发现代码的最后几行有类似下面这样的内容：

```
!llvm.module.flags = !{!0, !1, !2}
!llvm.ident = !{!3}
!0 = !{i32 2, !"SDK Version", [3 x i32][i32 10, i32 15, i32 4]}
!1 = !{i32 1, !"wchar_size", i32 4}
!2 = !{i32 7, !"PIC Level", i32 2}
!3 = !{!"Apple clang version 11.0.3 (clang-1103.0.32.62)"}
```

在 LLVM IR 中，以 "!" 开头的标识符为元数据。元数据是为了将额外的信息附加在程序中，传递给 LLVM 后端，使后端能够优化或生成代码。用于调试的信息就是通过元数据形式传递的。可以使用 -g 选项，如下所示：

```
clang -S -emit-llvm -g test.c
```

现在就在 LLVM IR 中附加了额外的调试信息。

在 LLVM IR 的语法中，有专门的元数据来解释各种元数据。

▶▶ 6.5.3 属性

最后，还有一种称为属性的概念。属性并不是类型，其一般用于函数。比如，告诉编译器这个函数不会抛出错误、不需要某些优化等。例如：

```
define void @foo() nounwind {
    ; ...
}
```

这里 nounwind 就是一个属性。

有时，一个函数的属性会特别多，并且多个函数都有相同的属性。那么，就会占用大量篇幅来为每一个函数说明属性。因此，LLVM IR 引入了属性组的概念，在将一个简单的 C 程序编译成 LLVM IR

时，就会发现代码中有：

```
attributes #0 = { noinline nounwind optnone ssp uwtable
"correctly-rounded-divide-sqrt-fp-math"="false" "darwin-stkchk-strong-link"
"disable-tail-calls"="false" "frame-pointer"="all"
"less-precise-fpmad"="false" "min-legal-vector-width"="0"
"no-infs-fp-math"="false" "no-jump-tables"="false" "no-nans-fp-math"="false"
"no-signed-zeros-fp-math"="false"
"no-trapping-math"="false" "probe-stack"="___chkstk_darwin" "stack-protector-buffer-
size"="8"
"target-cpu"="penryn"
"target-features"="+cx16,+cx8,+fxsr,+mmx,+sahf,+sse,+sse2,+sse3,+sse4.1,+ssse3,
+x87" "unsafe-fp-math"="false" "use-soft-float"="false" }
```

这种一大长串的，就是属性组。属性组总是以#开头。当函数需要它时，只需要：

```
define void @foo #0 {
    ; ...
}
```

直接使用#0 即可。

6.6 LLVM IR 控制语句

在之前汇编语言的介绍中，是将跳转与函数放在一起讲的，因为在汇编语言中这两个概念没有太大的区别。然而，在 LLVM IR 中，这两者就有了比较大的区别。因此，下面主要介绍 LLVM IR 中控制语句的构造方法。

▶▶ 6.6.1 汇编语言层面的控制语句

在大多数语言中，常见的控制语句有 4 种：if...else、for、while、switch。

在汇编语言层面，控制语句被分解为两种核心指令：条件跳转与无条件跳转。

1. if...else 控制语句

下面看看如何在汇编层面实现 if...else 控制语句。

有以下 C 语言代码：

```
if (a > b) {
    // do something A
}else {
    // do something B
}
// do something C
```

为了将这个指令改写成汇编指令，同时需要条件跳转与无条件跳转。用伪代码表示其汇编指令：

```
compare a and b
    jump to label B if comparison is a is not greater than b // 条件跳转
```

```
label A:
    do something A
    jump to label C // 无条件跳转
label B:
    do something B
label C:
    do something C
```

汇编语言通过条件跳转、无条件跳转和三个标签（label A 标签实际上没有作用，只不过让代码更加清晰）实现了高级语言层面的 if...else 语句。

2. for 控制语句

有以下 C 语言代码：

```
for (int i = 0; i < 4; i++) {
    // do something A
}
// do something B
```

为了将这个指令改写为汇编指令，同样需要条件跳转与无条件跳转：

```
int i = 0
label start:
    compare i and 4
    jump to label B if comparison is i is not less than 4 // 条件跳转
label A:
    do something A
    i++
    jump to label start // 无条件跳转
label B:
    do something B
```

3. while/switch 控制语句

而 while/switch 与 for 则极其类似，只不过少了初始化与自增的操作。

根据在汇编语言中积累的经验，要实现大多数高级语言的控制语句，需要 4 个内容：

1）标签；

2）无条件跳转；

3）比较大小的指令；

4）条件跳转。

▶▶ 6.6.2　LLVM IR 层面的控制语句

1. LLVM IR 的基本框架

下面就以上面介绍的 for 循环的 C 语言版本为例，解释如何写出其对应的 LLVM IR 语句。

首先，对应的 LLVM IR 的基本框架为：

```
%i = alloca i32 ; int i = ...
store i32 0, i32 * %i ; ... = 0
%i_value = load i32, i32 * %i
; do something A
%1 = add i32 %i_value, 1 ; ... = i + 1
store i32 %1, i32 * %i ; i = ...
; do something B
```

这个程序缺少了一些必要的步骤，而之后会将其慢慢补上。

2. 加标签

LLVM IR 中的标签与汇编语言的标签一致，也是以"："结尾作为标志。依照汇编语言的伪代码，给这个程序加上标签：

```
%i = alloca i32 ; int i = ...
    store i32 0, i32 * %i ; ... = 0
start:
    %i_value = load i32, i32 * %i
A:
    ; do something A
    %1 = add i32 %i_value, 1 ; ... = i + 1
    store i32 %1, i32 * %i ; i = ...
B:
    ; do something B
```

3. 比较指令

LLVM IR 提供的比较指令为 icmp。其接受三个参数：比较方案以及两个比较参数。

一个简单的比较指令的例子：

```
%comparison_result = icmp uge i32 %a, %b
```

这个例子转化为 C++语言代码就是：

```
bool comparison_result = ((unsigned int)a >= (unsigned int)b);
```

这里，uge 是比较方案，%a 和%b 就是用来比较的两个数，而 icmp 则返回一个 i1 类型的值，也就是 C++中的 bool 值，用来表示结果是否为真。

icmp 支持的比较方案很广泛。

1）最简单的是 eq 与 ne，分别代表相等或不相等。

2）无符号的比较有 ugt、uge、ult、ule，分别代表大于、大于等于、小于、小于等于。LLVM IR 中一个整型变量本身的符号是没有意义的，而是需要看在其参与的指令中被看作什么符号。这里每个方案的 u 就代表以无符号的形式进行比较。

3）有符号的比较有 sgt、sge、slt、sle，分别是其无符号版本的有符号对应。

在加上比较指令后，上面示例代码就变成了以下所示代码：

```
%i = alloca i32 ; int i = ...
    store i32 0, i32 * %i ; ... = 0
```

```
start:
    %i_value = load i32, i32 * %i
    %comparison_result = icmp slt i32 %i_value, 4 ; test if i < 4
A:
    ; do something A
    %1 = add i32 %i_value, 1 ; ... = i + 1
    store i32 %1, i32 * %i ; i = ...
B:
    ; do something B
```

4. 条件跳转

在比较完后，需要条件跳转。若 %comparison_result 是 true，那么跳转到 A，否则跳转到 B。

LLVM IR 提供的条件跳转指令是 br，它将接受三个参数，第一个参数是 i1 类型的值，用作判断；第二和第三个参数分别是值为 true 与 false 时，需要跳转到的标签。

例如：

```
br i1 %comparison_result, label %A, label %B
```

把它加入示例代码中：

```
%i = alloca i32 ; int i = ...
    store i32 0, i32 * %i ; ... = 0
start:
    %i_value = load i32, i32 * %i
    %comparison_result = icmp slt i32 %i_value, 4 ; test if i < 4
    br i1 %comparison_result, label %A, label %B
A:
    ; do something A
    %1 = add i32 %i_value, 1 ; ... = i + 1
    store i32 %1, i32 * %i ; i = ...
B:
    ; do something B
```

5. 无条件跳转

无条件跳转更好理解，即直接跳转到某一标签处。在 LLVM IR 中，同样可以使用 br 进行条件跳转。

例如，如果要直接跳转到 start 标签处，则可以使用：

```
br label %start
```

将它加入示例代码中：

```
%i = alloca i32 ; int i = ...
    store i32 0, i32 * %i ; ... = 0
start:
    %i_value = load i32, i32 * %i
    %comparison_result = icmp slt i32 %i_value, 4 ; test if i < 4
    br i1 %comparison_result, label %A, label %B
A:
```

```
    ; do something A
    %1 = add i32 %i_value, 1 ; ... = i + 1
    store i32 %1, i32 * %i ; i = ...
    br label %start
B:
    ; do something B
```

这看上去就结束了，然而如果把这个代码交给 llc，并不能编译通过，这是为什么呢？下面回答这个问题。

6. 用基本块解决上述不能编译通过问题的方法

基本块包括以下内容。

1）一个函数由许多基本块组成。

2）每个基本块包含：

- 开头的标签（可省略）；
- 一系列指令；
- 结尾是终结指令。

3）在一个基本块没有标签时，会自动赋给它一个标签。

所谓终结指令，就是指改变执行顺序的指令，如跳转、返回等。

start 开头的基本块，在一系列指令后，需要使用以下所示命令

```
    br i1 %comparison_result, label %A, label %B
```

结尾，这是一个终结指令。A 开头的基本块，在一系列指令后，需要使用以下所示命令

```
    br label %start
```

结尾，也是一个终结指令。B 开头的基本块，在最后终归是需要函数返回的，所以也一定会带有一个终结指令。

看上去都很符合，为什么编译不通过呢？仔细想一下，考虑所有基本块了吗？要注意到，一个基本块是可以没有名字的，所以，实际上还有一个基本块没有考虑到，就是函数开头的

```
    %i = alloca i32 ; int i = ...
    store i32 0, i32 * %i ; ... = 0
```

这个基本块。它并没有以终结指令结尾！

所以，把一个终结指令补充在这个基本块的结尾：

```
    %i = alloca i32 ; int i = ...
    store i32 0, i32 * %i ; ... = 0
    br label %start
start:
    %i_value = load i32, i32 * %i
    %comparison_result = icmp slt i32 %i_value, 4 ; test if i < 4
    br i1 %comparison_result, label %A, label %B
A:
    ; do something A
```

```
        %1 = add i32 %i_value, 1 ; ...= i + 1
        store i32 %1, i32 * %i ; i = ...
        br label %start
    B:
        ; do something B
```

这样就完成了示例。

7. 可视化控制

图 6.7 展示了 LLVM 工具及其相互关系。

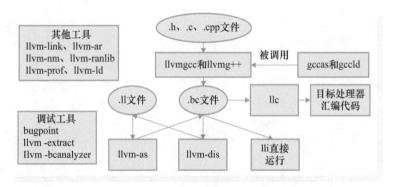

● 图 6.7　LLVM 工具及其相互关系

LLVM 的工具链甚至提供了可视化控制语句的方法。使用之前提到的 LLVM 工具链中用于优化的工具：

```
    opt -dot-cfg for.ll
```

会生成一个 .main.dot 文件。Graphviz 是一个开源的图形可视化软件，如果计算机上装有 Graphviz，那么可以用如下所示命令：

```
    dot .main.dot -Tpng -o for.png
```

生成其可视化的控制流图，如图 6.8 所示。

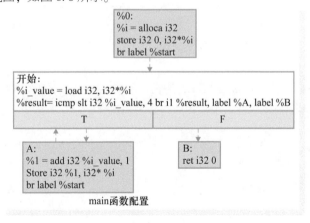

● 图 6.8　生成其可视化的控制流图

8. switch 语句用法

下面介绍 switch 语句。有以下 C 语言程序：

```
int x;
switch (x) {
    case 0:
            // do something A
        break;
    case 1:
            // do something B
            break;
    default:
            // do something C
            break;
}
//做其他事情
```

先转换成 LLVM IR：

```
switch i32 %x, label %C [
    i32 0, label %A
    i32 1, label %B
]
A:
    ; do something A
    br label %end
B:
    ; do something B
    br label %end
C:
    ; do something C
    br label %end
end:
    ; do something else
```

其核心就是第一行的 switch 指令。第一个参数 i32 %x 是用来判断的，也就是 C 语言中的 x。第二个参数 label %C 是 C 语言中的 default 分支，这是必须要有的参数。也就是说，switch 必须要有默认值，以便处理之前条件都不符合的情况。接下来是一个数组，如果%x 的值是 0，就跳转到 label %A；如果值是 1，就跳转到 label %B。

LLVM 后端将 switch 语句具体到汇编实现，通常有两种方案：用一系列条件语句、跳转表。

一系列条件语句的实现方式相对简单，用伪代码来表示：

```
if (x == 0) {
    jump to label %A
} else if (x == 1) {
    jump to label %B
} else {
    jump to label %C
}
```

这是符合常理的。然而，如果这个 switch 语句一共有 n 个分支，那么查找时间复杂度实际上是 $O(n)$。那么，这种实现方案下的 switch 语句仅仅使用了 if …else 的语法，除了增加可维护性以外，并不会优化性能。

跳转表则是一个可以优化性能的 switch 语句实现方案，其伪代码为：

```
labels = [label %A, label %B]
if (x < 0 || x > 1) {
    jump to label %C
} else {
    jump to labels[x]
}
```

这只是一个极其粗糙的近似的实现，需要理解其基本思想。跳转表的基本思想就是，内存中数组的索引查找是 $O(1)$ 时间复杂度的，所以可以根据目前的 x 值来查找应该跳转到的地址。

根据目标平台和 switch 语句的分支数，LLVM 后端会自动选择不同的方式来实现 switch 语句。

9. select 指令

经常会遇到这样一种情况，某一变量的值需要根据条件进行赋值，比如以下 C 语言代码中的函数：

```
void foo(int x) {
    int y;
    if (x > 0) {
        y = 1;
    }else {
        y = 2;
    }
    // do something with y
}
```

如果 x 大于 0，则 y 为 1，否则 y 为 2。这一情况很常见，然而在 C 语言中，如果要实现这种功能，y 需要被实现为可变变量，但实际上无论 x 如何取值，y 只会被赋值一次，并不应该是可变的。

在 LLVM IR 中，由于 SSA 的限制，局部可变变量必须分配在栈上，虽然 LLVM 后端最终会进行一定的优化，但写代码时需要冗长的 alloca、load、store 等语句。如果按照 C 语言的思路来写 LLVM IR，那么就是：

```
define void @foo(i32 %x) {
    %y = alloca i32
    %1 = icmp sgt i32 %x, 0
    br i1 %1, label %btrue, label %bfalse
btrue:
    store i32 1, i32 * %y
    br label %end
bfalse:
    store i32 2, i32 * %y
    br label %end
end:
    ; do something with %y
```

```
        ret void
    }
```

编译出的汇编语言是这样的：

```
    _foo:
        cmpl        $0, %edi
        jle         LBB0_2
    ## %bb.1:                       ## %btrue
        movl        $1, -4(%rsp)
        jmp         LBB0_3
    LBB0_2:                         ## %bfalse
        movl        $2, -4(%rsp)
    LBB0_3:                         ## %cnd
        #do something with -4(%rsp)
        retq
```

C 语言代码一共 9 行，汇编语言代码一共 11 行，LLVM IR 代码一共 14 行。LLVM IR 代码比低层次和高层次的代码都长，这显然是不可接受的。究其原因，就是这里把 y 看成了可变变量。那么，有没有办法让 y 不可变，但仍然能实现这个功能呢？

看看同样区分可变变量与不可变变量的 Rust 是怎么做的：

```
    fn foo(x: i32) {
        let y = if x > 0 { 1 } else { 2 };
        // do something with y
    }
```

简化代码，把 y 看作不可变变量，把 if 语句视作表达式，当 x 大于 0 时，这个表达式返回 1，否则返回 2。

LLVM IR 中同样也有这样的指令，那就是 select，将上面的示例代码用 select 改写一下：

```
    define void @foo(i32 %x) {
        %result = icmp sgt i32 %x, 0
        %y =select i1 %result, i32 1, i32 2
        ; do something with %y
    }
```

select 指令接受三个参数。第一个参数是用来判断的布尔值，也就是 i1 类型的 icmp 判断的结果，如果其为 true，则返回第二个参数，否则返回第三个参数。

10. phi 指令

select 只支持两个选择，若判断结果为 true，则选择一个分支；若为 false，则选择另一个分支，可以有支持多种选择的类似 switch 的版本吗？同时，也可以换个角度思考，select 是根据 i1 的值来进行判断的，其实可以根据控制流进行判断，这就是 phi 指令。

为了方便，首先用 phi 指令实现上面那个代码：

```
    define void @foo(i32 %x) {
        %result = icmp sgt i32 %x, 0
        br i1 %result, label %btrue, label %bfalse
```

```
btrue:
    br label %end
bfalse:
    br label %end
end:
    %y =phi i32 [1, %btrue], [2, %bfalse]
    ; do something with %y
    ret void
}
```

phi 指令的第一个参数是一个类型，这个类型表示其返回类型为 i32。接下来则是两个数组，在当前的基本块执行时，如果前一个基本块是%btrue，那么返回 1；如果前一个基本块是%bfalse，那么返回 2。也就是说，select 根据其第一个参数 i1 类型的变量的值来决定返回哪个值，而 phi 则根据其之前是哪个基本块来决定其返回值。此外，phi 之后可以跟无数的分支，如 phi i32 [1, %a], [2, %b], [3, %c] 等，从而可以支持多分支的赋值。

6.7 LLVM IR 语法链接类型

在 LLVM 中，模块由全局值列表组成，全局值由指向内存位置的指针表示，每个全局值都有一种链接类型，用于在链接阶段指示链接器如何处理全局值。

这里先说明一些前置概念。

1）全局值：函数和全局变量的统称。

2）目标文件：.o 文件。

1. private

1）此链接类型的全局值只能由当前模块内的对象直接访问。

2）当目标文件链接时，如果一个模块中链接类型为 private 的全局值与另一个模块中的全局值冲突，那么这个模块中链接类型为 private 的全局值都会被重命名，这些重命名的引用也会更新。

3）此链接类型的全局值不会出现在目标文件的符号索引表中。

4）C 语言中的字符串字面量的链接类型就是 private。

```
// C 语言源代码
int main() {
char * s = "111";
}

; LLVM IR 文本形式
@.str = private unnamed_addr constant [4 x i8]c"111\00", align 1

define dso_local i32 @main() #0 !dbg !7 {
  %1 = alloca i8 *, align 8
  call void @llvm.dbg.declare(metadata i8 ** %1, metadata !12,
metadata !DIExpression()), !dbg !15
```

```
    store i8 * getelementptr inbounds ([4 x i8], [4 x i8] * @.str, i64 0, i64 0), i8 ** %1,
align 8, !dbg !15
    ret i32 0, !dbg !16
    }

    declare void @llvm.dbg.declare(metadata, metadata, metadata) #1

    ;......属性信息略去......
```

2. internal

1）internal 链接类型与 private 类似。

2）此链接类型的全局值会作为局部变量，出现在目标文件中（在 ELF 中为 STB_LOCAL）。

3）对应 C 语言中的 static 关键字。

```
// C 语言源代码
static int x = 1;

int main() {
    static int y = 1;
    int z = x + y;
}

; LLVM IR 文本形式
@main.y = internal global i32 1, align 4, !dbg !0
@x = internal global i32 1, align 4, !dbg !11

define dso_local i32 @main() #0 !dbg !2 {
  %1 = alloca i32, align 4
  call void @llvm.dbg.declare(metadata i32 * %1, metadata !17, metadata ! DIExpression
()), !dbg !18
  %2 = load i32, i32 * @x, align 4, !dbg !19
  %3 = load i32, i32 * @main.y, align 4, !dbg !20
  %4 = add nsw i32 %2, %3, !dbg !21
  store i32 %4, i32 * %1, align 4, !dbg !18
  ret i32 0, !dbg !22
}

declare void @llvm.dbg.declare(metadata, metadata, metadata) #1

;......属性信息略去......
```

3. available_externally

1）此链接类型的全局值不会被输出到目标文件。

2）从链接器的角度来看，此链接类型的全局值等效于外部声明，它们的存在是为了在已知全局定义的情况下允许进行内联和其他优化。

3）此链接类型的全局值可以随意丢弃，并允许内联和其他优化。

4）这种链接类型只允许用于定义，不允许用于声明。

4. linkonce

1）此链接类型的全局值在链接时会与同名的全局值合并。

2）可用于实现某些形式的内联函数、模板或其他代码（这些代码必须在每个使用它的翻译单元中生成，但代码的函数主体可能会被更明确的定义覆盖）。

3）允许丢弃未引用的 linkonce 链接类型的全局值。

如果一个函数的链接类型为 linkonce，则不允许优化器将该函数的主体内联到调用者中，因为不确定该函数的定义是否为程序中的定义，或者该函数的定义是否会被更明确的定义覆盖。如果要启用内联和其他优化，则可使用 linkonce_odr 链接类型。

5. weak

1）weak 链接类型与 linkonce 链接类型一样，会合并同名全局值，但是未引用的 weak 全局值不能被丢弃。

2）它用于在 C 源代码中声明 weak 全局值（对于 C 语言来说，编译器默认函数和初始化后的全局变量为强符号，未初始化的全局变量为弱符号；C++并没有将未初始化的全局符号视为弱符号）。

```
// C 语言源代码
#pragma weak func

void func() { }
上述代码等效为 void __attribute__((weak)) func() { }
; LLVM IR 文本形式
define weak dso_local void @func() #0 !dbg !7 {
  ret void, !dbg !11
}

; ......属性信息略去......
```

6. common

1）common 链接类型与 weak 链接类型最为相似，它们都用于 C 语言中的临时定义。例如，在全局作用域的 int X。

2）common 链接类型具有和 weak 链接类型一样的合并语义，而且未引用的 common 全局值不能被删除。

3）common 符号不能有明确的值，必须进行零初始化，并且不能被标记为 constant。

4）函数和别名都不能为 common 链接类型。

7. appending

1）appending 链接类型只能用于数组类型的全局变量。

2）当两个链接类型为 appending 的全局变量在一起链接时，这两个全局变量将会被连接在一起，相当于在链接目标文件时，系统链接器将具有相同名称的部分连接在一起。

3）不过 appending 并不对应目标文件中的任何功能，因此它只能用于像 llvm.global_ctors 等 LLVM

专门解释的变量。

8. extern_weak

此链接类型的语义遵循 ELF 目标文件模型：符号在链接之前是弱的，如果未链接，则符号变为 null，而不是未定义的引用。

9. linkonce_odr 和 weak_odr

1）某些语言允许合并不同的全局值，例如具有不同语义的两个函数。但 C++等语言确保只有等效的全局值才会被合并（One Definition Rule，简称 ODR）。此类语言可以使用 linkonce_odr 和 weak_odr 链接类型，指示只有等效的全局变量才会被合并。

2）这两种链接类型在其他方面与其非 ODR 版本相同。

```
// C 语言源代码
inline int f() {
    return 123;
}

int main() {
    int x = f();
}

; LLVM IR 文本形式
$_Z1fv = comdat any

define dso_local i32 @main() local_unnamed_addr #0 !dbg !7 {
  %1 = call i32 @_Z1fv(), !dbg !14
  call void @llvm.dbg.value(metadata i32 %1, metadata !13,
metadata !DIExpression()), !dbg !15
  ret i32 0, !dbg !16
}

define linkonce_odr dso_local i32 @_Z1fv() local_unnamed_addr #1
comdat !dbg !17 {
  ret i32 123, !dbg !18
}

declare void @llvm.dbg.value(metadata, metadata, metadata) #2

; ......属性信息略去......
```

10. external

如果全局值没有使用上面任何一个链接类型，那么这个全局值的链接类型就是 external，这意味着它参与链接，并可用于解析外部符号引用。

11. 说明

真正的全局变量和函数（这里"真正"指的是可以被其他模块使用）的链接类型只能是 external

或者 external_weak。

12. Linux 性能工具——bpftrace 应用示例

bpftrace 是 Linux 高级追踪工具和语言。该工具基于 eBPF 和 BBC 通过探针机制采集内核和程序运行的信息，然后用图表等方式将信息展示出来，帮助开发者找到隐藏较深的 bug、安全问题和性能瓶颈。图 6.9 是 BPF 内部逻辑图。

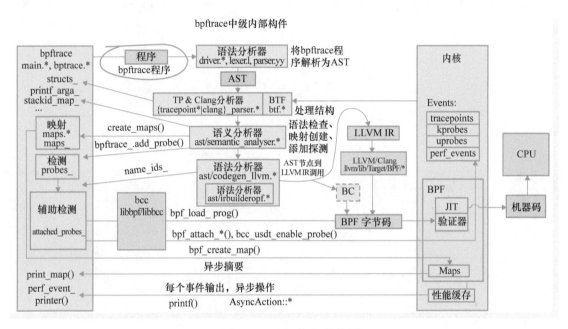

● 图 6.9　BPF 内部逻辑图

6.8　LLVM IR 函数

在汇编层面，一个函数与一个控制语句极其相似，都是由标签组成的，只不过在跳转时，增加了一些附加的操作。而在 LLVM IR 层面，函数则得到了更高一层的抽象。

▶▶ 6.8.1　定义与声明

1. 函数定义

在 LLVM 中，一个基本的函数定义的方法，之前已经遇到过多次，就是@main 函数的方法：

```
define i32 @main() {
    ret i32 0
}
```

在函数名之后可以加上参数列表，例如：

```
define i32 @foo(i32 %a, i64 %b) {
    ret i32 0
}
```

一个函数定义的基本框架，就是返回值（i32）+函数名（@foo）+参数列表((i32 %a,i64 %b))+函数体(｜ret i32 0｜)。

可以看到，函数的名称和全局变量一样，都是以@开头的。如果查看符号索引表，就会发现其和全局变量一样，进入了符号索引表。因此，函数也有和全局变量完全一致的链接类型与可见性样式，以便控制函数名在符号索引表中的出现情况，因此，可以出现

```
define private i32 @foo() {
    ; ...
}
```

这样的修饰符形式。

此外，还可以在参数列表之后加上之前说的属性，也就是控制优化器和代码生成器的指令。如果单纯编译一段简单的 C 语言代码：

```
void foo() { }
int main() {
    return 0;
}
```

则可以看到，@foo 函数之后会跟一个属性组#0，在 macOS 下其内容为：

```
attributes #0 = {noinline nounwind optnone ssp uwtable
"correctly-rounded-divide-sqrt-fp-math"="false" "darwin-stkchk-strong-link"
"disable-tail-calls"="false" "frame-pointer"="all"
"less-precise-fpmad"="false" "min-legal-vector-width"="0"
"no-infs-fp-math"="false" "no-jump-tables"="false" "no-nans-fp-math"="false"
"no-signed-zeros-fp-math"="false" "no-trapping-math"="false"
"probe-stack"="___chkstk_darwin" "stack-protector-buffer-size"="8"
"target-cpu"="penryn"
"target-features"="+cx16,+cx8,+fxsr,+mmx,+sahf,+sse,+sse2,+sse3,+sse4.1,+ssse3,
+x87" "unsafe-fp-math"="false" "use-soft-float"="false" }
```

通过对一个函数附加许多属性，可控制最终的优化和代码生成。这里只需要知道，在函数的参数列表之后，可以加上属性或属性组，例如：

```
define void @foo() nounwind { ret void }
; or
define void @foo() #0 { ret void }
attributes #0 {
    ; ...
}
```

2. 函数声明

除了函数定义之外，还有一种情况十分常见，那就是函数声明。在一个编译单元（模块）下，可

以使用别的模块的函数，这时候就需要在本模块中先声明这个函数，才能保证编译时不出错，从而在链接时正确地将声明的函数与别的模块下其定义进行链接。

函数声明也相对简单，就是使用 declare 关键词替换 define：

```
declare i32 @printf(i8 *, ...) #1
```

这个就是在 C 语言代码中调用 stdio.h 库的 printf 函数时，在 LLVM IR 代码中可以看到的函数声明，其中#1 就是由一长串属性组成的属性组。

3. 函数的调用

在 LLVM IR 中，函数的调用与高级语言几乎没有什么区别：

```
define i32 @foo(i32 %a) {
    ; ...
}
define void @bar() {
    %1 = call i32 @foo(i32 1)
}
```

使用 call 指令时，可以像高级语言一样，直接调用函数。分析一下这里做了哪几件事：

1）传递参数；

2）执行函数；

3）获得返回值。

居然能干这么多事，这是汇编语言所不能的。

4. 执行函数

如果一个函数没有任何参数，则返回值也是 void 类型，也就是说，在 C 语言下，函数是这样的：

```
void foo() {
    // ...
}
```

那么调用这个函数就没有了传递参数和获得返回值这两件事，只剩下执行函数，而这是一个简单的操作：

1）把函数返回地址压栈；

2）跳转到相应函数的地址。

函数返回也是一个简单的操作：

1）弹栈以获得函数返回地址；

2）跳转到相应的返回地址。

▶▶ 6.8.2 传递参数与获得返回值

谈到这两点，就不得不说调用约定了。在汇编语言中，没有参数传递和返回值的概念，有的仅仅是让当前的控制流跳转到指定函数执行。所以，一切的参数传递和返回值都需要人为约定。也就是说，需要约定两件事：

1）被调用的函数希望知道参数放在哪里；

2）调用者希望知道调用函数的返回值放在哪里。

这就是调用约定。不同的调用约定会产生不同的特效，也就产生了许多高级语言的特征。

1. C 调用约定

使用最广泛的调用约定是 C 调用约定，也就是各个操作系统的标准库使用的调用约定。在 x86_64 架构下，C 调用约定是 System V 版本的，所有参数按顺序放入指定寄存器，如果寄存器不够，则剩余的从右往左顺序压栈。而返回值则是按先后顺序放入寄存器，或者调用者分配的空间中，如果只有一个返回值，那么就会放在 rax 里。

在 LLVM IR 中，函数的调用默认使用 C 调用约定。为了验证，可以写一个简单的程序：

```
; calling_convention_test.ll
%ReturnType = type { i32, i32 }
define %ReturnType @foo(i32 %a1, i32 %a2, i32 %a3, i32 %a4, i32 %a5, i32 %a6, i32 %a7,
i32 %a8) {
    ret %ReturnType { i32 1, i32 2 }
}
define i32 @main() {
    %1 = call %ReturnType @foo(i32 1, i32 2, i32 3, i32 4, i32 5, i32 6, i32 7, i32 8)
    ret i32 0
}
```

在 x86_64 架构的 macOS 上，查看编译出来的汇编代码。在 main 函数中，参数传递是：

```
movl    $1, %edi
movl    $2, %esi
movl    $3, %edx
movl    $4, %ecx
movl    $5, %r8d
movl    $6, %r9d
movl    $7, (%rsp)
movl    $8, 8(%rsp)
callq   _foo
```

而在 foo 函数内部，返回值传递是这样的：

```
movl    $1, %eax
movl    $2, %edx
retq
```

如果查阅 System V 的指南，就会发现完全符合。

这种 System V 的调用约定有什么优点呢？其最大的优点在于，当寄存器数量不够时，剩余的参数是按从右向左的顺序压栈的。这就让基于这种调用约定的高级语言，可以更轻松地实现可变参数的特征。所谓可变参数，最典型的例子就是 C 语言中的 printf：

```
printf("%d %d %d %d", a, b, c, d);
```

printf 可以接受任意数量的参数，其参数的数量是由第一个参数"%d %d %d %d"决定的。有多少个需要格式化的变量，就会有多少个参数。

那么，System V 的调用约定，为什么能满足这样的需求呢？假设不考虑之前传入寄存器内的参数，只考虑压入栈内的参数。那么，如果以从右往左的顺序压栈，栈顶就是 "%d %d %d %d" 的地址，接着依次是 a、b、c、d。那么，程序就可以先读栈顶，获得字符串，然后确定有多少个参数，并据此继续在栈上读相应数量的参数。相反，如果以从左往右的顺序压栈，那么程序第一个读到的是 d，程序也不知道该读多少个参数。

2. fastcc

这里，除了 C 调用约定之外，还会讲一个调用约定 fastcc，以体现不同的调用约定能实现不同的高级语言的特征。

fastcc 方案是将变量全都传入寄存器中。这种方案能更方便地实现尾调用优化。

尾调用会出现在很多场景下，用一个如下所示比较普通的例子：

```
int foo(int a) {
    if (a == 1) {
        return 1;
    } else {
        return foo(a - 1);
    }
}
```

这个函数在返回时有可能会调用自身，这就称为尾调用。为什么尾调用需要优化呢？在正常情况下，调用一个函数会产生函数的栈帧，也就是把函数的参数传入栈，把函数的返回地址传入栈。如果 a 很大，那么调用的函数会越来越多，并且直到最后一个被调用的函数返回之前，所有调用的函数的栈都不会回收，此时栈上充斥着一层层被调用函数返回的地址。

然而，这个函数是在调用者的返回语句里被调用的，实际上可以复用调用者的栈，这就是尾调用优化的基本思想。把这样的尾调用变成循环，从而减少对栈的使用。通过将全部参数都传入寄存器，可以避免再将参数传入栈，这就是 fastcc 为尾调用优化提供的帮助。然后，就可以直接将函数调用变成汇编中的 jmp（jmp 表示无条件跳转指令）。

现在来看一个示例，如果用 fastcc 调用约定，那么 LLVM IR 应该这样写：

```
; tail_call_test.ll
define fastcc i32 @foo(i32 %a) {
    %res = icmp eq i32 %a, 1
    br i1 %res, label %btrue, label %bfalse
btrue:
    ret i32 1
bfalse:
    %sub = sub i32 %a, 1
    %tail_call = tail callfastcc i32 @foo(i32 %sub)
    ret i32 %tail_call
}
```

使用 llc 对其编译，并加上 -tailcallopt（实际上不加也没关系，LLVM 后端会自动进行 Sibling 调用优化）的指令：

```
llc tail_call_test.ll -tailcallopt
```

在其编译而成的汇编代码中，其主体为：

```
_foo:
    pushq       %rax
    cmpl        $1, %edi
    jne.LBB0_2
    movl        %1, %eax
    popq        %rcx
    retq        $8
.LBB0_2:
    decl        %edi
    popq        %rax
    jmp_foo
```

可以发现，在尾部，使用的是 jmp 而不是 call，所以从高级语言的角度来看，其将尾部的调用变成了循环。有三个动作：pushq %rax、popq %rcx 和 popq %rax。这三个动作只是为了栈对齐。

▶▶ 6.8.3   内置函数、属性和元数据

在 LLVM IR 中，除了基础的数据表示、控制流之外，还有内置函数、属性和元数据等，能够影响二进制程序生成的功能。

1. 内置函数

回顾一下，LLVM IR 的作用实际上是将编译器前端与后端解耦合。编程语言的前端开发者，负责将输入的编程语言代码进行解析，生成 LLVM IR；指令集架构的后端开发者，负责将输入的 LLVM IR 生成为目标架构的二进制指令。因此，LLVM IR 提供了若干基础指令，如 add、br、call 等。这样做的好处在于：

1）对前端开发者而言，这些指令语义足够全，使用方法也和常见高级语言类似；

2）对后端开发者而言，这些指令相对数目比较少，提供的功能也相对较为独立，在大部分常见的指令集中，都有类似的指令与其对应。

但是，这样的策略也有其弊端：

1）对前端开发者而言，仍然有部分通用的语义无法被单个指令所涵盖；

2）对后端开发者而言，对一些通用指令的优化无法针对 LLVM IR 指令来做。

2. memcpy

以内存复制为例。熟悉 AMD64 或者 AArch64 的开发者一定知道，在这些支持向量操作的指令集架构中，大规模的内存复制往往是通过向量指令来实现的，glibc 中的 memcpy 就是这样实现的。

但是，对于通用编程语言来说，往往不希望标准库直接调用 libc 中的函数，因为会产生一些不必要的依赖。并且，memcpy 用向量操作来实现已经是一个非常通用的方案了，所以能不能复用一些逻辑呢？

对于此类，LLVM IR 指令过于基础，但是非常广泛地使用同一套实现逻辑的情况，LLVM IR 提供了内置函数（Intrinsic Function）功能来解决相关问题。

所谓内置函数，可以理解成一些可以像普通的 LLVM IR 函数一样调用的函数，但这些函数不需要开发者自己实现，LLVM 的后端开发者提供了这些函数的实现。

例如，LLVM IR 提供了 llvm.memcpy 内置函数，以提供内存的复制操作。前端开发者只需要调用这个函数，就可以实现内存复制功能了。

Rust 语言，在利用 LLVM 生成二进制程序时，使用的就是这个函数，可以参考其封装的 LLVM-RustBuildMemCpy 与调用者 memcpy。

3. 静态分支预测

LLVM IR 提供的内置函数有许多，在这里，再以静态分支预测为例，介绍一个常见的内置函数。

在阅读一些大规模项目源代码时，例如 Linux 内核源代码、QEMU 源代码等，往往会注意到大量使用的 likely 与 unlikely，例如：

```
if (likely(x > 0)) {
    // Do something
}
```

这个 likely 是什么？它是干什么用的？事实上，likely 与 unlikely 往往都是通过宏定义实现的，它们的作用是静态分支预测。

对于 C 语言等常见的编程语言的 if 语句，在生成二进制程序的时候，可以交换它的两个分支的位置。紧挨着 cmp 等判断语句的分支，在执行时，不会发生跳转，而另一个分支则需要设置 PC 寄存器来跳转。这种跳转往往会造成一定程度的性能损耗。总之，需要给编译器一些信息，以排布不同的分支布局。

对于 Clang 来说，这是通过内置 expect 指令来实现的，也就是说：

```
#define likely(x)        __builtin_expect(!!(x), 1)
#define unlikely(x)      __builtin_expect(!!(x), 0)
```

而 __builtin_expect 这个内置指令，就会翻译为 LLVM IR 中的 llvm.expect 内置函数，从而实现了静态分支预测。

4. 属性

在 C 语言中，会遇到一个函数的修饰符：inline。这个修饰符会提示编译器，即建议编译器在遇到这个函数的调用时，内联这个函数。对于这类的信息，LLVM 会将其看作函数的属性（Attribute）。

之前，曾提到过，可以这样做：

```
define void @foo() attr1 attr2 attr3 {
    ; ...
}
```

如果多个函数有相同的属性，则可以用一个属性组的形式来复用：

```
define void @foo1() #0 {
    ; ...
```

```
    }
    define void @foo2() #0 {
        ; ...
    }
    attributes #0 = { attr1 attr2 attr3 }
```

LLVM 支持的函数属性有多种，现在来看看几个比较容易理解的，由函数属性控制的优化。

5. 内联

函数内联是一个非常复杂的概念，这里只是简单地看一下下面这段 C 语言代码：

```
inline int foo(int a) __attribute__((always_inline));

int foo(int a) {
    if (a > 0) {
        return a;
    }else {
        return 0;
    }
}
```

这里声明了 foo 函数，并且用了一个扩展语法__attribute__((always_inline))，这个语法的实际作用就是给函数加上 alwaysinline 属性。

查看其生成的 LLVM IR：

```
define dso_local i32 @foo(i32 noundef %0) #0 {
    ; ...
}

attributes #0 = { alwaysinline nounwind uwtable "frame-pointer"="all"
"min-legal-vector-width"="0" "no-trapping-math"="true"
"stack-protector-buffer-size"="8" "target-cpu"="x86-64"
"target-features"="+cx8,+fxsr,+mmx,+sse,+sse2,+x87" "tune-cpu"="generic" }
```

可以看到，其确实有了 alwaysinline 这个属性。

6. 帧指针清除优化

再来看一个属性控制的优化：帧指针清除优化（Frame Pointer Elimination）。

在讲这个之前，先讲一个比较小的优化。将一个如下所示非常简单的 C 语言程序：

```
void foo(int a, int b) {}
int main() {
    foo(1, 2);
    return 0;
}
```

编译为汇编程序，可以发现，foo 函数的汇编代码为：

```
foo:
    pushq   %rbp
```

```
    movq    %rsp, %rbp
    movl    %edi, -4(%rbp)
    movl    %esi, -8(%rbp)
    popq    %rbp
```

但这与常识是违背的。为什么这里不先增加栈空间（也就是对 rsp 寄存器进行 sub），就直接把 edi、esi 的值移入栈内了呢？-4(%rbp)和-8(%rbp)的内存空间此刻似乎并不属于栈。这是因为，在 System V 关于 AMD64 架构的标准中，规定了 rsp 以下 128 个字节为 red zone。在这个区域，信号和异常处理函数均不会使用。因此，一个函数可以放心使用 rsp 以下 128 个字节的内容。

同时，对栈指针进行操作，一个很重要的原因就是，在进一步函数调用的时候，使用 call 指令会自动将被调用函数的返回地址压栈，那么就需要在调用 call 指令之前，保证栈顶指针确实指向栈顶，否则压栈就会覆盖一些数据。

但此时，foo 函数并没有调用别的函数，也就不会产生压栈行为。因此，在栈帧不超过 128 个字节的情况下，编译器自动省去了这样的操作。为了验证这一点，做一个小的修改，如下所示：

```
void bar() {}
void foo(int a, int b) { bar(); }
int main() {
    foo(1, 2);
    return 0;
}
```

这时，编译出的 foo 函数的汇编代码为：

```
foo:
    pushq   %rbp
    movq    %rsp, %rbp
    subq    $16, %rsp
    movl    %edi, -4(%rbp)
    movl    %esi, -8(%rbp)
    callq   bar
    addq    $16, %rsp
    popq    %rbp
    retq
```

确实增加了对 rbp 的 sub 和 add 操作。而此时的 bar 函数，也没有对 rsp 的操作。

接下来，就要讲帧指针清除优化了。经过上述讨论可知，一个函数在进入时会有一些固定动作：

1）把 rbp 压栈；

2）把 rsp 放入 rbp；

3）减 rsp，预留栈空间。

在函数返回之前，也有其相应的操作：

1）加 rsp，回收栈空间；

2）把 rbp 最初的值弹栈回到 rbp。

刚刚讲的优化，使得没有调用别的函数的函数，可以省略进入时的第 3 步和返回前的第 1 步。是否可以继续省略呢？这就要考虑为什么需要这些步骤。这些步骤都是围绕 rbp 进行的，而正是因为 rbp 经常进行这种操作，所以把 rbp 称为帧指针。之所以要进行这些操作，是因为在函数执行的过程中，栈顶指针随着不断调用别的函数，就会不断移动，导致根据栈顶指针的位置，不太方便确定局部变量的位置。如果一开始就把 rsp 的值放在 rbp 中，那么局部变量的位置相对 rbp 是固定的，就更好确认了。注意，根据 rsp 的值确认局部变量的位置只是不方便，并不是不能做到。所以，可以增加一些编译器的负担，以把帧指针清除。

帧指针清除在 LLVM IR 层面其实十分方便，就是什么都不写。可以观察如下代码：

```
define void @foo(i32 %a, i32 %b) {
    %1 = alloca i32
    %2 = alloca i32
    store i32 %a, ptr %1
    store i32 %b, ptr %2
    ret void
}
```

这个函数在编译成汇编语言之后，就是下面这样的：

```
foo:
    movl    %edi, -4(%rsp)
    movl    %esi, -8(%rsp)
    retq
```

不仅没有了栈空间的增加或减少（之前提过的优化），也没有了对 rbp 的操作（帧指针清除）。

要想恢复这一操作，也十分简单，在函数参数列表后加上一个属性" frame-pointer" =" all" ：

```
define void @foo(i32 %a, i32 %b) "frame-pointer"="all" {
    %1 = alloca i32
    %2 = alloca i32
    store i32 %a, ptr %1
    store i32 %b, ptr %2
    ret void
}
```

其编译后的汇编程序如下所示：

```
foo:
    pushq   %rbp
    movq    %rsp, %rbp
    movl    %edi, -4(%rbp)
    movl    %esi, -8(%rbp)
    popq    %rbp
    retq
```

7. 元数据

函数的属性可以在前后端之间传递函数的信息，例如，前端发现某个函数需要后端的特殊处理，就给这个函数加一个自定义的属性。而在 LLVM 的整个管线中的任意一个位置，往往都能读到这个属性，从而可以依据是否有这个属性来做特殊的处理或优化。之所以函数要有属性，是因为函数是

LLVM 的优化过程中一个非常重要的基础单元，因此需要保留各种信息。

除此之外，有时也会希望每一条指令，或者每一个翻译单元，都可以有类似属性的信息，可以在管线中传递或过滤，从而能获得一些信息。这些信息在 LLVM IR 中称为元数据（Metadata）。

8. 调试信息

说了这么多，元数据有什么具体用处呢？元数据的语法是怎样的呢？接下来看一个具体的例子。在 Clang 中，传入 -g 选项后可以生成调试信息。那么，调试信息是怎么在 LLVM IR 中体现的呢？现在来看这样一个 debug.c 文件：

```c
int sum(int a, int b) {
    return a + b;
}
```

先使用以下命令：

```
clang debug.c -g -S -emit-llvm
```

生成 LLVM IR 文件，其一部分内容如下：

```
; ...
; 函数属性：无内联、无展开选项、无 uwtable
define dso_local i32 @sum(i32 noundef %0, i32 noundef %1) #0 !dbg !10 {
  %3 = alloca i32, align 4
  %4 = alloca i32, align 4
  store i32 %0, ptr %3, align 4
  call void @llvm.dbg.declare(metadata ptr %3, metadata !15,
metadata !DIExpression()), !dbg !16
  store i32 %1, ptr %4, align 4
  call void @llvm.dbg.declare(metadata ptr %4, metadata !17,
metadata !DIExpression()), !dbg !18
  %5 = load i32, ptr %3, align 4, !dbg !19
  %6 = load i32, ptr %4, align 4, !dbg !20
  %7 = add nsw i32 %5, %6, !dbg !21
  ret i32 %7, !dbg !22
}

; ...

!llvm.dbg.cu = !{!0}
!llvm.module.flags = !{!2, !3, !4, !5, !6, !7, !8}
!llvm.ident = !{!9}

!0 = distinct !DICompileUnit(language: DW_LANG_C11, file: !1, producer: "Homebrew clang
version 16.0.6", isOptimized: false, runtimeVersion: 0, emissionKind: FullDebug, splitDebug-
Inlining: false, nameTableKind: None)
!1 = !DIFile(filename: "debug.c", directory: "...", checksumkind: CSK_MD5,
checksum: "...")
; ...
```

```
!10 = distinct !DISubprogram(name: "sum", scope: !1, file: !1, line: 1, type: !11, scope-
Line: 1, flags: DIFlagPrototyped, spFlags: DISPFlagDefinition, unit: !0, retainedNodes: !14)
!11 = !DISubroutineType(types: !12)
!12 = !{!13, !13, !13}
!13 = !DIBasicType(name: "int", size: 32, encoding: DW_ATE_signed)
!14 = !{}
!15 = !DILocalVariable(name: "a", arg: 1, scope: !10, file: !1, line: 1, type: !13)
!16 = !DILocation(line: 1, column: 13, scope: !10)
!17 = !DILocalVariable(name: "b", arg: 2, scope: !10, file: !1, line: 1, type: !13)
!18 = !DILocation(line: 1, column: 20, scope: !10)
!19 = !DILocation(line: 2, column: 12, scope: !10)
!20 = !DILocation(line: 2, column: 16, scope: !10)
!21 = !DILocation(line: 2, column: 14, scope: !10)
!22 = !DILocation(line: 2, column: 5, scope: !10)
```

可以看到，在生成的 LLVM IR 中，出现了大量以 "!" 开头的符号，这就是元数据的语法。具体看下面的代码：

```
!12 = !{!13, !13, !13}
!13 = !DIBasicType(name: "int", size: 32, encoding: DW_ATE_signed)
```

这里 !13 = ... 生成了一个元数据，其内容为一个给定的结构体 DIBasicType，而 !12 这个元数据的内容，则并不是一个给定的结构体，而是由三个 !13 这个元数据组成的结构。也就是说，元数据的组织相对灵活。

在 sum 函数的函数体中，可以看到，几乎每条指令后都附加了一个元数据，在代码下半部分找到的对应的元数据，其实就是每行指令对应在 C 语言源代码里的位置，也就是调试信息中的 location。

此外，还可以看到 llvm.dbg.declare 内置函数的调用。这个函数的作用是标记源码中变量的地址。例如：

```
store i32 %0, ptr %3, align 4
call void @llvm.dbg.declare(metadata ptr %3, metadata !15,
metadata !DIExpression()), !dbg !16
```

这里就是指源码中位于 !15 元数据处的变量，也就是 a，其在生成的二进制程序中，位于 %3 变量。

9. 控制流完整性

元数据的另一个用途为控制流完整性保护。当一个攻击者攻击一个二进制程序的时候，最低级攻击者只是让它崩溃，造成 DoS 攻击；而高级攻击者，往往会让这个程序执行想让它执行的命令。而这一途径，在现代攻击环境下，往往是通过函数指针覆盖来实现的。

举一个例子，有一个有名的漏洞，称为 checkm8，可以利用这个漏洞攻击苹果公司的大部分 iPhone 设备，并且因为代码处于 ROM 中，所以该漏洞被认为无法修复。这里只需要了解一点，问题的核心是，Apple 设备代码中有一个如下所示的结构体：

```
struct usb_device_io_request {
    void *callback;
    // ...
};
```

这里 callback 是一个函数指针，在程序执行时会被调用。攻击者通过某种方法，强行覆盖了这个函数指针的值，从而让程序执行想要它执行的函数。

为了抵御这种攻击，往往会采用控制流完整性（Control Flow Integrity，CFI）策略。最简单的解决问题的思路是，在写程序时，函数指针所指向的函数，肯定是有限个确定的函数。那么，可以在执行函数指针所对应的间接调用时，检查调用目标是否是有限个确定的函数，就可以保证不会出现之前提到的那种问题了。

但是，如何确定这个函数指针究竟能指向哪些函数呢？这个问题非常复杂，编译器往往是做不了这件事的。因此，现在一般会使用弱化的控制流完整性策略。在 LLVM 中，可以通过传递 -fsanitize = cfi-icall，启用 LLVM-CFI 所提供的控制流完整性策略（需要同时通过 -flto 开启 LTO），例如，有以下程序：

```
typedef void (* f)(void);

void foo1(void) {}
void foo2(void) {}
void bar(int a) {}

void baz(f func) {
    func();
}
```

将其保存为 cfi.c，然后在命令行中使用以下命令：

```
clang cfi.c -flto -fsanitize=cfi-icall -S -emit-llvm
```

可以生成一个启用了 LLVM-CFI 策略的 LLVM IR 代码。

那么，LLVM-CFI 策略是什么呢？这是用于虚拟调用的前向边缘 CFI。该方案的工作原理是，为用于进行虚拟调用的每个静态类型，在目标文件中分配一个只读存储区域，该区域包含映射到用于这些虚拟表的存储区域的位向量。位向量中的每个设置位，对应于与正在为其构建位向量的静态类型兼容的虚拟表的地址点。

在上述代码中，baz 函数接受一个函数指针，然后调用了这个函数指针。这个函数指针的特征是，不接受参数，也没有返回值。而 LLVM-CFI 采用的策略则是，只要函数满足这个特征，就被认为是可以被函数指针所指向的；反之，如果不满足，则被拒绝。也就是说，在这段代码中，foo1、foo2 都是满足的，而 bar 函数，因为接受了一个 int 类型的参数，所以不满足。

那么，具体是怎么实现的呢？现在来看看它的 LLVM IR 代码，其一部分内容为：

```
; 函数属性:无内联、无展开选项、无 uwtable
define dso_local void @foo1() #0 !type !9 !type !10 {
  ret void
}

; 函数属性:无内联、无展开选项、无 uwtable
define dso_local void @foo2() #0 !type !9 !type !10 {
```

```
    ret void
}

; 函数属性:无内联、无展开选项、无 uwtable
define dso_local void @bar(i32 noundef %0) #0 !type !11 !type !12 {
  %2 = alloca i32, align 4
  store i32 %0, ptr %2, align 4
  ret void
}

; 函数属性:无内联、无展开选项、无 uwtable
define dso_local void @baz(ptr noundef %0) #0 !type !13 !type !14 {
  %2 = alloca ptr, align 8
  store ptr %0, ptr %2, align 8
  %3 = load ptr, ptr %2, align 8
  %4 = call i1 @llvm.type.test(ptr %3, metadata !"_ZTSFvvE"), !nosanitize !15
  br i1 %4, label %6, label %5, !nosanitize !15

5:                                              ; preds = %1
  call void @llvm.ubsantrap(i8 2) #3, !nosanitize !15
  unreachable, !nosanitize !15

6:                                              ; preds = %1
  call void %3()
  ret void
}

!9 = !{i64 0, !"_ZTSFvvE"}
!10 = !{i64 0, !"_ZTSFvvE.generalized"}
!11 = !{i64 0, !"_ZTSFviE"}
!12 = !{i64 0, !"_ZTSFviE.generalized"}
```

可以看到,在 baz 函数中,在调用这个函数指针,也就是 call void %3() 之前,插入了一部分代码:

```
  %3 = load ptr, ptr %2, align 8
  %4 = call i1 @llvm.type.test(ptr %3, metadata !"_ZTSFvvE"), !nosanitize !15
  br i1 %4, label %6, label %5, !nosanitize !15
5:                                              ; preds = %1
  call void @llvm.ubsantrap(i8 2) #3, !nosanitize !15
  unreachable, !nosanitize !15
```

这里,首先调用了 llvm.type.test 这个内置函数。这个内置函数的作用是查看 ptr %3 这个函数的类型,判断是否是!"_ZTSFvvE"这个元数据所代表的类型,如果不是,就跳转,调用 llvm.ubsantrap 报告错误。foo1、foo2、bar 都被附加了一些元数据,查看代码的下半部分,可以看到,foo1、foo2 的元数据是!"_ZTSFvvE",而 bar 的元数据是!"_ZTSFviE"。因此,如果攻击者想让这个间接调用前往 bar 函数,就会被拒绝,从而保护了控制流的完整性。

6.9 LLVM IR 异常处理

本节介绍 LLVM IR 中异常处理的方法。

▶▶ 6.9.1　异常处理的要求

异常处理在许多高级语言中都是很常见的，在诸多语言的异常处理的方法中，try ...catch 块的方法是最多的。对于用返回值来做异常处理的语言（如 C、Rust、Go 等），可以直接在高级语言层面完成所有事情。但是，如果使用 try ...catch，就必须在语言的底层也做一些处理，而 LLVM 的异常处理，就是针对这种情况来做的。

典型的使用 C++语言来做 try ...catch 的异常处理的语法：

```cpp
// try_catch_test.cpp
struct SomeOtherStruct { };
struct AnotherError { };
struct MyError { /* ... */ };
void foo() {
    SomeOtherStruct other_struct;
    throw MyError();
    return;
}
void bar() {
    try {
        foo();
    } catch (MyError err) {
        // do something with err
    } catch (AnotherError err) {
        // do something with err
    } catch (...) {
        // do something
    }
}
int main() {
    return 0;
}
```

这是一串典型的异常处理的代码。现在来看看 C++中的异常处理是怎样一个过程（可以参考 throw expression 和 try-block）。

当遇到 throw 语句的时候，控制流会沿着函数调用栈一直向上寻找，直到找到一个 try 块为止。然后将抛出的异常与 catch 比较，看看是否被捕获。如果异常没有被捕获，则继续沿着栈向上寻找，直到最终能被捕获，或者整个程序调用 std∷terminate 结束为止。

按照上面的例子，控制流在执行 bar 的时候，首先执行 foo，然后分配一个局部变量 other_struct，接着遇到一个 throw 语句，便向上寻找，在 foo 函数内部没有找到 try 块，就去调用 foo 的 bar 函数里面寻找，发现有 try 块，然后通过对比进入第一个 catch 块，顺利处理了异常。

这一过程称为栈展开，其中有许多细节需要注意。

第一，在控制流沿着函数调用栈向上寻找时，会调用所有遇到的自动变量（大部分都是函数的局部变量）的析构函数。也就是说，在上面的例子里，在控制流找完 foo 函数，去 bar 函数找之前，就会调用 other_struct 的析构函数。

第二，如何匹配 catch 块。C++的标准中给出了一长串的匹配原则，只要 catch 所匹配的类型与抛出的异常类型相同，或者是引用，或者是抛出异常类型的基类，就算成功。

所以，使用 try ...catch 来处理异常，需要考虑以下要求：

1）能够改变控制流；

2）能够正确处理栈；

3）能够保证抛出的异常结构体，不会因为栈展开而释放；

4）能够在运行时进行类型匹配。

▶▶ 6.9.2　LLVM IR 的异常处理

现在就看看在 LLVM IR 层面是怎么进行异常处理的。

异常处理实际上有许多种形式。本小节以 Clang 对 C++的异常处理为例，这主要基于 Itanium 提出的一种零开销的错误处理 ABI 规范。

首先，把上面的 try_catch_test.cpp 代码编译成 LLVM IR：

```
clang++ -S -emit-llvm try_catch_test.cpp
```

然后，仔细研究一下错误处理。

上面的异常处理，可以分为两类：怎么抛、怎么接。

▶▶ 6.9.3　怎么抛

所谓怎么抛，就是如何抛出异常，主要需要保证抛出的异常结构体不会因为栈展开而释放，并且能够正确处理栈。

对于第一点，也就是让异常结构体存活，就需要不在栈上分配它。同时，也不能直接裸调用 malloc 等在堆上分配的方法，因为这个结构体也不需要手动释放。C++中采用的方法是运行时提供一个 API：__cxa_allocate_exception。可以在 foo 函数编译而成的@_Z3foov 中看到：

```
define void @_Z3foov() #0 {
    %1 = call i8 * @__cxa_allocate_exception(i64 1) #3
    %2 =bitcast i8 * %1 to %struct.MyError *
    call void @__cxa_throw(i8 * %1, i8 * bitcast ({ i8 *, i8 * } * @_ZTI7MyError to i8 *),
i8 * null) #4
    unreachable
}
```

第一步就使用了@__cxa_allocate_exception 这个函数，为异常结构体开辟了内存。

然后就是要处理第二点，也就是能够正确地处理栈。这里的方法是使用另一个 C++运行时提供的

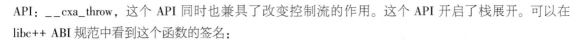

API：__cxa_throw，这个 API 同时也兼具了改变控制流的作用。这个 API 开启了栈展开。可以在 libc++ ABI 规范中看到这个函数的签名：

```
void __cxa_throw(void * thrown_exception, struct std∷type_info * tinfo, void (* dest)(void
*));
```

其中第一个参数是指向需要抛出的异常结构体的指针，在 LLVM IR 的代码中就是 %1；

第二个参数是 std∷type_info，如果了解 C++底层，就会知道，它是 C++的一个 RTTI 的结构体，存储了异常结构体的类型信息，以便在后面 catch 时，能够在运行时对比类型信息；第三个参数是销毁这个异常结构体的函数指针。

这个函数是如何处理栈并改变控制流的呢？依次做了以下两件事：

1）把一部分信息进一步存储在异常结构体中；

2）调用_Unwind_RaiseException 以进行栈展开。

处理栈并改变控制流的核心就是_Unwind_RaiseException 函数。

▶▶ 6.9.4　怎么接

所谓怎么接，就是当栈展开并遇到 try 块后，如何处理相应的异常。根据上面提出的要求，"怎么接"应该处理的是如何改变控制流，并且在运行时进行类型匹配。

如果 bar 函数单纯地调用 foo 函数，而非在 try 块内调用，也就是这样做：

```
void bar() {
    foo();
}
```

则编译出的 LLVM IR 是这样的：

```
define void @_Z3barv() #0 {
    call void @_Z3foov()
    ret void
}
```

与正常的不会抛出异常的函数的调用形式一样，使用的是 call 指令。

如果代码改成之前的示例，也就是这样做：

```
void bar() {
    try {
        foo();
    } catch (MyError err) {
        // do something with err
    } catch (AnotherError err) {
        // do something with err
    } catch (...) {
        // do something
    }
}
```

那么其编译出的 LLVM IR 是一个很长的函数，开头是这样的：

```
define void @_Z3barv() #0 personality i8 * bitcast (i32 (...) * @__gxx_personality_v0 to
i8 *) {
    %1 = alloca i8 *
    %2 = alloca i32
    %3 = alloca %struct.AnotherError, align 1
    %4 = alloca %struct.MyError, align 1
    invoke void @_Z3foov()
        to label %5 unwind label %6
    ; ...
}
```

可以发现，传统的调用变成了一个复杂的 invoke ...to ...unwind 形式的指令，这个指令是什么意思呢？invoke 指令就是改变控制流的另一个关键。在上面编译出的 LLVM IR 代码中，该指令的代码如下所示：

```
invoke void @_Z3foov() to label %5 unwind label %6
```

这行代码的意思是：首先调用@_Z3foov 函数，然后判断函数返回的方式。如果以 ret 指令正常返回，则跳转至标签%5。如果以 resume 指令或者其他异常处理机制返回（如上面所说的__cxa_throw 函数），则跳转至标签%6。

所以，invoke 指令其实和之前在跳转中讲到的 phi 指令很类似，都是根据之前的控制流来进行之后的跳转的。

%5 的标签很简单，因为在原来 C++代码中的 try ...catch 块之后什么也没做，就直接返回了。

```
5:
    br label %18
18:
    ret void
```

而 catch 的方法，也就是在运行时进行类型匹配的关键，就隐藏在%6 标签内。

通常将在调用函数后，用来处理异常的代码块称为 landing pad，而%6 标签，就是一个 landing pad。下面看看%6 标签内有怎样的代码：

```
6:
    %7 = landingpad { i8 *, i32 }
        catch i8 * bitcast ({ i8 *, i8 * } * @_ZTI7MyError to i8 *) ; is MyError or its de-
rived class
        catch i8 * bitcast ({ i8 *, i8 * } * @_ZTI12AnotherError to i8 *) ; is AnotherError
or its derived class
        catch i8 * null ; is other type
    %8 = extractvalue { i8 *, i32 } %7, 0
    store i8 * %8, i8 ** %1, align 8
    %9 = extractvalue { i8 *, i32 } %7, 1
    store i32 %9, i32 * %2, align 4
    br label %10
10:
    %11 = load i32, i32 * %2, align 4
```

```
    %12 = call i32 @llvm.eh.typeid.for(i8 * bitcast ({ i8 *, i8 * } * @_ZTI7MyError to i8
* )) #3
    %13 = icmp eq i32 %11, %12 ; compare if isMyError by typeid
    br i1 %13, label %14, label %19
  19:
    %20 = call i32 @llvm.eh.typeid.for(i8 * bitcast ({ i8 *, i8 * } * @_ZTI12AnotherError
to i8 *)) #3
    %21 = icmp eq i32 %11, %20 ; compare if is Another Error by typeid
    br i1 %21, label %22, label %26
```

实际上，就是下面这样的步骤。

1）landing pad 将捕获的异常进行类型对比，并返回一个结构体。这个结构体的第一个字段是 i8 * 类型，指向异常结构体。第二个字段表示其捕获的类型：

- 如果是 MyError 类型或其子类，则第二个字段为 MyError 的 TypeID；
- 如果是 AnotherError 类型或其子类，则第二个字段为 AnotherError 的 TypeID；
- 如果都不是（体现在 catch i8 * null），则第二个字段为 null 的 TypeID。

2）根据获得的 TypeID 来判断应该进入哪个 catch 块。

在上面代码中一些重要的步骤之后都写上了注释。

如何在运行时比较类型信息，landing pad 自动做好了，其本质是依靠 C++ 的 RTTI 结构。

在判断出了类型信息后，会根据 TypeID 进入不同的标签：

- 如果是 MyError 类型或其子类，则进入 %14 标签；
- 如果是 AnotherError 类型或其子类，则进入 %22 标签；
- 如果都不是，则进入 %26 标签。

这些标签内错误处理的框架都很类似，现在来看 %14 标签：

```
  14:
    %15 = load i8 * , i8 ** %1, align 8

    %16 = call i8 * @__cxa_begin_catch(i8 * %15) #3
    %17 =bitcast i8 * %16 to %struct.MyError *
    call void @__cxa_end_catch()
    br label %18
```

也是以 @__cxa_begin_catch 开始，以 @__cxa_end_catch 结束的。简单来说，就是这样的：

第一，从异常结构体中获得抛出的异常对象本身（异常结构体可能还包含其他信息）；

第二，进行异常处理；

第三，结束异常处理，回收与释放相应的结构体。

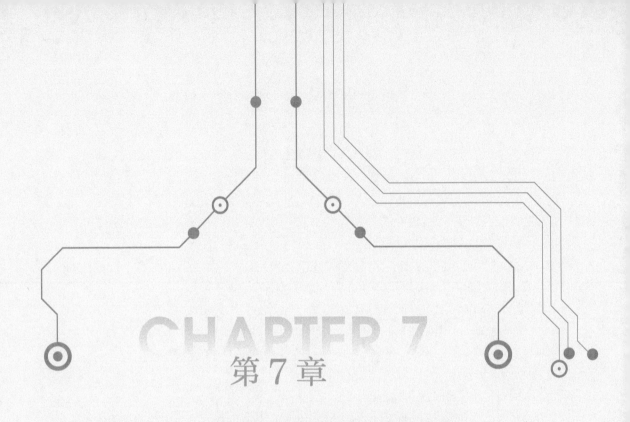

CHAPTER 7

第 7 章

LLVM芯片编译器实践示例

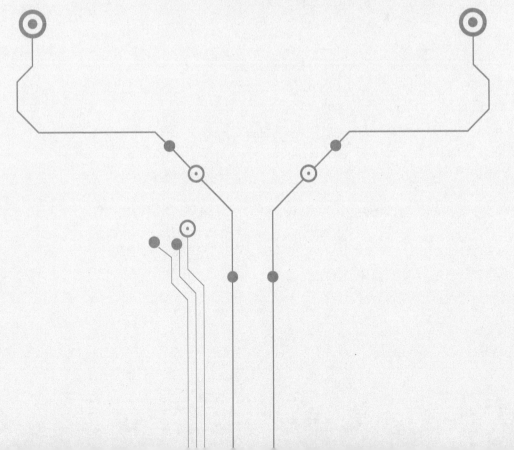

7.1 编译器基本概念

芯片是一个硬件，接收的是二进制的指令，要想让自己的编程语言执行编程指令，就需要一个编译器。

这个部分的重要程度丝毫不亚于芯片本身。最近，很多公司都在做 AI 芯片，经常出现芯片很快就做出来了，但芯片受限于编译器无法发挥最大能效的窘境。总之，了解编译器还是很重要的。

下面介绍如何用 LLVM 做一个最简单的编译器，万变不离其宗，其他复杂的编译器可以在此基础上拓展得到。

本节主要介绍基础知识，读者不需要了解细节，但是要清楚编译器整体是如何工作的。

▶▶ 7.1.1 LLVM 的模块化编译器框架

LLVM 是什么？为什么要用 LLVM？

LLVM 提供了一个模块化的编译器框架，如图 7.1 所示，可以让程序员绕开烦琐的编译原理，快速实现一个可以运行的编译器。

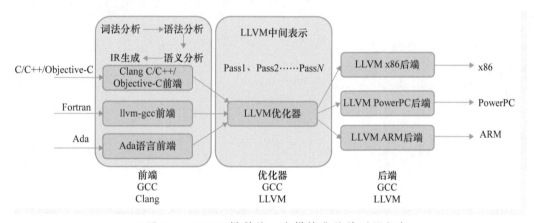

● 图 7.1 LLVM 提供的一个模块化的编译器框架

该框架主要由三部分组成。

1）前端：将高级语言（如 C 或者其他语言）代码转换成 LLVM 定义的中间表达方式 LLVM IR。例如，非常有名的 Clang 就是一个将 C/C++代码转换为 LLVM IR 的前端。

2）中端（优化器）：主要是对 LLVM IR 本身进行优化。其输入是 LLVM，输出还是 LLVM，主要进行消除无用代码等工作，一般来讲，这个部分是不需要动的，可以不管它。

3）后端：输入是 LLVM IR，输出是机器码。通常所说的编译器是指这个部分，因为大部分优化都是在这个地方实现的。

该架构的一大特点是隔离了前后端。

如果想支持一种新语言，就需要重新实现一个前端，例如华为仓颉就用自己的前端替换了 Clang。

如果想支持一个新硬件，就需要重新实现一个后端，让它可以正确地把 LLVM IR 映射到自己的芯片上。

接下来大致讲讲前后端的流程。

▶▶ 7.1.2　前端在干什么

如图 7.2 所示，以 Clang 举例，前端主要做四件事。

● 图 7.2　Clang 前端四件事

经过词法分析、语法分析、语义分析、LLVM IR 生成，最终将 C++ 转化成后端认可的 LLVM IR。

1）词法分析：一一取出编程语言程序中的所有词汇，遇到不认识的字符就报错。例如，将 a = b + c 拆成 a, =, b, +, c。

2）语法分析：将语法提取出来，如随意写个语句 a+b = c，明显不符合语法规则，直接报错。

3）语义分析：分析一下写的代码的实际含义是不是正确，例如 a = b+c 中的 a、b、c 有没有定义，以及类型是不是正确等。

4）LLVM IR 生成：在经过上述三步后，先将写的代码转化成树状描述（抽象语法树），再转化成 LLVM 定义的 IR 即可。

举个直观的例子，如下面的 C++ 程序。

```
// add.cpp
int add(int a, int b) {
  return a + b;
}
```

这里介绍一下生成的 LLVM IR。

这里不需要看懂每个细节，知道 LLVM IR 类似汇编语言就行了，专业的形式称为 SSA（Static Single Assignment，静态单一分配）。

```
;ModuleID = 'add.cpp'
source_filename = "add.cpp"
target datalayout = "e-m:o-i64:64-f80:128-n8:16:32:64-S128"
target triple = "x86_64-apple-macosx10.15.0"
; Function Attrs: noinline nounwind optnone ssp uwtable
define i32 @_Z3addii(i32, i32) #0 {
%3 = alloca i32, align 4
%4 = alloca i32, align 4
store i32 %0, i32 * %3, align 4
store i32 %1, i32 * %4, align 4
%5 = load i32, i32 * %3, align 4
%6 = load i32, i32 * %4, align 4
```

```
%7 = add nsw i32 %5, %6
ret i32 %7
}
```

7.1.3 后端在干什么

后端把 LLVM 转换成真正的汇编代码（或者机器代码），主要流程如图 7.3 所示。这里要重点讲一下，因为后续就是要实现一个后端以支持一个新的芯片。

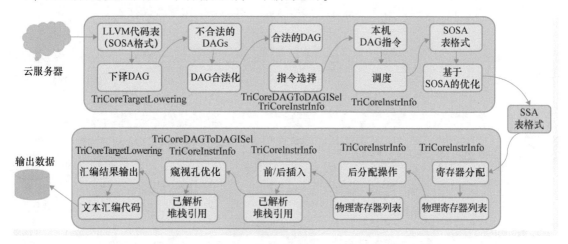

● 图 7.3 后端把 LLVM 转换成真正的汇编代码（或者机器代码）

7.1.4 DAG 下译

DAG 下译主要负责将 LLVM IR 转换为有向无环图（Directed Acyclic Graph，DAG），便于后续利用图算法优化。

例如，将下面的 LLVM IR 转换成如图 7.4 所示 DAG，每个节点都是一个指令。

```
%mul = mul i32%a, %a
%add =add nsw i32 %mul4, %mul
ret i32 %add
```

7.1.5 DAG 合法化

DAG 中都是 LLVM IR 指令，但实际上 LLVM IR 指令不可能被芯片全部支持，DAG 合法化就是替换不合法的指令。

1. 指令选择

这个步骤将 LLVM IR 转换成机器支持的机器 DAG。

如图 7.5 所示，将 store 指令换成机器认可的 st 指令，将 16 位寄存器转为 32 位。一切向机器指令靠拢。

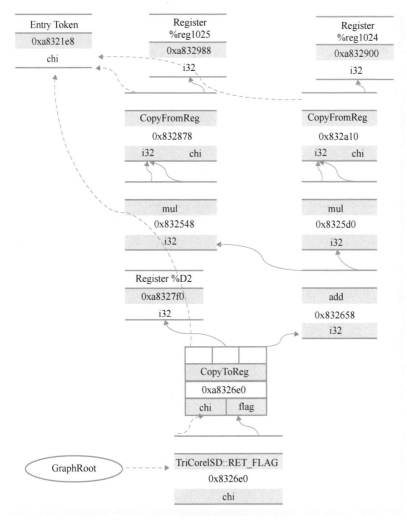

• 图 7.4 将 LLVM IR 转换成 DAG（每个节点都是一个指令）

2. 调度

这个步骤主要调整指令顺序，即从 DAG 展开成顺序的指令，如图 7.6 所示，把 %c 的存储提前并行进行，因为下一条 ld 指令要用 C 语言表示。

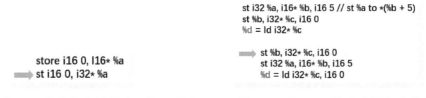

• 图 7.5 将 store 指令换成机器认可的 st 指令，　• 图 7.6 从 DAG 展开成顺序的指令
　　　　 将 16 位寄存器转为 32 位

3. 基于 SSA 的机器代码优化

这步主要是进行一些公共表达式合并或去除的操作。

4. 寄存器分配

这一步就要分配寄存器了。也许大家认为寄存器是可以无限用的，但实际硬件的寄存器是有限的，所以需要考虑寄存器数量与寄存器值的生命周期，将虚拟的寄存器替换成实际的寄存器。这一般会用到图着色等算法，很复杂，好在 LLVM 都实现好了，不用再重复造轮子。

例如，一个芯片有 32 个可用的寄存器，如果函数使用了 64 个寄存器，则剩下的就只能压入堆栈或者处于等待状态了。

5. Prologue/Epilogue 代码插入

这步主要是插入函数调用前的指令和函数调用后的指令，即主要是调用前把参数保存下来，调用后把结果写到固定寄存器里。

6. 窥视孔（Peephole）优化

这个步骤主要是对代码进行最后一次优化，比如把 x * 2 换成 x<1。

又如图 7.7 所示：

将两个 32bit 的存储过程换成一个 64bit 的存储过程。

```
# Before:                    #After:
st.w [%a10]4, %d9            st.d [%a10]0, %e8
st.w [%a10]4, %d8
```

● 图 7.7　将两个 32bit 的存储过程
换成一个 64bit 的存储过程

7. 代码发布

最后一步，将上述优化好的中间代码转换成真正需要的汇编代码，再由汇编器翻译成机器代码。

▶▶ 7.1.6　小结

本节介绍了编译器的基本概念，以及编译过程中的大部分流程。下一节开始将介绍如何使用 LLVM 快捷的实现流程。LLVM 的精髓就在于此，不必彻底了解每一个步骤内部实现的细节。只要知道有这个 LLVM，就能很快设计出编译器。

7.2　从无到有开发

▶▶ 7.2.1　不必从头开始开发

经过上一节对编译基础知识的介绍，已经明白了编译器的基本工作步骤。

如果自己做了一个芯片，那么，如何利用 LLVM 从无到有地写出自己的编译器呢？

现在开始回答这个问题。由于 LLVM 是开源框架，因此没必要从头开始开发，只需要确定在 LLVM 的框架下添加的内容。

▶▶ 7.2.2　需要添加的文件类型

LLVM 是基于 C++写的，所以，首先，肯定要添加一堆的.cpp 和.h 文件。

为了进一步提高编码效率，LLVM 其实提供了一套目标定义（target definition）接口（.td 文件，td 的名字就是这么来的）。

然后写 td 文件。LLVM 里有个称为 TableGen 的组件，它读取写的.td 文件并自动将其转成对应的.cpp 文件，避免所有的.cpp 文件都要自己写，如图 7.8 所示。

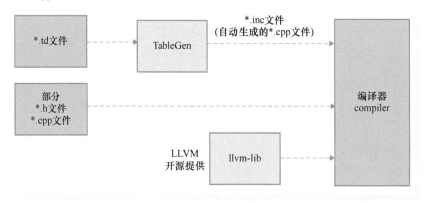

● 图 7.8　读取.td 文件并将其自动转成对应的.cpp 文件

现在只需要明白，需要写 3 种文件。

1）.td 文件：与架构组件相关的内容，如寄存器等，会在.td 文件中编写。

2）.cpp 和.h 文件：其他控制性的、调用性的，以及不好用.td 文件自动生成的，就直接用.cpp 文件编写。（所以，若对 C++ 不熟，阅读或者写代码有难度，那么不妨找一本关于 C++ Primer 的图书先学学。）

▶▶ 7.2.3　从文件角度看整体框架

完成一个简单的后端需要添加多少文件？

现在先看一下，做一个最简单的编译器需要添加什么内容。先看整体，了解里面有什么内容。

现在先给后端起个名字，如本例名字前缀为×××。×××应能够较为明显地区分写的内容和 LLVM 自带的内容。

如图 7.9 所示就是一个简单的 LLVM 后端需要写的所有文件。不要看到这个地方就退缩了，其实有些文件的内容不多，一共也就几千行代码。

下面介绍按功能分类的各个文件是如何使用的。这里主要看看要写几个方面的内容。

1. 芯片总体架构

×××.h：定义顶层的类。

xx.td：所有.td 文件的入口，整体芯片各种特性的开关。

×××TargetMachine.cpp(.h)：目标芯片的定义，生成 TargetMachine 对象。

×××MCTargetDesc.cpp(.h)：定义了×××的各种信息接口。

×××BasedInfo.h：定义了芯片常见的特性以及指令类型。

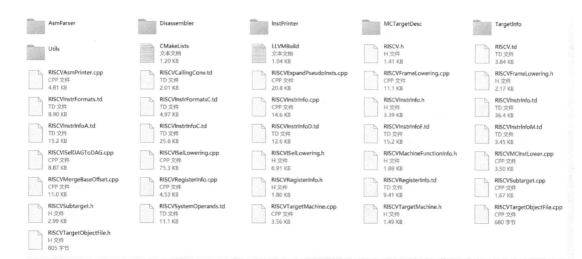

• 图 7.9　一个简单的 LLVM 后端需要写的所有文件

×××TargetInfo.cpp：将 target 注册到 LLVM 系统里。

×××Subtarget.cpp(.h)：芯片子系列的定义。

2. 寄存器描述

×××RegisterInfo.td：具体寄存器的定义。

×××RegisterInfo.cpp(.h)：寄存器信息的底层。

×××SERegisterInfo.cpp(.h)：寄存器相关的具体实现。

3. 指令相关

（1）指令描述

×××AnalyzeImmediate.cpp(.h)：处理立即数指令。

×××InstrFormats.td：指令类型定义，如 I、J 等类型。

×××InstrInfo.cpp(.h)：指令信息的顶层。

×××SEInstInfo.cpp(.h)：指令信息的具体实现。

×××InstrInfo.td：各条指令的描述，逐条写。

（2）指令处理

1）从 LLVM IR 到 LLVM DAG：

- ×××ISelLowering.cpp(.h)
- ×××SEISelLowering.cpp(.h)

2）从 LLVM DAG 到 Machine DAG：

- ×××ISESelDAGToDag.cpp(.h)
- ×××ISelDAGToDag.cpp(.h)

（3）指令调度

×××Schedule.td：指令调度需要的信息。

4. 堆栈管理

×××FrameLowering.cpp（.h）：堆栈的顶层。

×××SEFrameLowering.td：具体的堆栈操作，包括压栈、退栈等操作。

5. 函数管理

×××CallingConv.td：处理函数返回值存储的问题。

×××MachineFunctionInfo.cpp（.h）：函数处理顶层。

6. 汇编及输出

×××ASMPrinter.cpp（.h）：汇编输出顶层。

×××InstPrinter.cpp（.h）：实现指令部分的汇编输出。

×××MCInstLowering.cpp（.h）：指令内部表示到汇编映射。

×××SEMCInstLower.cpp（.h）：指令映射的具体实现。

×××TargetObjectFile.cpp（.h）：定义了 ELF 文件相关内容。

×××MCAsmInfo.cpp（.h）：定义一些输出 ASM 需要的格式信息。

注意，一共需要写以下六个方面。

1）芯片总体的架构。

2）寄存器的描述。

3）指令相关的描述。

4）堆栈的管理。

5）函数的管理。

6）汇编和其他输出的管理。

上面实现了基本功能，熟练运用以后还可以自行添加其他功能。不需要弄清楚每个文件具体是干什么的，后续再来看或许就能明白。

▶▶ 7.2.4 从类继承与派生角度看整体框架

上面从文件角度来看整体框架，这可能对于熟悉 C++ 来讲，脉络还不够清晰，下面换个角度来看整体框架。

既然从类角度来看，就需要有个抓手。如图 7.10 所示，在编译器中，这个抓手其实是×××Subtarget 类。

有了这个类，大部分资源都能通过指针访问到。同时，其他类也通过指向 Subtarget 的指针获得了访问其他信息的接口。

总而言之，Subtarget 类是一个接口类，实现了资源的互通调用。这样，其他类的关系就有了方向。一般来讲，要先在代码中找到 Subtarget 的指针，然后通过 Subtarget 访问其他模块。

.td 文件通过 TableGen 生成对应的×××Geninfo 类，然后通过派生合入自己写的类。最后 Subtarget 通过指针访问之。

注意：

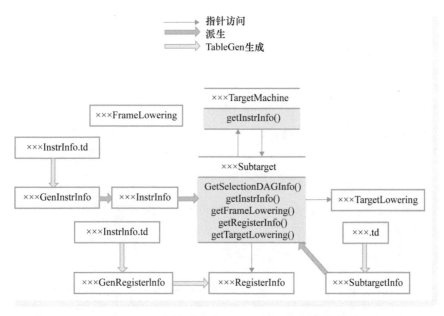

● 图 7.10　在编译器中以×××Subtarget 类为抓手

1）Subtarget 类是接口类；

2）.td 文件通过 TableGen 生成类，然后通过派生合入写的类。

实际上，这是解决 LLVM 如何用起来这个问题的开始。想要快速了解开源项目，一定要先看整体后看局部，否则很容易陷入开源代码的汪洋大海中，毫无方向。这里从两个角度介绍了宏观的框架，然后再转到最后完成的目标，属于介绍 LLVM 的整体。从下一节开始，逐个方向介绍如何一步步组合起编译器。

7.3　芯片的整体架构部分

上文从整体上介绍了 LLVM 需要补充的内容，下面逐个给出各部分需要的代码。

首先介绍芯片的整体架构部分。这一部分内容可能有点晦涩、枯燥，没有寄存器和指令内容那么清晰明了，但它是 LLVM 编译器的入口，首先就要完成这一部分代码，所以需要耐心看完。

下面介绍一下这个部分需要写什么内容。

▶▶ 7.3.1　×××.h 类文件

这个文件是要完成的第一个文件，其实就是声明了两个类，方便后续引用。

```
namespace llvm{
  class xxxTargetMachine;
  class FunctionPass;
}
```

后续可以把全局的宏定义写到这个文件里面。

▶▶ 7.3.2　×××.td 类文件

接下来写×××.td。这个文件主要定义架构整体层面的内容。

1. 定义一些子目标特征

例如定义两个特征，支持 slt 和 cmp 指令。

```
def FeatureCmp: SubtargetFeature<"cmp", "HasCmp", "true", S
                             "Enble'cmp' instructions.">;
def FeatureSlt: SubtargetFeature<"slt", "HasSlt", "true",
                             "Enble'slt' instructions.">;
```

为了简便，定义这些特征的集合。

```
def Feature32II:SubtargetFeature<"xxx32II", "xxxArchVersion",
                          "xxx32II", "xxx32II ISA Support",
                          [FeatureCmp, FeatureSlt]>;
```

例如定义×××32II 特征，包含 cmp 和 slt。

这部分其实是利用 TableGen 来完成的，基类是 SubtargetFeature。后续可以确定某个 Subtarget 类带不带某个特征。

至于这个基类 SubtargetFeature，显然用的是 LLVM 提供的接口。

```
class SubtargetFeature<string n, string a, string v, string d,
                     list<SubtargetFeature> i = [ ]> {
   string Name = n;
   string Attributes = a;
   string Value = v;
   string Desc = d;
   list<SubtargetFeature> Implies = i;
}
```

没有太多内容，就是定义了名字、描述等。

2. 定义一些处理器

可定义几个处理器。处理器会带有特征。

例如，下面就定义了两个 Subtarget 处理器，一个含有 Features×××32I 特征，另一个含有 Features××××32II 特征。

```
class Proc<string Name, list<SubtargetFeature> Features>
  : Processor<Name, xxxGenericItineraries, Features>;
def: Proc<"xxx32I", [Featuresxxx32I]>;
def: Proc<"xxx32II", [Featuresxxx32II]>;
```

这里对架构进行了定义。

```
def xxx: Target {
  // 按照以前的方法定义 xxxInstrInfo: InstrInfo
```

```
    let InstructionSet = xxxInstrInfo;
  }
```

▶▶ 7.3.3 ×××TargetMachine.cpp 和 ×××TargetMachine.h 类文件

1. 定义 target 类

这部分.h 文件描述了 TargetMachine 类。这个类包含了对各个 Subtarget 类的映射。
从 LLVMTargetMachine 类里继承了 ×××TargetMachine 类。

```
    class xxxTargetMachine: public LLVMTargetMachine {
      bool isLittle;
      std::uniqueptr<TargetLoweringObjectFile> TLOF;
      xxxSubtarget DefaultSubtarget;
      mutable StringMap<std::unique_ptr<xxxSuntarget>> SuntargetMap;
```

其实可以理解为对 Subtarget 的管理，提供了接口，可以方便地拿出需要的 Subtarget。
当然，为了使用方便，还能用 ×××TargetMachine，可以分别派生出大、小端的类。

```
    class xxxTargetMachine: public xxxTargetMachine
```

2. 注册 target 类

在 C 文件里，比较重要的是需要调用一个 LLVM 的库函数，把写的类注册给 LLVM。

```
    extern "C" void LLVMInitialxxxTarget {
      // 注册目标
      // 小端目标机器
      RegisterTargetMachine<xxxTargetMachine> Y(getThexxxTarget());
    }
```

3. 实现 Pass 的配置

此处在 C 文件里直接实现 ×××PassConfig 类，它继承自 TargetPassConfig 类，用来配置 Target 的 Pass
（Pass 就是一个处理操作，例如程序选择就是一个 Pass）。

```
    class xxxPassConfig: public TargetPassConfig{
    public:TargetPassConfig(TM, PM) { };
    bool addInstSelector() override {
      addPass(createxxxSEISelDAG(getxxxTargetMachine(), detOptarget);
      return false;
    }
```

上面的代码重载了 addInstSelector，注册了自己写的指令选择器。

▶▶ 7.3.4 ×××MCTargetDesc 类文件

这部分代码正式生成 Target 对象，并把各种类都注册给 LLVM。具体注册了什么，可参考.cpp
文件。

目标对象主要在 LLVMInitializexxxTarget 机器码里：

```
extern "C" void LLVMInitializexxxTarget(){
  Target &ThexxxTarget = getThexxxTarget();
  for(Target *T: {&ThexxxTarget}){
  // 注册机器汇编代码信息
  RegisterMCAsmInfoFn X(*T, createxxxMCAsmInfo);
  // 注册机器码指令信息
  TargetRegistry::RegisterMCInstrInfo(*T, createxxxMCInstrInfo);
  // 注册机器码注册信息
  TargetRegistry::RegisterMCRegInfo(*T, createxxxMCRegisterInfo);
  // 注册机器码子目标信息
  TargetRegistry::RegisterMCSubtaregtInfo(*T, createxxxMCSubtargetInfo);
  // 注册机器码指令分析器
  TargetRegistry::RegisterMCInstrAnalysis(*T, createxxxMCInstrAnalysis);
  // 注册机器码指令输出
  TargetRegistry::RegisterMCInstPrinter(*T, createxxxMCInstrInfo);
  }
```

把 Target、Asminfo、Inst、Reg、Subtarget 等类全部注册给 LLVM。

▶▶ 7.3.5　×××baseInfo 类文件

这是一个.h 文件，倒是比较简单。它定义了两个枚举类型，一个是 TOF（Target Operand Flag，目标操作数标志）。

```
enum TOF {
    MO_NO_FLAG,
}
```

另一个是指令编码类型。

```
enum {
    // 伪指令:这表示一条伪指令或尚未实现的指令。代码生成是非法的,但在中间实现阶段是可以容忍的
    Pseudo = 0,
    //FrmR: 这张表格用于 R 格式的说明
    FrmR = 1,
    //FrmI: 这张表格用于 I 格式的说明
    FrmI = 2,
    //FrmJ: 这张表格用于 J 格式的说明
    FrmJ = 3,
}
```

▶▶ 7.3.6　×××TargetInfo 类文件

这个文件简单，主要实现一个函数 getTheTarget，获取到 Target 类。

```
Target &llvm::getThexxxTarget(){
  static TargetThexxxTarget;
  return ThexxxTarget;
}
```

7.3.7 ×××Subtarget 类文件

现在来到了最重要的一个类。这个类前面讲过，它是一个接口类，主要定义了一系列 Subtarget 类对外的接口。

在这个地方，Subtarget 类有哪些在.td 文件中定义过，这里创建一个枚举类型，显然，.td 文件要与.h 文件对应。

```
enum xxxArchEnum{
  xxx32I,
  xxx32II,
};
```

可以看出,.td 文件要和.cpp 及.h 文件配合使用。这里在类中定义了一些接口。

```
const xxxInstrInfo * getInstrInfo()
    const overide { return InstrInfo.get();
}
const TargetFrameLowering * getFrameLowering()
    const override { returnFrameLowering.get();
}
const xxxRegisterInfo * getRegisterInfo()
    const override { return &InstrInfo->getRegisterInfo();
}
const xxxTargetLowering * getFrameLowering()
    const override { returnTLInfo.get();
}
```

上面代码中返回的是各类的指针。

7.3.8 几个容易混淆的概念

看到这里，读者可能有几点疑惑，这里解释一下。

Target 和 Subtarget 的区别：Target 是一类芯片，例如 ARM 是一个 Target；而 Subtarget 是具体的一个芯片，例如 ARM 的 M3。不同的芯片有不同的特性，有些支持 slt 指令，有些不支持。把这些特性总结成特征，然后定义各种 Subtarget 即可。否则，岂不要写若干编译器？

Target 和 TargetMachine 的区别：Target 是信息层面的类，比如 Target 是什么，以及有哪些特征；而 TargetMachine 是操作层面的类，用于管理 Subtarget。

7.3.9 小结

本节首先介绍了 LLVM 整体，然后介绍了 LLVM 局部，最后介绍了如何在 LLVM 上定义架构，以方便后续添加细节。可能文字内容有点晦涩，可对照代码来学习。

下一节将介绍如何添加寄存器信息。

7.4 寄存器信息

本节介绍寄存器。处理器就是通过指令对寄存器里的值进行各种操作。

在 LLVM 中描述寄存器，需要以下内容。

▶▶ 7.4.1 ×××Registerinfo.td 类文件

首先介绍.td 文件，它才是描述寄存器的主力。.td 文件最终会通过 TableGen 生成×××GenRegisterInfo，以便后续合入到 Registerinfo 类中。

其中内容还是比较简单的，首先继承一个寄存器基类，生成 16bit 参数。

```
class xxxReg<bits<16> Enc, string n>: Register<n> {
  // For tablegen( ...-gen-emitter) in CMakeLists.txt
  let HWEncoding = Enc;
  let Namespace = "xxx";
}
```

然后派生出两种类型寄存器：通用寄存器和 C0 寄存器。

```
// 两种寄存器类型
class xxxGPRReg<bits<16>Enc, string n>: xxx<Enc, n>;
class xxxC0Reg<bits<16>Enc, string n>: xxx<Enc, n>;
```

接下来定义所有寄存器。

```
//定义全部寄存器
let Namespace = "xxx" in {
  //@General Purpose Registers
  def ZERO:xxxGPRReg<0, "zero">, DwarfRegNum<[0]>;
  def AT:xxxGPRReg<1, "1">, DwarfRegNum<[1]>;
  def V0:xxxGPRReg<2, "2">, DwarfRegNum<[2]>;
  def V1:xxxGPRReg<3, "3">, DwarfRegNum<[3]>;
  def A0:xxxGPRReg<4, "4">, DwarfRegNum<[4]>;
  def A1:xxxGPRReg<5, "5">, DwarfRegNum<[5]>;
  def T9:xxxGPRReg<6, "6">, DwarfRegNum<[6]>;
  def T0:xxxGPRReg<7, "7">, DwarfRegNum<[7]>;
  def T1:xxxGPRReg<8, "8">, DwarfRegNum<[8]>;
  def S0:xxxGPRReg<9, "9">, DwarfRegNum<[9]>;
  def S1:xxxGPRReg<10, "10">, DwarfRegNum<[10]>;
  def GP:xxxGPRReg<11, "11">, DwarfRegNum<[11]>;
  def FP:xxxGPRReg<12, "12">, DwarfRegNum<[12]>;
  def SP:xxxGPRReg<13, "13">, DwarfRegNum<[13]>;
  def LR:xxxGPRReg<14, "14">, DwarfRegNum<[14]>;
  def SW:xxxGPRReg<15, "15">, DwarfRegNum<[15]>;
}
```

最后定义寄存器组。

```
//def Register Groups
def CPURegs: RegisterClass<"xxx", [i32], 32, (add
  // Reserved
  ZERO, AT,
  // Return Values and Arguments
  V0, V1, A0, A1,
  // Not preserved across procedure calls
  T9, T0, T1,
  // Callee save
  S0, S1,
  // Reserved
  GP, FP,
  SP, LR, SW)>;


// @Status Registers class
def SR:RegisterClass<"xxx", [i32], 32, (add SW)>;
// @Co-processor 0 Registers class
def C0Regs:RegisterClass<"xxx", [i32], 32, (add PC, EPC)>;
def GPROt: RegisterClass<"xxx", [i32], 32, (add(sub CPURegs, SW)>;
def C0Regs:RegisterClass<"xxx", [i32], 32, (add HI, LO)>;
```

例如 C0 寄存器组是一个 32 位宽的寄存器组，是 32 位对齐的，包含了 PC 和 EPC。

寄存器组相当于把单个寄存器变成了二维数组，可以拼起来访问。

寄存器中的.td 文件里目前就包含这么多内容，是不是不复杂？

▶▶ 7.4.2　×××RegisterInfo 类文件

显然，×××RegisterInfo 是×××中寄存器的基类，.td 文件通过×××GenRegisterInfo 合入。

```
class xxxRegisterInfo: public xxxGenRegisterInfo{
```

然后定义了一堆寄存器操作的特殊函数。可以选择性地重载一些。具体能重载什么，可查看官方文档。

例如，重载一个位反序的函数。

```
LLVM: llvm::TargetRegisterInfo Class Reference
llvm.org/doxygen/classllvm_1_1TargetRegisterInfo.html#a8681f09dd6db9839e0cdf1155312c451
BitVector getReservedRegs(const MachineFunction &MF) const override;
}
```

其他函数也大致如此，不再赘述。

需要说明的是，在 TargetRegisterInfo 类里写了一个 eliminateFrameIndex 的成员函数。这部分将留到后续介绍堆栈管理时一起讲。

▶▶ 7.4.3　×××SERegisterinfo 类文件

这个文件非常简单。它主要就是继承上面的类，只不过多实现了一个成员函数 intRegClass。

```
class xxxxRegisterInfo: public xxxRegisterInfo {
  public:
  xxxRegisterInfo(const xxxSubtarget &Suntarget);
  const TargetRegisterClass * intRegClass(unsigned Size) const override;
};
}
// end namespace llvm
```

这里没有什么实质性内容，类程序定义是用来追踪注册类的。

本节内容比较简单，篇幅短小。本节介绍了 LLVM 中的寄存器描述，可以看到，这一部分关于 C++ 的描述其实不多，大多是关于.td 文件完不成的任务而采用 C++ 完成的内容，大多数的寄存器信息都记录在了.td 文件中。搞懂了.td 文件，基本就无障碍了。下一节来讲指令的描述。

7.5 指令描述的.td 文件

本节来到了指令相关的部分，这部分内容是编译器最重要的信息。

由于指令描述部分太过重要，因此分 7.5 节和 7.6 节进行介绍，本节先介绍指令描述的.td 文件。

▶▶ 7.5.1 ×××InstrFormats.td 类文件

1. 指令类型的例子

从简单的开始介绍。既然说到指令，那么应该对常见的指令类型有所了解。

比如，如图 7.11 所示，MIPS 或者 RISC 的指令，对于编译器来讲，最重要的信息是一个指令里有几个操作数。

A型	OP	Ra	Rb	Rc	Cx(12 bit)
	31~24	23~20	19~16	15~12	11~0

L型	OP	Ra	Rb	Cx(16 bit)	
	31~24	23~20	19~16	15~0	

J型	OP	Cx(24 bit)	
	31~24	23~0	

● 图 7.11　指令类型与操作数

2. Formats 文件定义

首先定义类。

```
class Format<bits<4> val>
{
  bits<4> Value = val;
}
```

```
def Pseudo:        Format<0>;
defFrmA:           Format<1>;
defFrmL:           Format<2>;
defFrmJ:           Format<3>;
defFromOther:      Format<4>;
// Instruction w/aCustomformat
```

接着定义指令中通用的基类。

```
// Generic xxx Format
class xxxInst<dag outs, dag ins, string asmStr, list<dag> pattern,
          InstrItinClass itin, Format f>: Instruction
{
    // Inst and Size: fortablegen( ...-gen-emitter) and
    //tablegen( ...-gen-disassembler) in CMakeLists.txt
  field bits<32> Inst;
  Format Form = f;
  let Namespace = "xxx";
  let Size = 4;
  bits<8>Opcode = 0;
  //Top 8 bits are theopcode field
  let Inst{31-24} =Opcode;
  letOutOperandList = Outs;
  letInOperandList = ins;
  letAsmString = asmStr;
  let Pattern = pattern;
  let Itinerary =itin;
  //Attributes specific to xxx instructions
  bits<4>FormBits = Form.Value;
  let TSFlags{3-0} FormBits;
  let DecoderNamespace = "xxx";
  field bits<32>SoftFail = 0;
}
```

上面直接继承了 LLVM 的指令基类，指定了参数，还顺便指定了一下 opcode 的位宽。
然后就是几个类的定义，它们都继承了上面这个基类。

```
class FA<bits<8> op, dag outs, dag ins, string asmStr,
      list<dag> pattern,InstrItinClass itin>
  :xxxInst<outs, ins, asmStr, pattern, itin, FrmA>
{
  bits<4> ra;
  bits<4> rb;
  bits<4> rc;
  bits<12>shamt;
  letOpcode = op;
  let Inst{23-20} = ra;
  let Inst{19-16} = rb;
  let Inst{15-12} = rc;
  let Inst{11-0} = shamt;
}
```

A 型定义如上面所示，L、J 型与之类似，就是指定一下不同位代表什么。

最后，还定义了伪指令的类，但这些指令不会出现在最后的机器码里，仅仅用在中间处理上。

```
// xxx Pseudo Instructions Format
class xxxPseudo<dag outs, dag ins, string asmstr, list<dag> pattern,
         InstrItinClass itin = IIPseudo>
:xxxInst<outs, ins, asmstr, pattern, itin, Pseudo>{
let isCodeGenOnly = 1;
let isPseudo = 1;
}
```

▶▶ 7.5.2　×××InstrInfo.td 类文件

上面定义了指令类型，具体支持的指令可在这个文件里定义。

1. 定义返回值结点

首先，定义一个返回值结点。在 DAG 中，指令就是结点。

```
// 返回
defxxxRet: SDNode<"xxxISD:: Ret", SDTNone,
          [SDNPHasChain, SDNPOptInGlue, SDNPVariadic]>;
```

可以看到，定义了一个返回结点，名字是×××ISD∷Ret，SDTNone 指的是无类型要求，后面三个是参数。例如 SDNPVariadic 表示允许可变参数。然后指定一下这个结点的类型。

下面这条语句表示这个结点有 0 个结果（虽然都返回了，但显然没有输出结果）、1 个操作数，这个操作数的类型是整数的（SDTCisInt<0>）。

```
def SDT_xxxRet: SDTypeProfile<0, 1, [SDTCisInt<0>]>;
```

2. 定义操作数

然后定义一堆操作数。

```
// Signed Operand
def simm16: Operand<I32>{
    let DecoderMethod = "DecodeSimm16";
}

def shamt: Operand<I32>;

def uimm16: Operand<i32>{
  let PrintMethod = "printImsignedImm";
}

// Address operand
def mem: Operand<iPTR> {
  let PrintMethod = "printImsignedImm";
  let MIOperandInfo = (ops CPURegs, simm16);
```

```
    let EncoderMethod = "getMemEncodeing";
}
```

比如定义为有符号数、无符号数等。同时，指定了各操作数的输出方式。let PrintMethod = "xx" 中的 xx 是在 CPP 文件里实现的输出方式。

另外，此处还定义了转换函数。

```
// Transformation Function: get the higher 16 bits.
def HI16:SDNodeXForm<imm, [{
  return getIMM(N, (N->getZExtValue( ) >> 16) & 0xffff);
}]>;
```

例如，取立即数的高 16 位。这种内容.td 文件没有语法描述，所以就用 C++ 函数写出来了。

3. 定义指令的具体形式

```
// Arithmetic and logical instructions with 3 register operands
class ArithLogicR<bits<8> op, string instr_asm, SDNode OpNode,
          InstrItinClass itin, RegisterClass RC, bit isComm = 0>
: FA<op, (outs GPROut: $ra), (ins RC: $rb, RC: $rc),
!strconcat(instr_asm, "\t$ra, $rb, $rc"),
[(set GPROut: $ra, (OpNode RC: $rb, RC: $rc))], itin>{
let shamt = 0;
let isCommutable = isComm;
let isReMaterializable = 1;
}
```

通过上面定义的格式，派生出指令的具体形式。

例如，通过 FA，指定其输出形式：\t $ra, $rb, $rc。在 DAG 上的表现是：输出为 ra 寄存器，输入为 rb、rc 寄存器。

▶▶ 7.5.3　依次定义指令

然后就该把指令依次定义出来了。

```
def ADDu: ArithLogicR<0x11, "addu", add, IIAlu, CPURegs, 1>;
def ADDu: ArithLogicR<0x12, "subu", sub, IIAlu, CPURegs>;
```

例如上面的形式，定义了一个 ADDu，采用的是 ArithLogicR 指令，opcode 是 0x11，名字是 addu，SDNODE 是 add。将指令绑定到硬件的 ALU（算术逻辑单元），操作的寄存器组是 CPURegs，ADDu 是可执行的，SUBu 最后需要转化一下。

有了这些信息，编译器基本就可以编译指令了。

▶▶ 7.5.4　定义指令的自动转换

定义指令的自动转换不仅包括自动将小的立即数操作转换为加法等（从 L 型转换为 A 型，不一定发生，但是要告诉编译器，这是能转换的）：

```
// Immediates
def: Pat<i32immSExt16: $in), (ADDiu, ZERO, imm: $in)>;
```

还包括定义一些指令的别名：

```
def: xxxInstAlias< "move $dst, $src", (ADDu GPROut: $dst, GPROut: $src, ZERO), 1>;
```

例如，move 实际上是使用 ADDu+0 来完成的。

▶▶ 7.5.5　小结

本节重点讲了指令描述的.td 文件，该文件的编写在编译器中占了很大的分量，其实也不难理解，因为它给出了基础用法。

7.6　指令描述的.cpp 文件

现在接着讲，本节介绍指令的.cpp 文件描述里有什么内容。

▶▶ 7.6.1　×××InstrInfo.cpp(.h)类文件

这个头文件主要是指令类。由于大部分内容都是在.td 文件里定义的，因此这个文件里面只有简单的几个函数定义。

```
void storeRegToStackSlot(MachineBasicBlock &MBB,
                MachineBasicBlock∷iterator MBBI,
                Register SrcReg, bool iskill, int FrameIndex,
                const TargetRegisterClass * RC,
                const TargetRegisterInfo * TRI)
                const override{
  storeRegToStack(MBB, MBBI, SrcReg, isKill, FrameIndex, RC, TRI, 0);
}

void loadRegFromStackSlot(MachineBasicBlock &MBB,
                MachineBasicBlock∷iterator MBBI,
                Register DestReg, int FrameIndex,
                const TargetRegisterClass * RC,
                const TargetRegisterInfo * TRI)
                const override{
  loadRegToStack(MBB, MBBI, DestReg, FrameIndex, RC, TRI, 0);
}
void storeRegToStackStack(MachineBasicBlock &MBB,
                MachineBasicBlock∷iterator MI,
                Register SrcReg, bool iskill, int FrameIndex,
                const TargetRegisterClass * RC,
                const TargetRegisterInfo * TRI,
                int64_t offset)
                const = 0;
```

```
void loadRegFromStackSlot(MachineBasicBlock &MBB,
                          MachineBasicBlock∷iterator MI,
                          Register DestReg, int FrameIndex,
                          const TargetRegisterClass *RC,
                          const TargetRegisterInfo *TRI,
                          int64_t offset)
                          const = 0;
```

这几个定义主要包括对寄存器存取堆栈的操作，此处定义成了纯虚函数，后续在 SE（SEInstrInfo.cpp）中实现，其他内容都已经在.td 文件里描述了。

▶▶ 7.6.2 ×××SEInstrInfo.cpp(.h)类文件

SE 中实现了上述几个存取堆栈的操作。

```
void xxxSEInstrInfo∷
storeRegToStack(MachineBasicBlock &MBB, MachineBasicBlock∷iterator I,
                Register SrcReg, bool isKill, int FI,
                const TargetRegisterClass *RC, const TargetRegisterInfo *TRI,
                int64_t Offset) const {
   DebugLoc DL;
   MachineMemOperand *MMO = GetMemOperand(MBB, FI, MachineMemOperand∷MOStore);
   unsigned Opc = 0;
   Opc = xxx∷ST;
   assert(Opc && "Register class not handled!");
   BuildMI(MBB, I, DL, get(Opc)).addReg(SrcReg, getKillRegState(isKill))
     .addFrameIndex(FI).addImm(Offset).addMemOperand(MMO);
}
```

这里直接调用了 BuildMI 的成员函数 addReg，将 SrcReg 保存到堆栈里。

▶▶ 7.6.3 ×××AnalyzeImmediate.cpp(.h)类文件

这个文件主要包含一堆关于立即数的调用函数。具体的函数如下面代码所示。

```
//AddInstr - Add I to all instruction sequences in SeqLs
void AddInstr(InstSeqLs &SeqLs, const &I);
//GetInstSeqLsAddiu - Get instruction sequences which end an ADDiu to load immediate Imm
void GetInstSeqLsADDiu(uint64_t Imm, Unsigned RemSize, InstSeqLs &SeqLs);
//GetInstSeqLsORi - Get instruction sequences which end an ORI to load immediate Imm
void GetInstSeqLsORi(uint64_t Imm, Unsigned RemSize, InstSeqLs &SeqLs);
//GetInstSeqLsSHL - Get instruction sequences which end with an SHL to load immediate Imm
void GetInstSeqLsSHL(uint64_t Imm, Unsigned RemSize, InstSeqLs &SeqLs);
//GetInstSeqLsSeqLs - Get instruction sequences to load immediate Imm
void GetInstSeqLs(uint64_t Imm, Unsigned RemSize, InstSeqLs &SeqLs);
// RepalceADDiuSHLWithLUi - Get instruction sequences to load immediate Imm
void RepalceADDiuSHLWithLUi(InstSeqLs &Seq);
//GetShortestSeq - Find the shortest instruction sequences in SeqLs and return it in Insts.
void GetShortestSeq(InstSeqLs &SeqLs, InstSeq &Insts);
```

可以将一些不支持的操作转换为支持的操作。比如把 ADDiu 和 SHL 打包成 LUI。处理非常大的立即数时是有用的。

```
addiu ¥1, $zero, 8;
shl $1, $1, 8;
addiu $1, $1, 8;
addiu $sp, $sp, $1;
```

比如处理时将上面的指令替换成下面的指令：

```
lui ¥1, 32768;
addiu $1, $1, 8;
addu $sp, $sp, $1;
```

可以在一定程度上提升运行效率。其实，问题主要体现在堆栈非常大，sp 指针的跳转比较费事。sp 指令的逻辑比较复杂，具体的实现是递归的。

内容就这么多，其实讲得有点粗略，感兴趣的话，可以直接深入研究代码。指令这一部分的重头戏在 TD 文件上，CPP 文件主要是给 TD 文件打补丁，比如堆栈的操作、立即数的操作等。总之，不必完全理解每个函数，知道每个文件都是干什么的就达到了基本目标，如果后续要用的话，那么再详细读代码。

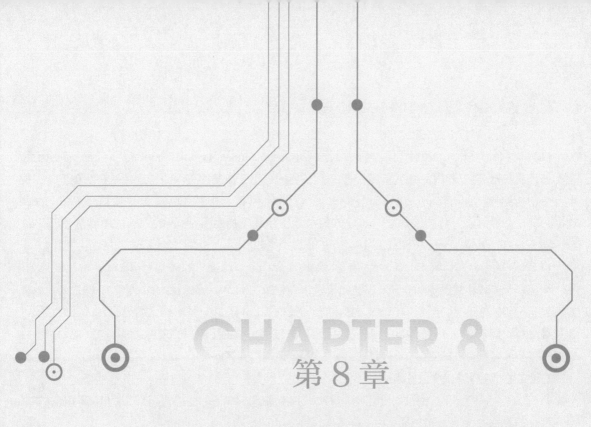

第 8 章

LLVM编译器示例代码分析

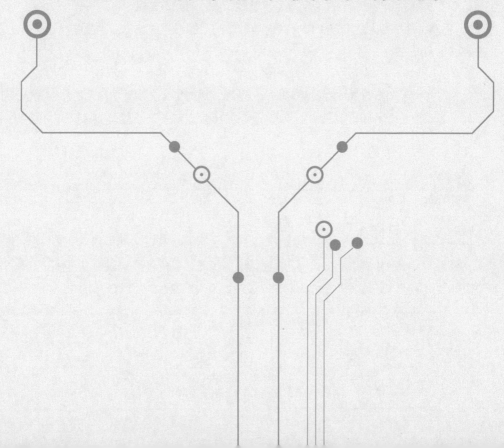

8.1 建立编译器的基础框架

LLVM 的命名最早来源于底层语言虚拟机（Low Level Virtual Machine）的缩写。它是一个用于建立编译器的基础框架，以 C++ 编写。创建此工程的目的是对于任意的编程语言，利用该基础框架，构建一个包括编译时、链接时、执行时等的语言执行器。目前官方的 LLVM 只支持处理 C、C++ 和 Objective-C 三种语言，当然也有一些非官方的扩展，使其支持 ActionScript、Ada、D 语言、Fortran、GLSL、Haskell、Java、Python、Ruby、Rust、Scala 以及 C#。

LLVM 作为编译器框架，需要各种功能模块支撑，可以将 Clang 和 lld 都看作 LLVM 的组成部分。用户可以基于 LLVM 提供的功能开发自己的模块，并集成在 LLVM 系统上，增加它的功能，或者单纯地开发自己的软件工具，而利用 LLVM 来支撑底层实现。LLVM 由一些库和工具组成，正因为它的这种设计思想，使它可以很容易和 IDE 集成（因为 IDE 软件可以直接调用库来实现如静态检查等功能），以及构建生成各种功能的工具（因为新的工具只需要调用需要的库）。

LLVM 主要由以下三个部分组成。

1）前端：将高级语言（如 C 或者其他语言）转换成 LLVM 定义的中间表达方式 LLVM IR。例如，非常有名的 Clang，就是一个转换 C/C++ 的前端。

2）中端：中端主要是对 LLVM IR 本身进行优化，输入是 LLVM，输出还是 LLVM，主要进行消除无用代码等工作，一般来讲，这个部分是不需要动的，可以不用管。

3）后端：后端输入是 LLVM IR，输出是机器码。通常说的编译器主要是指这个部分。大部分优化都在这里实现的。

至此，LLVM 架构的模块化应该说得比较清楚了，其很大的一个特点是隔离了前后端。

如果想支持一个新语言，就重新实现一个前端，例如华为仓颉就用自己的前端来替换了 Clang。

如果想支持一个新硬件，就重新实现一个后端，让它可以正确地把 LLVM IR 映射到自己的芯片上。

8.2 使用 LLVM 实现一个简单编译器

▶▶ 8.2.1 目标

本节参考了 LLVM 的 Kaleidoscope 教程，增加了对代码的注释以及一些理解，修改了部分代码。现在开始要使用 LLVM 实现一个编译器，完成对如下代码的编译、运行。

```
# 斐波那契数列函数定义
def fib(x)
    if x < 3 then
        1
    else
```

```
        fib(x - 1) + fib(x - 2)

fib(40)

# 函数声明
extern sin(arg)
extern cos(arg)
extern atan2(arg1 arg2)

# 声明后的函数可调用
atan2(sin(.4), cos(42))
```

本例使用的这种语言称为 Kaleidoscope，从代码中可以看出，它支持函数、条件分支、数值计算等语言特性。为了方便，Kaleidoscope 唯一支持的数据类型为 float64，所以示例中的所有数值都是 float64 类型。

▶▶ 8.2.2 词法分析

编译的第一个步骤称为 Lex（lexical analysis），即词法分析，其功能是将文本输入转换为多个 token，比如对于如下代码：

```
atan2(sin(.4), cos(42))
```

就应该转换为：

```
tokens = ["atan2", "(", "sin", "(", .4, ")", ",", "cos", "(", 42, ")", ")"]
```

接下来使用 C++ 来写这个词法分析代码，由于这是教程代码，因此并没有使用工程项目应有的设计。

```cpp
// 如果不是以下 5 种情况之一，则词法分析返回[0,255]的 ASCII 值,否则返回以下对应的枚举值
enum Token {
  TOKEN_EOF = -1,           // 文件结束标识符
  TOKEN_DEF = -2,           // 关键字 def
  TOKEN_EXTERN = -3,        // 关键字 extern
  TOKEN_IDENTIFIER = -4,    // 名字
  TOKEN_NUMBER = -5         // 数值
};
std::string g_identifier_str;     // Filled in if TOKEN_IDENTIFIER
double g_number_val;              // Filled in if TOKEN_NUMBER

// 从标准输入中解析一个 token 并返回
int GetToken() {
  static int last_char = ' ';
  // 忽略空白字符
  while (isspace(last_char)) {
    last_char = getchar();
  }
  // 识别字符串
```

```
    if (isalpha(last_char)) {
      g_identifier_str = last_char;
      while (isalnum((last_char = getchar()))) {
        g_identifier_str += last_char;
      }
      if (g_identifier_str == "def") {
        return TOKEN_DEF;
      } else if (g_identifier_str == "extern") {
        return TOKEN_EXTERN;
      } else {
        return TOKEN_IDENTIFIER;
      }
    }
    // 识别数值
    if (isdigit(last_char) || last_char == '.') {
      std::string num_str;
      do {
        num_str += last_char;
        last_char = getchar();
      } while (isdigit(last_char) || last_char == '.');
      g_number_val = strtod(num_str.c_str(), nullptr);
      return TOKEN_NUMBER;
    }
    // 忽略注释
    if (last_char == '#') {
      do {
        last_char = getchar();
      } while (last_char != EOF && last_char != '\n' && last_char != '\r');
      if (last_char != EOF) {
        returnGetToken();
      }
    }
    // 识别文件结束标识符
    if (last_char == EOF) {
      return TOKEN_EOF;
    }
    // 直接返回 ASCII 值
    int this_char = last_char;
    last_char = getchar();
    return this_char;
  }
```

使用词法分析对之前的代码的处理结果为（使用空格分隔多个 token）：

```
def fib ( x ) if x < 3 then 1 else fib ( x - 1 ) + fib ( x - 2 ) fib ( 40 ) extern sin ( arg )
extern cos ( arg ) extern atan2 ( arg1 arg2 ) atan2 ( sin ( 0.4 ) , cos ( 42 ) )
```

词法分析的输入是代码文本，输出是有序的一个个 token。

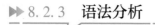

8.2.3 语法分析

编译的第二个步骤称为 Parse，即语法分析，其功能是将词法分析输出的多个 token 转换为 AST。首先定义表达式的 AST 节点：

```cpp
// 所有表达式节点的基类
class ExprAST {
public:
  virtual ~ExprAST() {}
};

// 字面值表达式
class NumberExprAST : public ExprAST {
public:
  NumberExprAST(double val) : val_(val) {}

private:
  double val_;
};

// 变量表达式
class VariableExprAST : public ExprAST {
public:
  VariableExprAST(const std::string & name) : name_(name) {}

private:
  std::string name_;
};

// 二元操作表达式
class BinaryExprAST : public ExprAST {
public:
  BinaryExprAST(char op, std::unique_ptr<ExprAST> lhs,
                std::unique_ptr<ExprAST> rhs)
      : op_(op), lhs_(std::move(lhs)), rhs_(std::move(rhs)) {}

private:
  char op_;
  std::unique_ptr<ExprAST> lhs_;
  std::unique_ptr<ExprAST> rhs_;
};

// 函数调用表达式
class CallExprAST : public ExprAST {
public:
  CallExprAST(const std::string & callee,
              std::vector<std::unique_ptr<ExprAST>> args)
      : callee_(callee), args_(std::move(args)) {}
```

```
private:
 std::string callee_;
 std::vector<std::unique_ptr<ExprAST>> args_;
};
```

为了便于理解，关于条件表达式的内容是否放在后面，这里暂不考虑。接着定义函数声明和函数的 AST 节点：

```
// 函数接口
class PrototypeAST {
public:
 PrototypeAST(const std::string & name, std::vector<std::string> args)
    : name_(name), args_(std::move(args)) {}

 const std::string & name() const { return name_; }

 private:
  std::string name_;
  std::vector<std::string> args_;
};

// 函数
class FunctionAST {
public:
 FunctionAST(std::unique_ptr<PrototypeAST> proto,
            std::unique_ptr<ExprAST> body)
    : proto_(std::move(proto)), body_(std::move(body)) {}

 private:
  std::unique_ptr<PrototypeAST> proto_;
  std::unique_ptr<ExprAST> body_;
};
```

接下来进行词法分析，而在进行正式词法分析前，需要定义如下函数，方便后续处理。

```
int g_current_token;  // 当前待处理的 token
int GetNextToken() {
  return g_current_token =GetToken();
}
```

首先处理最简单的字面值：

```
//numberexpr ::= number
std::unique_ptr<ExprAST> ParseNumberExpr() {
  auto result = std::make_unique<NumberExprAST>(g_number_val);
  GetNextToken();
  return std::move(result);
}
```

上面这段程序非常简单，当前符号为 TOKEN_NUMBER 时被调用，使用 g_number_val，创建一个

NumberExprAST，因为当前符号处理完毕，所以让词法分析前进一个 token，最后返回。接着处理小括号操作符、变量、函数调用：

```
//parenexpr ::= ( expression )
std::unique_ptr<ExprAST> ParseParentExpr() {
  GetNextToken();  // eat (
  auto expr = ParseExpression();
  GetNextToken();  // eat )
  return expr;
}


///identifierexpr
///   ::= identifier
///   ::= identifier ( expression, expression, ..., expression )
std::unique_ptr<ExprAST> ParseIdentifierExpr() {
  std::string id = g_identifier_str;
  GetNextToken();
  if (g_current_token != '(') {
    return std::make_unique<VariableExprAST>(id);
  } else {
    GetNextToken();  // eat (
    std::vector<std::unique_ptr<ExprAST>> args;
    while (g_current_token != ')') {
      args.push_back(ParseExpression());
      if (g_current_token == ')') {
        break;
      } else {
        GetNextToken();  // eat ,
      }
    }
    GetNextToken();  // eat )
    return std::make_unique<CallExprAST>(id, std::move(args));
  }
}
```

上面这段代码中的 ParseExpression 与 ParseParentExpr 等存在循环依赖，这里按照其名字理解意思即可，具体实现在后面。将 NumberExpr、ParentExpr、IdentifierExpr 视为 PrimaryExpr，封装 ParsePrimary 方便后续调用：

```
/// primary
///   ::=identifierexpr
///   ::=numberexpr
///   ::=parentexpr
std::unique_ptr<ExprAST> ParsePrimary() {
  switch (g_current_token) {
    case TOKEN_IDENTIFIER: return ParseIdentifierExpr();
    case TOKEN_NUMBER: return ParseNumberExpr();
    case '(': return ParseParentExpr();
```

```
    default: returnnullptr;
    }
  }
```

接下来考虑如何处理二元操作符，为了方便，Kaleidoscope 只支持 4 种二元操作符，它们的优先级为'<' < '+' = '-' < '*'，即'<'的优先级最低，而'*'的优先级最高，在代码中的实现为：

```
// 定义优先级
const std::map<char, int> g_binop_precedence = {
    {'<', 10}, {'+', 20}, {'-', 20}, {'*', 40}};

// 获得当前 token 的优先级
int GetTokenPrecedence() {
  auto it = g_binop_precedence.find(g_current_token);
  if (it != g_binop_precedence.end()) {
    return it->second;
  } else {
    return -1;
  }
}
```

对于带优先级的二元操作符的解析，会将其分成多个片段。比如一个表达式：

```
a + b + (c + d) * e * f + g
```

首先解析 a，然后处理多个二元组：

```
[+, b], [+, (c+d)], [*, e], [*, f], [+, g]
```

也就是说，复杂表达式可以抽象为一个 PrimaryExpr，后面跟着多个 [binop, PrimaryExpr] 二元组。注意，由于小括号属于 PrimaryExpr，因此这里不需要考虑如何特殊处理(c+d)，因为会被 ParsePrimary 自动处理。

```
// parse
//  lhs [binop primary][binop primary]...
// 如果遇到优先级小于 min_precedence 的操作符,则停止
std::unique_ptr<ExprAST> ParseBinOpRhs(int min_precedence,
                                       std::unique_ptr<ExprAST> lhs) {
  while (true) {
    int current_precedence = GetTokenPrecedence();
    if (current_precedence < min_precedence) {
      // 如果当前 token 不是二元操作符,则 current_precedence 为-1, 结束任务
      // 如果遇到优先级更低的操作符,则也会结束任务
      return lhs;
    }
    int binop = g_current_token;
    GetNextToken();  // eat binop
    autorhs = ParsePrimary();
    // 现在有两种可能的解析方式
    //     * (lhsbinop rhs) binop unparsed
```

```
    //      * lhsbinop (rhs binop unparsed)
    int next_precedence = GetTokenPrecedence();
    if (current_precedence < next_precedence) {
      // 将优先级大于 current_precedence 的操作符运算后返回
      rhs = ParseBinOpRhs(current_precedence + 1, std::move(rhs));
    }
    lhs =
        std::make_unique<BinaryExprAST>(binop, std::move(lhs), std::move(rhs));
    // 继续循环
  }
}

// expression ::= primary [binop primary][binop primary]...
std::unique_ptr<ExprAST> ParseExpression() {
  auto lhs =ParsePrimary();
  return ParseBinOpRhs(0, std::move(lhs));
}
```

在完成最复杂的部分后，按部就班地把其余函数写完：

```
// prototype ::= id ( id id ...id)
  std::unique_ptr<PrototypeAST> ParsePrototype() {
  std::string function_name = g_identifier_str;
  GetNextToken();
  std::vector<std::string> arg_names;
  while (GetNextToken() == TOKEN_IDENTIFIER) {
    arg_names.push_back(g_identifier_str);
  }
  GetNextToken();   // eat )
  return std::make_unique<PrototypeAST>(function_name,
std::move(arg_names));
}

// definition ::= def prototype expression
std::unique_ptr<FunctionAST> ParseDefinition() {
  GetNextToken();   // eat def
  auto proto =ParsePrototype();
  auto expr = ParseExpression();
  return std::make_unique<FunctionAST>(std::move(proto), std::move(expr));
}

// external ::= extern prototype
std::unique_ptr<PrototypeAST> ParseExtern() {
  GetNextToken();   // eat extern
  return ParsePrototype();
}
```

最后，为顶层代码实现匿名函数：

```
// toplevel expr ::= expression
std::unique_ptr<FunctionAST> ParseTopLevelExpr() {
```

```
  auto expr = ParseExpression();
  auto proto = std::make_unique<PrototypeAST>("",
std::vector<std::string>());
  return std::make_unique<FunctionAST>(std::move(proto), std::move(expr));
}
```

顶层代码是指放在全局，而不放在函数内定义的一些执行语句，如变量赋值、函数调用等。编写一个 main 函数：

```
int main() {
  GetNextToken();
  while (true) {
    switch (g_current_token) {
      case TOKEN_EOF: return 0;
      case TOKEN_DEF: {
        ParseDefinition();
        std::cout << "parsed a function definition" << std::endl;
        break;
      }
      case TOKEN_EXTERN: {
        ParseExtern();
        std::cout << "parsed a extern" << std::endl;
        break;
      }
      default: {
        ParseTopLevelExpr();
        std::cout << "parsed a top level expr" << std::endl;
        break;
      }
    }
  }
  return 0;
}
```

编译：

```
clang++ main.cpp `llvm-config --cxxflags --ldflags --libs`
```

输入如下所示代码，进行测试：

```
def foo(x y)
    x +foo(y, 4)

def foo(x y)
    x + y

y

extern sin(a)
```

得到输出：

```
parsed a function definition
parsed a function definition
parsed a top level expr
parsed a extern
```

至此，成功将词法分析输出的多个 token 转换为 AST。

▶▶ 8.2.4　LLVM IR 的代码生成

终于开始实现 CodeGen 了，首先导入一些 LLVM 头文件，定义一些全局变量：

```cpp
#include "llvm/ADT/APFloat.h"
#include "llvm/ADT/STLExtras.h"
#include "llvm/IR/BasicBlock.h"
#include "llvm/IR/Constants.h"
#include "llvm/IR/DerivedTypes.h"
#include "llvm/IR/Function.h"
#include "llvm/IR/IRBuilder.h"
#include "llvm/IR/LLVMContext.h"
#include "llvm/IR/LegacyPassManager.h"
#include "llvm/IR/Module.h"
#include "llvm/IR/Type.h"
#include "llvm/IR/Verifier.h"
#include "llvm/Support/TargetSelect.h"
#include "llvm/Target/TargetMachine.h"
#include "llvm/Transforms/InstCombine/InstCombine.h"
#include "llvm/Transforms/Scalar.h"
#include "llvm/Transforms/Scalar/GVN.h"


// 记录了 LLVM 的核心数据结构,比如类型和常量表,不过不需要关心它的内部
llvm::LLVMContext g_llvm_context;
// 用于创建 LLVM 指令
llvm::IRBuilder<> g_ir_builder(g_llvm_context);
// 用于管理函数和全局变量,可以将它粗浅地理解为类 C++的编译单元(单个.cpp 文件)
llvm::Module g_module("my cool jit", g_llvm_context);
// 用于记录函数的变量参数
std::map<std::string,llvm::Value*> g_named_values;
// 然后给每个 AST Class 增加一个 CodeGen 接口:
// 所有 `表达式` 节点的基类
class ExprAST {
 public:
  virtual ~ExprAST() {}
  virtualllvm::Value* CodeGen() = 0;
};


// 字面值表达式
class NumberExprAST : public ExprAST {
 public:
NumberExprAST(double val) : val_(val) {}
```

```
llvm::Value * CodeGen() override;

private:
  double val_;
};
```

首先实现 NumberExprAST 的 CodeGen：

```
llvm::Value * NumberExprAST::CodeGen() {
  return llvm::ConstantFP::get(g_llvm_context, llvm::APFloat(val_));
}
```

由于 Kaleidoscope 只有一种数据类型 FP64，因此直接调用 ConstantFP 传入即可。APFloat 是 LLVM 内部的数据结构，用于存储任意精度浮点数。在 LLVM IR 中，所有常量是唯一且共享的，所以这里使用的 get，而不是 new 或 create。

然后实现 VariableExprAST 的 CodeGen：

```
llvm::Value * VariableExprAST::CodeGen() {
  return g_named_values.at(name_);
}
```

由于 Kaleidoscope 的 VariableExpr 只存在于函数内，其作用是对函数参数的引用，假定函数参数已经被注册到 g_name_values 中，因此 VariableExpr 直接查表返回即可。

接着实现 BinaryExprAST 的 CodeGen，先分别执行 CodeGen lhs 和 CodeGen rhs，再创建指令处理 lhs、rhs 即可：

```
llvm::Value * BinaryExprAST::CodeGen() {
  llvm::Value * lhs = lhs_->CodeGen();
  llvm::Value * rhs = rhs_->CodeGen();
  switch (op_) {
    case '<': {
      llvm::Value * tmp = g_ir_builder.CreateFCmpULT(lhs, rhs, "cmptmp");
      // 把 0/1 转为 0.0/1.0
      return g_ir_builder.CreateUIToFP(
          tmp, llvm::Type::getDoubleTy(g_llvm_context), "booltmp");
    }
    case '+': return g_ir_builder.CreateFAdd(lhs, rhs, "addtmp");
    case '-': return g_ir_builder.CreateFSub(lhs, rhs, "subtmp");
    case '*': return g_ir_builder.CreateFMul(lhs, rhs, "multmp");
    default: return nullptr;
  }
}
```

然后实现 CallExprAST 的 CodeGen：

```
llvm::Value * CallExprAST::CodeGen() {
  // g_module 中存储了全局变量、函数等
  llvm::Function * callee = g_module.getFunction(callee_);

  std::vector<llvm::Value *> args;
```

```
  for (std::unique_ptr<ExprAST>& arg_expr : args_) {
    args.push_back(arg_expr->CodeGen());
  }
  return g_ir_builder.CreateCall(callee, args, "calltmp");
}
```

接着实现 ProtoTypeAST 的 CodeGen：

```
llvm::Value * ProtoTypeAST::CodeGen() {
  // 创建 Kaleidoscope 的函数类型 double (double, double, ..., double)
  std::vector<llvm::Type*> doubles(args_.size(),
llvm::Type::getDoubleTy(g_llvm_context));
  // 因为函数类型是唯一的，所以使用 get 而不是 new 或 create
  llvm::FunctionType * function_type = llvm::FunctionType::get(
      llvm::Type::getDoubleTy(g_llvm_context), doubles, false);
  // 创建函数，ExternalLinkage 意味着函数可能不在当前 module 中定义，在当前 module，
  // 即 g_module 中注册名字为 name_，后面可以使用这个名字在 g_module 中查询
  llvm::Function * func = llvm::Function::Create(
      function_type, llvm::Function::ExternalLinkage, name_, &g_module);
  // 增加 IR 可读性，设置函数的参数名
  int index = 0;
  for (auto & arg : func->args()) {
    arg.setName(args_[index++]);
  }
  return func;
}
```

最后实现 FunctionAST 的 CodeGen：

```
llvm::Value * FunctionAST::CodeGen() {
  // 检查在函数声明中是否已实现 CodeGen（如之前的 extern 声明），如果没有，则实现其 CodeGen
  llvm::Function * func = g_module.getFunction(proto_->name());
  if (func == nullptr) {
    func = proto_->CodeGen();
  }
  // 创建一个 block 并且将它设置为指令插入位置
  // LLVM block 用于定义控制流图，由于暂不实现控制流图，因此创建
  // 一个 block 即可
  llvm::BasicBlock * block =
      llvm::BasicBlock::Create(g_llvm_context, "entry", func);
  g_ir_builder.SetInsertPoint(block);
  // 将函数参数注册到 g_named_values 中，让 VariableExprAST 可以实现 CodeGen
  g_named_values.clear();
  for (llvm::Value & arg : func->args()) {
    g_named_values[arg.getName()] = & arg;
  }
  //CodeGen 体，然后返回
  llvm::Value * ret_val = body_->CodeGen();
  g_ir_builder.CreateRet(ret_val);
  llvm::verifyFunction(* func);
```

```
      return func;
    }
```

至此，所有 CodeGen 都已实现，下面按照如下所示修改 main 函数：

```
int main() {
  GetNextToken();
  while (true) {
    switch (g_current_token) {
      case TOKEN_EOF: return 0;
      case TOKEN_DEF: {
        auto ast = ParseDefinition();
        std::cout << "parsed a function definition" << std::endl;
        ast->CodeGen()->print(llvm::errs());
        std::cerr << std::endl;
        break;
      }
      case TOKEN_EXTERN: {
        auto ast =ParseExtern();
        std::cout << "parsed a extern" << std::endl;
        ast->CodeGen()->print(llvm::errs());
        std::cerr << std::endl;
        break;
      }
      default: {
        auto ast =ParseTopLevelExpr();
        std::cout << "parsed a top level expr" << std::endl;
        ast->CodeGen()->print(llvm::errs());
        std::cerr << std::endl;
        break;
      }
    }
  }
  return 0;
}
```

输入如下所示代码，进行测试：

```
// 4 + 5

def foo(a b)
    a*a + 2*a*b + b*b

foo(2, 3)

def bar(a)
    foo(a, 4) + bar(31337)

extern cos(x)

cos(1.234)
```

得到如下输出：

```
parsed a top level expr
define double @0() {
entry:
  ret double 9.000000e+00
}

parsed a function definition
define double @foo(double %a, double %b) {
entry:
  %multmp = fmul double %a, %a
  %multmp1 = fmul double 2.000000e+00, %a
  %multmp2 = fmul double %multmp1, %b
  %addtmp = fadd double %multmp, %multmp2
  %multmp3 = fmul double %b, %b
  %addtmp4 = fadd double %addtmp, %multmp3
  ret double %addtmp4
}

parsed a top level expr
define double @1() {
entry:
  %calltmp = call double @foo(double 2.000000e+00, double 3.000000e+00)
  ret double %calltmp
}

parsed a function definition
define double @bar(double %a) {
entry:
  %calltmp = call double @foo(double %a, double 4.000000e+00)
  %calltmp1 = call double @bar(double 3.133700e+04)
  %addtmp = fadd double %calltmp, %calltmp1
  ret double %addtmp
}

parsed a extern
declare double @cos(double)

parsed a top level expr
define double @2() {
entry:
  %calltmp = call double @cos(double 1.234000e+00)
  ret double %calltmp
}
```

至此，已成功将解析器输出的 AST 转换为 LLVM IR。

▶▶ 8.2.5 优化器

使用上一小节的程序处理如下代码：

```
def test(x)
    1 + 2 + x
```

可以得到：

```
parsed a function definition
define double @test(double %x) {
entry:
  %addtmp = fadd double 3.000000e+00, %x
  ret double %addtmp
}
```

可以看到，生成的指令直接是 1+2 的结果，而没有 1+2 的指令，这种自动把常量计算完毕，而不是生成加法指令的优化，称为常量折叠。

在大部分时候，仅有这个优化仍然不够。如下所示代码：

```
def test(x)
    (1 + 2 + x) * (x + (1 + 2))
```

可以得到编译结果：

```
parsed a function definition
define double @test(double %x) {
entry:
  %addtmp = fadd double 3.000000e+00, %x
  %addtmp1 = fadd double %x, 3.000000e+00
  %multmp = fmul double %addtmp, %addtmp1
  ret double %multmp
}
```

虽然上述结果生成了两个加法指令，但最优做法是只需要生成一个加法指令，因为乘号两边的 lhs 和 rhs 是相等的。这就需要其他优化技术，LLVM 以 Pass 的形式提供相关优化技术。对于 LLVM 中的 Pass，可以选择是否都启用，也可以设置它们的顺序。

这里对每个函数单独做优化，定义 g_fpm，增加几个 Pass：

```
llvm::legacy::FunctionPassManager g_fpm(&g_module);

int main() {
  g_fpm.add(llvm::createInstructionCombiningPass());
  g_fpm.add(llvm::createReassociatePass());
  g_fpm.add(llvm::createGVNPass());
  g_fpm.add(llvm::createCFGSimplificationPass());
  g_fpm.doInitialization();
  ...
}
```

在 FunctionAST 的 CodeGen 中增加一句：

```
llvm::Value* ret_val = body_->CodeGen();
g_ir_builder.CreateRet(ret_val);
```

```
llvm::verifyFunction(*func);
g_fpm.run(*func); // 增加这句
return func;
```

即启动了对每个函数的优化。接下来测试之前的代码：

```
parsed a function definition
define double @test(double %x) {
entry:
  %addtmp = fadd double %x, 3.000000e+00
  %multmp = fmul double %addtmp, %addtmp
  ret double %multmp
}
```

可以看到，与期望的一样，生成的加法指令已经减少到一个。

▶▶ 8.2.6　添加 JIT 编译器

由于 JIT 模式中需要反复创建新的模块，因此将全局变量 g_module 改为 unique_ptr。

```
// 用于管理函数和全局变量,可以将它粗浅地理解为类 C++的编译单元(单个.cpp 文件)
std::unique_ptr<llvm::Module> g_module =
std::make_unique<llvm::Module>("my cool jit", g_llvm_context);
```

为了专注于 JIT，可以把优化的 Pass 删掉。

修改 ParseTopLevelExpr，将 PrototypeAST 命名为__anon_expr，以便后面可以通过这个名字找到它。

```
//toplevel expr :: = expression
std::unique_ptr<FunctionAST> ParseTopLevelExpr() {
  auto expr = ParseExpression();
  auto proto =
      std::make_unique<PrototypeAST>("__anon_expr", std::vector<std::string>());
  return std::make_unique<FunctionAST>(std::move(proto), std::move(expr));
}
```

然后先从 llvm-project 中复制一份代码（即 llvm/examples/Kaleidoscope/include/KaleidoscopeJIT.h）到本地，再导入它，它定义了 KaleidoscopeJIT 类。

定义全局变量 g_jit，并使用 InitializeNativeTarget 系列函数初始化环境。

```
#include "KaleidoscopeJIT.h"

std::unique_ptr<llvm::orc::KaleidoscopeJIT> g_jit;

int main() {
  llvm::InitializeNativeTarget();
  llvm::InitializeNativeTargetAsmPrinter();
  llvm::InitializeNativeTargetAsmParser();
  g_jit.reset(newllvm::orc::KaleidoscopeJIT);
  g_module->setDataLayout(g_jit->getTargetMachine().createDataLayout());
  ...
}
```

修改 main 函数以处理顶级表达式的代码为：

```
auto ast =ParseTopLevelExpr();
    std::cout << "parsed a top level expr" << std::endl;
    ast->CodeGen()->print(llvm::errs());
    std::cout << std::endl;
    auto h = g_jit->addModule(std::move(g_module));
    // 重新创建 g_module 以便下次使用
    g_module =
        std::make_unique<llvm::Module>("my cool jit", g_llvm_context);
g_module->setDataLayout(g_jit->getTargetMachine().createDataLayout());
    // 通过名字找到编译的函数符号
    auto symbol = g_jit->findSymbol("__anon_expr");
    // 强制转换为 C 函数指针
    double (*fp)() = (double (*)())(symbol.getAddress().get());
    // 执行标准输出语句
    std::cout << fp() << std::endl;
    g_jit->removeModule(h);
    break;
```

输入测试代码：

```
// 4 + 5
def foo(a b)
   a * a + 2 * a * b + b * b


foo(2, 3)
```

得到输出：

```
parsed a top level expr
define double @__anon_expr() {
entry:
  ret double 9.000000e+00
}

9
parsed a function definition
define double @foo(double %a, double %b) {
entry:
  %multtmp = fmul double %a, %a
  %multtmp1 = fmul double 2.000000e+00, %a
  %multtmp2 = fmul double %multtmp1, %b
  %addtmp = fadd double %multtmp, %multtmp2
  %multtmp3 = fmul double %b, %b
  %addtmp4 = fadd double %addtmp, %multtmp3
  ret double %addtmp4
}

parsed a top level expr
```

```
define double @__anon_expr() {
entry:
  %calltmp = call double @foo(double 2.000000e+00, double 3.000000e+00)
  ret double %calltmp
}

25
```

可以看到，代码已经顺利执行，但现在的实现仍然有问题，比如上面的输入代码，foo 函数的定义和调用被归在同一个 module 中，当第一次调用完成后，由于 removeModule 的存在，第二次调用 foo 函数会失败。

在解决这个问题之前，先把 main 函数内对不同符号的处理拆成多个函数，如下所示：

```
void ReCreateModule() {
  g_module = std::make_unique<llvm::Module>("my cool jit", g_llvm_context);
  g_module->setDataLayout(g_jit->getTargetMachine().createDataLayout());
}

void ParseDefinitionToken() {
  auto ast =ParseDefinition();
  std::cout << "parsed a function definition" << std::endl;
  ast->CodeGen()->print(llvm::errs());
  std::cerr << std::endl;
}

void ParseExternToken() {
  auto ast =ParseExtern();
  std::cout << "parsed a extern" << std::endl;
  ast->CodeGen()->print(llvm::errs());
  std::cerr << std::endl;
}

void ParseTopLevel() {
  auto ast =ParseTopLevelExpr();
  std::cout << "parsed a top level expr" << std::endl;
  ast->CodeGen()->print(llvm::errs());
  std::cout << std::endl;
  auto h = g_jit->addModule(std::move(g_module));
  // 重新创建 g_module 以便下次使用
  ReCreateModule();
  // 通过名字找到编译的函数符号
  auto symbol = g_jit->findSymbol("__anon_expr");
  // 强制转换为 C 函数指针
  double (*fp)() = (double (*)())(symbol.getAddress().get());
  // 执行标准输出语句
  std::cout << fp() << std::endl;
  g_jit->removeModule(h);
}
```

```
int main() {
  llvm::InitializeNativeTarget();
  llvm::InitializeNativeTargetAsmPrinter();
  llvm::InitializeNativeTargetAsmParser();
  g_jit.reset(newllvm::orc::KaleidoscopeJIT);
  g_module->setDataLayout(g_jit->getTargetMachine().createDataLayout());

  GetNextToken();
  while (true) {
    switch (g_current_token) {
      case TOKEN_EOF: return 0;
      case TOKEN_DEF: ParseDefinitionToken(); break;
      case TOKEN_EXTERN:ParseExternToken(); break;
      default:ParseTopLevel(); break;
    }
  }
  return 0;
}
```

为了解决第二次调用 foo 函数失败的问题，需要让函数和顶级表达式处于不同的 Module 中，而处于不同 Module 的话，CallExprAST 的 CodeGen 在当前 Module 会找不到函数，所以需要在 CallExprAST 实现 CodeGen 时在当前 Module 中自动声明这个函数，即自动增加 extern，也就是在当前 Module 中自动实现对应 PrototypeAST 的 CodeGen。

首先，增加一个全局变量以存储从函数名到函数接口的映射，并增加一个查询函数。

```
std::map<std::string, std::unique_ptr<PrototypeAST>> name2proto_ast;

llvm::Function* GetFunction(const std::string & name) {
  llvm::Function* callee = g_module->getFunction(name);
  if (callee !=nullptr) {   // 当前 Module 中存在函数定义
    return callee;
  } else {
    // 声明函数
    return name2proto_ast.at(name)->CodeGen();
  }
}
```

然后，更改 CallExprAST 的 CodeGen，让其使用上面定义的 GetFunction 函数：

```
llvm::Value* CallExprAST::CodeGen() {
  llvm::Function* callee = GetFunction(callee_);

  std::vector<llvm::Value*> args;
  for (std::unique_ptr<ExprAST>& arg_expr : args_) {
    args.push_back(arg_expr->CodeGen());
  }
  return g_ir_builder.CreateCall(callee, args, "calltmp");
}
```

接着，更改 FunctionAST 的 CodeGen，让其将结果写入 name2proto_ast：

```
llvm::Value* FunctionAST::CodeGen() {
  PrototypeAST& proto = *proto_;
  name2proto_ast[proto.name()] = std::move(proto_);  // transfer ownership
  llvm::Function* func = GetFunction(proto.name());
  // 创建一个 block 并且将它设置为指令插入位置
  // LLVM block 用于定义控制流图，由于暂不实现控制流图，因此创建
  // 一个 block 即可
  llvm::BasicBlock* block =
      llvm::BasicBlock::Create(g_llvm_context, "entry", func);
  g_ir_builder.SetInsertPoint(block);
  // 将函数参数注册到 g_named_values 中,让 VariableExprAST 可以实现 CodeGen
  g_named_values.clear();
  for (llvm::Value& arg : func->args()) {
    g_named_values[arg.getName()] = &arg;
  }
  //codegen body,然后返回
  llvm::Value* ret_val = body_->CodeGen();
  g_ir_builder.CreateRet(ret_val);
  llvm::verifyFunction(*func);
  return func;
}
```

然后，修改 ParseExternToken，将结果写入 name2proto_ast：

```
void ParseExternToken() {
  auto ast = ParseExtern();
  std::cout << "parsed a extern" << std::endl;
  ast->CodeGen()->print(llvm::errs());
  std::cerr << std::endl;
  name2proto_ast[ast->name()] = std::move(ast);
}
```

最后，修改 ParseDefinitionToken，让其使用独立的 Module：

```
void ParseDefinitionToken() {
  auto ast = ParseDefinition();
  std::cout << "parsed a function definition" << std::endl;
  ast->CodeGen()->print(llvm::errs());
  std::cerr << std::endl;
  g_jit->addModule(std::move(g_module));
  ReCreateModule();
}
```

在修改完毕后，输入测试代码：

```
def foo(x)
    x + 1

foo(2)
```

```
def foo(x)
    x + 2

foo(2)

extern sin(x)
extern cos(x)

sin(1.0)

def foo(x)
    sin(x) * sin(x) + cos(x) * cos(x)

foo(4)
foo(3)
```

得到输出：

```
parsed a function definition
define double @foo(double %x) {
entry:
  %addtmp = fadd double %x, 1.000000e+00
  ret double %addtmp
}


parsed a top level expr
define double @__anon_expr() {
entry:
  %calltmp = call double @foo(double 2.000000e+00)
  ret double %calltmp
}


3
parsed a function definition
define double @foo(double %x) {
entry:
  %addtmp = fadd double %x, 2.000000e+00
  ret double %addtmp
}


parsed a top level expr
define double @__anon_expr() {
entry:
  %calltmp = call double @foo(double 2.000000e+00)
  ret double %calltmp
}
```

```
4
parsed a extern
declare double @sin(double)

parsed a extern
declare double @cos(double)

parsed a top level expr
define double @__anon_expr() {
entry:
  %calltmp = call double @sin(double 1.000000e+00)
  ret double %calltmp
}

0.841471
parsed a function definition
define double @foo(double %x) {
entry:
  %calltmp = call double @sin(double %x)
  %calltmp1 = call double @sin(double %x)
  %multmp = fmul double %calltmp, %calltmp1
  %calltmp2 = call double @cos(double %x)
  %calltmp3 = call double @cos(double %x)
  %multmp4 = fmul double %calltmp2, %calltmp3
  %addtmp = fadd double %multmp, %multmp4
  ret double %addtmp
}

parsed a top level expr
define double @__anon_expr() {
entry:
  %calltmp = call double @foo(double 4.000000e+00)
  ret double %calltmp
}

1
parsed a top level expr
define double @__anon_expr() {
entry:
  %calltmp = call double @foo(double 3.000000e+00)
  ret double %calltmp
}

1
```

成功运行，执行正确！上述代码可以正确解析 sin、cos 的原因在 KaleidoscopeJIT.h 中，下面截取其中寻找符号的代码。

```
JITSymbol findMangledSymbol(const std::string & Name) {
#ifdef _WIN32
    // The symbol lookup ofObjectLinkingLayer uses the SymbolRef::SF_Exported
    // flag to decide whether a symbol will be visible or not, when we call
    //IRCompileLayer::findSymbolIn with ExportedSymbolsOnly set to true.
    //
    // But for Windows COFF objects, this flag is currently never set.
    // For a potential solution see: https://reviews.llvm.org/rL258665
    // For now, we allow non-exported symbols on Windows as a workaround.
    const boolExportedSymbolsOnly = false;
#else
    const boolExportedSymbolsOnly = true;
#endif

    // Search modules in reverse order: from last added to first added.
    // This is the opposite of the usual search order fordlsym, but makes more
    // sense in a REPL where we want to bind to the newest available definition.
    for (auto H : make_range(ModuleKeys.rbegin(), ModuleKeys.rend()))
      if (auto Sym =CompileLayer.findSymbolIn(H, Name, ExportedSymbolsOnly))
        return Sym;

    // If we can't find the symbol in the JIT, try looking in the host process.
    if (autoSymAddr = RTDyldMemoryManager::getSymbolAddressInProcess(Name))
      return JITSymbol(SymAddr, JITSymbolFlags::Exported);

#ifdef _WIN32
    // For Windows retry without "_" at beginning, asRTDyldMemoryManager uses
    //GetProcAddress and standard libraries like msvcrt.dll use names
    // with and without "_" (for example "_itoa" but "sin").
    if (Name.length() > 2 && Name[0]=='_')
      if (autoSymAddr =
RTDyldMemoryManager::getSymbolAddressInProcess(Name.substr(1)))
        return JITSymbol(SymAddr, JITSymbolFlags::Exported);
#endif

    return null
```

可以看到，在找不到之前定义的 Module 后，会在主处理函数中寻找这个符号。

▶▶ 8.2.7 静态单一赋值

在继续给 Kaleidoscope 添加功能之前，需要先介绍 SSA。考虑下面代码：

```
y := 1
y := 2
x := y
```

可以发现第一个赋值不是必需的，而且第三行使用的 y 来自第二行的赋值，改成 SSA 格式为

```
y_1 = 1
y_2 = 2
x_1 = y_2
```

改后可以方便编译器进行优化，比如把第一个赋值删去，于是可以给出 SSA 的定义：

1）每个变量仅且必须被赋值一次，原本代码中的多次变量赋值会被赋予版本号，然后视为不同的变量；

2）每个变量在使用之前必须被定义。

考虑如图 8.1 所示的控制流图，将该控制流图加上版本号，会得到如图 8.2 所示的加上版本号的控制流图。可以看到，这里会遇到一个问题，最下面的 block 里面的 y 应该使用 y1 还是 y2，为了解决这个问题，插入一个特殊语句，称为 phi 函数，它会根据控制流从 y1 和 y2 中选择一个值作为 y3，如图 8.3 所示。

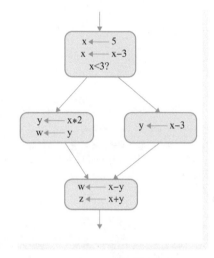

● 图 8.1　控制流图

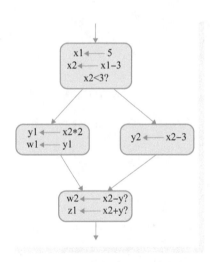

● 图 8.2　加上版本号的控制流图

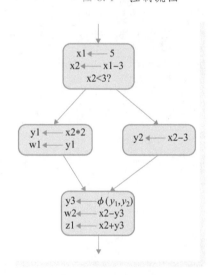

● 图 8.3　确定 y 值的加上版本号的控制流图

可以看到，对于 x，不需要 phi 函数，因为两个分支中的 x 最后都是 x2。

▶▶ 8.2.8　控制流

目前实现的 Kaleidoscope 还不够完善，缺少 if...else 控制流，比如不支持如下代码：

```
def fib(x)
    if x < 3 then
```

```
         1
     else
         fib(x - 1) + fib(x - 2)
```

为了让词法分析能识别 if、then 和 else 三个关键字，增加 TOKEN 标识类型：

```
    TOKEN_IF = -6,              // if
    TOKEN_THEN = -7,           // then
    TOKEN_ELSE = -8,           // else
```

增加识别规则：

```
    // 识别字符串
    if (isalpha(last_char)) {
      g_identifier_str = last_char;
      while (isalnum((last_char = getchar()))) {
        g_identifier_str += last_char;
      }
      if (g_identifier_str == "def") {
        return TOKEN_DEF;
      } else if (g_identifier_str == "extern") {
        return TOKEN_EXTERN;
      } else if (g_identifier_str == "if") {
        return TOKEN_IF;
      } else if (g_identifier_str == "then") {
        return TOKEN_THEN;
      } else if (g_identifier_str == "else") {
        return TOKEN_ELSE;
      } else {
        return TOKEN_IDENTIFIER;
      }
    }
```

增加 IfExprAST：

```
    // if...then...else...语句
    class IfExprAST : public ExprAST {
     public:
     IfExprAST(std::unique_ptr<ExprAST> cond, std::unique_ptr<ExprAST> then_expr,
             std::unique_ptr<ExprAST> else_expr)
         : cond_(std::move(cond)),
           then_expr_(std::move(then_expr)),
           else_expr_(std::move(else_expr)) {}

      llvm::Value * CodeGen() override;

     private:
      std::unique_ptr<ExprAST> cond_;
      std::unique_ptr<ExprAST> then_expr_;
      std::unique_ptr<ExprAST> else_expr_;
    };
```

增加对 **IfExprAST** 的解析:

```cpp
std::unique_ptr<ExprAST> ParseIfExpr() {
  GetNextToken();  // eat if
  std::unique_ptr<ExprAST> cond = ParseExpression();
  GetNextToken();  // eat then
  std::unique_ptr<ExprAST> then_expr = ParseExpression();
  GetNextToken();  // eat else
  std::unique_ptr<ExprAST> else_expr = ParseExpression();
  return std::make_unique<IfExprAST>(std::move(cond), std::move(then_expr),
                                     std::move(else_expr));
}
```

将 **IfExprAST** 增加到 **ParsePrimary** 中:

```cpp
// primary
//   ::=identifierexpr
//   ::=numberexpr
//   ::=parenexpr
std::unique_ptr<ExprAST> ParsePrimary() {
  switch (g_current_token) {
    case TOKEN_IDENTIFIER: return ParseIdentifierExpr();
    case TOKEN_NUMBER: return ParseNumberExpr();
    case '(': return ParseParenExpr();
    case TOKEN_IF: return ParseIfExpr();
    default: return nullptr;
  }
}
```

在完成词法分析和解析后,接下来是最有意思的实现 CodeGen 环节:

```cpp
llvm::Value * IfExprAST::CodeGen() {
  llvm::Value * cond_value = cond_->CodeGen();
  // 创建比较指令, cond_value = (cond_value != 0.0)
  // 比较后的指令转换为 1bit (bool)类型
  cond_value = g_ir_builder.CreateFCmpONE(
      cond_value, llvm::ConstantFP::get(g_llvm_context, llvm::APFloat(0.0)),
      "ifcond");
  // 在每个函数内会创建一个 block
  // 对应的上层函数
  llvm::Function * func = g_ir_builder.GetInsertBlock()->getParent();
  // 为 then、else 以及最后的 final 分别创建 block
  llvm::BasicBlock * then_block =
      llvm::BasicBlock::Create(g_llvm_context, "then", func);
  llvm::BasicBlock * else_block =
      llvm::BasicBlock::Create(g_llvm_context, "else");
  llvm::BasicBlock * final_block =
      llvm::BasicBlock::Create(g_llvm_context, "ifcont");
  // 创建跳转指令,根据 cond_value 选择 then_block 或 else_block
  g_ir_builder.CreateCondBr(cond_value, then_block, else_block);
```

```
// 生成 then_block 代码，增加跳转 final_block 指令
g_ir_builder.SetInsertPoint(then_block);
llvm::Value * then_value = then_expr_->CodeGen();
g_ir_builder.CreateBr(final_block);
// then 语句内可能会有嵌套的 if...then...else，在嵌套 CodeGen 时，会改变当前的
//InsertBlock，需要有最终结果的那个 block 来作为这里的 then_block
then_block = g_ir_builder.GetInsertBlock();
// 在这里才加入是为了让这个 block 位于上面的 then 里嵌套 block 的后面
func->getBasicBlockList().push_back(else_block);
// 与 then 类似
g_ir_builder.SetInsertPoint(else_block);
llvm::Value * else_value = else_expr_->CodeGen();
g_ir_builder.CreateBr(final_block);
else_block = g_ir_builder.GetInsertBlock();
// 生成最终代码
func->getBasicBlockList().push_back(final_block);
g_ir_builder.SetInsertPoint(final_block);
llvm::PHINode * pn = g_ir_builder.CreatePHI(
    llvm::Type::getDoubleTy(g_llvm_context), 2, "iftmp");
pn->addIncoming(then_value, then_block);
pn->addIncoming(else_value, else_block);
return pn;
}
```

这里使用了上一小节介绍的 SSA 中提到的 phi 函数，输入：

```
def foo(x)
    if x < 3 then
        1
    else
        foo(x - 1) + foo(x - 2)


foo(1)
foo(2)
foo(3)
foo(4)
```

得到输出：

```
parsed a function definition
define double @foo(double %x) {
entry:
  %cmptmp = fcmp ult double %x, 3.000000e+00
  %booltmp = uitofp i1 %cmptmp to double
  %ifcond = fcmp one double %booltmp, 0.000000e+00
  br i1 %ifcond, label %then, label %else

then:                                             ;preds = %entry
  br label %ifcont
```

```
else:                                             ;preds = %entry
  %subtmp = fsub double %x, 1.000000e+00
  %calltmp = call double @foo(double %subtmp)
  %subtmp1 = fsub double %x, 2.000000e+00
  %calltmp2 = call double @foo(double %subtmp1)
  %addtmp = fadd double %calltmp, %calltmp2
  br label %ifcont

ifcont:                                           ; preds = %else, %then
  %iftmp = phi double [ 1.000000e+00, %then ], [ %addtmp, %else ]
  ret double %iftmp
}


parsed a top level expr
define double @__anon_expr() {
entry:
  %calltmp = call double @foo(double 1.000000e+00)
  ret double %calltmp
}


1
parsed a top level expr
define double @__anon_expr() {
entry:
  %calltmp = call double @foo(double 2.000000e+00)
  ret double %calltmp
}


1
parsed a top level expr
define double @__anon_expr() {
entry:
  %calltmp = call double @foo(double 3.000000e+00)
  ret double %calltmp
}


2
parsed a top level expr
define double @__anon_expr() {
entry:
  %calltmp = call double @foo(double 4.000000e+00)
  ret double %calltmp
}


3
```

在成功完成斐波那契数列的计算后，接下来需要增加对循环的支持，在此之前需要先实现一个 printd 函数：

```
extern "C" double printd(double x) {
  printf("%lf\n", x);
```

```
        return 0.0;
    }
```

编译命令：

```
clang++ -g main.cpp \`llvm-config --cxxflags --ldflags --libs \`
-Wl,-no-as-needed -rdynamic
```

输入代码：

```
extern printd(x)

printd(12)
```

得到输出结果：

```
parsed a extern
declare double @printd(double)

parsed a top level expr
define double @__anon_expr() {
entry:
  %calltmp = call double @printd(double 1.200000e+01)
  ret double %calltmp
}

12.000000
0
```

可以看到，成功给 Kaleiscope 添加了 printd 函数。接下来看需要实现的循环语法，使用 C++代码作为注释：

```
def printstar(n):
    for i = 1, i < n, 1.0 in # for (double i = 1.0; i < n; i += 1.0)
        printd(n)
```

同样，增加 for 和 in 的 TOKEN 类型：

```
enum Token {
  TOKEN_EOF = -1,              // 文件结束标识符
  TOKEN_DEF = -2,             // 关键字 def
  TOKEN_EXTERN = -3,          // 关键字 extern
  TOKEN_IDENTIFIER = -4,      // 名字
  TOKEN_NUMBER = -5,          // 数值
  TOKEN_IF = -6,              // if
  TOKEN_THEN = -7,            // then
  TOKEN_ELSE = -8,            // else
  TOKEN_FOR = -9,             // for
  TOKEN_IN = -10,             // in
};
```

增加对 TOKEN 类型的识别规则：

```
// 识别字符串
if (isalpha(last_char)) {
  g_identifier_str = last_char;
  while (isalnum((last_char = getchar()))) {
    g_identifier_str += last_char;
  }
  if (g_identifier_str == "def") {
    return TOKEN_DEF;
  } else if (g_identifier_str == "extern") {
    return TOKEN_EXTERN;
  } else if (g_identifier_str == "if") {
    return TOKEN_IF;
  } else if (g_identifier_str == "then") {
    return TOKEN_THEN;
  } else if (g_identifier_str == "else") {
    return TOKEN_ELSE;
  } else if (g_identifier_str == "for") {
    return TOKEN_FOR;
  } else if (g_identifier_str == "in") {
    return TOKEN_IN;
  } else {
    return TOKEN_IDENTIFIER;
  }
}
```

增加 ForExprAST：

```
class ForExprAST : public ExprAST {
public:
  ForExprAST(const std::string & var_name, std::unique_ptr<ExprAST> start_expr,
            std::unique_ptr<ExprAST> end_expr,
            std::unique_ptr<ExprAST> step_expr,
            std::unique_ptr<ExprAST> body_expr)
      : var_name_(var_name),
        start_expr_(std::move(start_expr)),
        end_expr_(std::move(end_expr)),
        step_expr_(std::move(step_expr)),
        body_expr_(std::move(body_expr)) {}

  llvm::Value * CodeGen() override;

private:
  std::string var_name_;
  std::unique_ptr<ExprAST> start_expr_;
  std::unique_ptr<ExprAST> end_expr_;
  std::unique_ptr<ExprAST> step_expr_;
  std::unique_ptr<ExprAST> body_expr_;
};
```

将结构体变量添加到 Primary 的解析中：

```
//forexpr ::= for var_name = start_expr, end_expr, step_expr in body_expr
std::unique_ptr<ExprAST> ParseForExpr() {
  GetNextToken();  // eat for
  std::string var_name = g_identifier_str;
  GetNextToken();  // eat var_name
  GetNextToken();  // eat =
  std::unique_ptr<ExprAST> start_expr = ParseExpression();
  GetNextToken();  // eat ,
  std::unique_ptr<ExprAST> end_expr = ParseExpression();
  GetNextToken();  // eat ,
  std::unique_ptr<ExprAST> step_expr = ParseExpression();
  GetNextToken();  // eat in
  std::unique_ptr<ExprAST> body_expr = ParseExpression();
  return std::make_unique<ForExprAST>(var_name, std::move(start_expr),
                               std::move(end_expr), std::move(step_expr),
                               std::move(body_expr));
}
// primary
//   ::=identifierexpr
//   ::=numberexpr
//   ::=parentexpr
std::unique_ptr<ExprAST> ParsePrimary() {
  switch (g_current_token) {
    case TOKEN_IDENTIFIER: return ParseIdentifierExpr();
    case TOKEN_NUMBER: return ParseNumberExpr();
    case '(': return ParseParentExpr();
    case TOKEN_IF: return ParseIfExpr();
    case TOKEN_FOR: return ParseForExpr();
    default: return nullptr;
  }
}
```

开始实现 CodeGen：

```
llvm::Value* ForExprAST::CodeGen() {
  // 开始代码生成
  llvm::Value* start_val = start_expr_->CodeGen();
  // 获取当前函数
  llvm::Function* func = g_ir_builder.GetInsertBlock()->getParent();
  // 保存当前 block
  llvm::BasicBlock* pre_block = g_ir_builder.GetInsertBlock();
  // 新增一个循环 block 到当前函数
  llvm::BasicBlock* loop_block =
      llvm::BasicBlock::Create(g_llvm_context, "loop", func);
  // 为当前 block 增加到 loop_block 的跳转指令
  g_ir_builder.CreateBr(loop_block);
  // 开始在 loop_block 内增加指令
  g_ir_builder.SetInsertPoint(loop_block);
  llvm::PHINode* var = g_ir_builder.CreatePHI(
```

```
        llvm::Type::getDoubleTy(g_llvm_context), 2, var_name_.c_str());
    // 如果是来自 pre_block 的跳转,则取 start_val 的值
    var->addIncoming(start_val, pre_block);
    // 现在新增了一个变量 var,因为它可能会被后面的代码引用,所以要注册到
    // g_named_values 中,它可能会和函数参数重名,但这里为了方便,暂且不管
    // 这个特殊情况,直接注册到 g_named_values 中
    g_named_values[var_name_] = var;
    // 在 loop_block 中增加执行代码体的指令
    body_expr_->CodeGen();
    //codegen step_expr
    llvm::Value* step_value = step_expr_->CodeGen();
    // next_var = var + step_value
    llvm::Value* next_value = g_ir_builder.CreateFAdd(var, step_value, "nextvar");
    //codegen end_expr
    llvm::Value* end_value = end_expr_->CodeGen();
    // end_value = (end_value != 0.0)
    end_value = g_ir_builder.CreateFCmpONE(
        end_value, llvm::ConstantFP::get(g_llvm_context, llvm::APFloat(0.0)),
        "loopcond");
    // 和 if、then 和 else 的 block 一样,这里的 block 可能会发生变化,因此要保存当前的 block
    llvm::BasicBlock* loop_end_block = g_ir_builder.GetInsertBlock();
    // 创建循环结束后的 block
    llvm::BasicBlock* after_block =
        llvm::BasicBlock::Create(g_llvm_context, "afterloop", func);
    // 根据 end_value 选择是再执行一次 loop_block 还是进入 after_block
    g_ir_builder.CreateCondBr(end_value, loop_block, after_block);
    // 给 after_block 增加指令
    g_ir_builder.SetInsertPoint(after_block);
    // 如果再次循环,则取新值
    var->addIncoming(next_value, loop_end_block);
    // 循环结束,避免被再次引用
    g_named_values.erase(var_name_);
    // 返回 0
    return llvm::Constant::getNullValue(llvm::Type::getDoubleTy(g_llvm_context));
}
```

输入代码:

```
extern printd(x)

def foo(x)
    if x < 3 then
        1
    else
        foo(x - 1) + foo(x - 2)

for i = 1, i < 10, 1.0 in
    printd(foo(i))
```

输出结果:

```
parsed a extern
declare double @printd(double)

parsed a function definition
define double @foo(double %x) {
entry:
  %cmptmp = fcmp ult double %x, 3.000000e+00
  %booltmp = uitofp i1 %cmptmp to double
  %ifcond = fcmp one double %booltmp, 0.000000e+00
  br i1 %ifcond, label %then, label %else

then:                                           ;preds = %entry
  br label %ifcont

else:                                           ;preds = %entry
  %subtmp = fsub double %x, 1.000000e+00
  %calltmp = call double @foo(double %subtmp)
  %subtmp1 = fsub double %x, 2.000000e+00
  %calltmp2 = call double @foo(double %subtmp1)
  %addtmp = fadd double %calltmp, %calltmp2
  br label %ifcont

ifcont:                                         ; preds = %else, %then
  %iftmp = phi double [ 1.000000e+00, %then ], [ %addtmp, %else ]
  ret double %iftmp
}

parsed a top level expr
define double @__anon_expr() {
entry:
  br label %loop

loop:                                           ;preds = %loop, %entry
  %i = phi double [ 1.000000e+00, %entry ], [ %nextvar, %loop ]
  %calltmp = call double @foo(double %i)
  %calltmp1 = call double @printd(double %calltmp)
  %nextvar = fadd double %i, 1.000000e+00
  %cmptmp = fcmp ult double %i, 1.000000e+01
  %booltmp = uitofp i1 %cmptmp to double
  %loopcond = fcmp one double %booltmp, 0.000000e+00
  br i1 %loopcond, label %loop, label %afterloop

afterloop:                                      ; preds = %loop
  ret double 0.000000e+00
}

1.000000
1.000000
```

```
2.000000
3.000000
5.000000
8.000000
13.000000
21.000000
34.000000
55.000000
0
```

成功遍历了斐波那契数列。

▶▶ 8.2.9 用户自定义操作符

在 C++ 中，用户可以重载操作符，但不能增加它。这里，将给 Kaleidoscope 增加一个功能，让用户可以增加二元操作符。

```
# 新增二元操作符 `>`，其优先级等于内置的 `<`
def binary> 10 (LHS RHS)
  RHS < LHS

# 新增二元操作符 `|`，其优先级为 5
def binary|5 (LHS RHS)
  if LHS then
    1
  else if RHS then
    1
  else
    0

# 新增二元操作符 `=`，其优先级为 9，这个操作符类似 C++中的 `==`
def binary= 9 (LHS RHS)
  !(LHS < RHS |LHS > RHS)
```

增加 TOKEN 类型：

```
enum Token {
  ...
  TOKEN_BINARY = -11,    // 二元操作符
};
```

增加对 TOKEN 类型的识别规则：

```
// 从标准输入中解析一个 token 并返回
int GetToken() {
  ...
  // 识别字符串
  if (isalpha(last_char)) {
    ...
    if (g_identifier_str == "def") {
```

```
        return TOKEN_DEF;
    } else if (g_identifier_str == "extern") {
        return TOKEN_EXTERN;
    } else if (g_identifier_str == "if") {
        return TOKEN_IF;
    } else if (g_identifier_str == "then") {
        return TOKEN_THEN;
    } else if (g_identifier_str == "else") {
        return TOKEN_ELSE;
    } else if (g_identifier_str == "for") {
        return TOKEN_FOR;
    } else if (g_identifier_str == "in") {
        return TOKEN_IN;
    } else if (g_identifier_str == "binary") {
        return TOKEN_BINARY;
    } else {
        return TOKEN_IDENTIFIER;
    }
  }
  ...
}
```

把新增的二元操作符视为一个函数，所以不需要新增 AST，但是需要修改 PrototypeAST。

```
// 函数接口
class PrototypeAST {
 public:
  PrototypeAST(const std::string & name, std::vector<std::string> args,
               bool is_operator = false, int op_precedence = 0)
      : name_(name),
        args_(std::move(args)),
        is_operator_(is_operator),
        op_precedence_(op_precedence) {}
  llvm::Function * CodeGen();

  const std::string & name() const { return name_; }
  int op_precedence() const { return op_precedence_; }
  bool IsUnaryOp() const { return is_operator_ && args_.size() == 1; }
  bool IsBinaryOp() const { return is_operator_ && args_.size() == 2; }

  // like `|` in `binary|`
  charGetOpName() { return name_[name_.size() - 1]; }

 private:
  std::string name_;
  std::vector<std::string> args_;
  bool is_operator_;
  int op_precedence_;
};
```

修改语法分析部分：

```
// prototype
//   ::= id ( id id ... id)
//   ::= binarybinop precedence (id id)
std::unique_ptr<PrototypeAST> ParsePrototype() {
  std::string function_name;
  bool is_operator = false;
  int precedence = 0;
  switch (g_current_token) {
    case TOKEN_IDENTIFIER: {
      function_name = g_identifier_str;
      is_operator = false;
GetNextToken();  // eat id
      break;
    }
    case TOKEN_BINARY: {
      GetNextToken();  // eat binary
      function_name = "binary";
      function_name += (char)(g_current_token);
      is_operator = true;
      GetNextToken();  // eat binop
      precedence = g_number_val;
      GetNextToken();  // eat precedence
      break;
    }
  }
  std::vector<std::string> arg_names;
  while (GetNextToken() == TOKEN_IDENTIFIER) {
    arg_names.push_back(g_identifier_str);
  }
  GetNextToken();  // eat )
  return std::make_unique<PrototypeAST>(function_name, arg_names, is_operator, precedence);
}
```

修改 BinaryExprAST 的 CodeGen 以处理自定义操作符，增加函数调用指令：

```
llvm::Value * BinaryExprAST::CodeGen() {
  llvm::Value * lhs = lhs_->CodeGen();
  llvm::Value * rhs = rhs_->CodeGen();
  switch (op_) {
    case '<': {
      llvm::Value * tmp = g_ir_builder.CreateFCmpULT(lhs, rhs, "cmptmp");
      // 把 0/1 转换为 0.0/1.0
      return g_ir_builder.CreateUIToFP(
          tmp, llvm::Type::getDoubleTy(g_llvm_context), "booltmp");
    }
    case '+': return g_ir_builder.CreateFAdd(lhs, rhs, "addtmp");
```

```
      case '-': return g_ir_builder.CreateFSub(lhs, rhs, "subtmp");
      case '*': return g_ir_builder.CreateFMul(lhs, rhs, "multmp");
      default: {
        // user defined operator
        llvm::Function* func = GetFunction(std::string("binary") + op_);
        llvm::Value* operands[2] = {lhs, rhs};
        return g_ir_builder.CreateCall(func, operands, "binop");
      }
    }
  }
```

在 FunctionAST 实现 CodeGen 时,注册自定义操作符的优先级,从而让自定义操作符被识别为可使用的操作符。

```
llvm::Value* FunctionAST::CodeGen() {
  PrototypeAST& proto = *proto_;
  name2proto_ast[proto.name()] = std::move(proto_);  // transfer ownership
  llvm::Function* func = GetFunction(proto.name());
  if (proto.IsBinaryOp()) {
    g_binop_precedence[proto.GetOpName()] = proto.op_precedence();
  }
  // 创建一个 block 并且将它设置为指令插入位置
  // LLVM block 用于定义控制流图,由于暂不实现控制流图,因此创建
  // 一个 block 即可
  llvm::BasicBlock* block =
      llvm::BasicBlock::Create(g_llvm_context, "entry", func);
  g_ir_builder.SetInsertPoint(block);
  // 将函数参数注册到 g_named_values 中,让 VariableExprAST 可以实现 CodeGen
  g_named_values.clear();
  for (llvm::Value& arg : func->args()) {
    g_named_values[arg.getName()] = &arg;
  }
  //codegen body, 然后返回
  llvm::Value* ret_val = body_->CodeGen();
  g_ir_builder.CreateRet(ret_val);
  llvm::verifyFunction(*func);
  return func;
}
```

输入代码:

```
# 新增二元操作符 `>`,其优先级等于内置的 `<`
def binary> 10 (LHS RHS)
  RHS < LHS

1 > 2
2 > 1
```

```
#新增二元操作符 `|`，其优先级为 5
def binary|5 (LHS RHS)
  if LHS then
    1
  else if RHS then
    1
  else
    0


1 | 0
0 | 1
0 | 0
1 | 1
```

得到输出结果：

```
parsed a function definition
define double @"binary>"(double %LHS, double %RHS) {
entry:
  %cmptmp = fcmp ult double %RHS, %LHS
  %booltmp = uitofp i1 %cmptmp to double
  ret double %booltmp
}


parsed a top level expr
define double @__anon_expr() {
entry:
  %binop = call double @"binary>"(double 1.000000e+00, double 2.000000e+00)
  ret double %binop
}


0
parsed a top level expr
define double @__anon_expr() {
entry:
  %binop = call double @"binary>"(double 2.000000e+00, double 1.000000e+00)
  ret double %binop
}


1
parsed a function definition
define double @"binary|"(double %LHS, double %RHS) {
entry:
  %ifcond = fcmp one double %LHS, 0.000000e+00
  br i1 %ifcond, label %then, label %else


then:                                       ;preds = %entry
  br label %ifcont4
```

```
else:                                    ;preds = %entry
  %ifcond1 = fcmp one double %RHS, 0.000000e+00
  br i1 %ifcond1, label %then2, label %else3

then2:                                   ;preds = %else
  br label %ifcont

else3:                                   ;preds = %else
  br label %ifcont

ifcont:                                  ; preds = %else3, %then2
  %iftmp = phi double [ 1.000000e+00, %then2 ], [ 0.000000e+00, %else3 ]
  br label %ifcont4

ifcont4:                                 ; preds = %ifcont, %then
  %iftmp5 = phi double [ 1.000000e+00, %then ], [ %iftmp, %ifcont ]
  ret double %iftmp5
}

parsed a top level expr
define double @__anon_expr() {
entry:
  %binop = call double @"binary|"(double 1.000000e+00, double 0.000000e+00)
  ret double %binop
}

1
```

解析顶级表达式:

```
define double @__anon_expr() {
entry:
  %binop = call double @"binary|"(double 0.000000e+00, double 1.000000e+00)
  ret double %binop
}

1
```

解析顶级表达式:

```
define double @__anon_expr() {
entry:
  %binop = call double @"binary|"(double 0.000000e+00, double 0.000000e+00)
  ret double %binop
}

0
```

解析顶级表达式:

```
define double @__anon_expr() {
entry:
  %binop = call double @"binary|"(double 1.000000e+00, double 1.000000e+00)
  ret double %binop
}


1
```

▶▶ 8.2.10　可变变量

下面将让 Kaleidoscope 支持可变变量，首先看如下 C 代码：

```
int G, H;
int test(_Bool Condition) {
  int X;
  if (Condition)
    X = G;
  else
    X = H;
  return X;
}
```

由于变量 X 的值依赖于程序的执行路径，因此会加入一个 phi 节点来选取分支结果。上面代码的
LLVM IR 如下所示：

```
@G = weak global i32 0  ; type of @G is i32 *
@H = weak global i32 0  ; type of @H is i32 *

define i32 @test(i1 %Condition) {
entry:
  br i1 %Condition, label %cond_true, label %cond_false

cond_true:
  %X.0 = load i32 * @G
  br label %cond_next

cond_false:
  %X.1 = load i32 * @H
  br label %cond_next

cond_next:
  %X.2 = phi i32 [ %X.1, %cond_false ], [ %X.0, %cond_true ]
  ret i32 %X.2
}
```

上面的 X 是符合 SSA 格式要求的，但是这里真正的难题是给可变变量赋值时怎么自动添加 phi 节
点。先了解一些信息，LLVM 要求寄存器变量是 SSA 格式的，但不允许内存对象是 SSA 格式的。比
如，在上面的例子中，G 和 H 就没有版本号。在 LLVM 中，所有内存访问都为 load 或 store 指令，并

且不存在取内存地址的操作。注意，在上面的例子中，即使 @G 或 @H 全局变量定义时用的 i32，其类型也仍然是 i32 *，表示在全局数据区存放 i32 的空间地址。

现在假设创建一个类似 @G，但是在栈上的内存变量，基本指令如下所示：

```
define i32 @example() {entry:
  %X = alloca i32              ; type of %X is i32 *.
  ...
  %tmp = load i32 * %X         ; load the stack value %X from the stack.
  %tmp2 = add i32 %tmp, 1      ; increment it
  store i32 %tmp2, i32 * %X    ; store it back
  ...
```

于是可以把上面使用 phi 节点的 LLVM IR 改写为使用栈上内存变量：

```
@G = weak global i32 0  ; type of @G is i32 *
@H = weak global i32 0  ; type of @H is i32 *

define i32 @test(i1 %Condition) {
entry:
  %X = alloca i32             ; type of %X is i32 *.
  br i1 %Condition, label %cond_true, label %cond_false

cond_true:
  %X.0 = load i32 * @G
  store i32 %X.0, i32 * %X  ; Update X
  br label %cond_next

cond_false:
  %X.1 = load i32 * @H
  store i32 %X.1, i32 * %X  ; Update X
  br label %cond_next

cond_next:
  %X.2 = load i32 * %X      ; Read X
  ret i32 %X.2
}
```

于是找到了一个可以处理任意可变变量但不需要创建 phi 节点的办法：

1）每个可变变量在栈上创建。

2）变量读取变为从栈中加载。

3）变量更新变为存储到栈。

4）使用栈上地址作为变量地址。

但是这会带来一个新的问题：因为内存的速度不如寄存器，大量使用栈会有性能问题。不过，LLVM 优化器有一个 Pass 称为 mem2reg，它专门将对栈的使用自动地尽可能转换为使用 phi 节点，下面为自动优化的结果：

```
@G = weak global i32 0
@H = weak global i32 0
```

```
define i32 @test(i1 %Condition) {
entry:
  br i1 %Condition, label %cond_true, label %cond_false

cond_true:
  %X.0 = load i32 * @G
  br label %cond_next

cond_false:
  %X.1 = load i32 * @H
  br label %cond_next

cond_next:
  %X.01 = phi i32 [ %X.1, %cond_false ], [ %X.0, %cond_true ]
  ret i32 %X.01}
```

mem2reg 实现了一个称为迭代优势边界的标准算法来自动创建 SSA 格式。

对 mem2reg 的使用需要注意：

1）mem2reg 只能优化栈上变量，不会优化全局变量和堆上变量。

2）mem2reg 只优化输入块中的栈上变量的创建，因为在输入块中就意味着只创建一次。

3）如果对栈上变量有 load 和 store 之外的操作，那么 mem2reg 也不会优化。

4）mem2reg 只能优化基本类型的栈上变量，如指针、数值和数组，其中数组的维度必须为 1。对于结构体和多维数组等的优化，则需要一个称为 SROA 的 Pass。

因为后面需要启用 mem2reg，所以先把优化器加回来，修改全局定义：

```
std::unique_ptr<llvm::Module> g_module;
std::unique_ptr<llvm::legacy::FunctionPassManager> g_fpm;
```

修改 ReCreateModule：

```
void ReCreateModule() {
  g_module = std::make_unique<llvm::Module>("my cool jit", g_llvm_context);
  g_module->setDataLayout(g_jit->getTargetMachine().createDataLayout());
  g_fpm = std::make_unique<llvm::legacy::FunctionPassManager>(g_module.get());
  g_fpm->add(llvm::createInstructionCombiningPass());
  g_fpm->add(llvm::createReassociatePass());
  g_fpm->add(llvm::createGVNPass());
  g_fpm->add(llvm::createCFGSimplificationPass());
  g_fpm->doInitialization();
}
```

在 FunctionAST::CodeGen 中执行优化器：

```
g_ir_builder.CreateRet(ret_val);
llvm::verifyFunction(* func);
g_fpm->run(* func);
```

修改 main 函数：

```
int main() {
  llvm::InitializeNativeTarget();
  llvm::InitializeNativeTargetAsmPrinter();
  llvm::InitializeNativeTargetAsmParser();
  g_jit.reset(newllvm::orc::KaleidoscopeJIT);
  ReCreateModule();
  ...
}
```

mem2reg 有两种类型的变量，分别是函数参数以及 for 循环的变量，这里将这两种变量也修改为使用内存，再让 mem2reg 进行优化。因为所有的变量都会使用内存，所以修改 g_named_values 的存储类型为 AllocaInst *：

```
std::map<std::string,llvm::AllocaInst*> g_named_values;
```

编写一个函数 CreateEntryBlockAlloca，简化后续工作，其功能是向函数的 EntryBlock 的最开始的地方添加分配内存指令：

```
llvm::AllocaInst * CreateEntryBlockAlloca(llvm::Function * func,
                                          const std::string & var_name) {
  llvm::IRBuilder<> ir_builder(&(func->getEntryBlock()),
                               func->getEntryBlock().begin());
  return ir_builder.CreateAlloca(llvm::Type::getDoubleTy(g_llvm_context), 0,
                                 var_name.c_str());
}
```

修改 VariableExprAST::CodeGen，因为所有变量都放在内存上，所以增加 load 指令：

```
llvm::Value * VariableExprAST::CodeGen() {
  llvm::AllocaInst * val = g_named_values.at(name_);
  return g_ir_builder.CreateLoad(val, name_.c_str());
}
```

接下来修改 for 循环里变量的 CodeGen：

```
llvm::Value * ForExprAST::CodeGen() {
  // 获取当前函数
  llvm::Function * func = g_ir_builder.GetInsertBlock()->getParent();
  // 将变量创建为栈上变量,不再是 phi 节点
  llvm::AllocaInst * var = CreateEntryBlockAlloca(func, var_name_);
  //codegen start
  llvm::Value * start_val = start_expr_->CodeGen();
  // 将初始值赋给 var
  g_ir_builder.CreateStore(start_val, var);
  // 新增一个循环 block 到当前函数中
  llvm::BasicBlock * loop_block =
      llvm::BasicBlock::Create(g_llvm_context, "loop", func);
  // 为当前 block 增加到 loop_block 的跳转指令
  g_ir_builder.CreateBr(loop_block);
  // 开始在 loop_block 内增加指令
  g_ir_builder.SetInsertPoint(loop_block);
```

```
// 现在新增了一个变量 var,因为它可能会被后面的代码引用,所以要注册到
// g_named_values 中,它可能会和函数参数重名,但这里为了方便,先暂且不管
// 这个特殊情况,直接注册到 g_named_values 中,
g_named_values[var_name_] = var;
// 在 loop_block 中增加 body 的指令
body_expr_->CodeGen();
//codegen step_expr
llvm::Value * step_value = step_expr_->CodeGen();
// var = var + step_value
llvm::Value * cur_value = g_ir_builder.CreateLoad(var);
llvm::Value * next_value =
    g_ir_builder.CreateFAdd(cur_value, step_value, "nextvar");
g_ir_builder.CreateStore(next_value, var);
//codegen end_expr
llvm::Value * end_value = end_expr_->CodeGen();
// end_value = (end_value != 0.0)
end_value = g_ir_builder.CreateFCmpONE(
    end_value, llvm::ConstantFP::get(g_llvm_context, llvm::APFloat(0.0)),
    "loopcond");
// 和 if、then 和 else 一样,这里的 block 可能会发生变化,于是保存当前的 block
llvm::BasicBlock * loop_end_block = g_ir_builder.GetInsertBlock();
// 创建循环结束后的 block
llvm::BasicBlock * after_block =
    llvm::BasicBlock::Create(g_llvm_context, "afterloop", func);
// 根据 end_value 选择是再执行一次 loop_block 还是进入 after_block
g_ir_builder.CreateCondBr(end_value, loop_block, after_block);
// 给 after_block 增加指令
g_ir_builder.SetInsertPoint(after_block);
// 循环结束,避免被再次引用
g_named_values.erase(var_name_);
// 返回 0
return llvm::Constant::getNullValue(llvm::Type::getDoubleTy(g_llvm_context));
}
```

修改 FunctionAST::CodeGen( ),使得参数可变:

```
llvm::Value * FunctionAST::CodeGen() {
PrototypeAST & proto = *proto_;
name2proto_ast[proto.name()] = std::move(proto_);  // transfer ownership
llvm::Function * func = GetFunction(proto.name());
if (proto.IsBinaryOp()) {
  g_binop_precedence[proto.GetOpName()] = proto.op_precedence();
}
// 创建一个 block 并且将它设置为指令插入位置
// LLVM block 用于定义控制流图,由于暂不实现控制流图,因此创建
// 一个 block 即可
llvm::BasicBlock * block =
    llvm::BasicBlock::Create(g_llvm_context, "entry", func);
g_ir_builder.SetInsertPoint(block);
```

```
    // 将函数参数注册到 g_named_values 中,让 VariableExprAST 可以实现 CodeGen
    g_named_values.clear();
    for (llvm::Value & arg : func->args()) {
        // 为每个参数创建一个栈上变量,并赋初值,修改 g_named_values 使得后面的引用
        // 会引用这个栈上变量
        llvm::AllocaInst * var = CreateEntryBlockAlloca(func, arg.getName());
        g_ir_builder.CreateStore(&arg, var);
        g_named_values[arg.getName()] = var;
    }
    //codegen body,然后返回
    llvm::Value * ret_val = body_->CodeGen();
    g_ir_builder.CreateRet(ret_val);
    llvm::verifyFunction(* func);
    g_fpm->run(* func);
    return func;
}
```

输入代码:

```
extern printd(x)

def foo(x)
    if x < 3 then
        1
    else
        foo(x - 1) + foo(x - 2)

for i = 1, i < 10, 1.0 in
    printd(foo(i))
```

输出结果:

```
parsed a extern
[13/48988]
declare double @printd(double)

parsed a function definition
define double @foo(double %x) {
entry:
  %x1 =alloca double, align 8
  store double %x, double * %x1, align 8
  %cmptmp = fcmp ult double %x, 3.000000e+00
  br i1 %cmptmp, label %ifcont, label %else

else:                                         ;preds = %entry
  %subtmp = fadd double %x, -1.000000e+00
  %calltmp = call double @foo(double %subtmp)
  %subtmp5 = fadd double %x, -2.000000e+00
  %calltmp6 = call double @foo(double %subtmp5)
  %addtmp = fadd double %calltmp, %calltmp6
```

```
    br label %ifcont

  ifcont:                                    ; preds = %entry, %else
    %iftmp = phi double [ %addtmp, %else ], [ 1.000000e+00, %entry ]
    ret double %iftmp
  }

parsed a top level expr
define double @__anon_expr() {
entry:
    %i =alloca double, align 8
    store double 1.000000e+00, double * %i, align 8
    br label %loop

loop:                                        ;preds = %loop, %entry
    %i1 = phi double [ %nextvar, %loop ], [ 1.000000e+00, %entry ]
    %calltmp = call double @foo(double %i1)
    %calltmp2 = call double @printd(double %calltmp)
    %nextvar = fadd double %i1, 1.000000e+00
    store double %nextvar, double * %i, align 8
    %cmptmp = fcmp ult double %nextvar, 1.000000e+01
    br i1 %cmptmp, label %loop, label %afterloop

afterloop:                                   ; preds = %loop
    ret double 0.000000e+00
  }

1.000000
1.000000
2.000000
3.000000
5.000000
8.000000
13.000000
21.000000
34.000000
0
```

可以看到，新版本的 IR 中已经没有 phi 节点，接下来加入优化器：

```
    g_fpm->add(llvm::createPromoteMemoryToRegisterPass());
    g_fpm->add(llvm::createInstructionCombiningPass());
    g_fpm->add(llvm::createReassociatePass());
```

再次得到输出结果：

```
parsed a extern
declare double @printd(double)

parsed a function definition
```

```
define double @foo(double %x) {
entry:
  %cmptmp = fcmp ult double %x, 3.000000e+00
  br i1 %cmptmp, label %ifcont, label %else

else:                                       ;preds = %entry
  %subtmp = fadd double %x, -1.000000e+00
  %calltmp = call double @foo(double %subtmp)
  %subtmp5 = fadd double %x, -2.000000e+00
  %calltmp6 = call double @foo(double %subtmp5)
  %addtmp = fadd double %calltmp, %calltmp6
  br label %ifcont

ifcont:                                     ; preds = %entry, %else
  %iftmp = phi double [ %addtmp, %else ], [ 1.000000e+00, %entry ]
  ret double %iftmp
}

parsed a top level expr
define double @__anon_expr() {
entry:
  br label %loop

loop:                                       ;preds = %loop, %entry
  %i1 = phi double [ %nextvar, %loop ], [ 1.000000e+00, %entry ]
  %calltmp = call double @foo(double %i1)
  %calltmp2 = call double @printd(double %calltmp)
  %nextvar = fadd double %i1, 1.000000e+00
  %cmptmp = fcmp ult double %nextvar, 1.000000e+01
  br i1 %cmptmp, label %loop, label %afterloop

afterloop:                                  ; preds = %loop
  ret double 0.000000e+00
}

1.000000
1.000000
2.000000
3.000000
5.000000
8.000000
13.000000
21.000000
34.000000
0
```

可以看到，栈上变量已自动变为寄存器变量，并且 phi 节点被自动添加。

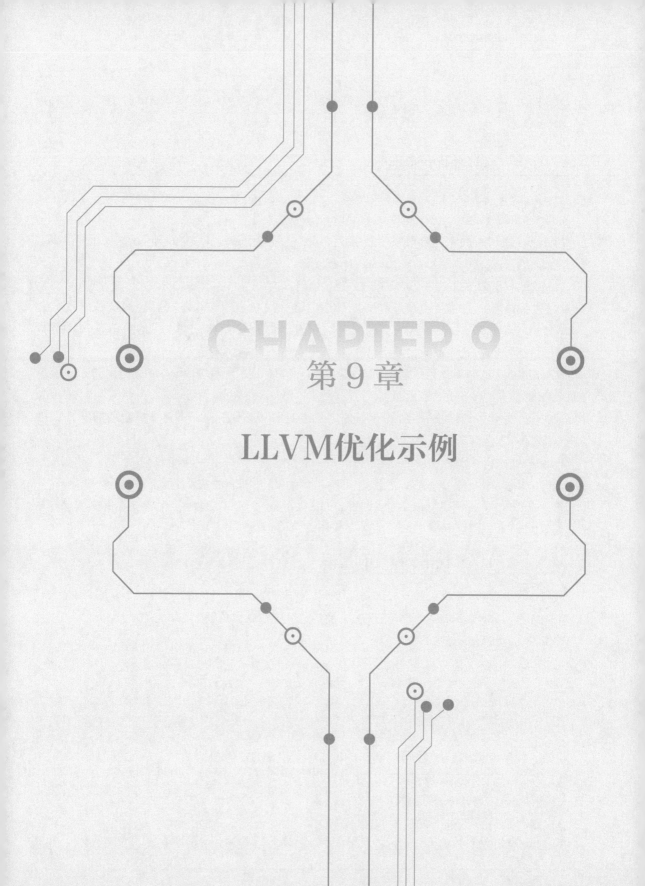

第 9 章

LLVM优化示例

9.1 LLVM 优化示例介绍

9.1.1 编译器优化目标

一个优化的、领先的编译器通常被组织为：

1）一个将源代码翻译为一个中间表示（IR）的前端。

2）一个目标无关的优化流水线，即一系列 Pass，它们持续重写 IR，以消除低效性以及不容易翻译为机器码的形式。有时称之为中端（middle end）。

3）一个目标相关的后端，生成汇编代码或机器码。

在某些编译器中，在整个优化流水线中，IR 格式保持不变，在其他编译器里，格式或语义改变。在 LLVM 里，格式与语义是固定的，因此，在不引入错误编译或导致编译器崩溃的情况下，应该可以运行任何希望的 Pass 序列。

优化流水线中的 Pass 序列由编译器开发者设计；其目标是在合理的时间内完成好相当的工作。它不时会被调整，当然，在每个优化级别，运行着不同的 Pass 集合。编译器研究中一个长期存在的话题是如何使用机器学习或其他方法来提供更好的优化流水线，无论是在一般的还是特定的应用领域，默认流水线都不能出色工作。

Pass 设计的原则有最小性与正交性：每个 Pass 应该做好一件事，在功能上不应该有太多的重叠。在实践中，有时会做出妥协。例如，当两个 Pass 倾向于重复为彼此生成工作时，它们可能被整合为单个、更大的 Pass。同样，某些 IR 层面的功能，如常量折叠，它被广泛使用，作为一个 Pass 是不合理的；例如，LLVM 在创建指令时隐含折叠常量操作。

9.1.2 LLVM 优化 Pass 如何工作

先看一下某些 LLVM 优化 Pass 是如何工作的。假设已经了解 Clang 如何编译一个函数，或者知道 LLVM IR 怎么工作。理解 SSA 形式特别有用。另外，可参考 LLVM 优化 Pass 列表。

研究 Clang 如何优化这段 C++代码：

```
bool is_sorted(int * a, int n)
  for (int i = 0; i < n - 1; i++)
    if (a[i] > a[i + 1])
      return false;
  return true;
```

记住，优化流水线是一个忙碌的地方，将略过许多有趣的内容，比如：

1）内联，一个容易但超级重要的优化。

2）相对于 C，特定于 C++的几乎所有内容。

3）自动向量化，它被早期的循环退出所挫败。

下面将跳过不改变代码的每个 Pass。同样，不会看后端，那里也有很多 Pass。即使这样，这也将是一个有点艰难的过程!

这里使用的是 Clang 发布的 IR 文件格式（手动删除了 Clang 中放入的 optnone 属性），下面是可以用于查看每个优化 Pass 效果的命令行：

```
opt -O2 -print-before-all -print-after-all is_sorted2.ll
```

第一个 Pass 是简化 CFG（控制流图）。因为 Clang 不进行优化，所以它发布的 IR 通常包含清除的机会，如图 9.1 所示。

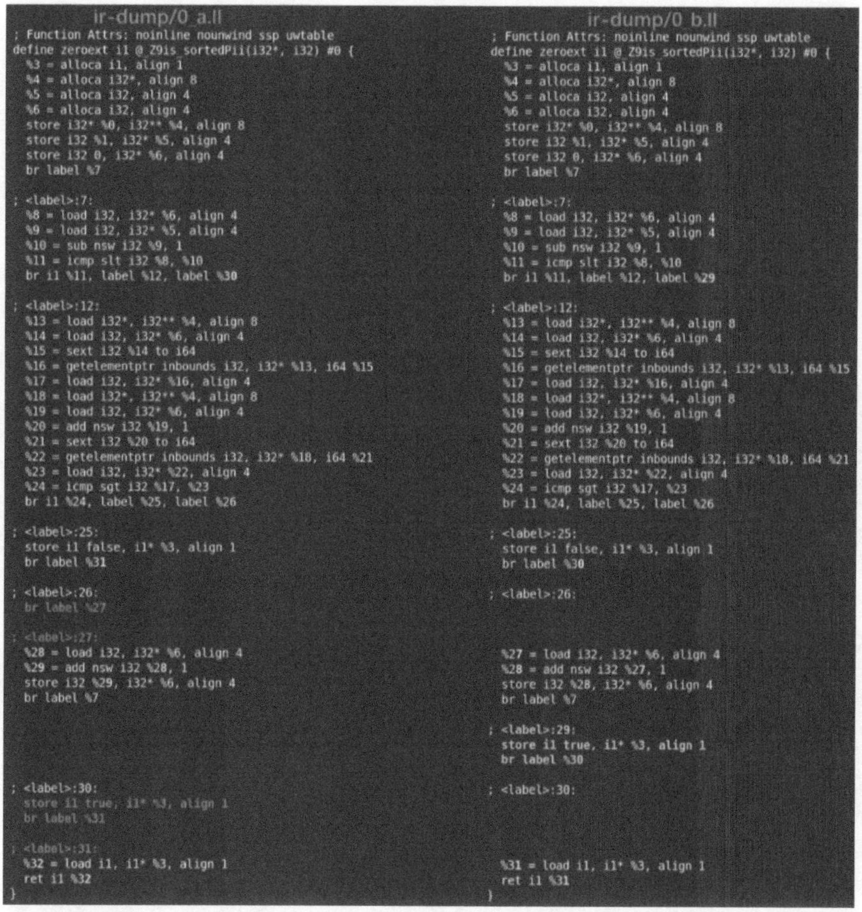

● 图 9.1 简化 CFG

这里，基本块 26 只是跳转到块 27。块 26 这类块可以被消除，到它的跳转将被转发到目标块。Diff 更令人困惑，因为由 LLVM 执行的隐含的块会重编码。SimplifyCFG 执行的整组转换，列出在 Pass 头部的注释里。

SimplifyCFG 实现死代码消除与基本块合并，以及一组其他控制流优化。例如：

1）删除没有前驱的基本块。

2）如果仅有一个前驱且该前驱仅有一个后继，则将该基本块与其前驱合并。

3）消除只有一个前驱的基本块的 phi 节点。

4）消除仅包含无条件分支的基本块。

5）将 invoke 指令改为调用 nounwind 函数。

6）把形如 if(x)...if(y)...的语句改为 if(x&y)...形式。

CFG 清理的大多数情况是其他 LLVM 提供的 Pass 的结果。例如，死代码消除与循环不变代码移动，可以容易地创建空基本块。

▶▶ 9.1.3 聚集对象的标量替换

下一个运行的 Pass 是聚集对象的标量替换（Scalar Replacement Of Aggregates，SROA），它是一个重量级模块。SROA 这个名字有点误导用户，因为 SROA 仅是它其中一个功能。这个 Pass 消除每条 alloca 指令（函数域的内存分配），并尝试把 alloca 指令提升到 SSA 寄存器。在 alloca 指令被多次静态分配，或者是一个可以被分解为其组成的类或结构体时（这个分解就是这个 Pass 名字中提到的标量替换），单个 alloca 指令将被转换为多个寄存器。如图 9.2 所示，SROA 的一个简单版本会放弃地址被获取的栈上变量，但 LLVM 的版本与别名分析相互作用，这是相当智能的（虽然在例子里这种智能是不需要的）。

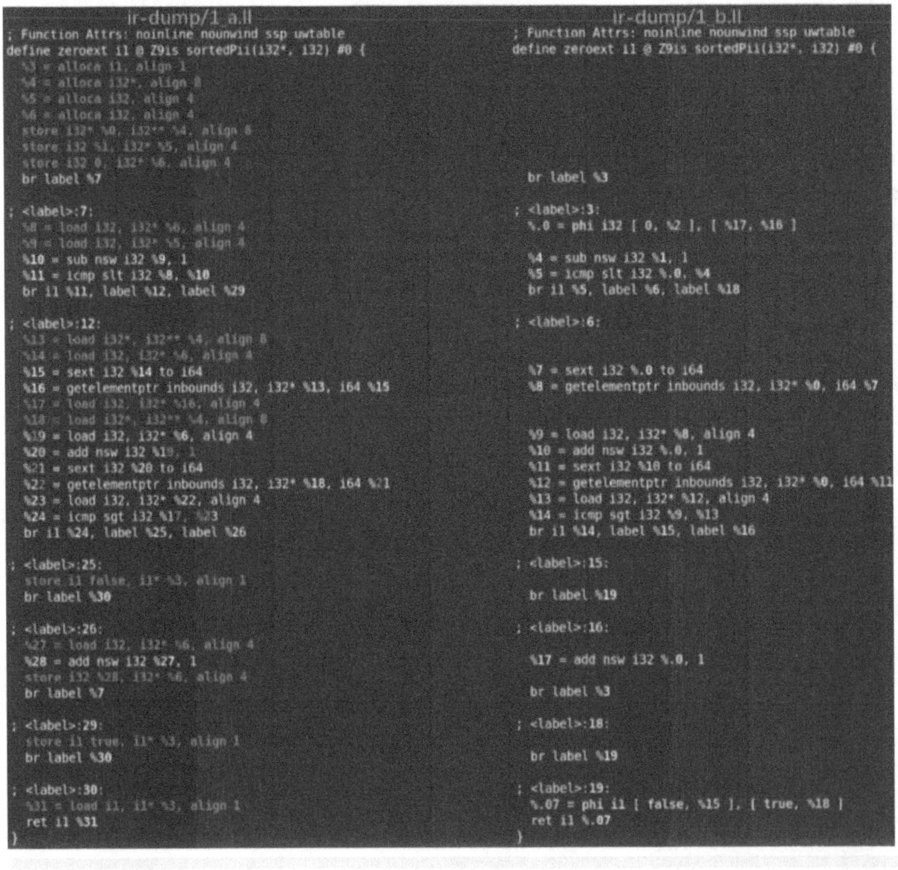

● 图 9.2　SROA Pass

在执行 SROA 后,所有 alloca 指令(以及它们对应的 load 与 store 指令)都消失了,代码变得更加
"干净",更适合后续的优化(当然,SROA 通常不能消除所有的 alloca 指令——仅在指针分析可以完
全消除别名二义性时,才能正常工作)。作为这个优化过程的一部分,SROA 必须插入某些 phi 指令。
phi 是 SSA 表示的核心,由 Clang 发布代码缺少 phi 指令输出,Clang 发布 SSA 的一个平凡类型,其中
基本块间的通信是通过内存,而不是通过 SSA 寄存器。

▶▶ 9.1.4 公共子表达式消除

接下来进行早期公共子表达式消除(CSE)。CSE 尝试消除人们编写的代码和部分优化的代码中出
现的冗余子计算。早期 CSE 是一种快速查找平凡冗余计算的简单 CSE,如图 9.3 所示。

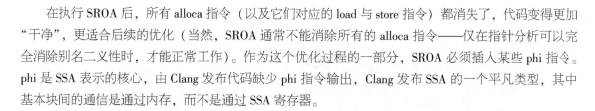

● 图 9.3 早期 CSE Pass

这里 %10 与 %17 做相同的事情,因此其中一个值的使用可以被重写为另一个值的使用,然后消除
了冗余指令。了解一下 SSA 的优点:因为每个寄存器仅分配一次,没有寄存器出现多个版本这样的内
容。因此,可以使用语法等价检测冗余计算,不依赖更深入的程序分析(对内存位置不成立,它在
SSA 世界之外)。

▶▶ 9.1.5 全局变量优化器

接着,运行几个没有太大影响的 Pass,然后使用全局变量优化器,它的作用为:

这个全局变量优化 Pass 将改变简单的、地址没有被获取的全局变量。如果这种改变显然成立,那
么它将既读又写的全局变量标记为常量,删除仅写入的全局变量等。

它进行了如图 9.4 所示的改变。

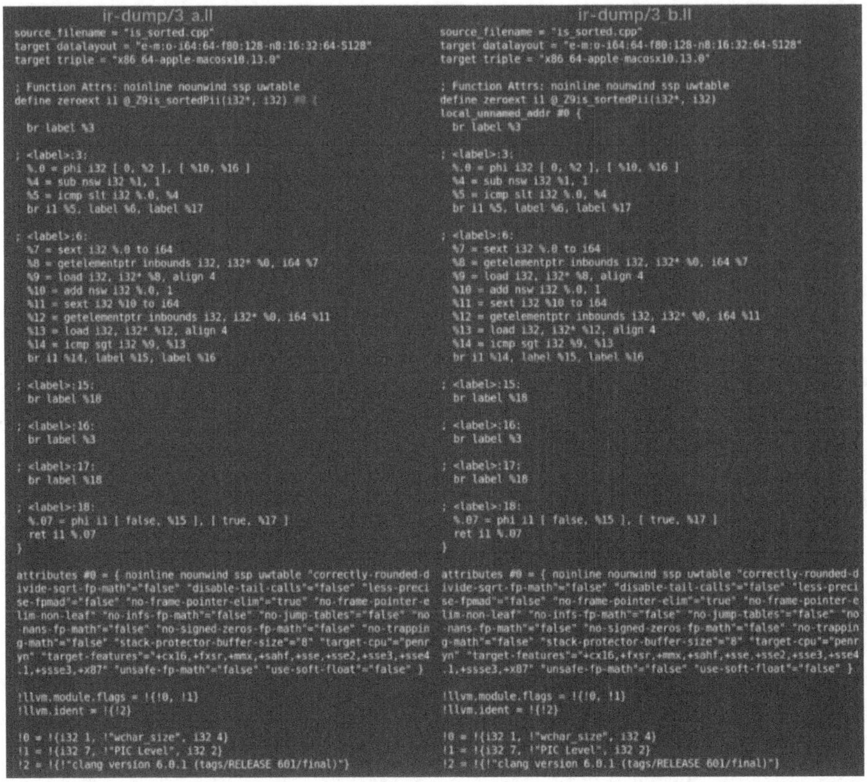

```
source_filename = "is_sorted.cpp"              source_filename = "is_sorted.cpp"
target datalayout = "e-m:o-i64:64-f80:128-n8:16:32:64-S128"    target datalayout = "e-m:o-i64:64-f80:128-n8:16:32:64-S128"
target triple = "x86_64-apple-macosx10.13.0"   target triple = "x86_64-apple-macosx10.13.0"

; Function Attrs: noinline nounwind ssp uwtable  ; Function Attrs: noinline nounwind ssp uwtable
define zeroext i1 @_Z9is_sortedPii(i32*, i32) #0 {  define zeroext i1 @_Z9is_sortedPii(i32*, i32)
                                               local_unnamed_addr #0 {
  br label %3                                    br label %3

; <label>:3                                    ; <label>:3
  %.0 = phi i32 [ 0, %2 ], [ %10, %16 ]          %.0 = phi i32 [ 0, %2 ], [ %10, %16 ]
  %4 = sub nsw i32 %1, 1                          %4 = sub nsw i32 %1, 1
  %5 = icmp slt i32 %.0, %4                       %5 = icmp slt i32 %.0, %4
  br i1 %5, label %6, label %17                   br i1 %5, label %6, label %17

; <label>:6                                    ; <label>:6
  %7 = sext i32 %.0 to i64                        %7 = sext i32 %.0 to i64
  %8 = getelementptr inbounds i32, i32* %0, i64 %7  %8 = getelementptr inbounds i32, i32* %0, i64 %7
  %9 = load i32, i32* %8, align 4                 %9 = load i32, i32* %8, align 4
  %10 = add nsw i32 %.0, 1                        %10 = add nsw i32 %.0, 1
  %11 = sext i32 %10 to i64                       %11 = sext i32 %10 to i64
  %12 = getelementptr inbounds i32, i32* %0, i64 %11  %12 = getelementptr inbounds i32, i32* %0, i64 %11
  %13 = load i32, i32* %12, align 4              %13 = load i32, i32* %12, align 4
  %14 = icmp sgt i32 %9, %13                      %14 = icmp sgt i32 %9, %13
  br i1 %14, label %15, label %16                 br i1 %14, label %15, label %16

; <label>:15                                   ; <label>:15
  br label %18                                    br label %18

; <label>:16                                   ; <label>:16
  br label %3                                     br label %3

; <label>:17                                   ; <label>:17
  br label %18                                    br label %18

; <label>:18                                   ; <label>:18
  %.07 = phi i1 [ false, %15 ], [ true, %17 ]    %.07 = phi i1 [ false, %15 ], [ true, %17 ]
  ret i1 %.07                                     ret i1 %.07
}                                              }

attributes #0 = { noinline nounwind ssp uwtable "correctly-rounded-d   attributes #0 = { noinline nounwind ssp uwtable "correctly-rounded-d
ivide-sqrt-fp-math"="false" "disable-tail-calls"="false" "less-preci   ivide-sqrt-fp-math"="false" "disable-tail-calls"="false" "less-preci
se-fpmad"="false" "no-frame-pointer-elim"="true" "no-frame-pointer-e   se-fpmad"="false" "no-frame-pointer-elim"="true" "no-frame-pointer-e
lim-non-leaf" "no-infs-fp-math"="false" "no-jump-tables"="false" "no   lim-non-leaf" "no-infs-fp-math"="false" "no-jump-tables"="false" "no
-nans-fp-math"="false" "no-signed-zeros-fp-math"="false" "no-trappin   -nans-fp-math"="false" "no-signed-zeros-fp-math"="false" "no-trappin
g-math"="false" "stack-protector-buffer-size"="8" "target-cpu"="penr   g-math"="false" "stack-protector-buffer-size"="8" "target-cpu"="penr
yn" "target-features"="+cx16,+fxsr,+mmx,+sahf,+sse,+sse2,+sse3,+sse4   yn" "target-features"="+cx16,+fxsr,+mmx,+sahf,+sse,+sse2,+sse3,+sse4
.1,+ssse3,+x87" "unsafe-fp-math"="false" "use-soft-float"="false" }   .1,+ssse3,+x87" "unsafe-fp-math"="false" "use-soft-float"="false" }

!llvm.module.flags = !{!0, !1}                  !llvm.module.flags = !{!0, !1}
!llvm.ident = !{!2}                             !llvm.ident = !{!2}

!0 = !{i32 1, !"wchar_size", i32 4}             !0 = !{i32 1, !"wchar_size", i32 4}
!1 = !{i32 7, !"PIC Level", i32 2}              !1 = !{i32 7, !"PIC Level", i32 2}
!2 = !{!"clang version 6.0.1 (tags/RELEASE 601/final)"}  !2 = !{!"clang version 6.0.1 (tags/RELEASE 601/final)"}
```

● 图 9.4　全局变量优化器进行的改变

在图 9.4 中，添加的内容是一个函数属性：由编译器的一部分向另一个部分保存可能有用的真实的元数据。

不像已经看过的其他优化，全局变量优化器是过程间的，它查看整个 LLVM 模块。模块几乎等价于 C 或 C++中的编译单元。不同的是，过程内优化一次仅查看一个函数。

▶▶ 9.1.6　指令合并器

下一个运行的 Pass 是指令合并器（InstCombine）。它是一大组多种多样的窥孔优化，它们（通常）将一组由数据流连接的指令重写为更高效的形式。InstCombine 不会改变函数的控制流。如图 9.5 所示，在这个例子中，它没有太多事情可做：这里不是从%1 减去 1 来计算%4，于是决定加上−1。这是规范化而不是优化。当有多种方式表示一个计算时，LLVM 尝试将该计算规范化为一种形式（通常任意选择），这种形式是 LLVM Pass 与后端都期望看到的。由 InstCombine 进行的第二个改变是将计算%7 与%11 的两个符号扩展操作规范化为零扩展（zext）。在编译器可以证明 sext 的操作数是非负时，这是一个安全的"或"转换运算。这里就是这种情形，因为循环归纳变量从 0 开始，在到达 n 之前停止（如果 n 是负的，则循环永远不会执行）。最后的改变是向产生%10 的指令添加 nuw（没有无符号回绕）标记。这是安全的做法，因为通过观察可以发现：

1）归纳变量总是递增的。

2）如果一个变量从 0 开始且递增，在到达仅次于 UINT_MAX 的无符号回绕边界前，穿过仅次于 INT_MAX 的有符号回绕边界，它将变成未定义的。这个标记可用于证明后续优化的合理性。

接着，如图 9.6 所示，SimplifyCFG 第二次运行，删除两个空的基本块。

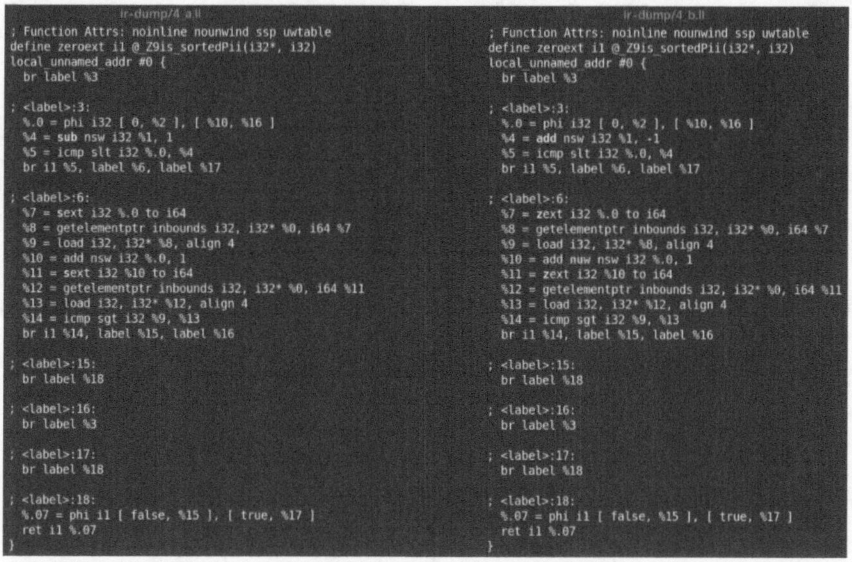

● 图 9.5　InstCombine 的示例

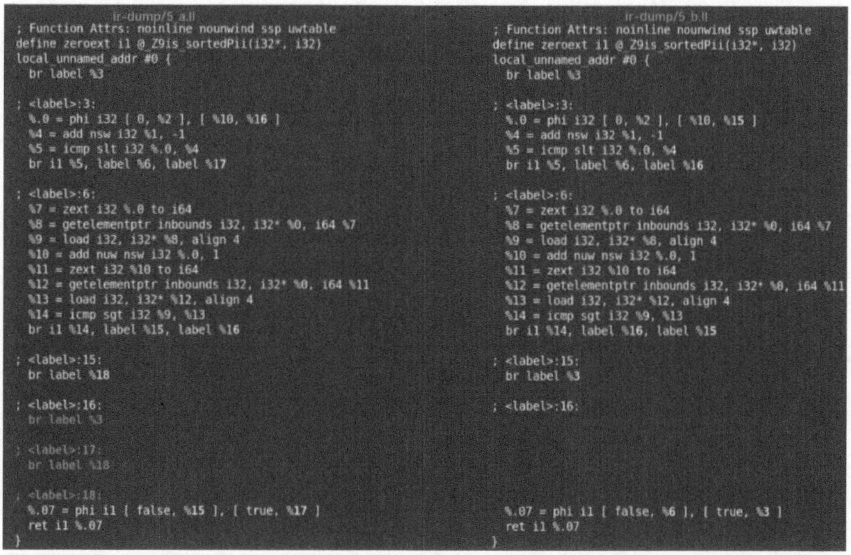

● 图 9.6　SimplifyCFG 第二次运行，删除两个空的基本块

如图 9.7 所示，这是推导函数属性一步修饰函数，实现过程间传递，调用图推导和/或传播函数属性。

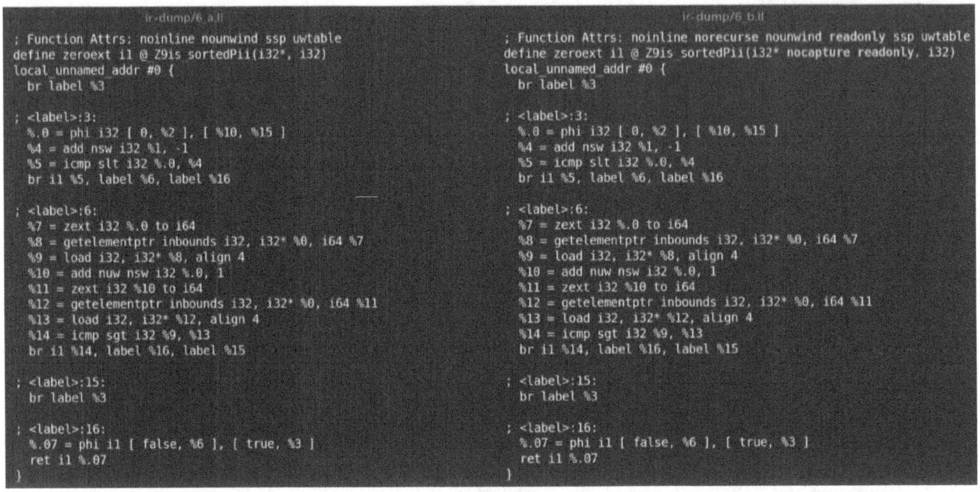

● 图 9.7　推导函数属性一步修饰函数

norecurse 表示该函数没有出现在任何递归循环中，而一个只读函数不会改变全局状态。在函数返回后，不保存 nocapture 参数，而只读参数引用没有被函数修改的存储对象。

9.2　改进优化条件

▶▶ 9.2.1　偏转循环移动代码

接着，偏转循环移动代码，尝试改进后续优化的条件，如图 9.8 所示。

虽然这个 diff（差分）算法看起来有点复杂，但发生的事情并不多。

diff 算法可以分为以下几个步骤：

1）比较两个节点是否相同，如果不相同，则认为该节点需要更新；

2）如果两个节点类型不同，则直接替换节点；

3）如果节点类型相同，比较节点的属性，更新发生变化的属性；

4）对子节点进行递归比较，找出差异并更新。

通过要求 LLVM 绘制循环偏转前后的控制流图，可以更容易地看到发生了什么，如图 9.9 所示。

原始代码仍然匹配由 Clang 发布的循环结构：

```
    initializer
    goto COND
  COND:
    if (condition)
      goto BODY
    else
```

```
    goto EXIT
BODY:
  body
  modifier
  goto COND
EXIT:
```

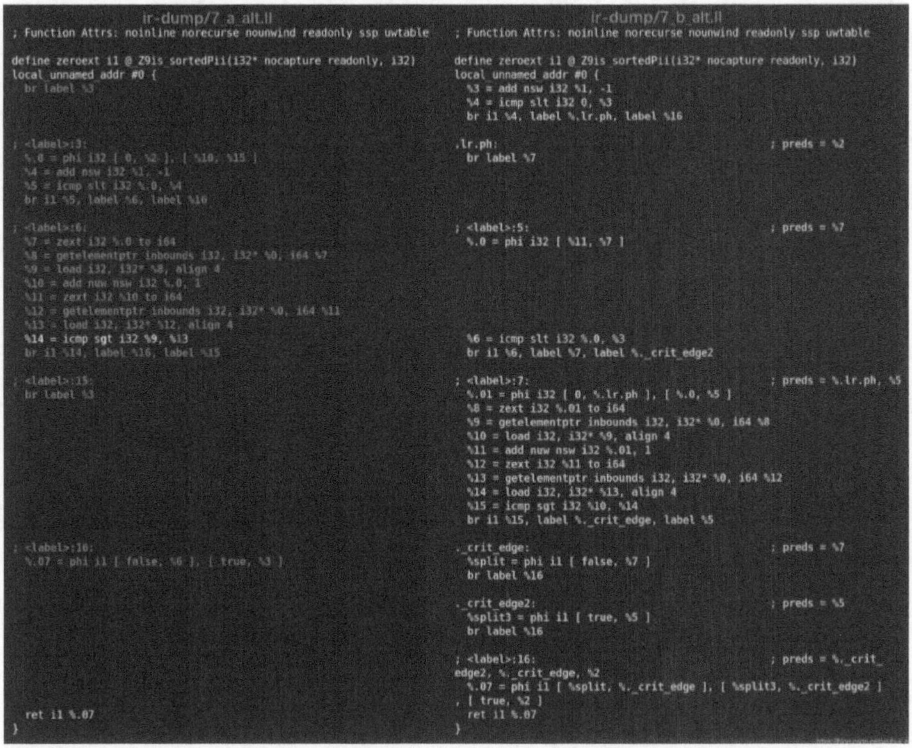

● 图 9.8　偏转循环移动代码，改进后续优化的条件

而偏转循环是这样的：

```
    initializer
    if (condition)
      goto BODY
    else
      goto EXIT
BODY:
  body
  modifier
  if (condition)
    goto BODY
  else
    goto EXIT
EXIT:
```

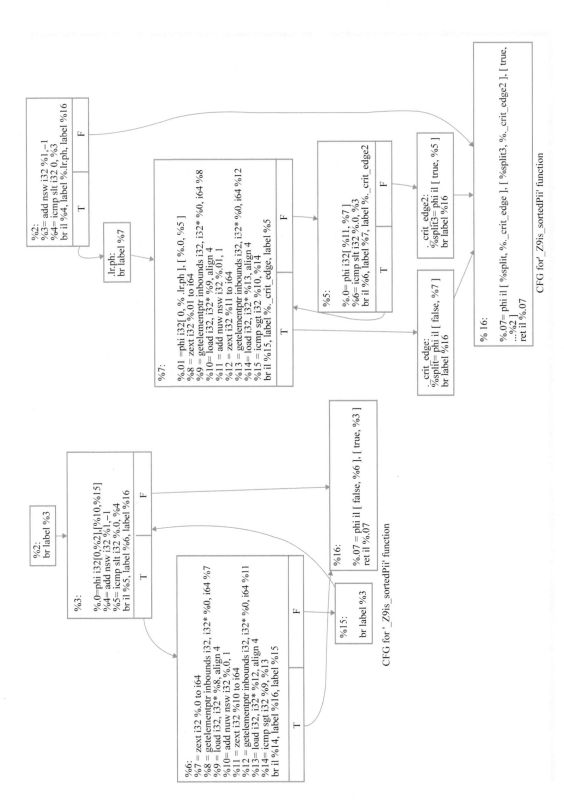

● 图 9.9　LLVM 绘制的循环偏转前后的控制流图

循环偏转的要点是删除一个分支并激活后续优化。

如图 9.10 所示，CFG 折叠了两个仅包含退化（单输入）phi 节点的基本块。

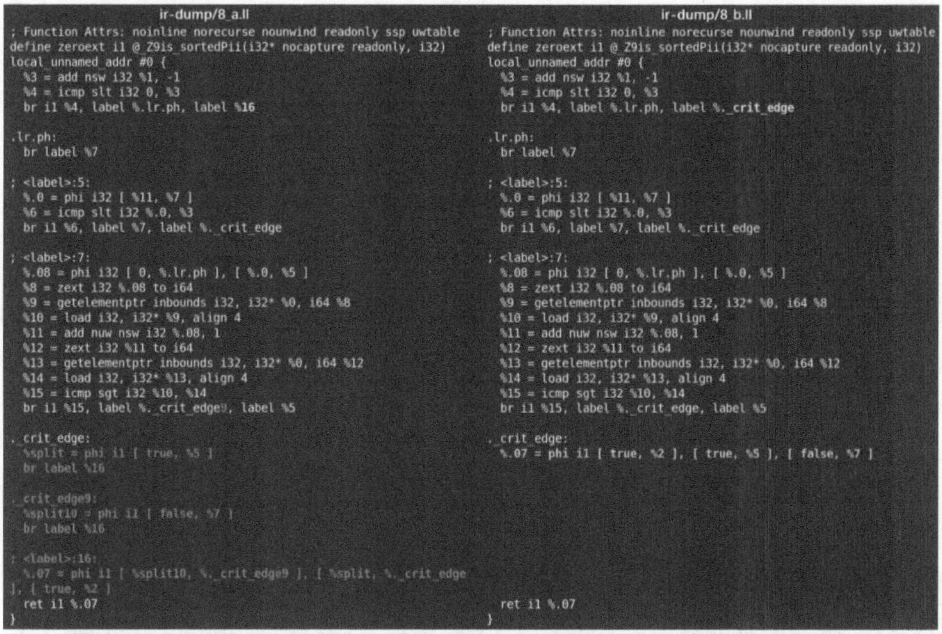

ir-dump/8_a.ll

```
; Function Attrs: noinline norecurse nounwind readonly ssp uwtable
define zeroext i1 @_Z9is_sortedPii(i32* nocapture readonly, i32)
local_unnamed_addr #0 {
  %3 = add nsw i32 %1, -1
  %4 = icmp slt i32 0, %3
  br i1 %4, label %.lr.ph, label %16

.lr.ph:
  br label %7

; <label>:5:
  %.0 = phi i32 [ %11, %7 ]
  %6 = icmp slt i32 %.0, %3
  br i1 %6, label %7, label %._crit_edge

; <label>:7:
  %.08 = phi i32 [ 0, %.lr.ph ], [ %.0, %5 ]
  %8 = zext i32 %.08 to i64
  %9 = getelementptr inbounds i32, i32* %0, i64 %8
  %10 = load i32, i32* %9, align 4
  %11 = add nuw nsw i32 %.08, 1
  %12 = zext i32 %11 to i64
  %13 = getelementptr inbounds i32, i32* %0, i64 %12
  %14 = load i32, i32* %13, align 4
  %15 = icmp sgt i32 %10, %14
  br i1 %15, label %._crit_edge9, label %5

._crit_edge:
  %split = phi i1 [ true, %5 ]
  br label %16

._crit_edge9:
  %split10 = phi i1 [ false, %7 ]
  br label %16

; <label>:16:
  %.07 = phi i1 [ %split10, %._crit_edge9 ], [ %split, %._crit_edge
], [ true, %2 ]
  ret i1 %.07
}
```

ir-dump/8_b.ll

```
; Function Attrs: noinline norecurse nounwind readonly ssp uwtable
define zeroext i1 @_Z9is_sortedPii(i32* nocapture readonly, i32)
local_unnamed_addr #0 {
  %3 = add nsw i32 %1, -1
  %4 = icmp slt i32 0, %3
  br i1 %4, label %.lr.ph, label %._crit_edge

.lr.ph:
  br label %7

; <label>:5:
  %.0 = phi i32 [ %11, %7 ]
  %6 = icmp slt i32 %.0, %3
  br i1 %6, label %7, label %._crit_edge

; <label>:7:
  %.08 = phi i32 [ 0, %.lr.ph ], [ %.0, %5 ]
  %8 = zext i32 %.08 to i64
  %9 = getelementptr inbounds i32, i32* %0, i64 %8
  %10 = load i32, i32* %9, align 4
  %11 = add nuw nsw i32 %.08, 1
  %12 = zext i32 %11 to i64
  %13 = getelementptr inbounds i32, i32* %0, i64 %12
  %14 = load i32, i32* %13, align 4
  %15 = icmp sgt i32 %10, %14
  br i1 %15, label %._crit_edge, label %5

._crit_edge:
  %.07 = phi i1 [ true, %2 ], [ true, %5 ], [ false, %7 ]

  ret i1 %.07
}
```

● 图 9.10　CFG 折叠了两个仅包含退化（单输入）phi 节点的基本块

指令合并器将%4=0 s<(%1-1)重写为%4=%1 s>1，这种操作很有用，因为它减少了依赖链的长度，但还可能创建死指令。这个 Pass 还消除了另一个在循环偏转期间增加的平凡 phi 节点，如图 9.11 所示。

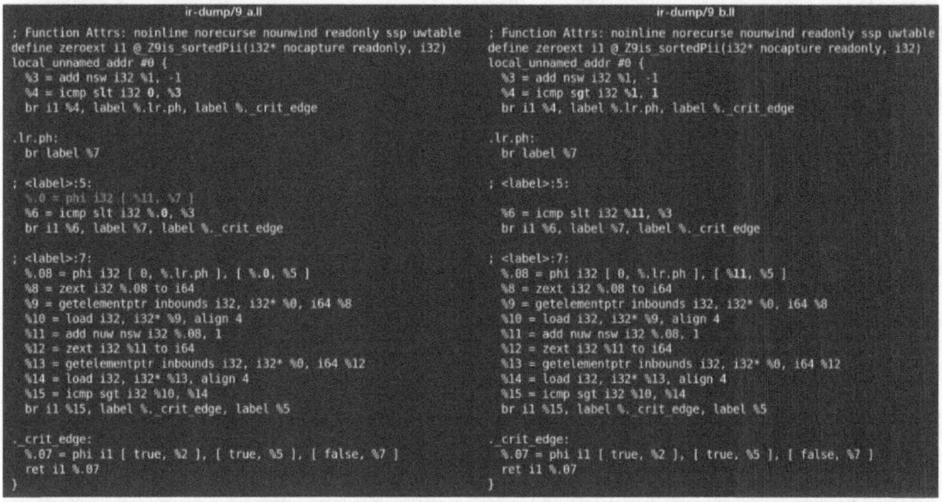

ir-dump/9_a.ll

```
; Function Attrs: noinline norecurse nounwind readonly ssp uwtable
define zeroext i1 @_Z9is_sortedPii(i32* nocapture readonly, i32)
local_unnamed_addr #0 {
  %3 = add nsw i32 %1, -1
  %4 = icmp slt i32 0, %3
  br i1 %4, label %.lr.ph, label %._crit_edge

.lr.ph:
  br label %7

; <label>:5:
  %.0 = phi i32 [ %11, %7 ]
  %6 = icmp slt i32 %.0, %3
  br i1 %6, label %7, label %._crit_edge

; <label>:7:
  %.08 = phi i32 [ 0, %.lr.ph ], [ %.0, %5 ]
  %8 = zext i32 %.08 to i64
  %9 = getelementptr inbounds i32, i32* %0, i64 %8
  %10 = load i32, i32* %9, align 4
  %11 = add nuw nsw i32 %.08, 1
  %12 = zext i32 %11 to i64
  %13 = getelementptr inbounds i32, i32* %0, i64 %12
  %14 = load i32, i32* %13, align 4
  %15 = icmp sgt i32 %10, %14
  br i1 %15, label %._crit_edge, label %5

._crit_edge:
  %.07 = phi i1 [ true, %2 ], [ true, %5 ], [ false, %7 ]
  ret i1 %.07
}
```

ir-dump/9_b.ll

```
; Function Attrs: noinline norecurse nounwind readonly ssp uwtable
define zeroext i1 @_Z9is_sortedPii(i32* nocapture readonly, i32)
local_unnamed_addr #0 {
  %3 = add nsw i32 %1, -1
  %4 = icmp sgt i32 %1, 1
  br i1 %4, label %.lr.ph, label %._crit_edge

.lr.ph:
  br label %7

; <label>:5:

  %6 = icmp slt i32 %11, %3
  br i1 %6, label %7, label %._crit_edge

; <label>:7:
  %.08 = phi i32 [ 0, %.lr.ph ], [ %11, %5 ]
  %8 = zext i32 %.08 to i64
  %9 = getelementptr inbounds i32, i32* %0, i64 %8
  %10 = load i32, i32* %9, align 4
  %11 = add nuw nsw i32 %.08, 1
  %12 = zext i32 %11 to i64
  %13 = getelementptr inbounds i32, i32* %0, i64 %12
  %14 = load i32, i32* %13, align 4
  %15 = icmp sgt i32 %10, %14
  br i1 %15, label %._crit_edge, label %5

._crit_edge:
  %.07 = phi i1 [ true, %2 ], [ true, %5 ], [ false, %7 ]
  ret i1 %.07
}
```

● 图 9.11　消除在循环偏转期间增加的平凡 phi 节点

9.2.2 运行规范化自然循环

接着，运行规范化自然循环，它的作用为：这个 Pass 执行几个转换，将自然循环转换为更简单的形式，使得后续分析与转换更简单、高效。将循环头前（pre-header）插入，确保从循环外部到循环头有单个非关键入口边。这简化了若干分析与转换，比如循环不变量代码移动（Loop-Invariant Code Motion，LICM）。

循环退出块插入以确保循环的所有退出块（前驱在循环内的循环外部块）仅有来自循环内部的前驱（因而由循环头支配）。这简化了构建在 LICM 里诸如存储下沉（store-sinking）的转换。

这个 Pass 还会保证循环将仅有一条回边。

间接 br 指令会引入几个复杂性条件。如果该循环包含一条间接 br 指令，或由一条间接 br 指令进入，转换该循环并得到上述这些保证，估计是不可能的。在依赖复杂性条件之前，用户代码应该检查这些条件是否成立。

注意，simplifycfg Pass 将清除被拆分出但最终无用的块，因此使用这个 Pass 生成的代码的鲁棒性强。

这个 Pass 显然修改了 CFG，但更新了循环信息与支配者信息。

如图 9.12 所示，可以看到插入了循环退出块。

ir-dump/10_a.ll

```
; Function Attrs: noinline norecurse nounwind readonly ssp uwtable
define zeroext i1 @_Z9is_sortedPii(i32* nocapture readonly, i32)
local_unnamed_addr #0 {
  %3 = add nsw i32 %1, -1
  %4 = icmp sgt i32 %1, 1
  br i1 %4, label %.lr.ph, label %._crit_edge

.lr.ph:
  br label %7

; <label>:5:
  %6 = icmp slt i32 %11, %3
  br i1 %6, label %7, label %._crit_edge

; <label>:7:
  %.08 = phi i32 [ 0, %.lr.ph ], [ %11, %5 ]
  %8 = zext i32 %.08 to i64
  %9 = getelementptr inbounds i32, i32* %0, i64 %8
  %10 = load i32, i32* %9, align 4
  %11 = add nuw nsw i32 %.08, 1
  %12 = zext i32 %11 to i64
  %13 = getelementptr inbounds i32, i32* %0, i64 %12
  %14 = load i32, i32* %13, align 4
  %15 = icmp sgt i32 %10, %14
  br i1 %15, label %._crit_edge, label %5

._crit_edge:
  %.07 = phi i1 [ true, %2 ], [ true, %5 ], [ false, %7 ]
  ret i1 %.07
}
```

ir-dump/10_b.ll

```
; Function Attrs: noinline norecurse nounwind readonly ssp uwtable
define zeroext i1 @_Z9is_sortedPii(i32* nocapture readonly, i32)
local_unnamed_addr #0 {
  %3 = add nsw i32 %1, -1
  %4 = icmp sgt i32 %1, 1
  br i1 %4, label %.lr.ph, label %._crit_edge

.lr.ph:
  br label %7

; <label>:5:
  %6 = icmp slt i32 %11, %3
  br i1 %6, label %7, label %._crit_edge.loopexit

; <label>:7:
  %.08 = phi i32 [ 0, %.lr.ph ], [ %11, %5 ]
  %8 = zext i32 %.08 to i64
  %9 = getelementptr inbounds i32, i32* %0, i64 %8
  %10 = load i32, i32* %9, align 4
  %11 = add nuw nsw i32 %.08, 1
  %12 = zext i32 %11 to i64
  %13 = getelementptr inbounds i32, i32* %0, i64 %12
  %14 = load i32, i32* %13, align 4
  %15 = icmp sgt i32 %10, %14
  br i1 %15, label %._crit_edge.loopexit, label %5

._crit_edge.loopexit:
  %.07.ph = phi i1 [ false, %7 ], [ true, %5 ]
  br label %._crit_edge

._crit_edge:
  %.07 = phi i1 [ true, %2 ], [ %.07.ph, %._crit_edge.loopexit ]
  ret i1 %.07
}
```

图 9.12 插入了循环退出块

9.2.3 归纳变量简化

接下来是归纳变量简化：这个转换分析把归纳变量（以及从它们中导出的计算）转换为适合后续分析与转换的更简单形式。

如果循环的行程计数是可计算的，那么这个 Pass 会进行下面的改变。

1）循环的退出条件被规范化为将归纳变量与退出值比较。这将像 for (i = 7; i * I < 1000; ++i)

的循环转换为 for（i = 0；i！= 25；++i）。

2）从归纳变量推导的表达式，在循环外的任意使用被改变为计算循环外的推导值，消除了对归纳变量推导值的依赖。如果循环的仅有目的是计算某个推导表达式的退出值，那么这个转换将使得这个循环停止。

这个 Pass 的效果只是将 32 位归纳变量重写为 64 位，如图 9.13 所示。

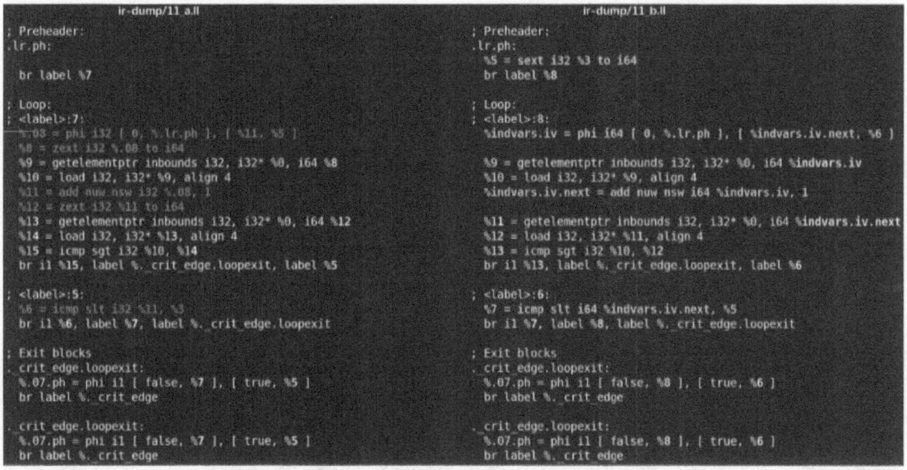

● 图 9.13　将 32 位归纳变量重写为 64 位

之前从 sext 中规范化的 zext 被转换回 sext。

现在全局值编号将执行一个非常聪明的优化，观察是否能通过这个差分算法找出全局值编号，如图 9.14 所示。

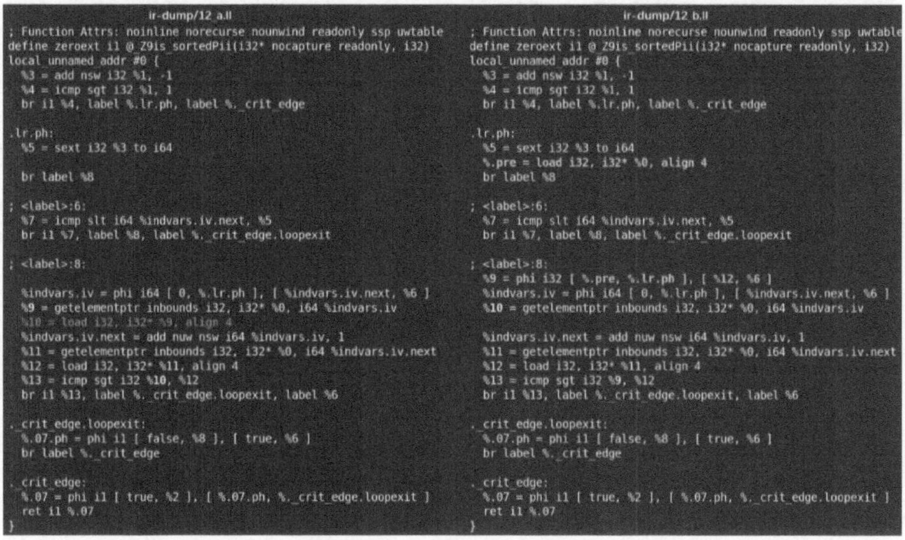

● 图 9.14　全局值编号通过差分算法优化

找到了吗？图 9.14 左边循环里的两个 load 对应 a[i] 与 a[i+1]。这里 GVN 断定载入 a[i] 是不必要的，因为来自一次循环迭代的 a[i+1]，可以转发到下一次迭代作为 a[i]。这个简单的技巧将这个函数发出的载入数减半。LLVM 与 GCC 都是最近得到这个转换的。

能否比较 a[i] 与 a[i+2] 这个技巧是否仍然奏效？事实证明，LLVM 不愿意或不能够这样做，但对于这个问题，GCC 愿意丢弃最多 4 个寄存器。

▶▶ 9.2.4 进行比特追踪死代码消除

现在进行比特追踪死代码消除。

本小节实现了比特追踪死代码消除 Pass。某些指令（偏转，以及 and、or 等）会终结某些输入比特。追踪这些死比特并删除仅计算这些死比特的指令。

但事实证明，这个额外的清理是不需要的，因为仅有的死代码是 GEP，它明显是"死"的（GVN 删除了之前使用它计算的地址的 load 指令），如图 9.15 所示。

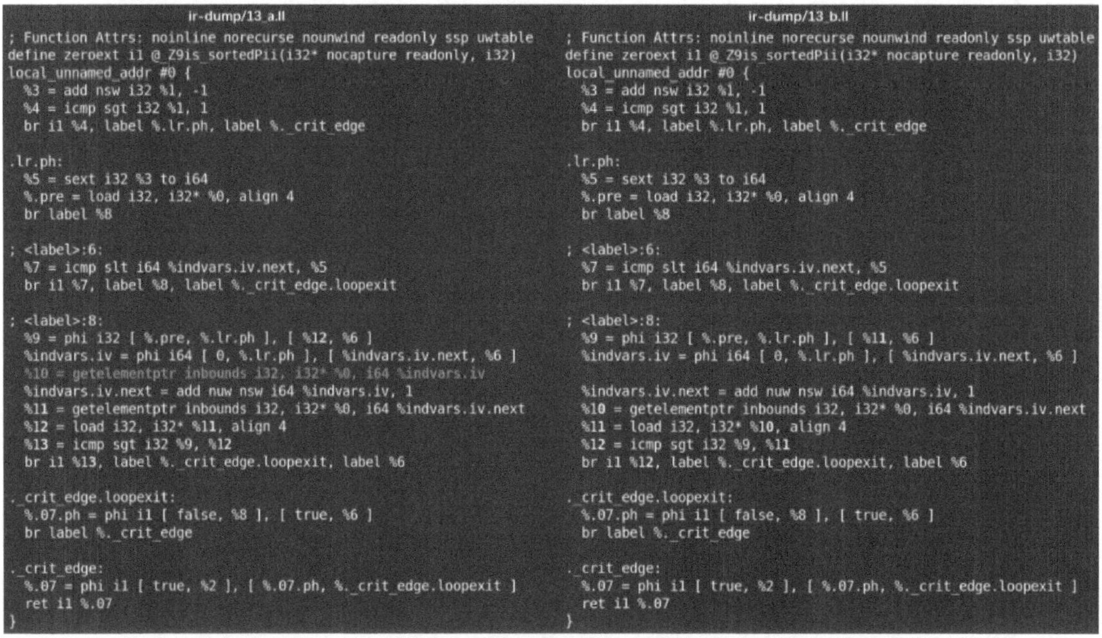

● 图 9.15　额外的清理是不需要的，因为死代码是 GEP

现在指令合并器将一个 add 指令下沉到一个基本块。将这个转换放入指令合并器的基本原理不清楚。也许没有比这更明显的地方了，如图 9.16 所示。

现在事情有点奇怪了，跳转线程化操作撤销了规范化自然循环之前做的事情，如图 9.17 所示。

如图 9.18 所示，然后将算子规范化回来。

CFG 简化又把算子重新规范化操作，如图 9.19 所示。

```
                    ir-dump/14_a.ll                                               ir-dump/14_b.ll
; Function Attrs: noinline norecurse nounwind readonly ssp uwtable     ; Function Attrs: noinline norecurse nounwind readonly ssp uwtable
define zeroext i1 @_Z9is_sortedPii(i32* nocapture readonly, i32)       define zeroext i1 @_Z9is_sortedPii(i32* nocapture readonly, i32)
local_unnamed_addr #0 {                                                local_unnamed_addr #0 {
  %3 = add nsw i32 %1, -1                                                %3 = icmp sgt i32 %1, 1
  %4 = icmp sgt i32 %1, 1                                                br i1 %3, label %.lr.ph, label %._crit_edge
  br i1 %4, label %.lr.ph, label %._crit_edge
                                                                      .lr.ph:
.lr.ph:                                                                 %4 = add nsw i32 %1, -1
  %5 = sext i32 %3 to i64                                               %5 = sext i32 %4 to i64
  %.pre = load i32, i32* %0, align 4                                    %.pre = load i32, i32* %0, align 4
  br label %8                                                           br label %8

; <label>:6:                                                          ; <label>:6:
  %7 = icmp slt i64 %indvars.iv.next, %5                                %7 = icmp slt i64 %indvars.iv.next, %5
  br i1 %7, label %8, label %._crit_edge.loopexit                       br i1 %7, label %8, label %._crit_edge.loopexit

; <label>:8:                                                          ; <label>:8:
  %9 = phi i32 [ %.pre, %.lr.ph ], [ %11, %6 ]                          %9 = phi i32 [ %.pre, %.lr.ph ], [ %11, %6 ]
  %indvars.iv = phi i64 [ 0, %.lr.ph ], [ %indvars.iv.next, %6 ]        %indvars.iv = phi i64 [ 0, %.lr.ph ], [ %indvars.iv.next, %6 ]
  %indvars.iv.next = add nuw nsw i64 %indvars.iv, 1                     %indvars.iv.next = add nuw nsw i64 %indvars.iv, 1
  %10 = getelementptr inbounds i32, i32* %0, i64 %indvars.iv.next       %10 = getelementptr inbounds i32, i32* %0, i64 %indvars.iv.next
  %11 = load i32, i32* %10, align 4                                     %11 = load i32, i32* %10, align 4
  %12 = icmp sgt i32 %9, %11                                            %12 = icmp sgt i32 %9, %11
  br i1 %12, label %._crit_edge.loopexit, label %6                      br i1 %12, label %._crit_edge.loopexit, label %6

._crit_edge.loopexit:                                                ._crit_edge.loopexit:
  %.07.ph = phi i1 [ false, %8 ], [ true, %6 ]                          %.07.ph = phi i1 [ false, %8 ], [ true, %6 ]
  br label %._crit_edge                                                 br label %._crit_edge

._crit_edge:                                                         ._crit_edge:
  %.07 = phi i1 [ true, %2 ], [ %.07.ph, %._crit_edge.loopexit ]        %.07 = phi i1 [ true, %2 ], [ %.07.ph, %._crit_edge.loopexit ]
  ret i1 %.07                                                           ret i1 %.07
}                                                                     }
```

• 图 9.16 指令合并器将 add 指令下沉到基本块

```
                    ir-dump/15_a.ll                                               ir-dump/15_b.ll
; Function Attrs: noinline norecurse nounwind readonly ssp uwtable     ; Function Attrs: noinline norecurse nounwind readonly ssp uwtable
define zeroext i1 @_Z9is_sortedPii(i32* nocapture readonly, i32)       define zeroext i1 @_Z9is_sortedPii(i32* nocapture readonly, i32)
local_unnamed_addr #0 {                                                local_unnamed_addr #0 {
  %3 = icmp sgt i32 %1, 1                                               %3 = icmp sgt i32 %1, 1
  br i1 %3, label %.lr.ph, label %._crit_edge                          br i1 %3, label %.lr.ph, label %._crit_edge

.lr.ph:                                                               .lr.ph:
  %4 = add nsw i32 %1, -1                                               %4 = add nsw i32 %1, -1
  %5 = sext i32 %4 to i64                                               %5 = sext i32 %4 to i64
  %.pre = load i32, i32* %0, align 4                                    %.pre = load i32, i32* %0, align 4
  br label %8                                                           br label %8

; <label>:6:                                                          ; <label>:6:
  %7 = icmp slt i64 %indvars.iv.next, %5                                %7 = icmp slt i64 %indvars.iv.next, %5
  br i1 %7, label %8, label %._crit_edge.loopexit                       br i1 %7, label %8, label %._crit_edge

; <label>:8:                                                          ; <label>:8:
  %9 = phi i32 [ %.pre, %.lr.ph ], [ %11, %6 ]                          %9 = phi i32 [ %.pre, %.lr.ph ], [ %11, %6 ]
  %indvars.iv = phi i64 [ 0, %.lr.ph ], [ %indvars.iv.next, %6 ]        %indvars.iv = phi i64 [ 0, %.lr.ph ], [ %indvars.iv.next, %6 ]
  %indvars.iv.next = add nuw nsw i64 %indvars.iv, 1                     %indvars.iv.next = add nuw nsw i64 %indvars.iv, 1
  %10 = getelementptr inbounds i32, i32* %0, i64 %indvars.iv.next       %10 = getelementptr inbounds i32, i32* %0, i64 %indvars.iv.next
  %11 = load i32, i32* %10, align 4                                     %11 = load i32, i32* %10, align 4
  %12 = icmp sgt i32 %9, %11                                            %12 = icmp sgt i32 %9, %11
  br i1 %12, label %._crit_edge.loopexit, label %6                      br i1 %12, label %._crit_edge, label %6

._crit_edge.loopexit:
  %.07.ph = phi i1 [ false, %8 ], [ true, %6 ]
  br label %._crit_edge

._crit_edge:                                                         ._crit_edge:
  %.07 = phi i1 [ true, %2 ], [ %.07.ph, %._crit_edge.loopexit ]        %.07 = phi i1 [ true, %2 ], [ false, %8 ], [ true, %6 ]
  ret i1 %.07                                                           ret i1 %.07
}                                                                     }
```

• 图 9.17 跳转线程化操作撤销规范化自然循环前的操作

```
ir-dump/16_a.ll
; Function Attrs: noinline norecurse nounwind readonly ssp uwtable
define zeroext i1 @ Z9is sortedPii(i32* nocapture readonly, i32)
local_unnamed_addr #0 {
  %3 = icmp sgt i32 %1, 1
  br i1 %3, label %.lr.ph, label %. crit_edge

.lr.ph:
  %4 = add nsw i32 %1, -1
  %5 = sext i32 %4 to i64
  %.pre = load i32, i32* %0, align 4
  br label %8

; <label>:6:
  %7 = icmp slt i64 %indvars.iv.next, %5
  br i1 %7, label %8, label %. crit_edge

; <label>:8:
  %9 = phi i32 [ %.pre, %.lr.ph ], [ %11, %6 ]
  %indvars.iv = phi i64 [ 0, %.lr.ph ], [ %indvars.iv.next, %6 ]
  %indvars.iv.next = add nuw nsw i64 %indvars.iv, 1
  %10 = getelementptr inbounds i32, i32* %0, i64 %indvars.iv.next
  %11 = load i32, i32* %10, align 4
  %12 = icmp sgt i32 %9, %11
  br i1 %12, label %. crit_edge, label %6




.crit_edge:
  %.07 = phi i1 [ true, %2 ], [ false, %8 ], [ true, %6 ]
  ret i1 %.07
}
```

```
ir-dump/16_b.ll
; Function Attrs: noinline norecurse nounwind readonly ssp uwtable
define zeroext i1 @ Z9is sortedPii(i32* nocapture readonly, i32)
local_unnamed_addr #0 {
  %3 = icmp sgt i32 %1, 1
  br i1 %3, label %.lr.ph, label %. crit_edge

.lr.ph:
  %4 = add nsw i32 %1, -1
  %5 = sext i32 %4 to i64
  %.pre = load i32, i32* %0, align 4
  br label %8

; <label>:6:
  %7 = icmp slt i64 %indvars.iv.next, %5
  br i1 %7, label %8, label %. crit_edge.loopexit

; <label>:8:
  %9 = phi i32 [ %.pre, %.lr.ph ], [ %11, %6 ]
  %indvars.iv = phi i64 [ 0, %.lr.ph ], [ %indvars.iv.next, %6 ]
  %indvars.iv.next = add nuw nsw i64 %indvars.iv, 1
  %10 = getelementptr inbounds i32, i32* %0, i64 %indvars.iv.next
  %11 = load i32, i32* %10, align 4
  %12 = icmp sgt i32 %9, %11
  br i1 %12, label %. crit_edge.loopexit, label %6

. crit_edge.loopexit:
  %.07.ph = phi i1 [ true, %6 ], [ false, %8 ]
  br label %. crit_edge

. crit_edge:
  %.07 = phi i1 [ true, %2 ], [ %.07.ph, %. crit_edge.loopexit ]
  ret i1 %.07
}
```

● 图 9.18　将算子规范化回来

```
ir-dump/17_a.ll
; Function Attrs: noinline norecurse nounwind readonly ssp uwtable
define zeroext i1 @ Z9is sortedPii(i32* nocapture readonly, i32)
local_unnamed_addr #0 {
  %3 = icmp sgt i32 %1, 1
  br i1 %3, label %.lr.ph, label %. crit_edge

.lr.ph:
  %4 = add nsw i32 %1, -1
  %5 = sext i32 %4 to i64
  %.pre = load i32, i32* %0, align 4
  br label %8

; <label>:6:
  %7 = icmp slt i64 %indvars.iv.next, %5
  br i1 %7, label %8, label %. crit_edge.loopexit

; <label>:8:
  %9 = phi i32 [ %.pre, %.lr.ph ], [ %11, %6 ]
  %indvars.iv = phi i64 [ 0, %.lr.ph ], [ %indvars.iv.next, %6 ]
  %indvars.iv.next = add nuw nsw i64 %indvars.iv, 1
  %10 = getelementptr inbounds i32, i32* %0, i64 %indvars.iv.next
  %11 = load i32, i32* %10, align 4
  %12 = icmp sgt i32 %9, %11
  br i1 %12, label %. crit_edge.loopexit, label %6

. crit_edge.loopexit:
  %.07.ph = phi i1 [ true, %6 ], [ false, %8 ]
  br label %. crit_edge

. crit_edge:
  %.07 = phi i1 [ true, %2 ], [ %.07.ph, %. crit_edge.loopexit ]
  ret i1 %.07
}
```

```
ir-dump/17_b.ll
; Function Attrs: noinline norecurse nounwind readonly ssp uwtable
define zeroext i1 @ Z9is sortedPii(i32* nocapture readonly, i32)
local_unnamed_addr #0 {
  %3 = icmp sgt i32 %1, 1
  br i1 %3, label %.lr.ph, label %. crit_edge

.lr.ph:
  %4 = add nsw i32 %1, -1
  %5 = sext i32 %4 to i64
  %.pre = load i32, i32* %0, align 4
  br label %8

; <label>:6:
  %7 = icmp slt i64 %indvars.iv.next, %5
  br i1 %7, label %8, label %. crit_edge

; <label>:8:
  %9 = phi i32 [ %.pre, %.lr.ph ], [ %11, %6 ]
  %indvars.iv = phi i64 [ 0, %.lr.ph ], [ %indvars.iv.next, %6 ]
  %indvars.iv.next = add nuw nsw i64 %indvars.iv, 1
  %10 = getelementptr inbounds i32, i32* %0, i64 %indvars.iv.next
  %11 = load i32, i32* %10, align 4
  %12 = icmp sgt i32 %9, %11
  br i1 %12, label %. crit_edge, label %6

. crit_edge:
  %.07 = phi i1 [ true, %2 ], [ true, %6 ], [ false, %8 ]
  ret i1 %.07
}
```

● 图 9.19　CFG 简化又把算子重新规范化操作

如图 9.20 所示，第一次从 CFG 算子规范化操作回来后，重新执行规范化操作。

```
ir-dump/18_a.ll                                          ir-dump/18_b.ll
; Function Attrs: noinline norecurse nounwind readonly ssp uwtable      ; Function Attrs: noinline norecurse nounwind readonly ssp uwtable
define zeroext i1 @ Z9is_sortedPii(i32* nocapture readonly, i32)        define zeroext i1 @ Z9is_sortedPii(i32* nocapture readonly, i32)
local_unnamed_addr #0 {                                   local_unnamed_addr #0 {
  %3 = icmp sgt i32 %1, 1                                   %3 = icmp sgt i32 %1, 1
  br i1 %3, label %.lr.ph, label %._crit_edge               br i1 %3, label %.lr.ph, label %._crit_edge

.lr.ph:                                                  .lr.ph:
  %4 = add nsw i32 %1, -1                                   %4 = add nsw i32 %1, -1
  %5 = sext i32 %4 to i64                                   %5 = sext i32 %4 to i64
  %.pre = load i32, i32* %0, align 4                        %.pre = load i32, i32* %0, align 4
  br label %8                                               br label %8

; <label>:6:                                             ; <label>:6:
  %7 = icmp slt i64 %indvars.iv.next, %5                    %7 = icmp slt i64 %indvars.iv.next, %5
  br i1 %7, label %8, label %._crit_edge                    br i1 %7, label %8, label %._crit_edge.loopexit

; <label>:8:                                             ; <label>:8:
  %9 = phi i32 [ %.pre, %.lr.ph ], [ %11, %6 ]             %9 = phi i32 [ %.pre, %.lr.ph ], [ %11, %6 ]
  %indvars.iv = phi i64 [ 0, %.lr.ph ], [ %indvars.iv.next, %6 ]   %indvars.iv = phi i64 [ 0, %.lr.ph ], [ %indvars.iv.next, %6 ]
  %indvars.iv.next = add nuw nsw i64 %indvars.iv, 1        %indvars.iv.next = add nuw nsw i64 %indvars.iv, 1
  %10 = getelementptr inbounds i32, i32* %0, i64 %indvars.iv.next   %10 = getelementptr inbounds i32, i32* %0, i64 %indvars.iv.next
  %11 = load i32, i32* %10, align 4                         %11 = load i32, i32* %10, align 4
  %12 = icmp sgt i32 %9, %11                                %12 = icmp sgt i32 %9, %11
  br i1 %12, label %._crit_edge, label %6                   br i1 %12, label %._crit_edge.loopexit, label %6

                                                         ._crit_edge.loopexit:
                                                           %.07.ph = phi i1 [ false, %8 ], [ true, %6 ]
                                                           br label %._crit_edge

._crit_edge:                                             ._crit_edge:
  %.07 = phi i1 [ true, %2 ], [ true, %6 ], [ false, %8 ]  %.07 = phi i1 [ true, %2 ], [ %.07.ph, %._crit_edge.loopexit ]
  ret i1 %.07                                               ret i1 %.07
}                                                        }
```

• 图 9.20　第一次从 CFG 算子规范化操作回来后，重新执行规范化操作

如图 9.21 所示，第一次回去后，重新执行规范化操作。

```
ir-dump/19_a.ll                                          ir-dump/19_b.ll
; Function Attrs: noinline norecurse nounwind readonly ssp uwtable      ; Function Attrs: noinline norecurse nounwind readonly ssp uwtable
define zeroext i1 @ Z9is_sortedPii(i32* nocapture readonly, i32)        define zeroext i1 @ Z9is_sortedPii(i32* nocapture readonly, i32)
local_unnamed_addr #0 {                                   local_unnamed_addr #0 {
  %3 = icmp sgt i32 %1, 1                                   %3 = icmp sgt i32 %1, 1
  br i1 %3, label %.lr.ph, label %._crit_edge               br i1 %3, label %.lr.ph, label %._crit_edge

.lr.ph:                                                  .lr.ph:
  %4 = add nsw i32 %1, -1                                   %4 = add nsw i32 %1, -1
  %5 = sext i32 %4 to i64                                   %5 = sext i32 %4 to i64
  %.pre = load i32, i32* %0, align 4                        %.pre = load i32, i32* %0, align 4
  br label %8                                               br label %8

; <label>:6:                                             ; <label>:6:
  %7 = icmp slt i64 %indvars.iv.next, %5                    %7 = icmp slt i64 %indvars.iv.next, %5
  br i1 %7, label %8, label %._crit_edge.loopexit           br i1 %7, label %8, label %._crit_edge

; <label>:B:                                             ; <label>:8:
  %9 = phi i32 [ %.pre, %.lr.ph ], [ %11, %6 ]             %9 = phi i32 [ %.pre, %.lr.ph ], [ %11, %6 ]
  %indvars.iv = phi i64 [ 0, %.lr.ph ], [ %indvars.iv.next, %6 ]   %indvars.iv = phi i64 [ 0, %.lr.ph ], [ %indvars.iv.next, %6 ]
  %indvars.iv.next = add nuw nsw i64 %indvars.iv, 1        %indvars.iv.next = add nuw nsw i64 %indvars.iv, 1
  %10 = getelementptr inbounds i32, i32* %0, i64 %indvars.iv.next   %10 = getelementptr inbounds i32, i32* %0, i64 %indvars.iv.next
  %11 = load i32, i32* %10, align 4                         %11 = load i32, i32* %10, align 4
  %12 = icmp sgt i32 %9, %11                                %12 = icmp sgt i32 %9, %11
  br i1 %12, label %._crit_edge.loopexit, label %6          br i1 %12, label %._crit_edge, label %6

._crit_edge.loopexit:
  %.07.ph = phi i1 [ false, %8 ], [ true, %6 ]
  br label %._crit_edge

._crit_edge:                                             ._crit_edge:
  %.07 = phi i1 [ true, %2 ], [ %.07.ph, %._crit_edge.loopexit ]   %.07 = phi i1 [ true, %2 ], [ false, %8 ], [ true, %6 ]
  ret i1 %.07                                               ret i1 %.07
}                                                        }
```

• 图 9.21　第一次回去后，重新执行规范化操作

如图 9.22 所示，第二次回来后，重新执行规范化操作。

```
                    ir-dump/20_a.ll                                              ir-dump/20_b.ll
; Function Attrs: noinline norecurse nounwind readonly ssp uwtable    ; Function Attrs: noinline norecurse nounwind readonly ssp uwtable
define zeroext i1 @_Z9is_sortedPii(i32* nocapture readonly, i32)      define zeroext i1 @_Z9is_sortedPii(i32* nocapture readonly, i32)
local_unnamed_addr #0 {                                               local_unnamed_addr #0 {
  %3 = icmp sgt i32 %1, 1                                               %3 = icmp sgt i32 %1, 1
  br i1 %3, label %.lr.ph, label %._crit_edge                          br i1 %3, label %.lr.ph, label %._crit_edge

.lr.ph:                                                              .lr.ph:
  %4 = add nsw i32 %1, -1                                               %4 = add nsw i32 %1, -1
  %5 = sext i32 %4 to i64                                               %5 = sext i32 %4 to i64
  %.pre = load i32, i32* %0, align 4                                    %.pre = load i32, i32* %0, align 4
  br label %8                                                           br label %8

; <label>:6:                                                        ; <label>:6:
  %7 = icmp slt i64 %indvars.iv.next, %5                                %7 = icmp slt i64 %indvars.iv.next, %5
  br i1 %7, label %8, label %._crit_edge                                br i1 %7, label %8, label %._crit_edge.loopexit

; <label>:8:                                                        ; <label>:8:
  %9 = phi i32 [ %.pre, %.lr.ph ], [ %11, %6 ]                          %9 = phi i32 [ %.pre, %.lr.ph ], [ %11, %6 ]
  %indvars.iv = phi i64 [ 0, %.lr.ph ], [ %indvars.iv.next, %6 ]        %indvars.iv = phi i64 [ 0, %.lr.ph ], [ %indvars.iv.next, %6 ]
  %indvars.iv.next = add nuw nsw i64 %indvars.iv, 1                     %indvars.iv.next = add nuw nsw i64 %indvars.iv, 1
  %10 = getelementptr inbounds i32, i32* %0, i64 %indvars.iv.next       %10 = getelementptr inbounds i32, i32* %0, i64 %indvars.iv.next
  %11 = load i32, i32* %10, align 4                                     %11 = load i32, i32* %10, align 4
  %12 = icmp sgt i32 %9, %11                                            %12 = icmp sgt i32 %9, %11
  br i1 %12, label %._crit_edge, label %6                               br i1 %12, label %._crit_edge.loopexit, label %6

                                                                    ._crit_edge.loopexit:
                                                                       %.07.ph = phi i1 [ true, %6 ], [ false, %8 ]
                                                                       br label %._crit_edge

._crit_edge:                                                        ._crit_edge:
  %.07 = phi i1 [ true, %2 ], [ false, %8 ], [ true, %6 ]              %.07 = phi i1 [ true, %2 ], [ %.07.ph, %._crit_edge.loopexit ]
  ret i1 %.07                                                          ret i1 %.07
}                                                                   }
```

● 图 9.22 第二次回来后，重新执行规范化操作

如图 9.23 所示，第二次回去后，重新执行规范化操作。

```
                    ir-dump/21_a.ll                                              ir-dump/21_b.ll
; Function Attrs: noinline norecurse nounwind readonly ssp uwtable    ; Function Attrs: noinline norecurse nounwind readonly ssp uwtable
define zeroext i1 @_Z9is_sortedPii(i32* nocapture readonly, i32)      define zeroext i1 @_Z9is_sortedPii(i32* nocapture readonly, i32)
local_unnamed_addr #0 {                                               local_unnamed_addr #0 {
  %3 = icmp sgt i32 %1, 1                                               %3 = icmp sgt i32 %1, 1
  br i1 %3, label %.lr.ph, label %._crit_edge                          br i1 %3, label %.lr.ph, label %._crit_edge

.lr.ph:                                                              .lr.ph:
  %4 = add nsw i32 %1, -1                                               %4 = add nsw i32 %1, -1
  %5 = sext i32 %4 to i64                                               %5 = sext i32 %4 to i64
  %.pre = load i32, i32* %0, align 4                                    %.pre = load i32, i32* %0, align 4
  br label %8                                                           br label %8

; <label>:6:                                                        ; <label>:6:
  %7 = icmp slt i64 %indvars.iv.next, %5                                %7 = icmp slt i64 %indvars.iv.next, %5
  br i1 %7, label %8, label %._crit_edge.loopexit                       br i1 %7, label %8, label %._crit_edge

; <label>:8:                                                        ; <label>:8:
  %9 = phi i32 [ %.pre, %.lr.ph ], [ %11, %6 ]                          %9 = phi i32 [ %.pre, %.lr.ph ], [ %11, %6 ]
  %indvars.iv = phi i64 [ 0, %.lr.ph ], [ %indvars.iv.next, %6 ]        %indvars.iv = phi i64 [ 0, %.lr.ph ], [ %indvars.iv.next, %6 ]
  %indvars.iv.next = add nuw nsw i64 %indvars.iv, 1                     %indvars.iv.next = add nuw nsw i64 %indvars.iv, 1
  %10 = getelementptr inbounds i32, i32* %0, i64 %indvars.iv.next       %10 = getelementptr inbounds i32, i32* %0, i64 %indvars.iv.next
  %11 = load i32, i32* %10, align 4                                     %11 = load i32, i32* %10, align 4
  %12 = icmp sgt i32 %9, %11                                            %12 = icmp sgt i32 %9, %11
  br i1 %12, label %._crit_edge.loopexit, label %6                      br i1 %12, label %._crit_edge, label %6

._crit_edge.loopexit:
  %.07.ph = phi i1 [ true, %6 ], [ false, %8 ]
  br label %._crit_edge

._crit_edge:                                                        ._crit_edge:
  %.07 = phi i1 [ true, %2 ], [ %.07.ph, %._crit_edge.loopexit ]        %.07 = phi i1 [ true, %2 ], [ true, %6 ], [ false, %8 ]
  ret i1 %.07                                                          ret i1 %.07
}                                                                   }
```

● 图 9.23 第二次回去后，重新执行规范化操作

终于完成了中端。图 9.23 右边的代码是（在这个情形里）传递给 x86-64 后端的代码。我们可能想知道在 Pass 流水线末尾的振荡行为是否是编译器的缺陷造成的，但记住，这个函数非常简单，在翻来覆去的操作中混合了一大群 Pass，但均没有提到它们，因为它们没有改变代码。就中端优化流水线的后半部分而言，在这里看到的基本上是一个退化的执行。

9.3 链接时优化

▶▶ 9.3.1 LTO 基本概念

开启链接时优化（Link Time Optimization，LTO）主要有下列几点好处：

1）将一些函数内联化。

2）去除了一些无用代码。

3）对程序有全局的优化作用。

所以对包大小造成影响的应该是前面两点。

什么是 LTO？如图 9.24 所示，LTO 就是 build 设置中的一个编译选项，会在链接的时候对程序进行一些优化。具体优化方法如图 9.25 所示。

● 图 9.24 什么是 LTO？

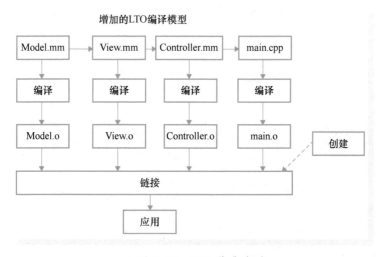

● 图 9.25 LTO 优化方法

一个程序的运行过程如图 9.26 所示，首先将所有的文件编译成.o 文件，然后所有的.o 文件与一些需要的框架通过链接生成一个.app 文件，也就是最后的可执行文件。

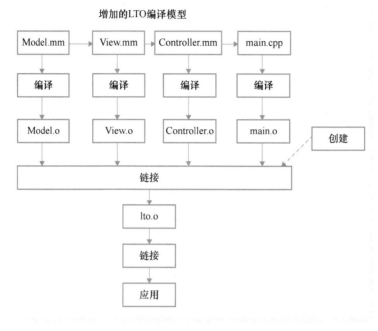

● 图 9.26　一个程序的运行过程

在开启 LTO（即开启其中的 monolithic）后，这些.o 文件会附带一些优化信息，让它们在链接的时候先生成一个单一的整体的.o 文件，再与需要的框架链接生成可执行文件。

▶▶ 9.3.2　LTO 优化处理

苹果公司官方称，已经在应用软件中大量使用 LTO，并且相比常规发布模式，在运行速度上提升了 10%。此外 LTO 还会使用 PGO（按配置优化）来优化代码，并且还能减小代码体积。

这里也带来了很明显的缺点，特别是在有调试信息的时候，代码编译耗时多和更大的内存占用，且二次编译的时候需要全部重新编译。

1）LTO 以编译时间换取运行时性能。

2）大内存需求。

3）优化不是并行进行的。

4）增量构建会重复所有工作。

于是苹果公司又做了一个优化，就是在开启 LTO 的同时仅开启表行。官方描述如下：

1）调试信息级别。

2）减少启用调试符号时发出的调试信息量。这可能会影响生成的调试信息的大小，在某些情况下对大型项目很重要（如使用 LTO 时）。

在开启表行前，LTO 内存用法如图 9.27 所示。

在开启表行后，LTO 的 Xcode 8 内存占用率降低 14.9%，如图 9.28 所示。

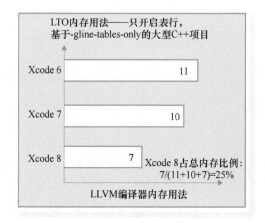

● 图 9.27　开启表行前

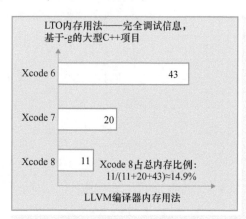

● 图 9.28　开启表行后

现在看看开启后情况。

苹果公司建议在开启 LTO 的同时，开启表行。不过这还没完，后来苹果公司有了一个新的技术，也就是升级的 LTO。

新的 LTO 主要做了下面这几处改进。

1）分析和内联不合并目标文件。

2）提升编译速度。

3）二次编译有链接缓存。

下面看看开启 LTO 升级后的构建过程，如图 9.29 所示。

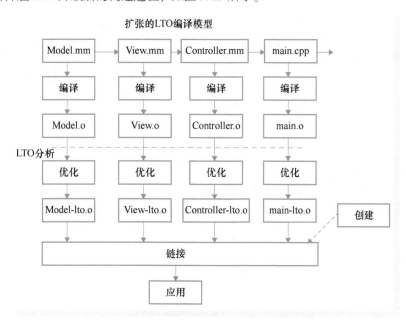

● 图 9.29　开启 LTO 升级后的构建过程

开启 LTO 升级后的构建过程的主要步骤是，在生成.o 文件后，会产生一个分析文件与链接有关的优化，然后每个.o 文件在优化后先生成一个新的.o 文件，再与其他框架进行链接。这里通过 LTO 链接后会有一个链接高效缓存，当下次构建的时候，如果没有修改，就不需要重新编译，所以二次编译就会很快，只需要编译和链接少数修改过的文件。

后来，苹果公司优化了升级的 LTO，让链接的时间有了更显著的减少，所以现在即使不开启表行，也可以开启 LTO 并直接使用。

▶▶ 9.3.3　linkmap 分析

由于在项目中开启 LTO 后包的大小反而增大，这不太符合预期。因此查看了 linkmap，发现 TEXT、DATA、Symbols 这些字段，在开启 LTO 后确实都减小了，而死剥离（dead detachment）标记显示的符号大大减少了。根据猜测，项目中开启了符号剥离，在没有开启 LTO 的时候，符号剥离比较完全，而开启 LTO 后对符号剥离造成了影响，使符号剥离的数量大大减小，从而对包的大小也带来了影响。

LTO 主要是对链接过程进行优化，加之升级的 LTO 有链接缓存，使二次编译的速度更快，还很有可能减少代码量。在前面的 linkmap 分析中，确实可以基本保证开启 LTO 后能对代码进行优化，但是由于对符号剥离的影响，具体是否能减小包的大小，还需要进行打包测试。这里建议在发布模式下开启 LTO。由于开启 LTO 后会对断点的单步执行产生影响，如图 9.30 所示，因此在调试模式下不建议开启它。

● 图 9.30　开启 LTO 后会对断点的单步执行产生影响

9.4　Nutshell LLVM LTO

LLVM 具有强大的模块间优化功能，可以在链接时使用。LTO 是在链接阶段执行的模块间优化的一个名称，描述了 LTO 优化器和链接器之间的接口与设计。LTO 在编译器工具链中进行模块间优化的同时，提供了完全的透明性。其主要目标是让开发人员利用模块间优化，而无须对开发人员的 makefile 或构建系统进行任何重大更改。这是通过与链接器紧密集成而实现的。链接器将 LLVM 位代码文件视为本地目标文件，并允许它们之间混合和匹配。链接器使用共享对象 libLTO 来处理 LLVM 位代码文件。链接器和 LLVM 优化器之间的紧密集成将有助于实现在其他模型中不可能实现的优化。链接器输入允许优化器避免依赖保守的转义分析。

▶▶ 9.4.1　ThinLTO

1. ThinLTO 基础架构

ThinLTO 基础架构如图 9.31 所示。

2. ThinLTO 设计方法

它从一开始就是为大型（谷歌规模）应用程序而设计的，其设计方法：

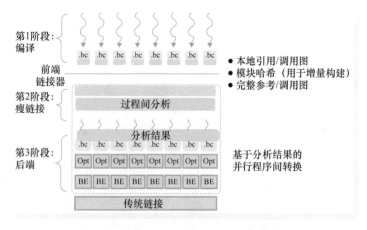

● 图 9.31　ThinLTO 基础架构

1）完全并行的编译步骤和后端支持分布式构建。

2）模块是编译单元，支持增量构建。

3）仅对每个模块执行跨模块优化。

4）存储器缩放。

5）精简串行同步步骤。

6）完全并行的常规优化和 CodeGen。

ThinLTO 设计方法如图 9.32 所示。

虽然图 9.33 中生成了.o 文件，但实际上它们是
LLVM LTO 中原始位代码文件 main.o、test1.o 和 test2.o，
在 Nutshell 静态目录中将包含这些位代码文件。

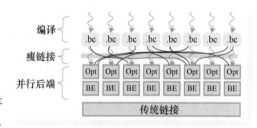

● 图 9.32　ThinLTO 设计方法

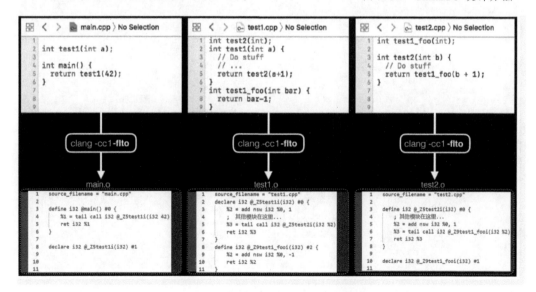

● 图 9.33　在 Nutshell 静态目录中的位代码文件

▶▶ 9.4.2 高度并行的前端处理和初始优化

将所有位代码链接到一个单一的、模块优化器或内嵌单线程非常复杂的常规优化潜在的线程 CodeGen 中，如图 9.34 所示。

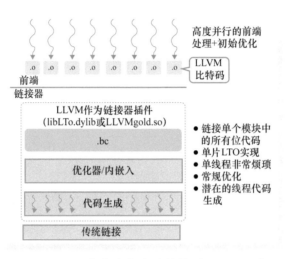

● 图 9.34 将所有位代码链接到 CodeGen 中

1. 性能：Clang 的链接时间

图 9.35 展示了 Clang 的链接时间。

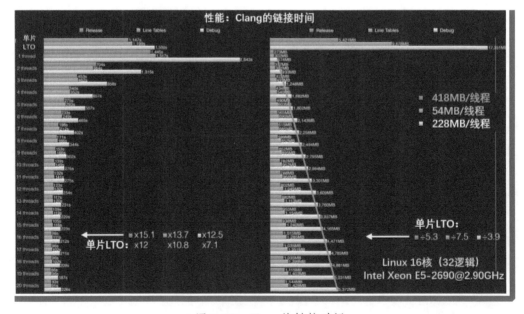

● 图 9.35 Clang 的链接时间

2. ThinLTO：分布式构建

图 9.36 展示了 ThinLTO 的分布式构建。

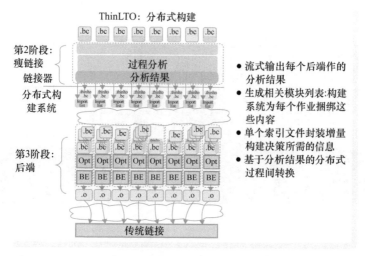

● 图 9.36　ThinLTO 的分布式构建

3. 重新审视 ThinLTO：增量构建

如图 9.37 所示，重新审视 ThinLTO 的增量构建。

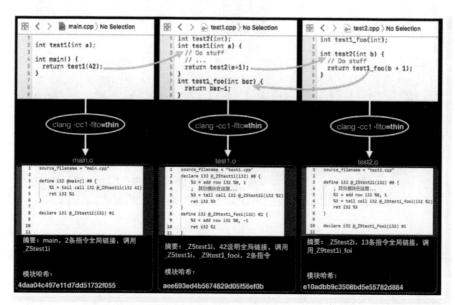

● 图 9.37　重新审视 ThinLTO 的增量构建

1）配置文件导向优化（PGO）：导入启发式方法。

只有 cold 会被内联。

导入程序只会导入 cold。PGO 优化与 PGO 数据采用镜像方法映射。

2）对于 PGO 数据，cold 将不会被内联，hot 将被内联（如果可用的话）。

镜像内联启发式方法，为 hot 边提供奖励，为 cold 边提供惩罚。图 9.38 展示了镜像内联启发式方法。

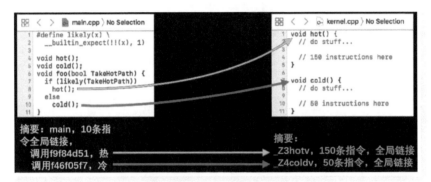

● 图 9.38　镜像内联启发式方法

3）PGO 间接调用升级。

总结记录了可能的间接调用。目标为定期调用。图 9.39 展示了 PGO 间接调用升级。

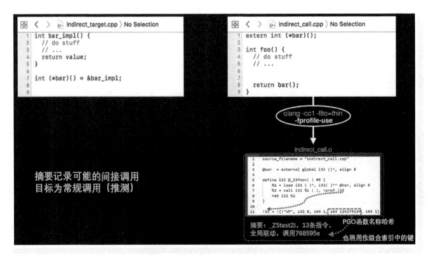

● 图 9.39　PGO 间接调用升级

4. Thin-Link IPA 未来优化示例：全局变量

图 9.40 展示了 Thin-Link IPA 未来全局变量优化示例。

在图 9.40 中，左边两个程序没有进行优化处理，已知 i.llvm.A570184 的范围（这里更容易，因为它是一个常数），直接编译，可以将测试折叠为 false。右边两个程序进行了优化处理，所有这些代码都可以被链接器完全剥离，但是需要时间来优化与代码生成。这只是更好地利用关键优化机会的一个例子。

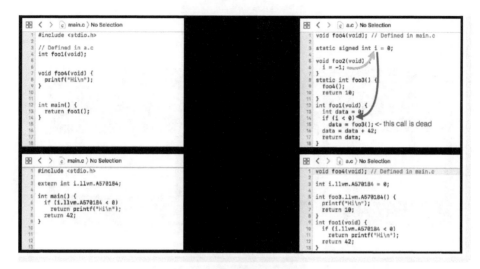

● 图 9.40　Thin-Link IPA 未来全局变量优化示例

5. 重新审视 ThinLTO：编译阶段

如图 9.41 所示，重新审视 ThinLTO 的编译阶段。

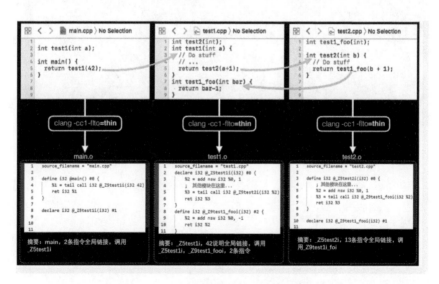

● 图 9.41　重新审视 ThinLTO 的编译阶段

6. ThinLTO 模型：摘要生成

图 9.42 展示了 ThinLTO 模型的摘要生成。

如图 9.43 所示，摘要可以包含配置文件数据（PGO），也可以使用其他属性进行扩展。

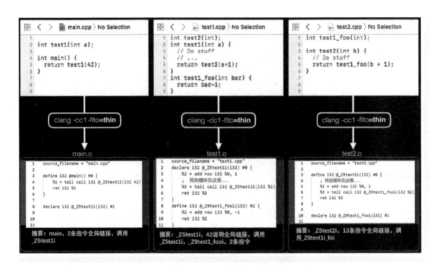

● 图 9.42　ThinLTO 模型的摘要生成

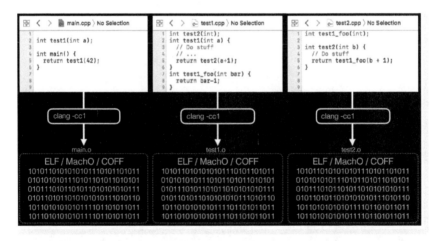

● 图 9.43　摘要包含配置文件数据（PGO），也可使用其他属性进行扩展

9.5　LLVM 完全 LTO

LTO 是链接期间的程序优化，多个中间文件通过链接器合并在一起，并将它们组合为一个程序，缩减代码体积，因此链接时优化是对整个程序的分析和跨模块的优化。链接时需要为 GP 辅助计算大小，判断是否超过 16bit，再决定用什么东西。该计算在链接器中进行，而不是编译器中。

9.5.1　LLVM 完全 LTO 的目标

使用 LTO 方法的示例如下所示。

```
--- a.h ---
extern int foo1(void);
extern void foo2(void);
extern void foo4(void);

--- a.c ---
#include "a.h"

static signed int i = 0;

void foo2(void) {
  i = -1;
}

static int foo3() {
  foo4();
  return 10;
}

int foo1(void) {
  int data = 0;

  if (i < 0)
    data = foo3();

  data = data + 42;
  return data;
}

--- main.c ---
#include <stdio.h>
#include "a.h"

void foo4(void) {
  printf("Hi\n");
}

int main() {
  return foo1();
}
```

编译该示例代码的 LTO 版本，可以看到 a_lto.o 比 a.o 多了 1.2 KB 的内容。

```
$ clang -flto -c a.c -o a_lto.o
$ clang -c a.c -o a.o
$ ls -alh
...
-rw-r--r-- 1xxx 1.6K Feb  2 14:41 a.o
-rw-r--r-- 1xxx 2.8K Feb  2 14:41 a_lto.o
```

使用 hexdump 命令来输出目标文件中的内容，可知道魔幻数字通常用来识别文件格式。a.o 肯定是普通的 ELF 文件，ELF 文件的魔幻数字是 7F 45（E）4C（L）46（F）。所以把焦点专注在 a_lto.o 的魔幻数字 4342 dec0 上。

```
$hexdump a_lto.o |head
0000000 4342 dec0 1435 0000 0005 0000 0c62 2430
0000010 594d 66be fb8d 4fb4 c81b 4424 3201 0005
0000020 0c21 0000 0262 0000 020b 0021 0002 0000
0000030 0016 0000 8107 9123 c841 4904 1006 3932

$hexdump a.o |head
0000000 457f 464c 0102 0001 0000 0000 0000 0000
0000010 0001 003e 0001 0000 0000 0000 0000 0000
```

通过 man ascii 命令可知，42、43 分别是 B 和 C。LLVM IR 有三种表示形式：文本、内存，以及位代码。所以猜测 B、C 的组合就是位代码的意思。

```
Oct  Dec  Hex  Char                        Oct  Dec  Hex  Char
-----------------------------------------------------------------
#...
002  2    02   STX (start of text)         102  66   42   B
003  3    03   ETX (end of text)           103  67   43   C
#...
```

由此按图搜索，找到位代码的魔幻数字如下。正好与 4342 dec0 对应，总共 4 字节。

```
['B'8 ,'C'8 ,0x04 ,0xC4 ,0xE4 ,0xD4 ]
```

对于位代码文件格式，有专门的工具——LLVM 比特码分析器进行分析，导出来的数据有很多。

```
$llvm-bcanalyzer -dump a_lto.o
#...
Summary of a_lto.o:
       Total size: 22592b/2824.00B/706W
       Stream type: LLVM IR
  #Toplevel Blocks: 4
  #...
  Block ID #12 (FUNCTION_BLOCK):
     Num Instances: 3
        Total Size: 956b/119.50B/29W
     Percent of file: 4.2316%
     Average Size: 317.67/39.83B/9W
  Tot/Avg SubBlocks: 6/2.000000e+00
  Tot/Avg Abbrevs: 0/0.000000e+00
  Tot/Avg Records: 20/6.666667e+00
  Percent Abbrevs: 35.0000%

  Record Histogram:
     Count    # Bits   b/Rec  % Abv  Record Kind
        4      184      46.0          INST_STORE
```

```
        3          57       19.0  100.00    INST_LOAD
        3          24        8.0  100.00    INST_RET
        3          66       22.0            DECLAREBLOCKS
        2         128       64.0            INST_CALL
        2          56       28.0            INST_BR
        1          40                       INST_CMP2
        1          46                       INST_ALLOCA
        1          28              100.00   INST_BINOP
   Block ID #13 (IDENTIFICATION_BLOCK_ID):
# ...

   Block ID #14 (VALUE_SYMTAB):
# ...
   Block ID #15 (METADATA_BLOCK):
# ...
   Block ID #17 (TYPE_BLOCK_ID):
# ...
   Block ID #21 (OPERAND_BUNDLE_TAGS_BLOCK):
# ...
   Block ID #22 (METADATA_KIND_BLOCK):
# ...
   Block ID #23 (STRTAB_BLOCK):
# ...
   Block ID #24 (FULL_LTO_GLOBALVAL_SUMMARY_BLOCK):
# ...
   Block ID #25 (SYMTAB_BLOCK):
# ...
```

位代码文件，按照一定的格式对数据进行了组织，不做详细分析。使用 llvm-dis 将位代码转换为人类可读的形式。可以看到，a_lto.o 中编码的就是 LLVM IR。

如果仔细阅读 LLVM 文档，就可以发现：在 ThinLTO 模式中，与常规 LTO 一样，Clang 在编译阶段后输出 LLVM 位代码。ThinLTO 位代码增加了模块的紧凑摘要。在链接步骤中，只读取摘要并将其合并到一个组合摘要索引中，该索引包括一个功能位置索引，用于以后跨模块导入功能。然后对组合的汇总索引执行快速且高效的整个程序分析。

```
//ThinLTO
;ModuleID = 'a_lto.o'
source_filename = "a.c"
targetdatalayout = "e-m:e-p270:32:32-p271:32:32-p272:64:64-i64:64-f80:128-n8:16:32:64-
S128"
target triple = "x86_64-unknown-linux-gnu"

@i = internal global i32 0, align 4

; Function Attrs: noinline nounwind optnone uwtable
define dso_local void @foo2() #0 {
entry:
```

```
  store i32 -1, i32 * @i, align 4
  ret void
}


; Function Attrs: noinline nounwind optnone uwtable
define dso_local i32 @foo1() #0 {
entry:
  %data = alloca i32, align 4
  store i32 0, i32 * %data, align 4
  %0 = load i32, i32 * @i, align 4
  %cmp = icmp slt i32 %0, 0
  br i1 %cmp, label %if.then, label %if.end

if.then:                                          ;preds = %entry
  %call = call i32 @foo3()
  store i32 %call, i32 * %data, align 4
  br label %if.end

if.end:                                           ;preds = %if.then, %entry
  %1 = load i32, i32 * %data, align 4
  %add = addnsw i32 %1, 42
  store i32 %add, i32 * %data, align 4
  %2 = load i32, i32 * %data, align 4
  ret i32 %2
}


; Function Attrs: noinline nounwind optnone uwtable
define internal i32 @foo3() #0 {
entry:
  call void @foo4()
  ret i32 10
}

declare dso_local void @foo4() #1

attributes #0 = {noinline nounwind optnone uwtable "frame-pointer"="all" "min-legal-vec-
tor-width"="0" "no-trapping-math"="true" "stack-protector-buffer-size"="8" "target-cpu"=
"x86-64" "target-features"="+cx8,+fxsr,+mmx,+sse,+sse2,+x87" "tune-cpu"="generic" }
attributes #1 = { "frame-pointer"="all" "no-trapping-math"="true" "stack-protector-
buffer-size"="8" "target-cpu"="x86-64" "target-features"="+cx8,+fxsr,+mmx,+sse,+sse2,
+x87" "tune-cpu"="generic" }

!llvm.module.flags = !{!0, !1, !2, !3, !4}
!llvm.ident = !{!5}

!0 = !{i32 1, !"wchar_size", i32 4}
!1 = !{i32 7, !"uwtable", i32 1}
!2 = !{i32 7, !"frame-pointer", i32 2}
```

```
    !3 = !{i32 1, !"ThinLTO", i32 0}
    !4 = !{i32 1, !"EnableSplitLTOUnit", i32 1}
    !5 = !{!"clang version 14.0.0 (https://github.com/llvm/llvm-project.git 58e7bf78a3ef72-
4b70304912fb3bb66af8c4a10c)"}

    ^0 = module: (path: "a_lto.o", hash: (0, 0, 0, 0, 0))
    ^1 = gv: (name: "foo2", summaries: (function: (module: ^0, flags: (linkage: external, vis-
ibility: default, notEligibleToImport: 1, live: 0, dsoLocal: 1, canAutoHide: 0), insts: 2,
funcFlags: (readNone: 0, readOnly: 0, noRecurse: 0, returnDoesNotAlias: 0, noInline: 1, alway-
sInline: 0, noUnwind: 1, mayThrow: 0, hasUnknownCall: 0, mustBeUnreachable: 0), refs: (^2))))
; guid = 2494702099028631698
    ^2 = gv: (name: "i", summaries: (variable: (module: ^0, flags: (linkage: internal, visi-
bility: default, notEligibleToImport: 1, live: 0, dsoLocal: 1, canAutoHide: 0), varFlags:
(readonly: 1, writeonly: 1, constant: 0)))) ; guid = 2708120569957007488
    ^3 = gv: (name: "foo1", summaries: (function: (module: ^0, flags: (linkage: external, vis-
ibility: default, notEligibleToImport: 1, live: 0, dsoLocal: 1, canAutoHide: 0), insts: 13,
funcFlags: (readNone: 0, readOnly: 0, noRecurse: 0, returnDoesNotAlias: 0, noInline: 1, alway-
sInline: 0, noUnwind: 1, mayThrow: 0, hasUnknownCall: 0, mustBeUnreachable: 0), calls:
((callee: ^5)), refs: (^2)))) ; guid = 7682762345278052905
    ^4 = gv: (name: "foo4") ; guid = 11564431941544006930
    ^5 = gv: (name: "foo3", summaries: (function: (module: ^0, flags: (linkage: internal, vis-
ibility: default, notEligibleToImport: 1, live: 0, dsoLocal: 1, canAutoHide: 0), insts: 2,
funcFlags: (readNone: 0, readOnly: 0, noRecurse: 0, returnDoesNotAlias: 0, noInline: 1, alway-
sInline: 0, noUnwind: 1, mayThrow: 0, hasUnknownCall: 0, mustBeUnreachable: 0), calls:
((callee: ^4))))) ; guid = 17367728344439303071
    ^6 = flags: 8
    ^7 =blockcount: 5
```

但是这里有一个问题，如果链接时没有添加 -flto 选项，则不会进行 LTO 优化。如果编译时添加 -flto而链接时没有添加-flto，那么链接器直接处理 LLVM IR，链接能够通过吗？这是可以直接处理的。例如，对于 LLD，它会根据目标文件的类型，选择合适的函数来对 LTO 位代码文件进行处理。这里是 LinkDriver∷link -> compileBitcodeFiles。

```
// 进行实际链接。注意,当调用该函数时,所有链接器脚本都已解析
template <class ELFT> voidLinkerDriver∷link(opt∷InputArgList &args) {
  // ...
  if (!bitcodeFiles.empty()) {
    // ...

    // 如果给定的文件是 LLVM 位代码文件,则执行链接时间优化
    // 这会将位代码文件编译为实际目标文件
    // 这样,符号表应该是完整的。在这之后,除了一些链接器合成的名称之外,
    // 没有任何新名称将被添加到符号表中
    compileBitcodeFiles<ELFT>();

    // ...
  }
  // ...
}
```

直到这里，已经知道，对于完全 LTO，生成的就是位代码，存储的就是 LLVM IR。LLD 会根据目标文件类型来选择合适的函数进行处理。

LTO 过程是如何进行的呢?

首先给出 LLD 在处理 LTO 目标时的完整命令。

```
~/workspace/llvm-project/build/bin/ld.lld --hash-style=both --eh-frame-hdr -m elf_x86_64 -
dynamic-linker /lib64/ld-linux-x86-64.so.2 -o exe /lib/x86_64-linux-gnu/crt1.o /lib/x86_64-
linux-gnu/crti.o /usr/lib/gcc/x86_64-linux-gnu/8/crtbegin.o -L/usr/lib/gcc/x86_64-linux-
gnu/8 -L/usr/lib/gcc/x86_64-linux-gnu/8/../../../../lib64 -L/lib/x86_64-linux-gnu -L/lib/../
lib64 -L/usr/lib/x86_64-linux-gnu -L/usr/lib/../lib64 -L/usr/local/bin/../lib -L/lib -L/usr/
lib -plugin-opt=mcpu=x86-64 a-lto.o main-lto.o -lgcc --as-needed -lgcc_s --no-as-needed -lc -lgcc
--as-needed -lgcc_s --no-as-needed /usr/lib/gcc/x86_64-linux-gnu/8/crtend.o /lib/x86_64-linux-
gnu/crtn.o
```

▶▶ 9.5.2 LLD 的整个执行流程

接下来，给出 LLD 的整个执行流程，整体分为三个部分，如图 9.44 所示。

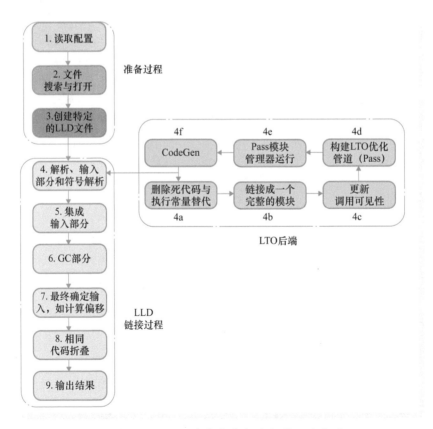

• 图 9.44 LLD 的整个执行流程的三个部分

1）准备过程，主要包括配置的处理，搜索并打开文件，以及为这些文件创建对应的 LLD 处理对象。

2）在 LTO 后端，如果 LLD 在处理的过程中，发现有 LTO 目标（前面提到的 LTO 目标，其实就是位代码格式文件），则设置位代码编译器，然后转入 LLD LTO 过程。

- 计算死函数。
- 将它们连接成一个整体的 IR 模块。
- 更新调用可见性。
- 构建 LTO 优化管道。
- Pass 管理器运行。
- 代码生成。

3）LLD 的链接过程。

- 此时所有的文件已经准备好了，将输入部分解析后聚合在一起。
- 执行 GC 命令：--gc-sections。
- 计算各个部分聚合在一起后，各个符号的偏移等信息，并进行重定位。
- 折叠相同代码。
- 输出最终的结果。

图 9.45 仅展示了 LLD 的整个执行流程的局部过程，完整过程请扫二维码观看。

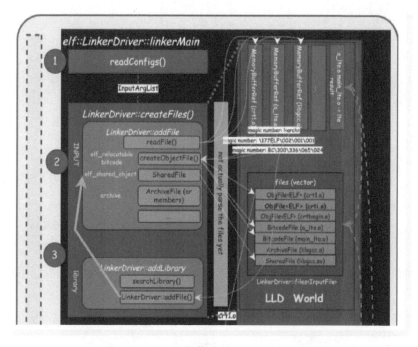

● 图 9.45　LLD 的整个执行流程的局部过程

CodeGen 函数用于链接时间的所有模块的优化。在使用 LTO 时，一些输入文件不是本机对象文件格式，而是 LLVM 位代码格式。因为 LTO 程序的所有位代码文件被立即传递给编译器，所以可以完成整个编译优化流程。

```
lld::elf::LinkDriver{
  std::unique_ptr<BitcodeCompiler> lto;
  std::vector<InputFile*> files;
}
```

如果允许，升级公共 vcall 可见性元数据。

合并扫描的所有位代码文件，实现 CodeGen 结果，并返回生成的目标文件。

基于传递的 LTO 默认优化管道构建，这里提供了良好的默认优化用于链路时间优化和代码生成的流水线优化。它经过特别调整，在 IR 进入时非常适合 LTO 阶段首先通过 addPreLinkLTODefaultPipeline 运行。

终于进入了 LLVM 后端优化部分。

现在有了一个完整的输入文件列表。

然后，它最终确定每个合成部分，以便计算每个模块的输出偏移与输入部分。

现在有了一套完整的输出部分。此函数完成部分内容。例如，需要在字符串中添加字符串表，并将条目添加到.get 和.plt 文件中，finalizeSections 就是这样做的。

（1）准备工作

1）配置。

2）搜索和打开文件。

3）添加和创建文件。

4）分析文件。

（2）实现 LTO 后端

1）计算死函数。

前面使用 llvm-dis 将 LTO 编译，在对得到的位代码文件进行处理后获得的 IR 中，有一系列全局变量，这是全局变量的摘要条目。

对于链接较弱的符号，组合摘要索引中可以有多个条目。

使用 ThinLTO 进行编译，可以生成一个紧凑的模块摘要，该摘要将被发送到位代码文件中。所有摘要被发送到 LLVM 程序集中，并在语法中由插入符号（"^"）标识。

图 9.46 展示了 main_lto.o 中的全局变量信息。

图 9.47 展示了 a_lto.o 中的全局变量信息。

computeDeadSymbolsWithConstProp 函数会调用 computeDeadSymbolsAndUpdateIndirectCalls 函数，后者基于一个根集，使用 worklist 算法来计算得到 live 设置信息。

目前根集只有一个 main 函数，首先将其设置为 live，并压到 Worklist 中，然后根据 refs 和 calls 之间的关系不停地迭代这个 Worklist。

2）将多个 IR 连接在一起，如图 9.48 所示。

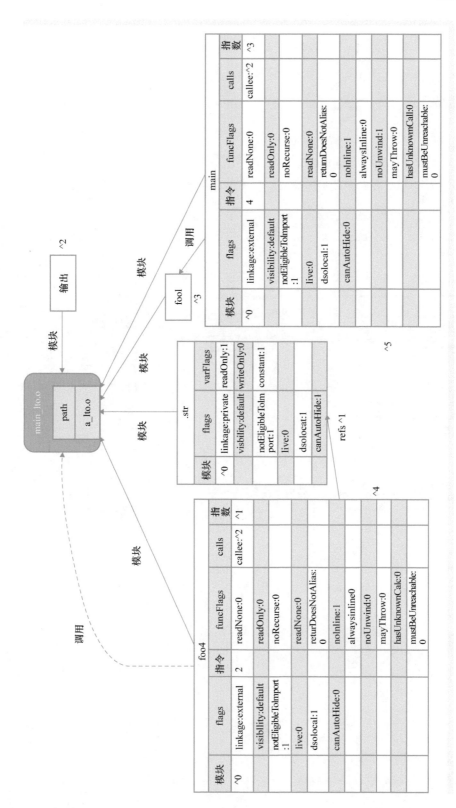

● 图 9. 46 main_lto.o 中的全局变量信息

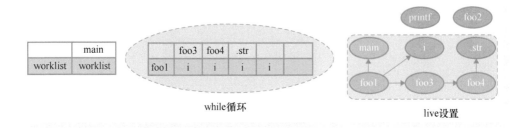

● 图 9.47　a_lto.o 中的全局变量信息

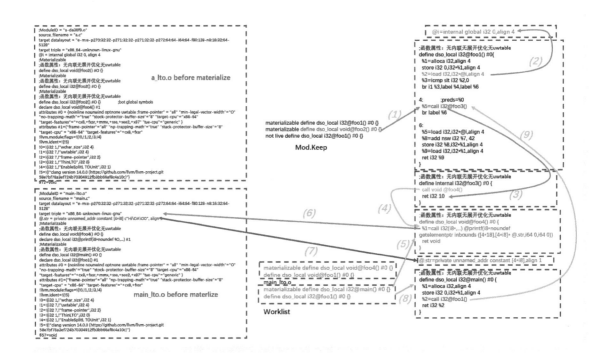

● 图 9.48　将多个 IR 连接在一起

　　整个过程是，IR 链接器基于前面的 live 设置信息、符号决议信息，以及符号可见性，将各个源模块链接到目标模块中，这主要是按需实现的过程。

3）更新调用可见性。

4）构建 LTO 优化管道。

```
// buildLTODefaultPipeline 预定义一组 Pass,然后将它们添加到 ModulePassManager 类中
    // 构建到 Pass 管理器的 LTO 默认优化管道
    // 这为链路时间优化和代码生成提供了一个良好的默认优化管道。当进入
    // LTO 阶段的 IR 首次通过 addPreLinkLTODefaultPipeline 运行时,特别顺畅,
```

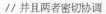

```
// 并且两者密切协调
// 优化和代码生成。当进入 LTO 阶段的 IR 首次通过时,它被特别调整为非常适合
// addPreLinkLTODefaultPipeline,两者密切配合。注意,此处级别不能为
// "O0"。生成的管道仅用于尝试优化代码。如果前端由于语义原因需要一些
// 转换,那么应该显式地构建它们
ModulePassManager buildLTODefaultPipeline(OptimizationLevel Level,
                 ModuleSummaryIndex *ExportSummary);
```

5)优化。

```
// 在给定的 IR 单元上运行此管理器中的所有 Pass。ExtraArgs 将被传递给每个 Pass
PreservedAnalyses run(IRUnitT &IR, AnalysisManagerT &AM,
               ExtraArgTs...ExtraArgs) {
    }
```

6)代码生成。

在 LTO 执行完成以后,会根据前面 CodeGen 得到的内容,调用 createObjectFile 创建一个 lld 能够处理的输入文件,名字为 lto.tmp,按照常规文件做法,对 lto.tmp 执行一遍解析操作。

(3)输入部分集成链接

如表 9.1 所示,所有链接的准备工作都已经完成,目前的模块总共有 38 个,可以看到,已经没有 a_lto.o 和 main_lto.o 了。

表 9.1　输入部分集成链接

/lib/x86_64-linux-gnu/crt1.o		/lib/x86_64-linux-gnu/crti.o		/usr/lib/gcc/x86_64-linux-gnu/8/crtbegin.o	
0	.note.ABI-tag	6	.text	11	.text
1	.text	7	.data	12	.data
2	.rodata.cst4	8	.bss	13	.bss
3	.eh_frame	9	.init	14	.tm_clone_table
4	.data	10	.fini	15	.fini_array
5	.bss				
inputSections [32]		/usr/lib/gcc/x86_64-linux-gnu/8/crtend.o		/lib/x86_64-linux-gnu/crtn.o	
18	.text	22	.text	28	.text
19	.data	23	.data	29	.data
20	.bss	24	.bss	30	.bss
21	.eh_frame	25	.eh_frame	31	.init
		26	.tm_clone_table	32	.fini
		27	.comment		

（续）

	lto.temp			
33	.text			
34	.text.fool			
35	.text.main			
36	.comment			
37	.eh_frame			

（4）GC 部分

进行"垃圾"回收。

（5）完成输入，计算输出偏移值

```
// finalizeInputSections 函数扫描 InputSectionBase 列表 sectionBases 以创建
// InputSectionDescription∷sections
// 该函数从输入部分数组中删除 MergeInputSections,并在替换的第一个输入部分的位置添加新的合成部分。
// 然后,最终确定每个合成部分,以便为每个输入部分的每一部分分别计算输出偏移值
voidOutputSection∷finalizeInputSections() {}


// finalizeContents 函数非常复杂(可能需要几秒钟才能执行完成),因为有时输入数量达到百万级别。
// 因此,使用多线程
// 对于任何字符串 S 和 T,直到 S 的哈希值为不同于 T 的值为止。如果这样,则可以安全地将 S 和 T 转换为
// 不同的字符串生成器,而不用担心合并失败
// 并行进行
voidMergeNoTailSection∷finalizeContents() {}
```

（6）折叠相同代码

```
// ICF 是相同代码折叠的英文缩写。它是一个大小优化,用于识别和合并碰巧具有相同内容的两个或多个只读
// 部分(通常是函数)。它通常会将输出大小减少百分之几
// 代码省略
// 在 ICF 中,如果两个节具有相同的节标志、节数据和重新定位,则认为它们是相同的。重新定位是很棘手的,
// 因为如果两个重新定位具有相同的重新定位类型、值,并且在 ICF 方面指向相同的部分,则它们被认为是相同的
// 安全 ICF: 指针安全和可解卷的 gold 链接器中的相同代码折叠
```

（7）输出结果

图 9.49 展示了输出结果的整个流程。

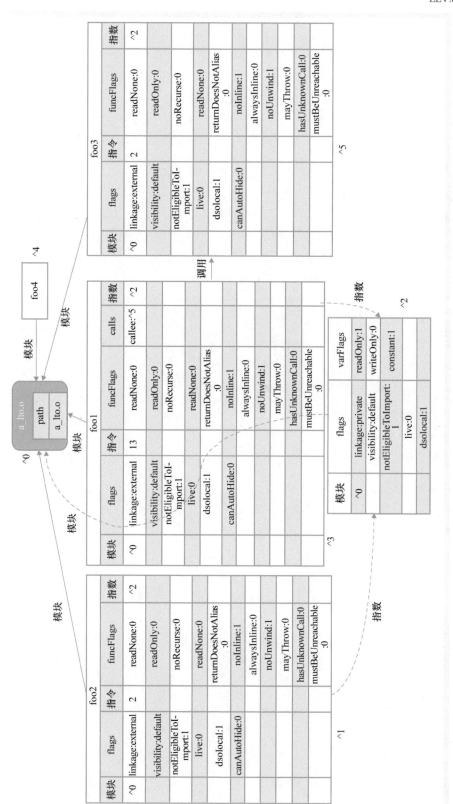

● 图 9.49 输出结果流程

9.6 LLVM 核心类简明示例

LLVM 核心类简明示例包括 llvm∷Value、llvm∷Type 和 llvm∷Constant。

LLVM 核心类位于 include/llvm/IR 中，用以表示机器无关且表现力极强的 LLVM IR。

1. llvm∷Value

llvm∷Value 是 LLVM 核心类中的重中之重，它用来表示一个具有类型的值。它的局部类图如图 9.50 所示。

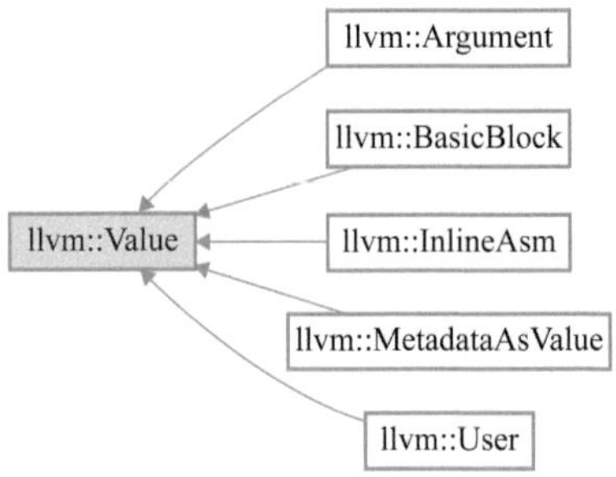

llvm∷Argument、llvm∷BasicBlock、llvm∷Constant 和 llvm∷Instruction 这些很重要的类都是 llvm∷Value 的子类。

llvm∷Value 有一个 llvm∷Type * 成员和一个使用列表。该使用列表可以跟踪哪些其他 Value 使用了它。可以使用下列迭代器对该使用列表进行访问：

1）unsigned use_size 返回有多少 Value 使用它。

2）bool use_empty 判断是否没有 Value 使用它。

3）use_iterator use_begin 返回使用列表的迭代器头。

4）use_iterator use_end 返回使用列表的迭代器尾。

5）User * use_back 返回使用列表的最后一个元素。

● 图 9.50　llvm∷Value 类图概貌

```
int main () {
    Value * val1 =ConstantFP∷get(theContext, APFloat(3.2));    if (val1->use_empty())
{
    std∷cout << "no one use it \n";
    }
    system("pause");    return 0;
}
```

2. llvm∷Type

可以通过 Value∷getType 获取这个 llvm∷Type * ，有一些 is * 成员函数，可以判断是下面哪种类型：

```
enum TypeID {      // PrimitiveTypes - make sure LastPrimitiveTyID stays up to date.
    VoidTyID = 0,   ///<  0: type with no size
    HalfTyID,       ///<  1: 16-bit floating point type
    FloatTyID,      ///<  2: 32-bit floating point type
    DoubleTyID,     ///<  3: 64-bit floating point type
    X86_FP80TyID,   ///<  4: 80-bit floating point type (X87)
    FP128TyID,      ///<  5: 128-bit floating point type (112-bit mantissa)
    PPC_FP128TyID,  ///<  6: 128-bit floating point type (two 64-bits, PowerPC)
    LabelTyID,      ///<  7: Labels
```

```
    MetadataTyID,      ///< 8: Metadata
    X86_MMXTyID,       ///< 9: MMX vectors (64 bits,X86specific)
    TokenTyID,         ///< 10: Tokens

    // Derived types...see DerivedTypes.h file.
    // Make sure FirstDerivedTyID stays up to date!
    IntegerTyID,       ///< 11: Arbitrary bit width integers
    FunctionTyID,      ///< 12: Functions
    StructTyID,        ///< 13: Structures
    ArrayTyID,         ///< 14: Arrays
    PointerTyID,       ///< 15: Pointers
    VectorTyID         ///< 16: SIMD 'packed' format, or other vector type
};
```

比如这样：

```
int main() {
    Value * val1 =ConstantFP::get(theContext, APFloat(3.2));
    Type * t = val1->getType();    if (t->isDoubleTy()) {
      std::cout << "val1 is typed as double(" << t->getTypeID() <<") \n";
    }
    system("pause");    return 0;
}
```

除此之外，llvm::Type 还有很多成员函数。

llvm::Type 还可以对 llvm::Value 进行命名。

```
bool hasName() const
std::stringgetName() const
void setName(const std::string &Name)
```

3. llvm::Constant

llvm::Constant 表示一个各种常量的基类，基于它派生出了 ConstantInt（整型常量）、ConstantFP（浮点型常量）、ConstantArray（数组常量）和 ConstantStruct（结构体常量）。

```
int main() {    // 构造一个 32 位无符号的整型数，值为 1024
    APInt ci = APInt(32, 1024);
    ConstantInt * intVal = ConstantInt::get(theContext, ci);
  std::cout << "bit width:" << intVal->getBitWidth()
          << "\n value:" << intVal->getValue().toString(16, false);

    system("pause");    return 0;
}
```

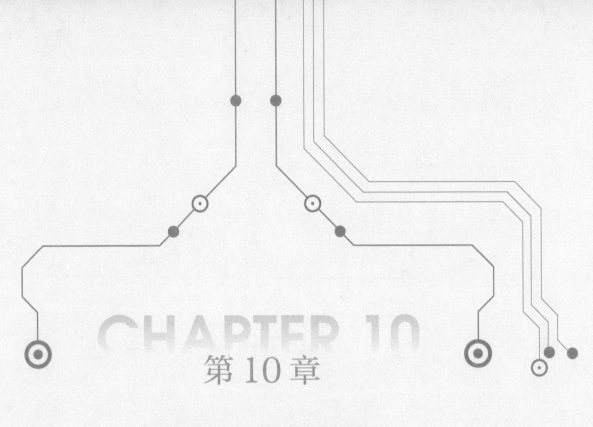

第 10 章

LLVM后端实践

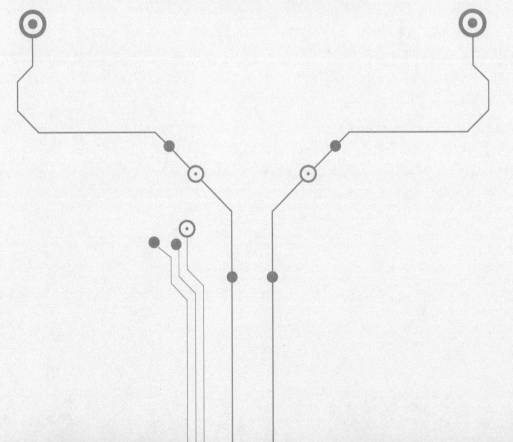

10.1 LLVM 后端概述

▶▶ 10.1.1 LLVM 后端基本概念

图 10.1 是 2012 年 LLVM 获得 ACM Software System Award 2012 时的介绍图，这张图简明扼要地展示了 LLVM 编译器的整体架构。

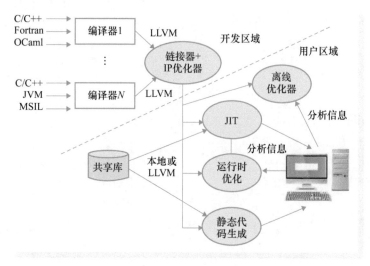

● 图 10.1　LLVM 编译器的整体架构

各种语言经过前端编译后，生成 LLVM IR，然后，在 link-time 执行一些过程间的分析优化，这是 LLVM 很重要的一部分。过程间分析，既要兼顾多种语言，又要保留高层次的类型信息来执行过程间的优化。从前端编译到后端优化，再到链接时以及运行时，都有相关优化。

编译优化其实在各个阶段都存在，只是 LLVM 将其打通了，如别名分析、数据流分析、公共子表达式消除、循环优化、寄存器分配和链接时的相关优化，都是经典的后端分析，都可以在 LLVM 后端上实现。另外，运行时通过收集 profiling 信息，对 LLVM 代码优化，并重新编译成本地代码，同时，自动池分配这种技术也可以实现，基于 LLVM IR，还可以实现多种 GC 算法。

将优化分为 5 个阶段：编译时优化、链接时优化、导入时优化、运行时优化，以及闲时优化。

1. 编译时优化

包括一些经典的编译优化知识，在特定语言的编译前端，将源代码编译成 LLVM IR 时，可以执行一些相关的优化，这些优化操作可以分为下列 3 个部分。

1）执行语言相关的优化。例如，高阶函数语言中闭包的优化。

2）将源代码翻译成 LLVM 代码，保留尽可能多的类型信息，例如，结构体、指针，或者列表等信息。

3）在单个模块内部，可以调用 LLVM 进行针对全局的优化，或者工程间的优化。

编译前端没有必要将编译结果构造成 SSA 形式，因为 LLVM 可以进行堆栈提升操作，只要局部变量地址没有逃出当前函数作用域，就可以将栈上分配的变量分配在寄存器上，毕竟寄存器是没有显示地址的。

LLVM 也可以将结构体对象或者列表映射在寄存器上，用于构造 LLVM IR 所要求的 SSA 形式。编译器对结构体或者内存布局的优化都是很难的。

虚函数调用决议与尾递归优化，也可以推迟到 LLVM 代码阶段。有些虚函数调用决议是完全可以在编译器期间解决的，使用一个 call（jmp）指令就可以。尾递归优化较为通用，基本上所有编程语言都有这样的需求，它可以减少对栈（即内存）的消耗，也避免了创建或者销毁栈帧的开销。

2. 链接时优化

LLVM IR 目标文件在进行链接时，进行一些过程间或者跨文件的分析优化。link-time 是首次能够见到程序全貌的阶段，在这个阶段可以做很多激进的优化，如虚表或者 typeinfo 是否能够真正的优化删除（虚表或者 typeinfo 没有在程序中使用的话，仅限于完整程序，函数的定义可见）。LLVM 的链接时优化，如图 10.2 所示。

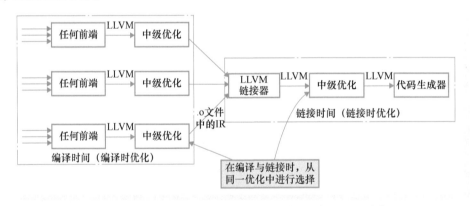

● 图 10.2　LLVM 的编译时优化和链接时优化的选择

LLVM 在链接时所做的两个激进的优化分别是 DSA 和 APA（Automatic Pool Allocation，自动池分配）。在 DSA 分析中，借助 LLVM 中比较充足的类型信息，在指针分析的基础上，可以构造出整个内存对象的连接关系图。然后对这个图进行分析，得到内存对象的连接模式，将连接比较紧密的结构对象，例如，树与链表等结构体，分配到一个自定义的连续分配的内存池中。这样可以少维护很多内存块，并且可以大大促进空间本地化，相应地提高 cache 命中率。

APA 能够将堆上分配的链接形式的结构体，分配到连续的内存池中，这种做法是通过将内存分配函数替换为自动池分配函数实现的，如图 10.3 所示。

另外一些在链接阶段进行的分析，包括调用图构建、Mod/Ref 分析，以及一些过程间的分析，例如内联函数、全局死变量删除（dead global elimination）、死实参删除（dead argument elimination）、常量传播、列表边界检查消除（array bounds check elimination）、简单结构体域重排（结构字段重新排序），以及 APA。

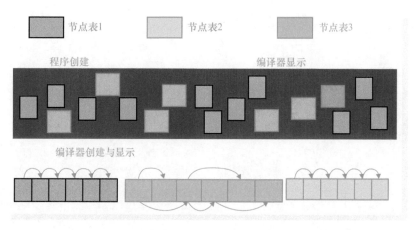

• 图 10.3 将内存分配函数替换为自动池分配函数

在编译时，汇总每个函数的摘要信息，并附在 LLVM IR 中，在链接时，无须重新从源代码中获取信息，直接使用函数摘要进行过程间分析即可。这种技术大大缩短了增量编译的时间。函数摘要一直是过程间分析的重点，因为这种技术在不过分影响精确性的前提下，大大提高了静态分析的效率。

这里简单提示一下，结构体域重排（结构字段重新排序）会涉及以下问题：

1）为什么需要结构体域重排？

2）结构体域重排应该怎么做？

3）结构体域重排会不会带来其他影响？

结构体域重排可以与 hot 概念相结合，如下面代码所示：

```c
// s has hot member and cold member
struct s{
    char c;
    int i;
    double d;
};
// we can split s to two struct
struct hots{
    char c;
    double d;
};
struct colds{
    int i;
};
```

将一个结构体根据 hot 的程度拆分成两个结构体，可以针对这两个结构体进行不同的优化，例如，将 hot 结构体的成员提升到寄存器中等。

与结构体域重排优化相关的三个概念分别是填充、对齐、点压缩，其中前两个概念与结构体域重排优化直接相关，示例代码如下所示：

```
struct s1 {
        char a; // here padding 3 bytes
        int b;
        char c;
        char d;
        xhar e; // here padding 1 bytes
}
```

s1 结构体的大小是 12B，但是，如果将这个结构体子域重排优化，8B 就够用了，如下面代码所示：

```
struct s1 {
        char a;
        char c;
        char d;
        char e;
        int b;
}
```

先要做重排序的前提就是，必须能够确保当前结构体只在当前 TU 中，如果当前结构体在另外的 TU 中也存在，就会存在结构体内存布局不相容的情况。所以，这样的优化只能在链接时进行。

另外，要相应修改所有对结构体进行引用的操作。在 C/C++这些类型不安全的语言中，类型转换非常普遍，有可能另外一种类型的使用，其实就是在当前类型那个内存上进行的。识别跟踪这些类型转换是非常困难的，LLVM IR 提供了类型信息来帮助执行这些优化，如下面代码所示：

```
struct s {
    char a;
    int b;
    char c;
};

struct s_head {
    char a;
};
struct s_ext {
    char a;
    int b;
    char c;
    int d;
    char e;
};

struct S s;
struct S_head * head = (struct S_head * )&s;
fn1(head);

struct S_ext ext;
```

```
struct S * sp = (struct S*)&ext;
fn2(sp);
```

点压缩和对齐的目的都是提高内存使用率，使内存显得更为紧凑。与结构体域重排优化类似的两个优化概念分别是结构剥落与结构分裂，它们都属于数据布局优化。

3. LLVM 代码生成器

在寄存器分配前，LLVM 会一直保持静态数据流分析形式。LLVM 代码生成结构如图 10.4 所示。

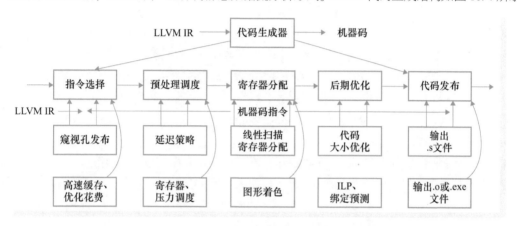

● 图 10.4　LLVM 代码生成结构

图 10.4 中描述了代码生成时用到的一些技术。

4. 运行时优化

在大部分人看来，运行时优化仅与 JIT、虚拟机和 CPU 乱序发射，以及 cache 相关，因为运行时优化只在运行时执行，JIT 可以结合虚拟机在程序解释执行时识别出 hot 区域，以便能够将这些代码编译成本地代码，对于 CPU 乱序现象，可以依据当前指令的相关性，执行指令重排等操作，而 cache 也可以将频繁出现的内容缓存到自身中，以便加快执行速度。可是，LLVM 与这些貌似都无关，LLVM 运行时优化确实与它们不相同。LLVM 运行时优化与闲时优化相互结合来实现相关优化，LLVM 会在代码生成时，插入一些低代价的指令来收集运行时的配置信息，这些信息用于指导闲时优化，重新生成一份更加高效的本地代码。这个过程可以重复多次，以达到较好的效果。其重要的用处就是，先识别出 hot 循环区域和 hot 路径，再对这些 hot 区域进行特殊处理。

5. 闲时优化（离线重新优化）

LLVM IR 是永久保存的，即存储在本地代码中，将 LLVM 字节码直接存储到可执行 ELF 或者 PE 格式文件中。

LLVM IR 分为几种形式，包括纯文本、二进制，以及内存表示。其中的二进制形式就是关于如何将 LLVM IR 存储到可执行文件中的描述。

闲时优化就是首先读取运行时提取的配置信息，然后指导代码生成器生成一份更为高效的代码。

闲时优化的另一种形式就是，在用户端，根据用户特定需求，或者针对特定机器，提取相关配置信息，执行特定的优化。由于这是离线闲时（idle time）进行的，因此能够执行更为激进和高昂开销的优化策略，这是虚拟机不能做到的。同样，代码可以直接分发到不同架构机器上，经过一段时间的运行，可以很好地适应，或调整成为最佳的本地代码。

6. LLVM IR

LLVM IR 是 LLVM 能够实现这些分析和优化的基石，LLVM 的中间表示是将 LLVM 和其他系统区别开来的关键因素。

LLVM IR 能够保存高层次的程序信息，例如类型信息等，同时又是底层的，以保证语言无关。下面从指令集、类型系统、内存模型、异常处理，以及内存表示方面讲述 LLVM IR。

1）LLVM 指令集。指令集的分类，有基于栈的，也有基于寄存器和基于运算器的。基于寄存器的虚拟机和基于栈的虚拟机的对比是一个很热门的话题，涉及运算效率、性能，以及指令大小等几个方面。静态分析工具 KLEE 就是在 LLVM IR 基础上，实现了一个虚拟机来专门进行静态分析。LLVM IR 是基于寄存器的指令集，支持 RISC 架构及 load 或 store 模式，也就是说，只能通过 load 和 store 指令进行 CPU 与内存间的数据交换。

LLVM 指令集拥有普通 CPU 中一些关键操作，但同时屏蔽掉了一些和机器相关的约束，例如物理寄存器（基于栈的虚拟机就是因为不依赖于具体机器的物理寄存器，而获得了良好的移植性）、流水线和一些调用约定（例如通过哪个寄存器来存储返回值、使用哪个寄存器来存储 C++ 中的 this 指针）。

LLVM 提供了足够多的寄存器来存储基本类型（布尔型、整型、浮点型和指针）值，这些寄存器是 SSA 形式的，这种形式的 UD 链（use-define chain，赋值代表 define，使用变量代表 use）非常明确，方便在其上做优化。整个 LLVM 指令集仅包含 31 条操作码（操作码少，用来表示操作码的位数就比较少，5 位就够用了），LLVM 通过删除相同功能操作码，或者复用统一操作码来减少操作码的种类。

LLVM 中的内存地址没有使用 SSA 形式，因为内存地址有可能会存在别名或指针指向，这样就很难构造出一个紧凑、可靠的 SSA 表示。LLVM 同时将 CFG 显示的信息表示在 LLVM IR 中，一个函数就是一组基本块的组合，一个基本块就是一组连续执行的指令，并以终止指令结束（包括分支、返回、展开，或者引用等），当然，终止指令指明了欲跳转的目的地址。

2）语言无关的类型信息有 Cast 和 GetElementPtr。LLVM 一个最基础的设计就是其语言无关的类型系统。每一个 SSA 寄存器或者显示的内存对象都有其对应的类型。这些类型和操作码一起表明这个操作的语义，这些类型信息让 LLVM 能够在低层次代码的基础上，进行一些高层次的分析与转换（例如 DSA 和 APA 分析，或者简单结构体域重排）。

LLVM IR 包含一些语言共有的基本类型（void、bool、signed、unsigned、double、floating 等），并给它们一些预定义的大小，从 8~64B 不等。这些保证了 LLVM IR 的移植性。LLVM 包含四种复杂类型：指针、数组、结构和函数。这四种类型足够表示现有的所有语言类型，例如 C++ 中的继承体系就可以用结构体嵌套结构体来实现。

```
struct Base1{
    int b1;
}
struct Base2{
```

```
        int b2;
    }
    // 继承体系使用结构体嵌套结构体来实现,其实就是 C++中的 POD 类型
    // 非 POD 类型的一些约束或者特定结构(例如虚表)被其他形式表示
    struct Derived {
        Base1 b1;
        Base2 b2;
        int d;
    }
```

这四种类型对于程序分析与优化,例如涉及结构体的 point-analyes,以及调用图构造和结构字段重新排序等,也是至关重要的。

由于 LLVM 是语言无关的,因此也应该能够支持弱类型语言,声明时的类型并不可靠。为了支持类型转换,LLVM 提供了一个 cast 操作,实现一种类型到任意类型的转换,该操作为 C、C++这种类型不安全的语言提供了语义支持。另外,为了支持地址运算,LLVM 提供了 getelementptr 指令,该指令多用于取结构体子元素(例如 “.” 和 “[ ]”)。

如下面代码所示:

```
// C 语句
X[i].a = 1;

// LLVM 指令
%p = getelementptr %xty * %X, long %i, ubyte 3;
store int 1, int * %p;
```

getelementptr 指令在进行地址运算的同时,还保存了类型信息,例如 X 的类型信息为%xty。给已知类型定义别名是非常必要的,否则 LLVM IR 在涉及复杂类型代码时,生成的 LLVM 中间代码会非常复杂。地址运算对分析优化非常重要,因为程序中一般有大量的结构体、指针等。有了地址运算,分析各个内存对象之间的关系就会非常方便、有效。GC(Garbage Collection,垃圾回收)、DSA 和结构体优化都是基于 point-analysis 来做的,而地址运算就是 point-analysis 的基础。

3)显式内存分配和统一内存模型。LLVM 提供特定类型的内存分配,可以使用 malloc 指令在堆上分配一个或多个同一类型的内存对象,free 指令用来释放 malloc 分配的内存(与 C 语言中的内存分配类似)。另外提供了分配指令,用于在栈上分配内存对象(通常指局部变量,只是显式表示而已),用 alloca 来表示局部变量在栈帧上的分配,当然,通过 alloca 分配的变量会在函数结尾自动释放。

其实这样做是有好处的,即能够统一内存模型,所有能够取地址的对象(也就是左值)都必须显式分配。这就解释了为什么局部变量也要使用 alloca 来显式分配。没有隐象的手段来获取内存地址,这就简化了关于内存的分析。

4)函数调用和异常处理。对普通函数的调用,LLVM 提供了 call 指令,该指令用来调用附带类型信息的函数指针。这种抽象屏蔽了机器相关的调用惯例。这里着重介绍其异常处理机制。为了实现异常机制,LLVM 提供了 invoke 和 unwind 指令。invoke 指令指定在栈展开的过程中必须要执行的代码,例如,在栈展开的时候,需要析构局部对象等。而 unwind 指令用于抛出异常,并执行栈展开的操作。

栈展开的过程会被 invoke 指令停下来,执行 catch 块中的行为,或者执行跳出当前活动记录之前

的操作。在执行完成后，继续代码执行，或者继续栈展开操作。

```
// C++ exception handling example
{
    AClass Obj;        // Has a destructor
    func();            // Might throw, must execute destructor
}
```

上述代码展示了一种需要"清理代码"的情形，清理代码是通过 C++编译前端产生的。func 有可能会抛出异常，C++必须确保 Obj 的析构函数，以便能够正确调用。为了实现这个目标，invoke 指令必须能够让栈展开的过程停下来，然后执行析构函数，执行完后继续随着 unwind 指令进行栈展开操作。

```
// 用于 C++示例的 LLVM 代码。invoke 指定的处理程序代码执行析构函数
...
 ; Allocate stack space forobejct:
 %Obj =alloca %AClass, unit 1
 ; Construct object
 call void %AClass∷AClass(%AClass * %Obj)
 ;call " func()"
 invoke void %func() to label %OkLabel unwind to label %ExceptionLabel

OkLabel:
 ; ...execution continue ...
ExceptionLabel:
 ; If unwind occurs,excecution continues here.First destroy the Object:
 call void %AClass∷~AClass(%AClass * %Obj)
 ; Next, continue unwinding:
 unwind
```

如果 func 函数正常执行完成，则跳转到 OkLabel 标签处继续执行；如果执行过程中发生了异常，则跳转到 ExceptionLabel 标签处执行清理代码。

任何包含 try 语句的函数调用，都会用 invoke 指令来实现。try/catch 以及 C++异常机制涉及的 RTTI 等，都会通过 C++运行时库来实现，LLVM 异常机制并不直接参与。

5）LLVM IR 是 LLVM 编译框架的核心，所以它提供了三种表示形式来为后者服务，包括纯文本、二进制、以及内存表示，这三种表示可以无缝转换，也不会有信息丢失。

LLVM 系统架构如图 10.5 所示。

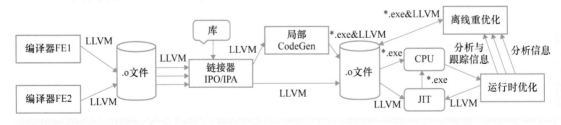

● 图 10.5　LLVM 系统架构图

简单来说，编译前端将源代码编译成 LLVM IR 格式的.o 文件，然后使用 LLVM 链接器进行链接；链接器执行大量的链接时优化，特别是过程间优化；链接得到的 LLVM 代码最终会被翻译成特定平台的机器码，另外 LLVM 支持 JIT；本地代码生成器会在代码生成过程中插入一些轻量级的操作指令，用来收集运行时的一些信息，例如识别 hot 区域；运行时收集到的信息可以用于离线优化，执行一些更为激进的 profile-driven 的优化策略，调整本地代码以适应特定的架构。

下面先介绍两个概念：JIT（Just-In-Time），即动态（即时）编译，边运行边编译；AOT（Ahead Of Time），指运行前编译，它们是程序的两种编译方式。

这种架构可以提供五个传统 AOT 编译所不具备的优势，它们对预先优化来说是至关重要的。

- 持续的程序信息。
- 离线代码生成。
- 用户主导的 profiling 及优化。
- 透明的运行时模型。
- 全程序统一编译。

这些优势很难同时获得，原因有以下两点。

第一，离线代码生成（#2）通常是编译的最后一步，一般不允许在稍后阶段优化高层次的表示，只能针对本地代码进行优化。由于 LLVM 将字节码（LLVM IR）附在可执行文件中，因此可以保留高层次的信息，以便后续阶段的再优化。

第二，整个生命周期的编译只和基于字节码的语言（Java、C#）相关。

当然，LLVM 也有自己的限制，首先语言相关的优化只能在编译前端实现，也就是生成 LLVM 代码之前。LLVM 不能直接表示语言相关的类型和特性，例如 C++的类或者继承体系是用结构体模拟出来的，虚表是通过一个大的全局列表模拟的。另外，需要复杂运行时系统的语言，例如 Java，但这是否能够从 LLVM 中获益还是一个问题，需要研究将 Java 或者 CLI 构建在 LLVM 上的可行性。

▶▶ 10.1.2　使用 Cpu0 作为硬件的例子

本小节使用 Cpu0 作为硬件的例子，构建能适配它的编译器后端。Cpu0 是一个非常简单的 RISC 架构处理器，通常是研学芯片的主流。所以，即使没有接触过 Cpu0，但只要稍微了解 RISC 架构处理器（MIPS 处理器也成，因为 Cpu0 的很多设计是依据 MIPS 完成的），也很容易接受这个处理器；如果很熟悉它，那么会更好（只要了解得足够详细，就不会阻碍编译器后端的设计）。后面会用一整节的内容来介绍这个处理器。

在 *Tutorial：Creating an LLVM Backend for the Cpu0 Architecture* 教程的配套代码中，提供了一套 Cpu0Simulator 的 Verilog 实现代码，只需要把这套代码运行起来，就不需要真的有一个 Cpu0 的硬件（实际上也不可能有）。最终的测试是，通过编译器，将程序翻译成 Cpu0 支持的十六进制格式的文件，并输入到仿真器中运行，最后检查运行结果（也会介绍如何生成二进制文件，即使它不能运行，但原理是一样的）。

前端语言采用 C 语言，而 *Tutorial：Creating an LLVM Backend for the Cpu0 Architecture* 教程使用的是 C++ 语言，并且用其中一节专门介绍如何支持 C++ 特性。该教程链接地址为 http://jonathan2251.

github.io/lbd/TutorialLLVMBackendCpu0.pdf。

虽然不支持 C++，但 LLVM 是基于 C++ 语言开发的，所以要对 C++语言足够熟悉。另外，一定要有面向对象的思想，因为除了 LLVM 后端结构中强表现出继承、多态等特性以外，还会涉及 TableGen（LLVM 后端中一种很重要的面向对象的 DSL），也可以将它看作一种面向对象的语言。

这里主要介绍代码实现，对于编译器的原理和 LLVM 架构比较复杂的设计，不会过多涉及，依然需要搭配 LLVM 官方的一些文档来学习。对学习 LLVM 的一个建议是，不要拘泥于与自己无关的功能，就像在 Linux 上编写一个串口驱动，便不需要了解太多操作系统实现的内容，适当忽略无关细节，可以让学习更加顺畅。

本节参考了 LLVM 8.0.0 下的 Cpu0 的后端实现代码（https://github.com/P2Tree/LLVM_for_cpu0），与教程配合使用学习效果极佳。每一节都会生成一份快照，相对路径一致地保存到一个单独路径下（考虑过使用 git tag，但因为提交比较琐碎，文档也会在未来经常更新，所以 tag 并不完全表示某一内容的结束，不过还是插入了 tag 以供参考）。

开发机是 Macbook，系统是 Mojave（10.14.6），编译器版本是系统原生的 Clang++ 10.0.0。如果与系统不一致，就可能会遇到一些问题，但问题不会很大，遇到问题时可自行搜索互联网来解决。

如果并不了解 LLVM，则需要先看一下关于 LLVM 的入门知识，这可能需要花费数小时的时间，但值得这样做。

入门看这篇文档：https://llvm.org/docs/GettingStarted.html。

如果具备相关入门知识，则大概浏览一下即可。但有几个重点要关注，一是三段式结构，二是 LLVM IR，三是 TableGen。

1）三段式结构是现在主流编译器的标配，懂得为什么这么做很重要。

2）对于 LLVM IR，达到看到 LLVM IR 和源程序，能与指令基本对应的水平就行。

3）对于 TableGen，大概懂它是干什么的就行了。

后端流程也要懂一点。LLVM 的后端主要是下面这样的。

1）指令选择：先将输入的 LLVM IR 翻译成 DAG（有向无环图，后端 SelectionDAG 是很重要的一种中间表示），再多次做下译、合法化。

2）指令调度：对指令做重排，优化流程。这之后就是列表了，但依然是 SSA（静态单赋值）形式。

3）寄存器分配：SSA 形式中的寄存器是虚拟寄存器，这里全部替换成物理寄存器（之前的步骤也会有个别替换，这里是最终替换），之后就都是物理寄存器了。

4）代码生成：之后就是输出代码了，包括汇编代码或者二进制代码。这里 LLVM 和 GCC 的一个不同是，LLVM 可以直接输出二进制代码，也就是汇编器的功能嵌入到编译器后端中，这得益于 LLVM 的模块化设计。

5）在这些步骤中，会穿插进不同的优化，优化 pass 的输入和输出是同一种形式，可以暂时忽略（编译器优化属于编译器进阶工作，这里并不打算覆盖太多优化的内容）。

想要了解后端流程，可以详细看一下这篇官方文档 https://llvm.org/docs/CodeGenerator.html，推荐分内容多次阅读，而不是一口气读完，虽然前面的内容简单，但后面的内容会突然很深入，并且介绍并不完善，需要配合代码阅读。

10.2 LLVM 新后端初始化和软件编译

▶▶ 10.2.1 新后端初始化和软件编译

本节首先将介绍 Cpu0 的硬件配置，以及简单介绍 LLVM 代码的结构和编译方法。然后，会搭建后端的框架，并能让 LLVM 构建通过，一旦完成一些后端注册的操作，就可以让 llc 识别到新后端。

1. Cpu0 处理器架构

公开的 Cpu0 的设计会发生变化。Cpu0 架构是基于 MIPS 的一种简化设计，可以参考 MIPS 的架构细节来完善它。

2. 架构描述

1）32 位 RISC 架构。

2）16 个通用寄存器：R0~R15。

- R0 是常数寄存器（CR，Constant Register）。
- R1~R10 是通用寄存器（GPR，General Purpose Register）。
- R11 是全局指针寄存器（GP，Global Pointer register）。
- R12 是帧指针寄存器（FP，Frame Pointer register）。
- R13 是栈指针寄存器（SP，Stack Pointer register）。
- R14 是链接寄存器（LR，Link Register）。
- R15 是状态字寄存器（SW，Status Word register）。

3）协处理寄存器：PC 和 EPC。

- PC 是程序计数器（Program Counter）。
- EPC 是误差计数器（Error Program Counter）。

4）其他寄存器：

- IR 是指令寄存器（Instruction Register）；
- MAR 是内存地址寄存器（Memory Address Register）；
- MDR 是内存数据寄存器（Memory Data Register）；
- Hi 是 MULT 指令结果的高位存储（High part）；
- Lo 是 MULT 指令结果的低位存储（Low part）。

3. 指令集

指令集中的指令分为三种类型，A 型（Arithmetic 类型）用来做算术运算，L 型（Load 或 Store 类型）用来访问内存，J 型（Jump 类型）用来改变控制流。三种类型指令有各自统一的位模式，见表 10.1。

表 10.1　指令集中指令的三种类型

A 型				
操作码编码 OP	返回寄存器编码 Ra	输入寄存器编码 Rb	输入寄存器编码 Rc	辅助操作编码 Cx
31~24	23~20	19~16	15~12	11~0

L 型			
操作码编码 OP	返回寄存器编码 Ra	输入寄存器编码 Rb	辅助操作编码 Cx
31~24	23~20	19~16	15~0

J 型	
操作码编码 OP	辅助操作编码 Cx
31~24	23~0

目前有两款处理器支持 Cpu0 架构，所以会对应两套不同的 ISA（Instruction Set Architecture），第一套称为 cpu032I；第二套在第一套的基础上新增了几条指令，称为 cpu032II。cpu032I 中的比较指令继承自 ARM 的 CMP，而 cpu032II 中的比较指令新增了继承自 MIPS 的 SLT、BEQ 等指令。设计两套处理器，就会涉及后端子目标的设计。

4. SW 寄存器

SW 寄存器用来标记一些状态，它的位模式见表 10.2。

表 10.2　SW 寄存器的位模式

保留	中断标记	模式标记 M	调试标记 D	溢出标记 V	进位标记 C	零标记 Z	负数标记 N
31~14、12~9、4	13	8~6	5	3	2	1	0

5. 指令流水线

Cpu0 的指令采用 5 级流水线：取指（IF, Instruction Fetch）、解码（ID, Instruction Decode）、执行（EX, EXecute）、内存访问（MEM, MEMory access）、写回（WB, Write Back）。

取指、解码、执行是任何指令都会经历的步骤，内存访问针对 load 或 store 指令，写回则针对 load。

指令流水线与调度有关，Cpu0 的调度策略很简单。

▶▶ 10.2.2　LLVM 代码结构

这部分内容参考了：

http://llvm.org/docs/GettingStarted.html

1. 目录结构

下面对 LLVM 的目录中几个比较重要的目录进行介绍。

docs/

其中保存一些文档，很多文档可在官网上找到。

```
examples/
```

其中保存一些官方认可的示例，比如简单的 Fibonacci 计算器实现、简单的前端案例 Kaleidoscope、如何使用 JIT 编译等。不过，这里没有后端的内容。

```
include/
```

其中保存 LLVM 中作为库的那部分接口代码的 API 头文件。注意，不是所有头文件，内部使用的头文件不放在这里。其中广泛使用的都在 include/llvm 中。

在 include/llvm 中，按库的名称来划分子目录，比如 Analysis、CodeGen、Target 等。

```
lib/
```

其中保存绝大多数的源代码。

```
lib/Analysis
```

两个 LLVM IR 核心功能之一，即进行各种程序分析，比如变量活跃性分析等。

```
lib/Transforms
```

两个 LLVM IR 核心功能之二，即进行从 IR 到 IR 的程序变换，比如"死"代码消除、常量传播等。

```
lib/IR
```

LLVM IR 实现的核心，比如 LLVM IR 中的一些概念（如 BasicBlock），会在这里定义。

```
lib/AsmParser
```

LLVM 汇编的解析实现。注意，LLVM 汇编不是机器汇编。

```
lib/Bitcode
```

LLVM 位代码（bitcode）的操作。

```
lib/Target
```

目标架构下的所有描述，包括指令集、寄存器、机器调度等和机器相关的信息。主要新增代码都在这条路径下。在这条路径下，又会细分不同的后端平台，比如 x86、ARM 等，新增的后端会在这里新开一个目录 Cpu0。

```
lib/CodeGen
```

代码生成库的实现核心。LLVM 官方会把后端分为目标相关的（target dependent）代码和目标无关的（target independent）代码。这里就存放着目标无关的代码，比如指令选择、指令调度、寄存器分配等。一般情况下，这里的代码不用动，除非后端非常混乱。

```
lib/MC
```

其中保存与机器有关的代码。MC（Machine Code）是后端在代码发布时的一种中间表示，也是整个 LLVM 常规编译流程中最后一个中间表示。这里提供的一些类为 lib/Target/Cpu0 下的类的基类。

```
lib/ExecutionEngine
```

其中保存解释执行位代码文件和 JIT 的一些实现代码。

lib 下的其他目录就不展开介绍了，比如 Object 中保存和目标文件相关的信息，Linker 中保存链接器的代码，LTO 中保存和链接时优化有关的代码，TableGen 中保存 TableGen 的实现代码。

```
projects/
```

这条路径下会保存一些不是 LLVM 的架构，但会基于它的库来开发一些第三方的程序工程。如果不是在 LLVM 上搭建一个前端或后端，或者进行优化，而是基于一部分功能来实现自己的需求，则可以把代码放在其中。

```
test/
```

LLVM 支持一套完整的测试，测试工具称为 LIT（Language Interpretability Tool），这条路径下保存着各种测试用例。LLVM 的测试用例有一套自己的规范。

```
unittests/
```

顾名思义，其中保存着单元测试的测试用例。

```
tools/
```

这个目录里保存着各种 LLVM 的工具的源代码（也就是驱动程序），比如进行 LLVM IR 汇编的 llvm-as、后端编译器 llc、优化驱动器 opt 等。注意，驱动程序的源代码和库的源代码是分开的，这是 LLVM 架构的优势，如果不喜欢 llc，则可以实现一个驱动来调用后端。

```
utils/
```

其中包含一些基于 LLVM 源码的工具，这些工具可能比较重要，但不是 LLVM 架构的核心。其中有一个目录 emacs，可用 vim 或 emacs 看一下，即使用 utils/vim 或 utils/emacs，该目录里面有一些配置文件，比如自动化 LLVM 格式规范的配置、高亮 TableGen 语法的配置与调试等。

2. 如何编译

LLVM 工程是使用 CMake 管理的，CMake 会检查构建所需的环境条件，并生成 Makefile 或其他编译配置文件。对于第一次编译 LLVM 的人，很有可能会在这里遇到问题，如果没有动过代码，那么几乎可以认为环境有问题。

在下载源代码后，先创建 build 目录，建议在 llvm 目录的同一级创建，比如这样：

```
~/llvm
|--- build
|--- llvm
    |--- lib
    |--- tools
    ...
```

然后，进入 build 目录，输入：

```
CMake -G "Unix Makefiles" -DCMAKE_BUILD_TYPE=Debug ../llvm
```

-G 后面的那个配置是指定 CMake 生成哪种编译配置文件，比如 Unix Makfiles 就是 make 使用的，还可以指定 Ninja 或 Xcode，会对应生成 Ninja 的编译文件或 Xcode 的编译文件。建议用 Ninja，因为编译输出更清晰，但后两者都需要环境支持，可自行安装 Ninja 软件或 Xcode，而 make 在 Linux 和 macOS 机器上都是自带的。下文中涉及编译时，会使用 Ninja，当然，这些都不重要。最后一个参数值是 build 相对 llvm 工程文件的相对路径。

CMake 还可以指定其他参数，比如：

1) -DLLVM_TARGETS_TO_BUILD = Cpu0，表示只编译 Cpu0 后端，这样编译速度会快一些，毕竟 LLVM 的后端太多了，都编译没必要（不过还没有实现 Cpu0 的后端，如果不希望编译时出现一堆错误，目前还是不要加这个参数了）。

2) -DCMAKE_BUILD_TYPE = Debug，如果该参数值改成 Release，那么编译速度会快一些，但需要调试编译器的话，还是需要使用 Debug 模式。

3) -DMAKE_INSTALL_PREFIX = path，可以指定安装路径，也就是 make install 时输出的位置。一般不指定这个参数，因为没必要，直接从 build/bin 下获取编译好的目标程序即可。

执行 CMake 时可能会出问题，导致失败。只要没在最后看到 configuring done，就表示失败了，此时可根据输出解决问题，有可能是系统里缺少一些库或工具。

若没问题，就可以编译了，输入 make、ninja 或 xcodebuild。第一次编译会比较耗时，具体时间取决于机器性能。如果之后不涉及 CMake 配置变更，则可以使用增量编译，通常会快很多。

注意，对于 macOS，在测试编译器时，正确配置环境变量，不要调用系统自带的编译器（系统自带的编译器和 LLVM 编译器都称为 Clang）。

▶▶ 10. 2. 3　Cpu0 后端初始化

1. TableGen 描述文件

实现一个后端，需要编写和目标相关的描述文件，也就是 .td 文件。这些 .td 文件，会在构建编译器时，由 TableGen 的工具 llvm-tblgen 翻译成 C++ 源代码，这些源代码就可以在代码文件中使用了。.td 文件在被处理之后，会在 build 目录的 lib/Target/Cpu0/ 下，生成一些 .inc 文件，而这些文件就可以被代码文件所包含。生成的规范是在 CMakeLists.txt 中明确的。

实际的逻辑是，在写 .td 文件时，就应当明白 .td 文件生成的 C++ 源代码是什么样子的，然后在代码文件中直接使用这些还没有生成的代码时，可能无法通过静态检查。但没关系，构建编译器时，TableGen 首先被调用了，编译是能通过的（只要 .td 文件没错就行）。另外，麻烦的是.td 文件没有语法错误，但有逻辑错误，这样会使调试比较困难。

.td 文件会有多个，它们分门别类地描述目标平台的各种信息，比如寄存器信息、指令信息、调度信息等。

现在介绍一下各.td 文件。

第一个文件是 Cpu0.td。这个文件包含了其他几个 .td 文件，定义了一个基于目标类的子类 Cpu0。

第二个文件是 Cpu0InstrFormats.td。这个文件描述了指令集的一些公共属性，以及一些高层的、互通的格式说明，比如 Cpu0 的指令最高层的类 Cpu0Inst，继承自指令类。另外，因为 Cpu0 的指令分为三类：A、L、J，所以会基于 Cpu0Inst 再产生出三个子类 FA、FL、FJ。指令类中的一个属性，称为格式，做了一层包装，给不同的子类指令指定了值。

第三个文件是 Cpu0InstrInfo.td。可以看到，这个文件里包含了 Cpu0InstrFormats.td，所以实际上这两个文件可以写在一起，但公认的做法是适当分开。这个文件会有一些 SDNode 节点的定义，比如 Cpu0Ret；操作数类型定义，比如 simm16；最多的是指令的定义，这些指令，同样会定义不同的类，最后基于这些类来定义具体的指令模式。值得注意的是，其中会有一个参数，称为 pseudo，默认值是 0，这个参数指明要定义的指令是否是一个伪指令，在构建编译器之后，会发现生成了一个 Cpu0GenMCPseudoLowering.inc 文件，目前这个文件里还没有实质内容，因为还未涉及伪指令。

第四个文件是 Cpu0RegisterInfo.td。这个文件中定义了所有的寄存器和寄存器集合（RegisterClass）。一个基本类 Cpu0Reg 继承自寄存器类，而后衍生出 Cpu0GPRRcg 和 Cpu0C0Reg。特别定义了一个寄存器组 GPROut，表示除 SW 寄存器以外的寄存器，因为 SW 寄存器不参与寄存器分配，所以这样划分易于使用。注意，这些寄存器都是有别名的。

第五个文件是 Cpu0Schedule.td，定义了一些调度方式，它们基于一个类 InstrItinClass，通常简写为 IIC，这些调度信息会在其他位置被用到。

在这些文件中，会遇到一个命名空间的变量或属性，都被指定为 Cpu0，在最后生成的代码中，它就对应着 C++ 中的命名空间的概念，比如 ZERO 寄存器属于 namespace = Cpu0，那么最后使用这个寄存器，就需要指明 Cpu0::ZERO。

以上就是目前涉及的 .td 文件，按最简单的方式编写这几个文件，分块注释。目前，还没有完整地写完这些 .td 文件，为了能尽快看到一个可以编译通过的版本，只搭框架。在后续的流程中，这些文件的内容还会被反复修改。

2. 目标注册

这一部分，会修改一些公共代码，把要编写的 Cpu0 注册到 LLVM 架构中，让 LLVM 知道新增了一个后端。

在 Cpu0 目录下，首先创建一个 Cpu0.h 文件，做了一些包含运算。接着创建 Cpu0TargetMachine.cpp 文件及其对应的头文件，里面只写了一个 LLVMInitializeCpu0Target 类的函数，但暂时没有内容，因为目前还是只搭框架。

然后，创建一个子目录 lib/Target/Cpu0/TargetInfo/，在这条路径下新建 Cpu0TargetInfo.cpp 文件，在这个文件中，调用了 RegisterTarget 接口来注册目标，需要注册两次，分别完成 Cpu0 和 cpu0el 的注册。

还需要创建一个子目录 lib/Target/Cpu0/Cpu0MCTargetDesc/，在这条路径下新建 MCTargetDesc.cpp 文件及其对应的头文件，写了一个 LLVMInitializeCpu0TargetMC 类的函数，也暂时为空。

创建这两个额外的子目录，在其他后端中也同样这么做，究其原因，是因为每个后端都会提供多个库，Cpu0 目录下会生成一个称为 libLLVMCpu0CodeGen.a 的库，而这两个子目录会生成 libLLVMCpu0Desc.a 和 libLLVMCpu0Info.a 这两个库。库的生成控制是在 CMakeLists.txt 中完成的。

在做完以上工作之后，需要对公共代码进行修改。

需要修改的文件有：

```
lib/Object/ELF.cpp
lib/Support/Triple.cpp
include/llvm/ADT/Triple.h
include/llvm/BinaryFormat/ELF.h
include/llvm/Object/ELFObjectFile.h
```

新增一个文件：include/llvm/BinaryFormat/ELFRelocs/Cpu0.def。

可以暂时不用管它们是做什么的，先按照其他后端的位置，把 Cpu0 后端补上去就可以了。

3.构建文件

需要编写一些 CMake 文件和 LLVMBuild 文件，前者是 CMake 执行时需要查找的，后者是 LLVM 构建时辅助的描述文件。每条路径下都需要有这两个文件，所以需要在 lib/Target/Cpu0/、lib/Target/Cpu0/TargetInfo/，以及 lib/Target/Cpu0/MCTargetDesc/ 路径下都创建一个 CMakeLists.txt 文件和一个 LLVMBuild.txt 文件，还需要修改 LLVMBuild.txt 文件。

4. 检验成果

接下来就可以构建编译器了。

进入到 build 目录下，输入：

```
CMake -DCMAKE_CXX_COMPILER=clang++ -DCMAKE_C_COMPILER=clang -DCMAKE_BUILD_TYPE=Debug -G
"Ninja" ../llvm
```

一切正常后，输入：

```
ninja
```

看看会出现什么错误，很可能会出问题，并且暴露信息也会很清晰，检查代码并做修改，直到正确编译为止。

找到 llc，它通常在编译好的目录的二进制文件路径下，输入：

```
build/bin/llc --version
```

如果正常，则会输出 llc 的各种信息，包括它支持的后端名称，在其中就可以找到后端 cpu0、cpu0el。这里的 cpu0 的 c 是小写，因为在 Cpu0/TargetInfo/Cpu0TargetInfo.cpp 中注册目标平台时的一个参数，指定了输出的名称，是小写的 cpu0、cpu0el。

之后，就可以只针对后端平台进行编译了，而且编译速度会更快一些，比如 CMake 命令参数可改为：

```
CMake -DCMAKE_CXX_COMPILER=clang++ -DCMAKE_C_COMPILER=clang
-DCMAKE_BUILD_TYPE=Debug -DLLVM_TARGETS_TO_BUILD=Cpu0 -G "Ninja" ../llvm
```

在 build/lib/Target/Cpu0/ 路径下，会发现很多 .inc 文件，这些文件就是由 .td 文件生成的 C++ 代码文件。

下面编写一段含有空的 main 函数的 C 代码，并用编译器来编译一下。

```
// 文件名: ch1.c
int main() {
 return 0;
}
```

Clang 用标准的方法，所以不用操心，不过 Cpu0 后端没有自己的 ABI，于是使用了 MIPS 的 ABI，输入如下命令：

```
build/bin/clang -target mips-unknown-linux-gnu -c ch1.c -emit-llvm -o ch1.bc
```

这里-emit-llvm 参数指示 Clang 在 LLVM IR 的地方停下来，输出 IR。执行之后会生成一个 ch1.bc 文件，它是 LLVM IR 的位代码文件。

输入如下命令：

```
build/bin/llvm-dis ch1.bc -o -
```

这里 llvm-dis 是 LLVM IR 的反汇编器，它将位代码文件反汇编成可读的 LLVM 汇编文件，因为指定了 -o -，所以它将结果直接输出到终端。检查 LLVM 汇编文件，并将它与源程序进行对比。

输入如下命令：

```
build/bin/llc -march=cpu0 -relocation-model=pic -filetype=asm ch1.bc -o ch1.s
```

这里报错了，输出如下提示信息：

```
Assertion 'target.get() && "Could not allocate target machine!"' failed
```

因为一个 assert 阻止了异常操作。这里报错是正常的，毕竟后端什么都没做，没那么轻松就能生成汇编文件。看到这个提示，验证就结束了。在下一小节中，会解决这个问题，并能正常输出简单程序的汇编文件。

之后会遵循介绍习惯，不对代码中的细节过多展开，只会提及一些关键的代码段，所以需要配合项目 P2Tree/LLVM_for_cpu0 中的源代码阅读，该项目位于：

```
github.com/P2Tree/LLVM_for_cpu0
```

将工程代码的 tag 切换，即可跳到本小节内容，也可以在 shortcut/llvm_ch1 中查看相关的源代码文件状态。

▶▶ 10.2.4　LLVM 后端结构

1. 目标机器架构

这一部分代码比较多，主要有以下一些文件，实际内容可参考提供的代码。

（1）Cpu0TargetMachine.h(.cpp)

这两个文件的内容是关于目标机器的定义，实现了 Cpu0TargetMachine、Cpu0ebTargetMachine 和 Cpu0elTargetMachine 三个类，后两个类继承自第一个类，而第一个类继承自 LLVMTargetMachine。.cpp 文件定义了关于目标的初始化工作，比如拼装 DataLayout、重定位模式，以及大小端，核心目标就是生成 TargetMachine 的对象，以便 LLVM 调用。

.cpp 文件中有一个函数 getSubtargetImpl，这个函数可以构造 Subtarget 类的对象，进而能引用 Subtarget 类的属性和方法。

（2）Cpu0FrameLowering.h(.cpp)

.cpp 文件是 Framelowering 的功能实现，完成栈的管理。.cpp 文件基于 TargetFrameLowering 类实现了

Cpu0FrameLowering 类，本身没有太多内容，重要内容都放到 Cpu0SEFrameLowering.h（.cpp）文件中了。

Cpu0 的栈也是向下生长的，用栈指针指向栈顶，栈内容通过栈指针加一个正数的偏移来获取。栈中的内容按顺序从高地址到低地址依次是：函数参数、GP、自由空间、CPU 的 Callee 寄存器、FP、RA、FPU 的 Callee 寄存器。

hasFP 方法用来判断函数栈中是否包含 FP（帧指针，可以用来作为固定基址访问栈，但也可以被 SP 替代）。

create 方法用来创建该类的对象，实际要返回的是它的子类对象，比如 Cpu0SEFrameLowering。

（3）Cpu0SEFrameLowering.h（.cpp）

Cpu0SEFrameLowering 类继承自 Cpu0FrameLowering 类，其中 SE 的意思是 standard edition（标准版本），在 MIPS 里表示 32 位版本，目前的 Cpu0 只有 32 位版本，不过后端还是做了区分，有利于将来扩展其他版本的后端，比如 16 位 Cpu0。

项目中出现的 SE 基本都是指标准版本，下文不再赘述。

emitPrologue 和 emitEpilogue 这两个函数在 Framelowering 中很重要，用来在进入函数前和从函数返回时插入内容。下文会补充这块内容。

（4）Cpu0InstrInfo.h（.cpp）

.cpp 文件包含指令相关的代码，用来将基于 TableGen 生成的指令描述成和指令相关的动作，所以.h 文件包含 Cpu0GenInstrInfo.inc 文件。.h 文件中定义了 Cpu0InstrInfo 类，该类继承自 Cpu0GenInstrInfo 类，基类就是由 TableGen 生成的类结构。因为 TableGen 的功能并不够灵活（至少不如 C++ 灵活），所以有一些情况需要在 C++ 代码中处理。该类里目前还没有实质性的内容。

其中有一个成员是 Subtarget 类的对象，它在构造函数中初始化。之所以反复强调 Subtarget 类，是因为它是所有类结构中占据比较中心位置的一个类。

（5）Cpu0SEInstrInfo.h（.cpp）

Cpu0SEInstrInfo 是基于 Cpu0InstrInfo 类定义的派生类，目前也没有什么重要内容，只定义了工厂函数。

（6）Cpu0ISelLowering.h（.cpp）

在指令选择中，将 LLVM IR 下降为 IR SelectionDAG 的功能实现，定义了 Cpu0TargetLowering 类，该类继承自 TargetLowering 类。

.h 文件中包含了 Cpu0GenCallingConv.inc 文件，该文件由 Cpu0CallingConv.td 文件生成，用到了它里面定义的一些类型。

LowerGlobalAddress 类将会在下文介绍；lowerRet 方法会返回 CPU0ISD∷Ret 这个 ISDNode。

create 方法用来生成对象，实际返回的是它的子类对象，比如 Cpu0SEISelLowering 类的对象。

（7）Cpu0SEISelLowering.h（.cpp）

定义 Cpu0SEISelLowering 类，它继承自 Cpu0ISelLowering 类。其中暂没有实质的内容。

（8）Cpu0MachineFunctionInfo.h（.cpp）

.cpp 文件用来处理和函数有关的动作。Cpu0MachineFunctionInfo 类继承自 MachineFunctionInfo 类。声明了与参数有关的方法，下文介绍。

（9）MCTargetDesc/Cpu0ABIInfo.h（.cpp）

.h 文件定义 ABI 的信息，提供了 O32、S32 和未知三种 ABI 规范。

（10）Cpu0RegisterInfo.h（.cpp）

.cpp 文件包含 Cpu0GenRegisterInfo.inc 文件，基于 Cpu0GenRegisterInfo 类定义了 cpu0RegisterInfo 方法。.h 文件中定义了几个和寄存器有关的方法，同理，也是因为 TableGen 文件不够灵活，无法描述复杂的寄存器信息，这里用钩子函数挂上。

（11）Cpu0SERegisterInfo.h（.cpp）

基于 Cpu0RegisterInfo 类定义一个子类 Cpu0SERegisterInfo，其中暂时没有什么内容。

（12）Cpu0Subtarget.h（.cpp）

Cpu0Subtarget 是比较重要的一个类，继承自 Cpu0GenSubtargetInfo 类。Cpu0.td 中已经定义了和子目标平台相关的信息，该类做的工作并不多，就是维护一些属性，并建立与其他类之间的调用接口，如 getInstrInfo、getRegisterInfo 等，所以同时在其构造函数中，也会初始化这些对象。

该目录中没有 Cpu0SubtargetInfo.td 这个文件，定义 Subtarget 类的信息放在 Cpu0.td 中，因为该类的结构是通用的，所以信息都放在公共代码所在的 TargetSubtargetInfo.cpp 文件中。这里想指出，×××.td 文件并不是和生成相同名字的 Gen×××.inc 文件一一对应的，TableGen 工具会综合各个.td 文件的信息，用来组织、生成对应后端的各种 Gen×××.inc 文件。

（13）Cpu0TargetObjectFile.h（.cpp）

.cpp 文件中代码实现了一个类 Cpu0TargetObjectFile，它继承自 TargetLoweringObjectFileELF 类，该类里会定义关于 ELF 文件格式的一些属性和初始化函数。

有个地方要留意，这里设计了 .sdata 段和 .sbss 段，这两个段和 .data、.bss 段具备一样的功能，但更节省 ELF 文件占用的内存，会在后续内容再次提到。Initialize 暂时用不到。

（14）Cpu0CallingConv.td

该文件包含调用规约的一些说明，定义了 CSR_O32 这个被调用寄存器。

（15）Cpu0InstrInfo.td

该文件新增了少量的内容，包括 Cmp 和 Slt 的判断条目定义，将来会用到。

（16）Cpu0.td

作为 TableGen 的入口，它将新增的那些.td 文件都包含进来。新增了几个目标机器的特征：FeatureCmp、FeatureSlt、FeatureCpu032I、FeatureCpu032II。另外，定义了 Subtarget 类的条目，也就是 cpu032I 和 cpu032II，还基于.td 文件中的目标类定义了 Cpu0 条目。

（17）CMakeLists.txt 和 MCTargetDesc/CMakeLists.txt

因为新增了源文件，所以这两个 CMake 配置也要做一下修改。

2. 简要说明

在整个类结构中，Cpu0Subtarget 类承担着接口的任务，它提供了访问其他类的接口，包括 Cpu0FrameLowering、Cpu0TargetMachine、Cpu0TargetObjectFile、Cpu0RegisterInfo、Cpu0InstrInfo 等类。其他这几个类，都会携带 Cpu0Subtarget 的属性。即使一个类无法通过标准方式访问其他类，比如没有 Cpu0Subtarget 类的属性，也可以通过访问 Cpu0TargetMachine 类来获取一个 Subtarget 类（利用 getSubtargetImpl 方法）。

TableGen 在这里的作用就很明显了，它通过编写的.td 文件，将其翻译为 C++ 的类结构和一些宏、枚举等"材料"，然后就可以在 C++ 代码中灵活地使用这些材料了。LLVM 设计 TableGen 的目的就是将这些目标相关的属性尽量隔离在.td 文件中，虽然目前还没有完全做到，但已经隔离了很大一部分（虽然.td 文件的管理也很混乱，但这样做确实有效）。

3. 编译测试

需要重新编译，因为修改了很多内容，且更新了 CMake 配置文件。

```
$ ninja clean
    $CMake -G Ninja -DLLVM_TARGETS_TO_BUILD=Cpu0 -DCMAKE_BUILD_TYPE=Debug -DCMAKE_CXX_
COMPILER=clang++ -DCMAKE_C_COMPILER=clang ../llvm
    $ ninja
```

编译时，很可能会遇到问题，按 C++ 的语法规则解决就行，目前还不会遇到编译器的问题。

4. 检验成果

输入如下命令：

```
$ build/bin/llc -march=cpu0 -mcpu=help
```

目前，该命令能指定的值有 cpu032I 和 cpu032II，若不指定，则默认是 cpu032II，这是在 Cpu0Subtarget.cpp 中设置的。

终端会输出 Cpu0 后端及其支持的特性。-mcpu 用来指定 CPU 类型（这里的 CPU 是广义的，即使包含 GPU，也使用这个参数，表示架构之下那一层的分类），它可以控制 Cpu0Subtarget.h 中的 isCpu032I 和 isCpu032II 属性，进而影响特性的使能，比如 HasSlt 的返回值。

输入如下命令：

```
$ build/bin/clang -target mips-unknown-linux-gnu -c ch2.c -emit-llvm -o ch2.bc
$ build/bin/llc -march=cpu0 -relocation-model=pic -filetype=asm ch2.bc -o ch2.s
```

会收到一个新的错误：

```
Assertion `AsmInfo && "MCAsmInfo not initialized."
```

这就表示这块已经完成，还没有做汇编输出的动作，下一小节中将会增加文件。

▶▶ 10.2.5　增加 AsmPrinter

这一部分，要开始支持 AsmPrinter，它在 LLVM 后端的 CodeGen 中的位置比较重要。首先看一下新增或修改的文件。

1. 文件新增

（1）InstPrinter/Cpu0InstPrinter.h（.cpp）

CodeGen 目录下新增一个 InstPrinter 文件夹，其中存放一些与 InstPrinter 相关的文件。Cpu0InstPrinter 的这两个文件主要完成将 MCInst 输出到汇编文件的工作。定义了 Cpu0InstPrinter 类，它继承自 MCInstPrinter 类。类中一个比较重要的成员函数 printInstruction 是由 tblgen 工具根据 Cpu0InstrInfo.td 文件生成的，另一个自动生成的成员函数是 getRegisterName，它是根据 Cpu0RegisterInfo.td 文件生成的，这两个函数都位于 Cpu0GenAsmWriter.inc 文件中。内部函数 printRegName、printInst、printOperand、print-UnsignedImm 和 printMemOperand，均通过调用上面两个成员函数来完成指令的输出。

（2）InstPrinter/CMakeLists.txt、InstPrinter/LLVMBuild.txt

因为新增了 InstPrinter 子路径，所以为这个子路径增加编译支持文件。

（3）Cpu0MCInstLower.h（.cpp）

从名字上可以看出，这两个文件用来完成将机器指令下译到 MCInst 指令的工作。.h 文件定义了 Cpu0MCInstLower 类，其主要成员函数是 lower，它输入一个 MI，输出一个 MCInst，函数内部处理比较简单。lower 与 MCInst 相比，MCInst 只是更接近底层，所以它只需要忽略机器指令的一些信息。这里主要设置 Opcode 和 Operand list。

（4）MCTargetDesc/Cpu0BaseInfo.h

这个文件中定义了一些宏，包括操作数标签的 TOF 和指令编码类型等，它们将用在 MC 的其他位置。

（5）Cpu0MCAsmInfo.h（.cpp）

上一小节报错中指出了要依赖的文件。这两个文件定义了 Cpu0MCAsmInfo 类，它继承自 MCAsmInfoELF 类，其中定义了一些汇编文件通用的格式。

（6）Cpu0AsmPrinter.h（.cpp）

.h 文件用来将机器指令结构的程序输出到汇编文件的直接入口。.h 文件中定义了 Cpu0AsmPrinter 类，它继承自 AsmPrinter 类。在该类中声明了很多 Emit 函数，它们各自负责发射对应的内容，比如 EmitInstruction。不同于前面 Cpu0InstPrinter 将 MCInst 输出到文件中，AsmPrinter 将机器指令发射到文件中。在这些 Emit 函数内部，也是先将机器指令下译到 MCInst，再通过 Streamer 发射，而 Streamer 内部也会调用 MCInst 的输出接口。因为机器指令承载的信息很多，所以值得处理的内容也多一些。另外，除指令本身以外，汇编文件中还会有其他信息，比如调试信息、文件描述信息等，这些都是在 AsmPrinter 中发布的。

2. 文件修改

（1）Cpu0InstrInfo.td

新增了几个 record。对于内存操作数，若指定 let PrintMethod = "printMemOperand"，则 TableGen 会在处理这个 record 时，调用 printMemOperand 函数。这是本小节比较关键的一个点。

（2）MCTargetDesc/Cpu0MCTargetDesc.h（.cpp）

在 MC 层的目标描述类中，需要为新加的几个 MC 处理的类结构做注册工作，添加了不少代码。创建对应的对象，通过 TargetRegistry 提供的接口返回。一定要清楚 MC 层的内容。大多数描述性文件都位于 MCTargetDesc 路径下，比如描述指令的 MCInstrInfo、描述寄存器的 MCRegisterInfo、描述指令输出的 MCInstPrinter 等。

（3）MCTargetDesc/CMakeLists.txt、MCTargetDesc/LLVMBuild.txt

相关路径下新增了上述两个文件，将它们嵌入到构建描述文件中。

（4）Cpu0ISelLowering.cpp

在构造函数中增加了一个操作 computeRegisterProperties，这是必需的，用来分析寄存器标记的属性，它实现的位置在 TargetLoweringBase.cpp 文件中，是 TargetLoweringBase 类的方法，但不需要太关心。

（5）Cpu0MachineFunctionInfo.h

在构造函数中增加发射 NOAT 的标识。

（6）CMakeLists.txt、LLVMBuild.txt

将新增的文件和路径嵌入到构建描述文件中。

3. 简要说明

本小节比较重要的内容有 TargetDesc 中的注册部分和 AsmPrinter 的汇编文件输出部分，它们也确实占用了比较大的代码篇幅，不过逻辑上都比较清晰。AsmPrinter 最终输出内容时，托管给了 Streamer 对象，其实 MCStreamer 结构是非常重要的部分，但因为它已经在 LLVM 公共代码中比较完整地得以实现，所以不需要太关心。底层的输出是 MCStreamer，所以底层的发射其实是 Streamer→Emit*xx*。很多细节内容，其实都是从其他后端复制过来的，尤其是 MIPS 后端。

4. 编译测试

需要重新编译，因为修改了很多内容，且更新了 CMake 配置文件。

```
$ ninja clean
$CMake -G Ninja -DLLVM_TARGETS_TO_BUILD=Cpu0 -DCMAKE_BUILD_TYPE=Debug -DCMAKE_CXX_COM-
PILER=clang++ -DCMAKE_C_COMPILER=clang ../llvm
    $ ninja
```

编译时，很可能会遇到问题，按 C++ 的语法规则解决就行，目前还不会遇到编译器问题。

5. 检验成果

输入如下命令：

```
$ build/bin/llc -march=cpu0 -relocation-model=pic -filetype=asm ch2.bc -o ch2.cpu0.s
```

会收到一个新的错误，如下所示：

```
llc: target does not support generation of this file type!
```

这样就实现了较为靠后的一些功能，但其实前面的功能还不完整。

▶▶ 10.2.6 增加 DAGToDAGISel

在支持 AsmPrinter 之后，已经可以将机器 DAG 转换成 asm 了，但现在还缺少将 LLVM IR DAG 转换成机器 DAG 的功能，也就是指令选择的部分功能，在 LLVM 机器无关的目标代码生成中，指令选择占据了非常重要的地位。

指令选择的目的就是，把 DAG 中所有的节点都转换成目标相关的节点，虽然在从 Lowering LLVM IR 转换到 DAG 时，已经将部分节点进行了转换，但并不是所有节点，在经过这个 Pass 之后，所有节点都是目标机器支持的操作了。

但实际上需要做的工作并不是指令选择的功能，这些功能已经被 LLVM 实现了（感兴趣的读者可以看看 lib/CodeGen/SelectionDAG/SelectionDAGISel.cpp 中的实现，SelectionDAGISel 构造函数主要做两件事：创建 Pass 要用到的关键实例、初始化依赖的所有 Pass），只需要继承已有实现，并支持指令系统（通过 TableGen）。这是 LLVM 模块化设计的优势。

下面看看新增或修改的文件。

1. 文件新增

（1）Cpu0ISelDAGToDAG.h（.cpp）

这两个文件定义了 Cpu0DAGToDAGISel 类，它继承自 SelectionDAGISel 类，并包含一些全局化的接口，比如 select 是指令选择的入口，其中会调用 trySelect 方法，后者是提供给子类的自定义部分中指令选择方式的入口，可以先不管。在 select 函数前面部分都没有选择成功的指令，最后会到 selectCode 函数，这个函数是由 TableGen 依据.td 文件生成的 Cpu0GenDAGISel.inc 文件定义的。

虽然 LLVM 的最终目标是让所有和平台相关的信息全部用.td 文件来描述，但目前还没有完全做到（毕竟不同硬件的差异还是挺大的，如 x86 的硬件设计很复杂），所以这些无法用.td 文件描述的指令选择操作就可以放在 Cpu0ISelDAGToDAG.cpp 文件代码中完成。

selectAddr 函数，顾名思义，它进行地址模式的执行选择，知道 IR DAG 中有些节点是地址操作数，这些节点可以很复杂，目前 Cpu0 把这块代码提出来并特殊对待了。打开 Cpu0InstrInfo.td 文件并查看其中对地址记录的描述，可以发现，之前已经在这里注册了一个处理函数名称，称为 selectAddr，实际上，在利用 TableGen 进行指令选择时，也会把经由地址记录来描述的那些应用信息（显然会是一些地址模式）交给 SelectAddr 函数来处理。

getImm 函数将一个指定的立即数切入到一个目标支持的节点中。

（2）Cpu0SEISelDAGToDAG.h（.cpp）

这两个文件定义了 Cpu0SEDAGToDAGISel 类，它继承自 Cpu0DAGToDAGISel 类。这种双层设计，在前文已经描述了。在这个底层的 SE 类中，实现了 TrySelect 类，这个类中目前还没有什么实质性的内容，目的就是将来处理 TableGen 无法自动处理的那些指令的指令选择。

另外还实现了 createCpu0SEISelDAG 函数，用来进行目标注册。

2. 文件修改

（1）Cpu0TargetMachine.cpp

在该文件中注册一个指令选择器。目前已将 Cpu0SEISelDAG 类添加进来，而且 addInstSelector 方法重写了该类的父类 TargetPassConfig 的方法。

（2）CMakeLists.txt

因为新增了文件，所以修改这个文件以保证编译顺利。

（3）Cpu0CallingConv.td

在该文件中新增关于返回的调用约定，增加 RetCC_Cpu0 类，指定将 32 位整型返回值放到 V0、V1、A0、A1 这几个寄存器中。

（4）Cpu0InstrFormats.td

新增 Cpu0Pseudo 的模式，下面会用到。

（5）Cpu0InstrInfo.td

利用上文的伪指令模式，定义新的 record、RetLR，它指定的 SDNode 是 Cpu0Ret，Cpu0Ret 是之前定义好的。

（6）Cpu0ISelLowering.h（.cpp）

新增了一些调用约定的分析函数，其中关键函数是 analyzeReturn。该函数利用前面调用约定中定义的 RetCC_Cpu0 来分析返回值类型、值等信息，阻断不合法的情况。

还有一个很重要的函数，就是 lowerReturn，该函数在早期将 ISD 的 ret 下译成 Cpu0ISD∷Ret 节点。之前的实现是一个很简单的做法，也就是会忽略返回时的特殊约定，现在重新设计了这块的逻辑，也就是总会生成 ret $lr 指令。

（7）Cpu0MachineFunctionInfo.h

增加了几个和返回寄存器、参数相关的辅助函数。

（8）Cpu0SEInstrInfo.h（.cpp）

增加了伪指令展开部分的内容，也就是展开返回指令，选择 $lr 寄存器作为返回地址寄存器，选择 Cpu0∷RET 作为指令。

3. 简要说明

因为目前的目标是把整个后端打通，所以没有修改.td 文件。.td 文件现在还很简单，但足够运行很简单的测试案例了，而且将来添加其他指令会很顺利。

随着支持的指令越来越多，尤其对一些复杂指令的支持，.cpp 文件中的 trySelect 会增加一些手动处理的指令选择代码，这是目前无法避免的问题。

4. 编译测试

需要使用如下编译命令：

```
$ ninja clean
$ CMake -G Ninja -DLLVM_TARGETS_TO_BUILD=Cpu0 -DCMAKE_BUILD_TYPE=Debug -DCMAKE_CXX_COM-
PILER=clang++ -DCMAKE_C_COMPILER=clang ../llvm
$ ninja
```

实际上不执行 ninja clean 命令，也可以编译，ninja 命令会自动检查 CMakeLists 是否被修改了，如果修改，则重新编译。

输入如下命令：

```
$ build/bin/llc -march=cpu0 -relocation-model=pic -filetype=asm ch2.bc -o ch2.cpu0.s
```

会收到一个新的错误，如下所示：

```
LLVM ERROR: Cannot select: t6: ch = Cpu0ISD∷Ret t4, Register:i32 $lr
    t5: i32 = Register $lr
In function: main
```

ret 指令选择卡住了。在之前的 Cpu0ISelLowering.cpp 文件中已经设计了 Cpu0ISD∷Ret 节点，在 ISel-Lowering 中留下了 LowerReturn 的实现函数，但现在还没有完整实现对该函数的处理。

5. 处理返回寄存器

MIPS 后端通过 jr $ra 返回到调用者（caller），$ra 是一个特殊寄存器，它用来保存调用者调用之后的下一条指令的地址，返回值会放到 $2 中。如果不对返回值做特殊处理，那么 LLVM 会使用任意一个寄存器来存放返回值，这便与 MIPS 的调用惯例不符。而且，LLVM 会为 jr 指令分配任意一个寄存器来存放返回地址。MIPS 允许程序员使用其他寄存器代替 $ra，比如 jr $1，这样可以实现更加灵活的编程方式，节省时间。

6. 函数调用返回操作

这一部分处理函数调用时返回的操作，主要就是对针对 Cpu0 的特殊调用约定下的返回指令做约束，比如返回地址使用 $lr 来存储，返回值保存在特殊的寄存器中。

函数 lowerReturn 正确处理了返回的情况，上一小节结尾的错误就是因此而来的。该函数创建了 Cpu0ISD∷Ret 节点，并且包含了 %V0 寄存器的关联关系，这个寄存器保存了返回值。如果不这样做，那么，在进行 Lower Ret 操作时，会使用 $lr 寄存器，%V0 寄存器就没有用了，进而后续的优化阶段会把这个 CopyToReg 节点删掉，导致错误。

7. 检验成果

正常编译工程，不再赘述。编译之后，进行测试：

```
build/bin/clang -target mips-unknown-linux-gnu -c ch2.cpp -emit-llvm -o ch2.bc
```

看一下如下所示 LLVM IR：

```
build/bin/llvm-dis ch2.bc -o -
```

输出结果如下所示：

```
define i32 @main() #0 {
  %1 = alloca i32, align 4
  store i32 0, i32 * %1
  ret i32 0
}
```

生成的指令中有一条存储指令，这条指令会将局部变量 0 放到栈中，但是目前还没有解决栈帧的管理问题，所以如果把这个代码传给后端，会卡在这里（可通过<Ctrl+C>组合键退出）。可以通过 O2 来编译，O2 会把局部变量放到寄存器中，避免生成存储指令，从而可以先验证 ret 的功能。

```
build/bin/clang -O2 -target mips-unknown-linux-gnu -c ch2.cpp -emit-llvm -o ch2.bc
```

看一下如下所示 LLVM IR：

```
define i32 @main() #0 {
  ret i32 0
}
```

显然，能够输出正确的值了。

```
build/bin/llc -march=cpu0 -relocation-model=pic -filetype=asm ch2.bc -o -
```

生成的内容直接输出到终端，可以看到，已经正常生成了 ret $lr 指令；返回值 0 通过 "addiu $2, $zero,0" 这条指令放到了寄存器 $2 中，$2 就是 %V0，在 Cpu0RegisterInfo.td 文件中做过定义。通过指定-print-before-all 和 -print-after-all 参数到 llc，可以输出 DAG 指令选择前后的状态，如下所示：

```
build/bin/llc -march = cpu0 -relocation-model = pic -filetype = asm -print-before-all -print-
after-all ch2.bc -o -
```

其中显示，分别将 Cpu0ISD∷Ret t3, Register∷i32 %V0,t3∶1 指令选择到 RetLR Register∶i32 %V0,t3, t3∶1，将 t1∶i32 = Constant<0> 指令选择到 t1∶i32 = ADDiu Register∶i32 %ZERO,TargetConstant∶i32<0>。注意到，RetLR 后续还会做伪指令展开为 ret $lr，并隐式使用 %V0（在寄存器分配之后，就不用担心 %V0 被删掉了，所以可以改成隐式依赖了）。

指令从 LLVM IR 到生成汇编代码的路径见表 10.3。

表 10.3　指令从 LLVM IR 到生成汇编代码的路径

LLVM IR	低级 IR	ISel	RVR（重写虚拟寄存器）	Post-RA（寄存器分配之后）	asm
常量 0	常量 0	ADDiu	ADDiu	ADDiu	ADDiu
RET	Cpu0ISD∷Ret	Cpu0ISD∷Ret	RetLR	RET	RET

之所以进行 CopyToReg 操作，是因为 ret 指令不能接收一个立即数作为操作数；该操作通过在 Cpu0InstrInfo.td 文件中的定义来完成：

```
def : Pat<i32immSExt16:$in), (ADDiu ZERO, imm:$in)>;
```

接下来处理一下稍微复杂的栈帧管理问题。

▶▶ 10. 2. 7　增加 Prologue 和 Epilogue 部分代码

Prologue 和 Epilogue 分别表示编译器为每个函数生成的默认的入口与出口指令序列。

1. 文件新增

Cpu0AnalyzeImmediate.h（.cpp）实现了一个 Cpu0AnalyzeImmediate 类，这个类的主要作用是分析一些带立即数的指令，将一些不支持的形式转化为支持的形式，比如 ADDiu、ORi、SHL 都可以操作立即数，甚至立即数组合。

这里之所以特殊处理立即数，是因为当立即数比较大时，指令编码的空间有限，就可能无法用单条指令来实现了。而本小节还需要支持大栈空间的调栈操作，当栈空间足够大时，立即数偏移可能无法直接支持，就需要对立即数做特殊处理。

2. 文件修改

（1）Cpu0SEFrameLowering.h（.cpp）

主要实现之前没有实现的函数：emitPrologue 和 emitEpilogue 函数，这两个函数都是基类定义好的虚函数。

emitPrologue 函数的主要操作如下。

1）获取栈空间大小，并调整栈指针，创建新的栈空间。

2）发射一些伪指令。

3）获取 CalleeSavedInfo 类，将被调用者保存寄存器保存到栈中。

emitEpilogue 函数的主要操作如下。

1）还原被调用者保存寄存器。

2）获取栈空间大小，并调整栈指针，丢弃栈空间。

还有另外几个函数。hasReservedCallFrame 用来判断最大的调用栈空间是否能用 16 位立即数表示，并且栈中没有可变空间的对象。determineCalleeSaves 和 setAliasRegs 用来在插入开始和结束代码之前，判断需要溢出的被调用者保存寄存器，当确定溢出寄存器后，eliminateFrameIndex 就可以将确定的寄存器保存到栈中正确位置，或从栈中正确位置取出寄存器值。

（2）Cpu0MachineFunctionInfo.h

实现了几个辅助函数，用来读写一些特殊属性，比如 IncomingArgSize、CallsEhReturn 等。

（3）Cpu0SEInstrInfo.h（.cpp）

实现两个重要函数：storeRegToStack 和 loadRegFromStack 函数，这两个函数是基类定义好的虚函数。前者用于生成将寄存器存储到栈中的动作，后者用于生成将栈中值写入寄存器的动作。目前的生成是分别使用 st 和 ld 指令来完成的。因为每个局部变量都对应一个帧索引，所以在寄存器分配阶段，对应的虚拟寄存器的 offset 都是 0。

还实现了 adjustStackPtr 函数，用来做栈指针调整的动作。根据调整距离是否大于 16 位能表示的范围，分为两种操作，分别使用 ADDiu 和 ADDu 来处理。其中 loadImmediate 函数作为辅助，可完成一个寄存器和立即数的加法动作。

（4）Cpu0RegisterInfo.cpp

实现 eliminateFrameIndex 函数。

输入这个函数之前的指令，带有一个 FrameIndex 的操作数，这个函数用来将 FrameIndex 替换为寄存器与一个偏移的组合。对于输出参数、动态分配栈空间的指针和全局保存的寄存器，不需要调整 offset，如果是其他的，则需要调整，比如输入参数、被调用者保存寄存器或局部变量。

（5）Cpu0InstrInfo.td

新增了一些用于 load、store 和立即数处理的模式。LUi 指令用于将一个 16 位立即数存放到寄存器的高 16 位，且将寄存器的低 16 位赋值 0。SHL 是左移指令。

其中，将 16 位无符号数映射为 ORi ZERO,imm，将低 16 位为 0 的立即数映射为 LUi HI16-imm。

（6）Cpu0InstrInfo.h（.cpp）

声明了基类的 loadRegFromStack 和 storeRegToStack 虚函数，并定义了 loadRegFromStackSlot 和 storeRegToStackSlot 函数，用来处理 offset 为 0 的特殊情况。

实现了 getMemOperand 函数，用来构造内存操作数。

（7）InstPrinter/Cpu0InstPrinter.cpp

修改代码以支持输出 alias 指令的执行结果。

（8）CMakeLists.txt

添加新的 Cpu0AnalyzeImmediate 文件。

3. 简要说明

本小节主要介绍函数调用时栈管理的功能。核心动作包括计算正确的栈空间、调整好栈内变量的正确位置，以及插入一些在进入和退出函数时的辅助代码。功能的基本逻辑是由 LLVM 提供的，只需要实现被继承类中的一些关键函数。

因为有些寄存器依赖于运行时的可变量，所以不能使用.td 文件中的静态描述直接生成，这些寄存器包括如下几类。

1）被调用函数需要负责保存的寄存器：ABI 中会指定一些寄存器必须在函数进入和返回时维护寄存器值。

2）保留寄存器：有些在.td 文件中定义好的寄存器可能在寄存器信息的代码中被设计为不去分配。这部分需要实现下列几个重要的方法。

1）emitPrologue 函数：这个函数用来在被调用函数开头插入起始代码，这部分功能会比较琐碎，但还好，并不需要手动操作以保存寄存器，唯一要做的就是调整栈指针，用来为被调用函数开辟足够的空间，LLVM 会处理好这部分功能。

2）emitEpilogue 函数：这个函数用来在被调用函数结束时销毁栈，并还原调用之前的寄存器状态。不过，很多实现可以由 ret 指令来完成，比如和上下文相关的特殊寄存器（如栈指针和帧指针）。

3）eliminateFrameIndex 函数：这个函数会在每一次引用栈槽中数据的指令时被调用。在之前的代码生成阶段，对栈槽的访问依赖于一个抽象的帧索引和立即数的偏移，用来描述栈槽具体位置。这个函数可以将这种引用翻译为寄存器和一个偏移的对。根据指令是基于固定的还是可变的栈帧，可以使用栈指针或帧指针作为基址寄存器。如果栈空间的大小会动态调整，则需要使用帧指针（在函数内部是固定的）作为基址，再减偏移立即数来定位，否则，可以采用栈指针作为基址，再加偏移立即数来定位。如果偏移值过大，超出立即数能编码的范围，则会发射多条指令来计算有效地址，中间值会放到未使用的地址寄存器中。如果没有未使用的寄存器，就会使用 regScavenger 函数对应的地址类来清除部分占用的地址寄存器。eliminateFrameIndex 函数在指令选择和寄存器分配之后被调用，位于 Prolog-EpilogeInserter 这个 Pass 中。偏移计算是由 "spOffset = MF.getFrameInfo（）—>getObjectOffset（FrameIndex）；" 完成的，其中 FrameIndex 是需要翻译的栈下标对象。

最后，还处理了大栈空间的情况。实际工作中很容易遇到大栈问题，这需要正确的运算栈偏移的指令来支持。下面举例说明不同大小栈空间的起始和结束代码。

（1）小栈空间：0x0 ~ 0x7ff8

比如栈大小：0x7ff8。

替换前，起始代码如下所示：

```
addiu $sp, $sp, -32760;
```

替换后，Epilogue（结束）代码如下所示：

```
addiu $sp, $sp, 32760;
```

替换之后的起始代码和结束代码都保持不变。

（2）较小栈空间：0x8000～0xfff8

比如栈大小：0x8000。

在 Prologue 代码中，替换前起始代码如下所示：

```
addiu $sp, $sp, -32768;
```

替换前 Epilogue 代码如下所示：

```
addiu $1, $zero, 1;
shl $1, $1, 16;
addiu $1, $1, -32768;
addu $sp, $sp, $1;
```

替换后起始代码保持不变。

替换后 Epilogue 代码如下所示：

```
ori $1, $zero, 32768;
addu $sp, $sp, $1;
```

（3）较大栈空间：0x10000～0xfffffff8

比如栈大小：0x7ffffff8。

替换前起始代码如下所示：

```
addiu $1, $zero, 8;
shl $1, $1, 28;
addiu $1, $1, 8;
addu $sp, $sp, $1;
```

替换前 Epilogue 代码如下所示：

```
addiu $1, $zero, 8;
shl $1, $1, 28;
addiu $1, $1, -8;
addu $sp, $sp, $1;
```

替换后起始代码如下所示：

```
lui $1, 32768;
addiu $1, $1, 8;
addu $sp, $sp, $1;
```

替换后 Epilogue 代码如下所示：

```
lui $1, 32767;
ori $1, $1, 65528;
addu $sp, $sp, $1;
```

（4）大栈空间：0x1000～0xfffffff8

比如栈大小：0x90008000。

替换前起始代码（注释中假设 sp＝0xa0008000）：

```
addiu $1, $zero, -9;     // $1 = 0 + 0xfffffff7 = 0xfffffff7
shl $1, $1, 28;          // $1 = 0x70000000
addiu $1, $1, -32768;    // $1 = 0x70000000 + 0xffff8000 = 0x6fff8000
addu $sp, $sp, $1;       // $sp = 0xa0008000 + 0x6fff8000 = 0x10000000
```

替换前 Epilogue 代码（注释中假设 sp = 0x10000000）：

```
addiu $1, $zero, -28671;     // $1 = 0 + 0xffff9001 = 0xffff9001
shl $1, $1, 16;              // $1 = 0x90010000
addiu $1, $1, -32768;        // $1 = 0x90010000 + 0xffff8000 = 0x90008000
addu $sp, $sp, $1;           // $sp = 0x10000000 + 0x90008000 = 0xa0008000
```

在注释中，标志信息可检查开始和结束功能是正常的。

替换后起始代码（注释中假设 sp = 0xa0008000）：

```
lui $1, 28671;           // $1 = 0x6fff0000 // 28671 <=> 0x6fff
ori $1, $1, 32768;       // $1 = 0x6fff0000 + 0x00008000 = 0x6fff8000
addu $sp, $sp, $1;       // $sp = 0xa0008000 + 0x6fff8000 = 0x10000000
```

替换后 Epilogue 代码（注释中假设 sp = 0x10000000）：

```
lui $1, 36865;           // $1 = 0x90010000 // 36865 <=> 0x9001
addiu $1, $1, -32768;    // $1 = 0x90010000 + 0xffff8000 = 0x90008000
addu $sp, $sp, $1;       // $sp = 0x10000000 + 0x90008000 = 0xa0008000
```

4. 检验成果

编写最简单的案例，在 main 函数中返回 0，并用 O0 来编译：

```
build/bin/llc -march=cpu0 -relocation-model=pic -filetype=asm ch2.bc -o -
```

发现输出的代码是很简单的：

```
addiu $13, $13, -8     // 起始代码
st $2, 4( $13)         // 存储被调用者保存寄存器
addiu $2, $zero, 0     // 返回 0
ld $2, 4( $13)         // 复位被调用者保存寄存器
addiu $13, $13, -8     // 结束代码
ret $14                // 返回到 $14 地址
```

重新编写稍微复杂的案例：

```
int main() {
  int a[469753856];     // 允许大堆栈
                        //O0 不会对其进行优化
  return 0;
}
```

使用上述编译命令，输出的代码大致为：

```
lui $1, 36864        ; start prologue code
addiu $1, $1, 32760
addu $13, $13, $1    ; end prologue code
```

```
st $2, 1879015428($sp)
lui $1, 28672
addiu $1, $1, -32760
addu $sp, $sp, $1
ret $lr
```

目前代码已经能够生成最简单的汇编代码了。

▶▶ 10.2.8 操作数模式

在 TableGen 中，除一些描述指令的模式以外，还有一些模式是描述操作数的。用来描述指令的模式都是 DAG 中的内部节点，而用来描述操作数的模式都是 DAG 中的叶子节点。

用来描述操作数的模式的叶子节点最主要的类是 PatLeaf，因为操作数不会再有其内部的分支，所以可以把描述操作数的模式对应的节点看作没有操作数的节点，从 include/llvm/Target/TargetSelection-DAG.td 中可以了解到，PatLeaf 的定义是：

```
class PatLeaf<dag frag, code pred = [{}], SDNodeXForm xform = NOOP_SDNodeXForm>
  :PatFrag<(ops), frag, pred, xform>;
```

可以看到，在 PatFrag 传入的第一个 dag 模式中，没有操作数（(ops)就表示操作数为空）。

现在定义一些典型的用来描述操作数的模式，它们用来作为一个节点的类型描述：

```
def simm16 : Operand<i32> {                    // 因为是 32 位机器,所以继承自 Operand<i32>
  let DecoderMethod = "DecodeSimm16";          // 指定解码函数,将在其他代码中实现
}
def uimm16 : Operand<i32> {
  let PrintMethod = "printUnsignedImm";        // 指定输出格式函数,将在其他代码中实现
}
get mem : Operand<iPTR> {
  let PrintMethod = "printMemOperand";
  let MIOperandInfo = (ops CPURegs, simm16)    // 指定操作数的信息,这里有一个寄存器类和一个立即数
let EncoderMethod = "getMemEncoding";          // 指定获取编码的函数,将在其他代码中实现
}
```

下面这部分是节点转换动作：

```
def LO16 :SDNodeXForm<imm, [{   // 转换函数,获取 imm 低 16 位值
  return getImm(N, N->getZExtValue() & 0xffff);
}]
def HI16 :SDNodeXForm<imm, [{   // 获取 imm 高 16 位值
  return getImm(N, (N->getZExtValue() >> 16) & 0xffff);
}]
```

代码片段会插入到进行 NodeTransForm 操作的函数中，N 是不能改为其他名称的，表示 imm 对应的 ConstantSDNode 对象。这个节点转换记录可以作为 PatLeaf 的第三个参数传入，用来在指令选择时做必要的转换。

下面是一些典型的 dag 模式：

```
def immSExt16 : PatLeaf<(imm), [{
  return isInt<16>(N->getSExtValue());  // 表明限定功能中插入的一段代码
}]
def immZExt16 : PatLeaf< ...>;
```

从 PatLeaf 的定义中可以看出，第二个参数的代码片段是用来做预测的，实际上用在指令选择时，判断节点是否满足。后续几个节点同理。

下面是复杂模式：

```
def addr : ComplexPattern<iPTR, 2, "SelectAddr", [frameindex],
[SDNPWantParent]>;
class AlignedLoad<PatFrag Node> :  // 确保 load 操作是对齐的
  PatFrag<(ops node: $ptr), (Node node: $ptr), [{
    LoadSDNode * LD = cast<LoadSDNode>(N);
    return LD->getMemoryVT().getSizeInBits()/8 <= LD->getAlignment();
  }]>;
def load_a :AlignedLoad<load>;
def store_a :AlignedStore<store>;  // store 同理,不再展示
```

这一类是比较复杂的模式，ComplexPattern 是内建的一个类，通常这一类都是内存操作数。SelectAddr 字符串对应 Cpu0ISelDAGToDAG.cpp 中的同名函数，而 TableGen 会自动在发现这个节点时调用 SelectAddr 来完成进一步的动作。

要重点区分两种不同用途的描述，一种是对操作数的模式片段的描述，另一种是对 dag 模式的描述。

▶▶ 10.2.9 小结

实现了一个称为 Cpu0DAGToDAGISel 的类，可以使用 llc -debug-pass = Structure 查看输出的 Pass 结构。

一个简单的后端过程和调用的主要函数罗列在表 10.4 中。

表 10.4　一个简单的后端过程和调用的主要函数

阶　　段	主 要 函 数
指令下译	Cpu0TargetLowering∷LowerFormalArguments、Cpu0TargetLowering∷LowerReturn
指令选择	Cpu0DAGToDAGISel∷Select
前/后插入与栈帧处理	Cpu0SEFrameLowering∷emitPrologue、Cpu0SEFrameLowering∷emitEpilogue
溢出被调用者保存的寄存器	Cpu0SEFrameLowering∷determineCalleeSaves
局部变量栈槽处理	Cpu0RegisterInfo∷eliminateFrameIndex
寄存器分配之后的伪指令展开	Cpu0SEInstrInfo∷expandPostRAPseudo
汇编输出	Cpu0AsmPrinter.cpp、Cpu0MCInstLower.cpp、Cpu0InstrPrinter.cpp

当前仅支持 ld、st、addiu、ori、lui、addu、shl 和 ret 这几条指令。虽然功能看起来还很简单，但本节的关键是实现了 Cpu0 整个框架。后续只需要不断地添加其他的指令和功能。

10.3 算术和逻辑运算指令

首先增加了更多的 Cpu0 算术运算指令和逻辑运算指令，这些指令是在各个优化步骤中存在的 DAG 转换过程，可以使用 Graphviz 来图形化显示，展示更多的有效信息。应该专注于 C 语言代码的操作和 LLVM IR 之间的映射，以及如何在.td 文件中描述更复杂的 IR 与指令。定义了另外一些寄存器类，读者需要对 Cpu0 的硬件足够熟悉，可以结合硬件来理解。

▶▶ 10.3.1 算术运算指令

1. 简要说明

（1）乘法和移位运算

C 语言中的加法（+）、减法（-）和乘法（*）运算符分别通过 add（addu）sub（subu）和 mul 指令来实现，左移（<<）和右移（>>）运算符分别通过 shl、shlv、sra、srav、shr、shrv 指令来实现。C 语言中右移负数位操作的原语（比如右移 -1 位）是基于实现的，大多数编译器会将其翻译为算术右移。

对应到 LLVM IR 中的指令分别是 add、sub、mul、shl、ashr、lshr 等，其中 ashr 表示算术右移，或者称为符号扩展右移；lshr 表示逻辑右移，或者称为零扩展右移。不过，在 DAGNode 中，使用 sra 表示 ashr 的 IR 指令，使用 srl 表示 lshr 的 IR 指令，看起来不是很直观，可能是历史设计的问题。

右移操作在不同阶段的符号表示见表 10.5。

表 10.5　右移操作在不同阶段的符号表示

描　　述	零扩展移位	符号扩展移位
LLVM IR 中的指令（.bc）	lshr	ashr
DAG 节点中的符号	srl	sra
MIPS 指令	srl	sra
Cpu0 指令	shr	sra

如果认为右移 1 位等效于对右移数字除以 2，那么在逻辑右移中，对于一些有符号数，结果是错的；在算术右移中，对于一些无符号数，结果也是错的。同理，对于左移操作，也不能单纯地用乘、除法取代。比如，对有符号数 0xfffffffe（-2）做逻辑右移，得到 0x7fffffff（2G-1），期望得到 -1，却得到一个大数；对无符号数 0xfffffffe（4G-2）做算术右移，得到 0xffffffff（4G-1），期望得到 2G-1，却得到 4G-1；对有符号数 0x40000000（1G）做逻辑左移，得到 0x80000000（-2G），期望得到 2G，却得到-2G。所以不能用乘、除法指令来替代移位指令，必须要设计专用的硬件移位指令。

（2）除法和求余运算

LLVM IR 中的除法使用的是 sdiv 和 udiv 指令，不必多言。求余使用的是 srem 和 urem 指令，这两个指令均接受一个整型值作为操作数（也可以是整型值元素的向量），返回一个除法操作的余数。数学中有多种对余数的定义，比如最接近 0 的那个余数、最接近负无穷大的那个余数，这里定义的余数是与被除数（第一个操作数）符号一致的余数（或在能整除时为 0）。srem 是对有符号数的求余指令，urem 是对无符号数的求余指令。

除 0 后的余数是未定义行为，除法溢出也是未定义行为，这与硬件实现相关。

LLVM 默认会把带立即数的除法和求余操作，通过一个算法转换为利用有符号高位乘法 mulhs 来实现，但目前 LLVM 没有 mulhs，所以这个通路有问题。LLVM 这么做的原因是，乘法操作在硬件上通常比除法操作更省资源，所以会尽量把除法操作转换成乘法操作。为了支持 mulhs 这种操作，MIPS 的做法是用 mult 指令（硬件指令），将乘法运算结果的高 32 位放到 Hi 寄存器，将低 32 位放到 Lo 寄存器。然后使用 mfhi 和 mflo 硬件指令，将两部分结果移动到通用寄存器中。Cpu0 也在这块采用这种实现方式。

LLVM DAGNode 中定义了 mulhs 和 mulhu，需要在 DAGToDAG 指令选择期间，将它们转换为 mult+mfhi 的动作，这就是接下来实现的 selectMULT 函数的一部分功能。只有将 LLVM IR 期间执行的 mulhs 或 mulhu 操作替换为 Cpu0 硬件支持的操作，才不会在后续编译过程中报错（另外，后端能够直接支持 mulh 指令是最好的，但 Cpu0 没有支持）。

然后，讨论一下求余操作的操作数不是立即数的情况。这时，LLVM 就会生成除法求余的节点，这个节点包含 ISD∷SDIVREM 和 ISD∷UDIVREM，是除法和求余操作统一的节点。刚好 Cpu0 支持一个 DIV 指令，这个指令的功能是将一个除法操作的商放到 Lo 寄存器，将余数（满足上面提到的求余操作规则定义的余数）放到 Hi 寄存器。只需要使用 MFLO 和 MFHI 指令，将商和余数这两部分按需求取出来就好了。

求余操作在不同阶段的符号表示见表 10.6。

表 10.6　求余操作在不同阶段的符号表示

阶　段	符　号	相关函数
LLVM IR 指令	SREM	
DAG 指令选择的合法化阶段	SDIVREM	setOperandAction(ISD∷SDIVREM, MVT∷i32, Expand)
DAG 指令选择的优化合法化阶段	Cpu0ISD∷DivRem、CopyFromReg ×××、Hi	setTargetDAGCombine(ISD∷SDIVREM)
指令模式匹配	DIV、MFHI	Cpu0InstrInfo.td 中的 SDIV、MFLO

在 Cpu0ISelLowering.cpp 中，首先注册了 setOperandAction(ISD∷SDIVREM, MVT∷i32, Expand)等操作，将 ISD∷SREMLowering 转移到 ISD∷SDIVREM 求余操作（关于 Expand 的参考资料，可以查看 http://llvm.org/docs/WritingAnLLVMBackend.html#expand）；然后实现了 PerformDAGCombine 函数，将 ISD∷SDIVREM 根据它是除法还是求余（通过 SDNode 中的 hasAnyUseOfValue(0)来判断）操作，选择生成 DIV+MFLO/MFHI 的机器相关的 DAG，进而指令选择机器汇编指令。

2. 文件修改

（1）Cpu0Subtarget.cpp

这个文件中新增了一个控制溢出处理方式的命令行选项：-cpu0-enable-overflow，默认值是 false，如果在调用 llc 的命令行中使用这个选项，则值为 true。如果值是 false，则表示当算术运算出现溢出时，会触发溢出异常；如果值是 true，则表示当算术运算出现溢出时，会截断运算结果。将 add 和 sub 指令设计为溢出时触发溢出异常，把 addu 和 subu 设计为不会触发异常，而是截断结果。

在 subtarget 中，将命令行选项的结果传入 EnableOverflow 类属性。

（2）Cpu0InstrInfo.td

这个文件中新增了不少指令和节点的描述。

四则运算指令有 subu、add、sub、mul、mult、multu、div 和 divu，其中 mult 和 mul 的区别是，mult 可以处理 64 位运算结果。为了能保存 64 位运算结果，Cpu0 引入两个寄存器：Hi 和 Lo，专用于分别保存 mult 的高 32 位和低 32 位运算结果（当然，还可以分别保存 div 的余数和商）。mult 和 multu 表示对符号扩展的值和对零扩展的值分别处理。

移位指令有 rol、ror、sra、shr、srav、shlv、shrv、rolv 和 rorv，因为移位需要考虑是循环移位、逻辑移位，还是算术移位等问题，所以衍生出多个指令，以 v 结尾的指令表示移位值存在寄存器中作为操作数。

其他辅助指令有 mfhi、mflo、mthi、mtlo、mfc0、mtc0 和 c0mov。为了能将乘、除法的结果返回到寄存器中，需要实现 Hi 和 Lo 寄存器与通用寄存器之间的移动。C0 是一个协处理寄存器，目前还没有用途，但会一并实现。

（3）Cpu0ISelLowering.h（.cpp）

这两个文件是特殊处理除法和求余运算的下译操作，实现了一个 performDivRemCombine 动作，这是因为在 DAG 中，除法和求余的节点是同一个节点，称为 ISD∷SDIVREM，节点中有个值来表示这个节点是计算商，还是计算余数，虽然 Cpu0 后端本身并不关心要计算哪个值，因为都是通过 div 计算的，但 DAG 这一级还是会根据 C 语言代码的逻辑来区分。当然，输出时需要考虑把哪个值（Hi 或 Lo）返回。div 运算会将商放到 Lo 寄存器，将余数放到 Hi 寄存器。

这里还设计了类型合法化的声明，使用 setOperandAction 函数，指定将 div 和 rem 对 i32 类型的操作做扩展，其实是指定使用 LLVM 内置的函数来展开实现（位于 TargetLowering.cpp 中）。

（4）Cpu0RegisterInfo.td

实现了 Hi 和 Lo 寄存器，以及 HILO 寄存器组。

（5）Cpu0Schedule.td

实现了乘、除法和 HILO 操作的指令行程类。

（6）Cpu0SEISelDAGToDAG.h（.cpp）

.cpp 文件中实现了 selectMULT 函数，该函数用来处理乘法的高、低位运算。ISD 中的乘法是区分 mul 和 mulh 的，也就是用两个不同的节点来分别处理乘法并返回低 32 位和高 32 位。

selectMULT 会放到 trySelect 接口函数中，专门用来处理 mulh 的特殊情况，并将 Hi 作为返回值来创建新节点。

（7）Cpu0SEInstrInfo.h（.cpp）

.cpp 文件中实现了 copyPhysReg 函数，该函数用来生成一些寄存器移动的操作，会根据要移动寄存器的类型，生成不同的指令来处理。这个函数是其基类的虚函数，可直接覆盖实现，不需要考虑调用问题。

如果目的寄存器和源寄存器都是通用寄存器，则会使用 addu 来完成无符号加法运算，这是一种通用做法。如果源寄存器是 Hi 或 Lo，则会选择生成 mfhi 或 mflo 来处理。反之，如果目的寄存器是 Hi 或 Lo，则会选择生成 mthi 和 mtlo 来处理。

· 这里作为最后的指令选择阶段，会使用 BuildMI 直接生成机器指令结构。

3. 检验成果

在构建编译器之后，执行（将 test.ll 换成具体文件名）：

```
clang -target mips-unknown-linux-gnu test.c -emit-llvm -S -o test.ll
```

观察 LLVM IR 的结果。执行如下所示命令：

```
llc -march=cpu0 -relocation-model=pic -filetype=asm test.ll -o test.s
```

观察汇编的输出结果。

（1）乘法和移位操作

LLVM 示例提供了一个 ch3_1_math.c 文件，执行它可以查看加减乘除法和移位运算符的输出结果。

对于将变量移位一个字面常量的位数的操作（如 a>>2），会下译为带立即数操作数的移位操作；对于将字面常量移位一个变量指定的位数的操作（如 1<<b），会下译为带寄存器操作数的移位操作，并将字面常量通过 addi 移入要移位的寄存器中。

-cpu0-enable-overflow 编译选项，可以让编译器生成 addu 和 subu 指令（这两个指令会截断加减法的结果）或者 add 和 sub（这两个指令会抛出溢出错误）。

执行 ch3_1_addsuboverflow.c 文件，但不加-cpu0-enable-overflow 选项（默认是 false），可以查看汇编代码中是否生成了 addu 和 subu 指令。然后执行：

```
llc -march=cpu0 -relocation-model=pic -filetype=asm
-cpu0-enable-overflow=true ch3_1_addsuboverflow.ll -o ch3_1_addsuboverflow.s
```

再次查看汇编输出，发现生成了 add 和 sub，分别替代 addu 和 subu。

现代 CPU 中的习惯做法是使用截断上溢的加减法。不过，提供了这个选项，就允许程序员生成需要抛出溢出异常的加减法，这可能有助于调试程序和修复 bug。

编译 ch3_1_rotate.c 这个文件，Clang 会将某种 C 语言代码语句的组合（如(a<<30)|(a>>2)）解析为循环移位。最后的汇编代码会生成 rol 指令。

不过，对于 rolv 和 rorv 这两个指令，因为它们依赖于逻辑运算或指令来做后续的数值运算，所以当前还无法测试。也就是说，移位操作是寄存器的逻辑代码（如(a<<n)|(a>>(32-n))），还无法正常输出汇编指令。

（2）除法和求余操作

先执行一下 ch3_1_mult_mod.c 文件，这个文件中有一个求余操作，但根据上面的叙述，LLVM 在对字面常量的输入做求余时，会转换成乘法来执行，所以这个文件的汇编输出将会是 mult 和 mul 实现的求余动作。

然后再看一下 ch3_1_mod.c 文件，将字面常量替换成一个变量，查看汇编输出，会发现使用了 div 来实现求余动作。需要注意的是，编译器在开启优化的情况下，会做常量传播优化，将变量直接替换为立即数，并再次通过 mult 和 mul 来实现。可以使用 volatile 来修饰变量，从而避免编译器优化。

再试一下 ch3_1_mult_div.c 和 ch3_1_div.c 这两个文件，可以得到类似的结果。

▶▶ 10.3.2 逻辑运算指令

cpu032I 中新增了一些逻辑运算，比如位运算：&、|、^、!，以及比较运算：==、!=、<、<=、>、>=。实现部分并不复杂。

1. 简要说明

需要说明的一个设计是，在 cpu032I 中使用 cmp 指令完成比较操作，但在 cpu032II 中使用 slt 指令作为替代，slt 指令比 cmp 指令更有优势，它使用通用寄存器来代替 $sw 寄存器，能够使用更少的指令来完成比较运算。

比较运算指令 cmp 返回的值是 $sw 寄存器编码值，所以要针对需要做一次转换，比如要计算 a<b，指令是 cmp $sw,a,b，要将 $sw 中的值分析出来，并最终将比较结果放到一个新的寄存器中。

虽然 slt 指令返回一个普通寄存器的值，但因为它计算的是小于运算的结果，所以如果需要计算 a>=b，就要对其结果做取反运算。这种操作会在下文详细叙述。

以下是比较运算的 LLVM IR、汇编的实现。

（1）等于（==）

LLVM IR：

```
%cmp = icmp eq i32 %0, %1
%conv = zext i1 %cmp to i32
DAG node:
%cmp = (setcc %0, %1, seteq)
and %cmp, 1
```

汇编：

```
// cpu032I
cmp $sw, $3, $2
andi $2, $sw, 2
shr $2, $2, 1
andi $2, $2, 1
// cpu032II
xor $2, $3, $2
sltiu $2, $2, 1
andi $2, $2, 1
```

（2）不等于（!=）

LLVM IR：

```
%cmp = icmp ne i32 %0, %1
%conv = zext i1 %cmp to i32
DAG node:
%cmp = (setcc %0, %1, setne)
and %cmp, 1
```

汇编：

```
// cpu032I
cmp %sw, $3, $2
andi $2, $sw, 2
shr $2, $2, 1
xori $2, $2, 1
andi $2, $2, 1
// cpu032II
xor $2, $3, $2
sltu $2, $zero, $2
andi $2, $2, 1
```

（3）小于（<）

LLVM IR：

```
%cmp = icmp lt i32 %0, %1
%conv = zext i1 %cmp to i32
DAG node:
%cmp = (setcc %0, %1, setlt)
and %cmp, 1
```

汇编：

```
// cpu032I
cmp $sw, $3, $2
andi $2, $sw, 1
andi $2, $2, 1
// cpu032II
slt $2, $3, $2
andi $2, $2, 1
```

（4）小于或等于（<=）

LLVM IR：

```
%cmp = icmp le i32 %0, %1
%conv = zext i1 %cmp to i32
DAG node:
%cmp = (setcc %0, %1, setle)
and %cmp, 1
```

汇编：

```
// cpu032I
cmp $sw, $2, $3
andi $2, $sw, 1
xori $2, $2, 1
andi $2, $2, 1
// cpu032II
slt $2, $3, $2
xori $2, $2, 1
andi $2, $2, 1
```

（5）大于（>）

LLVM IR：

```
%cmp = icmp gt i32 %0, %1
%conv = zext i1 %cmp to i32
DAG node:
%cmp = (setcc %0, %1, setgt)
and %cmp, 1
```

汇编：

```
// cpu032I
cmp $sw, $2, $3
andi $2, $sw, 1
andi $2, $2, 1
// cpu032II
slt $2, $3, $2
andi $2, $2, 1
```

（6）大于或等于（>=）

LLVM IR：

```
%cmp = icmp ge i32 %0, %1
%conv = zext i1 %cmp to i32
DAG node:
%cmp = (setcc %0, %1, setle)
and %cmp, 1
```

汇编：

```
// cpu032I
cmp $sw, $3, $2
andi $2, $sw, 1
xori $2, $2, 1
andi $2, $2, 1
// cpu032II
slt $2, $3, $2
xori $2, $2, 1
andi $2, $2, 1
```

2. 文件修改

（1）Cpu0InstrInfo.td

针对这些逻辑运算，设计它们的模式等信息。

在这个文件中反复使用了一个 Pat 类，这个类用来对一个节点进行比较操作，再将该节点与一个或一组指令关联起来（通常用于窥孔优化）。

特殊处理的比较操作，会对应到一组指令中。举个例子，使用 cmp 来计算 a==b。使用 cmp $sw, a,b 将比较结果的 flag 放到 $sw 寄存器中，$sw 寄存器的最低两位分别是 Z（bit 1）和 N（bit 0），如果 a 与 b 相等，那么 Z=1，N=0，如果 a 与 b 不相等，那么 Z=1，N 可为 0 或 1。这样，后面只需要对

$sw 寄存器做与 0b10 的"与"运算，提取上述两位，然后右移 1 位以获取 Z 的值，并将它的值赋给另一个寄存器，这便是 a==b 的结果。

再举个 slt 的例子，使用 slt 计算 a<=b。因为 slt 的返回结果是 a<b 的结果，所以将两个操作数交换，先使用 slt res,b,a 计算 b<a，再将结果 res 做一次与 0b1 的"异或"操作，结果调转，就得到了 a<=b 的结果。

将上述两种比较方式都实现，并在 def 时分别使用 HasSlt 和 HasCmp 来选择定义。

Cpu032II 中同时包含 slt 和 cmp 指令，默认优先选择 slt 指令。slt 指令中的小于运算不需要做这种比较映射，因为它本身会计算小于运算结果。

（2）Cpu0ISelLowering.cpp

声明了类型合法化的方案，Cpu0 无法处理 sext_inreg，将其替换为 shl 或 sra 操作。

3. 检验成果

下面检查逻辑运算，使用示例程序 ch4_2_logic.c 进行编译，检查汇编输出。

```
build/bin/clang -target mips-unknown-linux-gnu -c ch4_2_logic.cpp -emit-llvm -o ch4_2_
logic.bc
build/bin/llc -march = cpu0 -mcpu = cpu032I -relocation-model = pic -filetype = asm ch4_2_
logic.bc -o -
```

当指定 -mcpu = cpu032I 时，在汇编输出中，实现比较操作的指令是 cmp。

```
build/bin/llc -march=cpu0 -mcpu=cpu032II -relocation-model=pic -filetype=asm ch4_2_log-
ic.bc -o -
```

本节增加了多条算术和逻辑运算指令，增加了多行代码。下一节将尝试生成二进制文件。

10.4 生成目标文件

本章之前的内容只介绍了汇编代码生成的内容，本节将介绍如何支持 ELF 格式的目标文件，以及如何使用 objdump 工具来验证生成的目标文件。在 LLVM 代码框架下，只需要增加少量的代码，Cpu0 后端就可以生成支持大端或小端编码的目标文件。目标注册机制以及它的实现模块也将在本节介绍。

▶▶ 10.4.1 简要说明

1. 编码

当 llc 指定 -filetype = obj 时，编译器会生成目标文件（而不是汇编文件），此时，AsmPrinter∷OutStreamer 引用的是 MCObjectStreamer（汇编时引用的是 MCAsmStreamer）。LLVM 官方认为这个结构是后端代码生成阶段一个非常好的设计。

关键设计的一个接口是 Cpu0AsmPrinter∷EmitInstruction，这个接口调用 MCObjectStreamer∷EmitInstruction，进而根据选择生成的目标文件格式（ELF、COFF 等）调用对应的编码发布函数，如 ELF 使用 MCELFStreamer∷EmitInstToData。此时会进入 Cpu0MCCodeEmitter.cpp 文件的实现中，调用

Cpu0MCCodeEmitter∷encodeInstruction，配合 TableGen 生成的 Cpu0MCCodeEmitter∷getBinaryCodeForInstr 等接口，完成最后的发布。

获取待发布指令编码的调用过程为：

1）在 Cpu0MCCodeEmitter∷encodeInstruction 中，调用 TableGen 生成的 Cpu0GenMCCodeEmitter.inc 中的 getBinaryCodeForInstr 方法，并将其传入 MI.Opcode；

2）getBinaryCodeForInstr 将 MI.Operand 传入 Cpu0MCCodeEmitter∷getMachineOpValue 以获取操作数的编码，但这还需要配合使用 Cpu0GenRegisterInfo.inc 和 Cpu0GenInstrInfo.inc 中的编码信息；

3）getBinaryCodeForInstr 将操作数的编码和指令操作码统一返回给 encodeInstruction。

比如一个加法操作，%0＝add %1,%2 生成为 adds ＄v0, ＄at, ＄v1，除了 adds 指令的编码需要在 Cpu0GenInstrInfo.inc 中查看以外，还需要通过 getEncodingValue 函数到 Cpu0GenRegisterInfo.inc 中查看寄存器的编码，寄存器的编码和编码位置都在 Cpu0RegisterInfo.td 文件中描述了。

对于更复杂的操作数，比如内存操作数，在 TableGen 描述文件中，定义了一个内存模式：

```
def mem : Operand<iPTR> {
  let PrintMethod = "printMemOperand";
  let MIOperandInfo = (ops CPURegs, simm16);
  let EncoderMethod = "getMemEncoding";
}
```

对于使用这个操作数类型的指令，比如 ld 或 st 指令，当代码解析其操作数时，会调用 getMemEncoding 函数完成编码，该函数便定义在 Cpu0MCCodeEmitter.cpp 文件中。

2. 重定位

Cpu0AsmBackend.cpp 中的 applyFixup 函数将修正后面的内容，并生成新的地址控制流语句或函数调用语句，如 jeq、jub 等。Cpu0ELFObjectWriter.cpp 中 needsRelocateWithSymbol 函数的每个重定位记录，都依据这个重定位记录，在链接阶段依据是否要调整而设置定位记录标识为 true 或 false。如果是 true，则在链接阶段就会根据重定位信息修正这个类型的值，否则将不会修正。

3. 代码发布

代码发布的重要接口函数是 Cpu0ELFStreamer∷EmitInstToData。

最后的代码发布是由 Cpu0ELFStreamer.cpp 和 Cpu0ObjectWriter.cpp 等几个函数实现的，最终将 buffer 的信息写入内存文件中。

4. 注册

这里主要强调如何注册后端对象，这次注册新增了几个类，比如 ELFStreamer、AsmBackend、MCCodeEmitter，这些后端的功能模块需要注册到 LLVM 后端架构中，从而能够让 LLVM 的公共后端代码调用后端相关的自定义逻辑。重点参考 Cpu0MCTargetDesc.cpp 文件中的 TargetRegistry 接口，将具体的对象传入并完成注册。

▶▶ 10.4.2 文件新增

以下是新增的文件，主要是目标平台相关文件。

（1）Cpu0TargetStreamer.h（.cpp）

头文件中定义了一个称为 Cpu0TargetStreamer 的类，该类继承自 MCTargetStreamer 类；还定义了一个称为 Cpu0TargetAsmStreamer 的类，该类继承自 Cpu0TargetStreamer 类，用来完成汇编器 Streamer 的功能。AsmStreamer 对象会注册到后端模块中。

（2）MCTargetDesc/Cpu0ELFStreamer.h（.cpp）

头文件中定义了一个称为 Cpu0ELFStreamer 的类，该类继承自 MCELFStreamer 类，另外定义了这个类的工厂函数 createCpu0ELFStreamer，用来返回其对象。ELFStreamer 对象会注册到后端模块中。

TargetStreamer 和 ELFStreamer 在生成的 ELF 格式的目标文件中同时起作用，其中 ELFStreamer 是一个自定义类，在其中可以做一些钩子函数来调整输出内容。

（3）MCTargetDesc/Cpu0AsmBackend.h（.cpp）

实现文件是比较重要的一个文件，它实现了 Cpu0AsmBackend 类（继承自 MCAsmBackend 类），该类作为汇编器后端实现类，目前对 Fixup 信息的操作提供了接口，比如 applyFixup 用来使能 Fixup 状态，getFixupKindInfo 用来获取 Fixup 类型信息，getNumFixupKinds 用来获取 Fixup 类型的数量，mayNeedRelaxation 返回需要 relaxation 的指令的状态（目前是空），fixupNeedsRelaxation 返回给定 Fixup 下的指令是否需要 relaxation 的状态（目前是空）。

头文件中已经定义了一些常用的 Fixup 类型，比如 32 位类型：fixup_Cpu0_32、fixup_Cpu0_HI16 和 fixup_Cpu0_LO16，还定义了 GOT 的一些 Fixup 类型。

上述 applyFixup 等接口都是对基类函数的覆写。

还在实现文件中实现了两个工厂函数：createCpu0AsmBackendEL32 和 createCpu0AsmBackendEB32，共同用来返回一个 AsmBackend 的实例。

（4）MCTargetDesc/Cpu0FixupKinds.h

这个头文件中定义了 llvm∷Cpu0∷Fixups 的枚举值，这里的枚举值定义顺序必须与 Cpu0AsmBackend.cpp 中 MCFixupKindInfo定义的参数的排列顺序保持一致。

（5）MCTargetDesc/Cpu0MCCodeEmitter.h（.cpp）

另一个比较重要的类是 GStreamer，它用来为 Streamer 类提供直接发布编码的实现接口。GStreamer 类中定义了 encodeInstruction 等重要接口。

在 encodeInstruction 中检查一些未完成编码设计的指令时，还需要考虑一些特殊情况，比如要排除编码为 0 的情况，排除伪指令（伪代码不应该出现在这个阶段了）。getBinaryCodeForInstr 函数是 TableGen自动生成的，可以通过传入给定的机器指令获取该指令的编码。

Cpu0MCCodeEmitter 中也有对应的工厂函数 createCpu0MCCodeEmitterEB 和 createCpu0MCCodeEmitterEL。

（6）MCTargetDesc/Cpu0ELFObjectWriter.cpp

其中定义了一个称为 Cpu0ELFObjectWriter 的类，该类继承自 MCELFObjectTargetWriter 类，用来完成最终的 ELF 格式的目标文件的写入任务。

其中提供了 getRelocType 方法，用来获取重定位类型，needsRelocateWithSymbol 判断某种重定位类型是否是符号重定位，默认大多数都是符号重定位。

（7）MCTargetDesc/Cpu0MCExpr.h（.cpp）

针对操作数是表达式的情况，需要额外处理。其中定义了 Cpu0MCExpr 类，该类继承自 MCTarge-tExpr 类；声明了表达式类型 Cpu0ExprKind；提供了 create、getKind 等接口。

▶▶ 10.4.3　文件修改

（1）MCTargetDesc/Cpu0MCTargetDesc.h（.cpp）

在 Cpu0MCTargetDesc 中会实现注册一些后端模块的功能。

Cpu0MCTargetDesc 首先定义了两个函数：createMCStreamer 调用 createCpu0ELFStreamer 以建立 ELFStreamer 对象，createCpu0AsmTargetStreamer 可直接建立 Cpu0TargetAsmStreamer 对象。然后调用 TargetRegistry∶∶RegisterELFStreamer 和 TargetRegistry∶∶RegisterAsmTargetStreamer 来注册这两个对象模块。最后，调用 TargetRegistry∶∶RegisterMCCodeEmitter 来注册大小端的 MCCodeEmitter 对象，以及调用 TargetRegistry∶∶RegisterMCAsmBackend 来注册大小端的 MCAsmBackend 对象。

（2）CMakeLists.txt

将新增文件加入构建配置中。

（3）Cpu0MCInstLower.h

增加了对 Cpu0MCExpr.h 文件的包含语句。

（4）InstPrinter/Cpu0InstPrinter.cpp

增加了对 Cpu0MCExpr.h 文件的包含语句。

（5）MCTargetDesc/Cpu0BaseInfo.h

增加了对 Cpu0FixupKinds.h 文件的包含语句。

▶▶ 10.4.4　检验成果

在用 Clang 编译后，输入后端编译命令：

```
build/bin/llc -march=cpu0 -relocation-model=pic -filetype=obj ch4.ll -o ch4.o
```

通过 objdump，可以查看二进制文件结构：

```
build/bin/llvm-objdump -s ch4.o
```

LLVM 有其二进制测试工具 llvm-objdump，当然也可以使用 GCC 的 objdump。

10.5　全局变量

程序中不但要访问局部变量，还要处理对全局变量的访问。全局变量的 DAG 的翻译不同于之前的 DAG 的翻译，需要额外依据 llc 的-relocation-model 参数（指定重定位模式是静态重定位或运行时重定位），在后端创建 IR DAG 节点，而其他 DAG 只需要根据输入文件来直接做 DAG 的翻译（伪指令除外）。需要专注于如何在执行时通过创建 DAG 节点来增加代码，以及如何在.td 文件中定义 Pat 结构。另外，全局变量的机器指令输出功能也需要完成。

▶▶ 10.5.1 全局变量编译选项

和 MIPS 相同，Cpu0 也支持静态重定位模式和 PIC 重定位模式的全局变量重定位模式，这项设置由 -relocation-mode 选项实现。另外，还会区分两种不同的布局，用来控制是将数据放到 .data/.bss 段，还是 .sdata/.sbss 段，后者使用 16 位地址寻址，寻址效率更高（需要指令数少），但寻址空间变小，这项设置由-cpu0-use-small-section 选项实现。

表 10.7 为上述两个选项组合而成的 4 种类型，这 4 种类型用来指导生成 4 种不同的可执行文件。

表 10.7　两个选项组合而成的 4 种类型

类　　型	-relocation-mode（默认值为 pic）	-cpu0-use-small-section（默认值为 false）
静态重定位模式，不使用小段	static	false
静态重定位模式，使用小段	static	true
PIC 重定位模式，不使用小段	pic	false
PIC 重定位模式，使用小段	pic	true

本节大多数代码都用来实现这 4 种类型。

以下为 4 种类型下处理全局变量的 DAG 状态和指令结果（gI 是全局变量的数据段标识）。

1. 静态重定位模式，不使用小段

地址模式：绝对地址。

地址计算：绝对地址。

合法化选择 DAG：

```
(add Cpu0ISD::Hi<gI offset Hi16>, Cpu0ISD::Lo<gI offset Lo16>)
```

汇编：

```
lui $2, %hi(gI);
ori $2, $2, %lo(gI);
```

重定位阶段：链接阶段。

2. 静态重定位模式，使用小段

地址模式：$gp 的相对地址（$gp 寄存器成为保留寄存器，用来指定 .sdata 段的起始位置）。

地址计算：$gp+offset

合法化选择 DAG：

```
(add register %GP, Cpu0ISD::GPRel<gI offset>)
```

汇编：

```
ori $2, $gp, %gp_rel(gI);
```

重定位阶段：链接阶段。

3. PIC 重定位模式，不使用小段

地址模式：$gp 的相对地址（$gp 寄存器作为保留寄存器，用来指定 .data 段的起始位置）。

地址计算：$gp+offset

合法化选择 DAG：

```
(load (Cpu0ISD::Wrapper register %GP, <gI offset>))
```

汇编：

```
ld $2, %got(gI)($gp);
```

重定位阶段：链接或加载阶段。

4. PIC 重定位模式，使用小段

地址模式：$gp 的相对地址（$gp 寄存器作为保留寄存器，用来指定 .sdata 段的起始位置）。

地址计算：$gp+offset

合法化选择 DAG：

```
(load EntryToken, (Cpu0ISD::Wrapper (add Cpu0ISD::Hi<gI offset Hi16>, Register %GP),
Cpu0ISD::Lo<gI offset Lo16>))
```

汇编：

```
lui $2, %got_hi(gI);
add $2, $2, $gp;
ld $2, %got_lo(gI)($2);
```

重定位阶段：链接或加载阶段。

▶▶ 10.5.2 代码修改

将两块代码在这里统一展示。

（1）Cpu0Subtarget.h（.cpp）

实现文件中增加了处理编译选项的代码，提供了三个编译选项：cpu0-use-small-section、cpu0-reserve-gp、cpu0-no-cpload，其中第一个是控制是否使用小段的选项，后两个选项将在编译器中用到，它们分别用来指定是否保留 $gp 作为特殊寄存器，以及是否发布 .cpload 伪指令。

（2）Cpu0BaseInfo.h

其中声明了全局变量偏移表（Global Offset Table，GOT）的类型枚举值，增加了 MO_GOT16 和 MO_GOT 两个类型。

全局变量偏移表是位于目标文件中的一系列数据引用，里面存放着全局变量的地址。

（3）Cpu0TargetObjectFile.h（.cpp）

头文件中声明并定义了几个判断小段地址的方法，它们都属于 Cpu0TargetObjectFile 的成员方法。判断某个地址是否是合法的小段地址，以及是否能放到小段内。

（4）Cpu0RegisterInfo.cpp

在保留寄存器集合中增加了 $gp，会通过宏来控制是否使能对保留寄存器 $gp 的判断，并在 Cpu0MachineFunctionInfo.cpp 中定义 globalBaseRegFixed 函数。

（5）Cpu0ISelLowering.h（.cpp）

在构造函数中，使用 setOperationAction（ISD∷GlobalAddress, MVT∷i32, Custom）来告诉 llc 已完成全局变量的自定义实现。在 lowerOperation 函数中，新增了一个 switch 分支，当处理 ISD∷GlobalAddress 时，会跳转到自定义的 lowerGlobalAddress 方法。而 lowerGlobalAddress 方法也在这里实现，这部分比较关键，会根据设置好的条件，选择下译成 PIC 重定位模式或静态重定位模式，以及小段或标准段，该方法会返回一个 DAG 节点。

虽然 IR 操作中所有用户类型都是在 Cpu0TargetLowering 的构造函数中使用 setOperationAction 来声明的，从而让 LLVM 在合法化选择 DAG 阶段调用 LowerOperation，但全局变量访问操作仍然需要通过检查 DAG 节点的 GlobalAddress 来验证是否是 ISD∷GlobalAddress。

另外还实现了一些创建地址模式节点的函数，用来创建不同配置下的节点，比如静态重定位模式、PIC 重定位模式等。

函数 getTargetNodeName 用来返回节点的名字，在其中增加了 GPRel 和 Wrapper 节点，用来实现对全局变量类型的输出功能。

（6）Cpu0ISelDAGToDAG.h（.cpp）

实现获取基地址的指令，也就是通过指令将 GOT 地址加载到寄存器中。填充 select 函数，对 ISD∷GLOBAL_OFFSET_TABLE 做替换，把其更改为将指定寄存器作为基址寄存器的节点。同时还填充了 SelectAddr 函数，对于 PIC 重定位模式，返回节点的操作数。

（7）Cpu0InstrInfo.td

其中定义了 Cpu0Hi、Cpu0Lo、Cpu0GPRel、Cpu0Wrapper 节点，它们用来处理全局地址（注意与寄存器 Hi、Lo 的区分）。

实现了几个 Pat 类型，这种.td 文件结构只是在下译 DAG 时，将指定的 LLVM Node 下译为另一种机器相关的 DAG 节点。比如：

```
def : Pat<(Cpu0Hitglobaladdr: $in), (LUi tglobaladdr: $in)>;
```

表示将 Cpu0Hi 的节点下译为 LUi 节点。

（8）Cpu0AsmPrinter.cpp

在 emitFunctionBodyStart 函数中增加了对 .cpload 的输出，.cpload 是一条伪指令，用来标记一段伪代码，将会被展开成多条指令。另外,.set nomacro 用来判断汇编器的操作是否会生成超过一种机器语言，若超过，则输出警告信息。

```
.set     noreorder
.cpload  $6
.set     nomacro
```

伪指令展开是在 Cpu0MCInstLower.h 的 lowerCPLOAD 函数中完成的。

（9）Cpu0MCInstLower.h（.cpp）

实现了对 MCInst 指令的下译，在 lowerOperand 函数中，针对 MO_GlobalAddress 类型的操作数做特殊处理，实现 lowerSymbolOperand 函数，也就是实现对符号操作数的处理，当处理全局变量时，能够返回一个符号表达式（比如 %got_lo）。

另外，实现了 lowerCPLOAD 函数，该函数用来对伪指令 .cpload 进行展开，展开内容为：

```
lui     $gp, %hi(_gp_disp)
addiu   $gp, $gp, %lo(_gp_disp)
addu    $gp, $gp, $t9
```

_gp_disp 是一个重定位符号，它的值是从函数起始位置到 GOT 的偏移，加载器在加载时填充这个值。从展开的指令中可以看出，$gp 存放的是.sdata 段的起始地址，而将 $gp 与 $t9 相加（$t9 用来保存函数调用的函数地址），就调整好了在某次函数调用时.sdata 段数据的起始位置。$gp 是需要参与栈调整的，它是被调用者保存寄存器。

（10）Cpu0MachineFunctionInfo.h（.cpp）

实现文件中实现了获取全局基址寄存器的几个辅助函数。

▶▶ 10.5.3　检验成果

使用的测试程序是 ch5.c：

```
int gStart = 3;
int gI = 100;
int test_global()
{
  int c = 0;
  c = gI;
  return c;
}
```

使用 Clang 编译 LLVM 文件：

```
build/bin/clang -target mips-unknown-linux-gnu -c ch5.c -emit-llvm -S -o ch5.ll
```

1. 静态重定位模式

（1）存放在.data 段

使用 llc 编译汇编文件：

```
build/bin/llc -march=cpu0 -relocation-model=static -cpu0-use-small-section=false
-filetype=asm ch5.ll -o ch5.s
```

在生成的汇编文件中，比较关键的代码如下：

```
...
  lui $2, %hi(gI)
  ori $2, $2, %lo(gI)
  ld  $2, 0($2)
```

```
...
  .type    gStart,@object          # @gStart
  .data
  .globl   gStart
  .p2align 2
gStart:
  .4byte   3
  .size    gStart, 4

  .type    gI,@object              # @gI
  .globl   gI
  .p2align 2
gI:
  .4byte   100
  .size    gI, 4
```

lui 指令将一个值的低 16 位放到一个寄存器的高 16 位，该寄存器的低 16 位填 0。

在上述代码中，首先加载 gI 的高 16 位部分，放到 $2 中的高 16 位，低 16 位填 0；然后将 $2 与 gI 的低 16 位做 "或" 运算；最后，通过 ld 指令，将 $2 指向的内容（此时 $2 保存的是指向 gI 的地址）取出，并放到 $2 中，标量数据偏移是 0。

还应注意到，gStart 和 gI 都存放在 .data 段中。

（2）存放在.sdata 段

下面看一下存放到.sdata 段中的结果。

使用 llc 编译：

```
build/bin/llc -march=cpu0 -relocation-model=static
-cpu0-use-small-section=true -filetype=asm ch5.ll -o ch5.s
```

在生成的汇编文件中，比较关键的代码如下：

```
...
  ori    $2, $gp, %gp_rel(gI)
  ld     $2, 0($2)
...
  .type    gStart,@object          # @gStart
  .section .sdata,"aw",@progbits
  .globl   gStart
  .p2align 2
gStart:
  .4byte   3
  .size    gStart, 4
  .type    gI,@object              # @gI
  .globl   gI
  .p2align 2
gI:
  .4byte   100
  .size    gI, 4
```

其中 $gp 保存了 .sdata 的起始绝对地址，在加载时赋值（此时 $gp 不能被当作普通寄存器分配），%gp _rel(gI) 用于计算 gI 相对于段起始地址的相对偏移地址，会在链接时计算，所以第一条指令执行结束时，$2 中就保存了 gI 的绝对地址。第二条指令做 gI 的取值操作。

注意，gStart 和 gI 都存放在 .sdata 段中。因为.sdata 段是自定义段，所以在汇编文件中选用 .section 伪指令来描述它。

在这种模式下，$gp 的内容是在链接阶段被赋值的，gI 相对于 .sdata 段的相对地址也能在链接时计算，并替换到 %gp_rel(gI) 的位置，所以整个重定位过程是静态完成的（运行开始时地址都已经固定好了）。

2. PIC 重定位模式

（1）存放在.data 段

使用 llc 编译：

```
build/bin/llc -march=cpu0 -relocation-model=pic
-cpu0-use-small-section=false -filetype=asm ch5.ll -o ch5.s
```

在生成的汇编文件中，比较关键的代码如下：

```
...
 .set      noreorder
 .cpload   $t9
 .set      nomacro
...
 lui $2, %got_hi(gI)
 addu $2, $2, $gp
 ld $2, %got_lo(gI)($2)
 ld $2, 0($2)
...
 .type     gStart,@object          # @gStart
 .data
 .globl    gStart
 .p2align  2
.gStart:
 .4byte    3
 .size     gStart, 4
 .type     gI,@object              # @gI
 .globl    gI
 .p2align  2
gI:
 .4byte    100
 .size     gI, 4
```

由于全局数据放到了数据段中，因此 $gp 中保存了在这个函数中全局变量在.data 段的起始地址。通过 %got_hi(gI) 和 %got_lo(gI) 就可以获得全局变量的 GOT 偏移，进而得到它在运行时的地址。值得一提的是，这些汇编代码，都是在.td 文件中被定义如何展开的。

```
lui        $gp, %hi(_gp_disp)
addiu      $gp, $gp, %lo(_gp_disp)
addu       $gp, $gp, $t9
```

从而用来加载动态链接时的数据段地址。详细说明见前面代码部分描述。

（2）存放在.sdata 段

使用 llc 编译：

```
build/bin/llc -march=cpu0 -relocation-model=pic -cpu0-use-small-section=true
-filetype=asm ch5.ll -o ch5.s
```

在生成的汇编文件中，比较关键的代码如下：

```
...
  .set       noreorder
  .cpload    $6
  .set       nomacro
...
  ld $2, %got(gI)($gp)
  ld $2, 0($2)
...
  .type      gStart,@object          # @gStart
  .sdata     gStart,"aw",@progbits
  .globl     gStart
  .p2align   2
gStart:
  .4byte     3
  .size      gStart, 4

  .type      gI,@object              # @gI
  .globl     gI
  .p2align   2
gI:
  .4byte     100
  .size      gI, 4
```

Cpu0 使用 .cpload 和 ld $2,%got(gI)($gp) 指令来访问全局变量。此时，无法假设 $gp 总是能指向.sdata 段的开头（因为 $gp 会在栈调整时被修改）。

注意，数据存放在.sdata 段中。

▶▶ 10.5.4 小结

DAG 翻译中的全局变量指令选择不同于通常的 IR 节点翻译，DAG 翻译包括静态重定位模式（绝对地址）和 PIC 重定位模式。后端通过在 lowerGlobalAddress 函数中创建 DAG 节点来实现对 DAG 的翻译，这个函数被 lowerOperation 函数调用。而 lowerOperand 函数处理所有需要自定义类型的翻译操作。

后端在 Cpu0TargetLowering 构造函数中通过 setOperationAction（ISD∷GlobalAddress，VT∷i32，Custom）来指定将全局变量设置为自定义操作。除了 Custom，还有多种不同类型的操作动作，比如

Promote 和 Expand，但只有 Custom 需要开发自定义代码来处理。

需要说明的一点是，通过指定将全局变量保存在.sdata/.sbss 段的行为，可能在链接阶段发生.sdata 段数据溢出问题。当这种问题发生时，链接器就需要指出这个问题，并要求用户选择是否调整为数据段存放全局数据。一个使用原则是，尽可能把小且频繁使用的变量放到.sdata 段中。

10.6 更多数据类型

本章之前小节中只实现了 int 和 32 位的 long 类型数据，本节不但会新增一些更复杂的数据类型，比如 char、short、int、bool、long long、float 和 double，还会增加数组、结构体，以及向量类型。本部分内容相对简单，因为这些类型也都是标准语言支持的类型，LLVM 自身已经实现了很大一部分功能，只要后端不那么混乱，就很容易填补缺失内容。

▶▶ 10.6.1 实现类型

1. 局部指针

需要在.td 文件中添加内存操作数的描述片段。

2. char、short、int 和 bool 类型

char、short、int 比较简单。

因为 bool 不是 C 语言的标准类型，而具有 C++特性，所以不能使用 Clang 来编译，而且测试时需要通过 LLVM IR（少量的 IR 测试用例）。

3. long long 类型

与 MIPS 一致，long long 类型有 64 位数据长度。因为该类型支持 64 位宽的数据，需要新增对其加减法和乘法的操作，需要考虑进位，所以会对 DAG 做调整。

4. float 和 double 类型

Cpu0 硬件指令只支持整型，浮点指令需要通过调用函数库的方式实现，很多简单的处理器都是通过软件来实现浮点运算的，只有相对复杂的一些处理器，才会有自己的浮点运算单元。

因为还没有实现函数调用的功能，所以目前还无法测试这部分代码，不过可以先完成一些小的工作。

5. 数组和结构体类型

需要实现对全局变量带偏移的寻址模式，稍微有点复杂。

6. 向量类型

向量类型的运算可以实现 SIMD 运算，也就是一条指令同时计算多个数据，硬件上进行这样的设计，可以提高数据并行性，使运算速率更快。因为 LLVM 原生支持向量类型的运算，所以留给要实现的代码部分不多。

MIPS 支持 LLVM IR：icmp slt 和 sext 的向量类型计算，Cpu0 也同样支持。

C 语言的扩展是支持向量类型的，需要通过 __attribute__ 来修饰。

10.6.2　代码修改

文件新增

（1）Cpu0InstrInfo.td

到目前为止，因为添加数据类型的很多实现代码已经在公共 LLVM 代码中实现，所以实际上大多数修改都在.td 文件中。

在该文件中新增一个称为 mem_ea 的操作数类型，它是一个复杂模式，会定义其 encoding 和 print-inst 等操作，用来描述指令模式中的地址表示；然后定义一个 LEA_ADDiu 模式，它是一个不会输出为指令的模式，实际上是计算地址+偏移的结果，这和 SPARC 处理器中的 LEA_ADDRi 有一样的效果。

新增 i8 和 i16 相关的 extend 类型，以及对应的 ld 或 st，分别命名为 LB、LBu、SB、LH、LHu、SH。LB 和 LH 处理有符号的 i8 或 i16 类型 load；LBu 和 LHu 处理无符号的 i8 或 i16 类型 load；SB 和 SH 根据有无符号与上面两种情况分别同理。

新增 CountLeading0 和 CountLeading1 模式，分别用来选择计算前导 0 和计算前导 1 的指令。LLVM 内置了 ctlz 节点（前导 0 计数），可以直接把 clz 指令接过去，不过对于 CountLeading1，没有对应的节点，可以通过先对值取反，然后求前导 0 的方式，实现前导 1 的计算，即 ctlz(not RC：$rb)。

因为 C 语言中没有求前导 0 和前导 1 的原生语法，所以实际上会使用 builtin 接口来实现。也就是说，在 C 语言描述中，为了实现这种功能，需要调用 __builtin_clz 函数（ctls 就是先对参数取反，再调用 ctlz 的 builtin）。因为使用了内置节点，所以这部分是由 LLVM 自动实现的。要等到函数调用完成之后才能测试。

（2）Cpu0ISelLowering.h（.cpp）

实现文件中有对 bool 类型的处理代码，这里增加了一些对 i1 类型 Promote 的合法化描述，告诉 LLVM 在遇到对 i1 类型的扩展时要做更新。Promote 是将较小宽度的数据类型扩展成对应的、能够支持的、更宽的数据类型，在指令选择的类型合法化阶段会起作用。

另外，实现文件继承了 setBooleanContents 和 setBooleanVectorContents 函数，但暂时不提供实现代码。

在 long long 的实现中，在下译的位置还需要实现对 long long 类型的移位操作的合法化。

覆盖一个函数 isOffsetFoldingLegal，直接返回 false，避免带偏移的全局地址展开，Cpu0 和 MIPS 一样无法处理这种情况。在实现的 getAddrNonPIC 方法中，将全局符号地址展开成一条加法指令，对地址的高、低位做加法运算。所以实际上会先将一个带偏移的全局地址寻址展开成加法运算，再把结果与 offset 相加并保存在 DAG（在 Cpu0ISelDAGToDAG.cpp 的 SelectAddr 里，提取这种情况下的 Node-Value，此时就已经是两个 add 节点了）中。

最后，还需要对向量类型的支持做一小部分改动，以便覆盖 getSetCCResultType 方法，如果确定是向量类型，则使用 VT.changeVectorElementTypeToInteger 方法返回 CC 值。

（3）Cpu0SEISelDAGToDAG.cpp

定义了一个 selectAddESubE 方法，用来处理带进位的加、减法运算的指令选择。在 trySelect 方法中，将对 ISD::SUBE、ISD::ADDE 的两种情况都选用 selectAddESubE 来处理。

selectAddESubE 方法为符合上面两种情况的节点，新增了一个操作数节点，该节点会判断状态字中进位是否是 1，并将结果叠加到运算中；在 Cpu032I 处理器中，使用 CMP 指令和 ANDi 指令来获取进位状态，而在 Cpu032II 处理器中，则直接使用 SLT 指令判断进位。

另外，还要处理 SMUL_LOHI 和 UMUL_LOHI 节点，它们是能够直接返回两个运算结果的节点（高、低位）。

在 selectAddr 方法中，对于全局基址加常量偏移的情况，提取该地址的基址和偏移。

▶▶ 10.6.3　检验成果

1. 局部指针

运行局部指针提供的 ch6_1_localpointer.c 文件：

```c
int test_local_pointer() {
  int b = 3;
  int *p = &b;
  return *p;
}
```

使用 Clang 进行编译：

```
build/bin/clang -target mips-unknown-linux-gnu -c ch6_1_localpointer.c
-emit-llvm -S -o ch6_1_localpointer.ll
build/bin/llc -march=cpu0 -relocation-model=pic -filetype=asm
ch6_1_localpointer.ll -o ch6_1_localpointer.s
```

得到的汇编内容如下：

```
addiu $sp, $sp, -8
addiu $2, $zero, 3
st $2, 4($sp)        // 赋值局部变量为 3 并存入栈
addiu $2, $sp, 4     // 读出栈中局部变量的地址
st $2, 0($sp)        // 将指向局部变量的指针存入栈
ld $2, 0($sp)        // 读出栈中指向局部变量的指针的值
ld $2, 0($2)         // 读出局部变量的指针指向的值
```

2. char 类型

运行 Date 结构体提供的 ch6_2_char_in_struct.c 文件：

```c
struct Date {
  short year;
  char month;
  char day;
  char hour;
  char minute;
  char second;
```

```
};
unsigned char b[4] = {'a', 'b', 'c', '\0'};
int test_char() {
  unsigned char a = b[1];    // 访问数组里的 char 成员
  char c = (char)b[1];
  struct Date date1 = {2021, (char)2, (char)27, (char)17, (char)22, (char)10};
  char m = date1.month;      // 访问结构体里的 char 成员
  char s = date1.second;
}
```

使用 Clang 进行编译：

```
build/bin/clang -target mips-unknown-linux-gnu -c ch6_2_char_in_struct.c
-emit-llvm -S -o ch6_2_char_in_struct.ll
build/bin/llc -march=cpu0 -relocation-model=pic -filetype=asm
ch6_2_char_in_struct.ll -o ch6_2_char_in_struct.s
```

得到的汇编内容如下：

```
lui $2, %got_hi(b)
addu $2, $2, $gp
ld $2, %got_lo(b)($2)        // 获取 b 数组的地址
addiu $2, $2, 1
lbu $3, 0($2)                // 获取 b[1]的值
sb $3, 20($sp)
lbu $2, 0($2)                // 再次获取 b[1]的值
sb $2, 16($sp)
ld $2, %got($__const.test_char.date1)($gp)
ori $2, $2, %lo($__const.test_char.date1)        // 获取要写入局部结构体对象的常量地址
addiu $3, $2, 6
lhu $3, 0($3)
addiu $4, $2, 4
lhu $4, 0($4)
shl $4, $4, 16
or $3, $4, $3                // 从常量区读出 word 长度的值
addiu $4, $sp, 8            // 这里设置 8 是考虑到对齐的结构体在栈中的存放大小
ori $5, $4, 4              // 获取局部结构体对象 date1 的地址
st $3, 0($5)                // 存放 hour、minute 和 second 到 date1(12($sp))
addiu $3, $2, 2
lhu $3, 0($3)
lhu $2, 0($2)
shl $2, $2, 16
or $2, $2, $3              // 从常量区中读出第二个 word 长度的值
st $2, 8($sp)              // 存放 year、month、day 到 date1(8($sp))
ori $2, $4, 2
lbu $2, 0($2)
sb $2, 4($sp)              // 读出 date1.month 并存入栈的 m 中
ori $2, $4, 6
lbu $2, 0($2)
sb $2, 0($sp)              // 读出 date1.second 并存入栈的 s 中
```

3. short 类型

运行测试应用提供的 ch6_2_char_short.c 文件：

```
int test_signed_char()
{
  char a = 0x80;
  int i = (signed int)a;
  i = i + 2; // i = -128 + 2 = -126

  return i;
}

int test_unsigned_char()
{
  unsigned char c = 0x80;
  unsigned int ui = (unsigned int)c;
  ui = ui + 2; // ui = 128 + 2 = 130

  return (int)ui;
}

int test_signed_short()
{
  short a = 0x8000;
  int i = (signed int)a;
  i = i + 2; // i = -32768 + 2 = -32766

  return i;
}

int test_unsigned_short()
{
  unsigned short c = 0x8000;
  unsigned int ui = (unsigned int)c;
  ui = ui + 2; // ui = 32768 + 2 = 32770

  return (int)ui;
}
```

编译方式与前面相同。

得到的汇编内容为（只截取 short 部分，char 部分供对比参考）：

```
// test_signed_short
ori $2, $zero, 32768
sh $2, 4($sp)              // 0x8000 写入栈
lh $2, 4($sp)              // lh 是载入符号半字
st $2, 0($sp)
ld $2, 0($sp)              // 通过 ld 或 st,将类型从 short 转换到 int
addiu $2, $2, 2
```

```
st $2, 0($sp)              // 加法运算

// test_unsigned_short
ori $2, $zero, 32768
sh $2, 4($sp)              // 0x8000 写入栈
lhu $2, 4($sp)             // 注意这里使用的是 lhu, load 之后采用无符号方式扩展到 word
st $2, 4($sp)
ld $2, 0($sp)              // 转换
addiu $2, $2, 2
st $2, 0($sp)
```

4. bool 类型

bool 类型中提供了两个案例，第一个案例为 ch6_2_bool.c，但因为标准 C 中不支持 bool 类型，所以无法编译，可以尝试通过 Clang++ 进行编译，得到的 IR 和第二个案例类似；第二个案例为 ch6_2_bool2.ll，通过 LLVM IR 完成测试。

直接使用 llc 编译：

```
build/bin/llc -march=cpu0 -relocation-model=pic -filetype=asm ch6_2_bool2.ll
-o ch6_2_bool2.s
```

得到的汇编内容为：

```
addiu $2, $zero, 1
sb $2, 7($sp)              // 使用 sb 将 bool 类型的 1 写入栈，这是实现合法化之后的效果
```

5. long long 类型编译执行

运行 long long 类型提供的案例 ch6_3_longlong.c：

```
long long test_longlong()
{
  long long a = 0x300000002;
  long long b = 0x100000001;
  int a1 = 0x30010000;
  int b1 = 0x20010000;

  long long c = a + b;     // c = 0x00000004,00000003
  long long d = a - b;     // d = 0x00000002,00000001
  long long e = a * b;     // e = 0x00000005,00000002
  long long f = (long long)a1 * (long long)b1;    // f = 0x00060050,01000000

  return (c+d+e+f);        // (0x0006005b,01000006) = (393307,16777222)
}
```

编译命令与之前一致（Cpu032I 处理器），结果不详细罗列。举个加法例子：

```
addu $3, $3, $5           // 高位加法,不带进位
addu $4, $2, $4           // 低位加法,不带进位
cmp $sw, $4, $2
```

```
andi $2, $sw, 1          // Cpu032I 获取低位加法进位信息
addu $2, $3, $2          // 将可能的进位加到高位加法的结果中
st $4, 28($sp)           // 保存低位加法结果
st $2, 24($sp)           // 保存高位加法结果
```

若换成 Cpu032II 类型处理器重新编译，则可以看到不同的结果，编译命令要加上 mcpu = cpu032II 参数，得到的汇编代码为：

```
addu $3, $3, $5          // 高位加法,不带进位
addu $4, $2, $4          // 低位加法,不带进位
sltu $2, $4, $2          // 判断低位加法是否产生了进位
addu $2, $3, $2          // 将可能的进位加到高位加法的结果中
st $4, 28($sp)           // 保存低位加法结果
st $2, 24($sp)           // 保存高位加法结果
```

6. 数组和结构体类型编译执行

先测试局部数组变量，运行 ch6_5_localarrayinit.c：

```
int main() {
  int a[3] = {0, 1, 2};
  return 0;
}
```

编译后的结果为：

```
addiu $3, $sp, 0         // 栈基址
addiu $4, $3, 8          // 移动到保存第 3 个参数的位置
lui $5, %hi($__const.main.a)
ori $5, $5, %lo($__const.main.a)
addiu $6, $5, 8          // 获取 a 数组的全局基址
ld $6, 0($6)             // 获取第 3 个值 a[2]:2
st $6, 0($4)             // 保存到栈上
addiu $3, $3, 4          // 移动到保存第 2 个参数的位置
addiu $4, $5, 4          // 获取 a 数组的全局基址偏移一个 word 的地址
ld $4, 0($4)             // 获取第 2 个值 a[1]:1
st $4, 0($3)             // 保存到栈上
ld $3, 0($5)             // 获取第 1 个值 a[0]:0 (等于基址,所以不用移动)
st $3, 0($sp)            // 保存到栈上 (等于栈基址,不用移动)
```

然后尝试编译全局数组变量和结构体，运行 ch6_5_globalstructoffset.c：

```
struct Date
{
  int year;
  int month;
  int day;
};
struct Date date = {2021, 2, 27};
int a[3] = {2021, 2, 27};
int test_struct()
```

```
{
  int day = date.day;
  int i = a[1];

  return (i+day);   // 2 + 27 = 29
}
```

编译后的结果为：

```
lui $2, %got_hi(date)
addu $2, $2, $gp
ld $2, %got_lo(date)($2)          // 获取 date 的全局地址
addiu $2, $2, 8
ld $2, 0($2)                      // 获取 date 第 3 个值 day:27
st $2, 4($sp)                     // 保存到栈上
lui $2, %got_hi(a)
addu $2, $2, $gp
ld $2, %got_lo(a)($2)
addiu $2, $2, 4
ld $2, 0($2)                      // 获取 a 的第 2 个值 a[1]:2
st $2, 0($sp)                     // 保存到栈上
ld $2, 0($sp)
ld $3, 4($sp)
addu $2, $2, $3                   // 加法
```

7. 向量类型测试

需要测试的案例：

```
typedef long vector8long __attribute__((__vector_size__(32)));
typedef long vector8short __attribute__((__vector_size__(16)));
int test_cmplt_short()
{
  volatile vector8short a0 = {0, 1, 2, 3};
  volatile vector8short b0 = {2, 2, 2, 2};
  volatile vector8short c0;
  c0 = a0 < b0;
  return (int)(c0[0]+ c0[1]+ c0[2]+ c0[3]);
}

int test_cmplt_long()
{
  volatile vector8long a0 = {2, 2, 2, 2, 1, 1, 1, 1};
  volatile vector8long b0 = {1, 1, 1, 1, 2, 2, 2, 2};
  volatile vector8long c0;
  c0 = a0 < b0;
  return (c0[0]+ c0[1]+ c0[2]+ c0[3]+ c0[4]+ c0[5]+ c0[6]+ c0[7]);
}
```

编译后即可得到正确的汇编代码，比较指令也是区分 cpu032I 和 cpu032II 两种处理器的。

10.7 控制流

本节首先会介绍与控制流有关的功能实现，涉及 if、else、while 和 for 等；然后会介绍如何将控制流的 IR 表示转换为机器指令；最后会引入几个后端优化，处理一些跳转需求引入的问题，说明如何编写后端优化的 Pass。在条件指令中，会介绍 LLVM IR 中的特殊指令 select 和 select_cc，以及如何处理这两种指令，从而支持更细节的控制流实现。

▶▶ 10.7.1 控制流语句

1. 简要说明

从机器层面上来看，所有的跳转只分为无条件跳转和有条件跳转，而从跳转方式上来分，又分为直接跳转（绝对地址）和间接跳转（相对偏移），所以只需要将 LLVM IR 的跳转节点成功下降到机器跳转指令，并维护好跳转的范围、重定位信息。

Cpu032I 型机器支持 J 类型跳转指令，比如无条件跳转（JMP）、有条件跳转（JEQ、JNE、JLT、JGT、JLE、JGE），这部分指令是需要通过检查条件代码（SW 寄存器）来决定跳转条件的；Cpu032II 型机器除支持 J 类型跳转指令以外，还支持 B 类型跳转指令，如 BEQ 和 BNE，这两个指令是通过直接比较操作数值关系来决定跳转条件的。相比之下，BNE 的跳转依赖的资源更少，指令效率更高。

对于 SelectionDAG 中的所有节点，无条件跳转命令是 ISD∷br，有条件跳转命令是 ISD∷brcond，需要在 TableGen 中通过指定指令选择模式来对这些节点做映射。

另外，J 类型跳转指令依赖的条件代码是通过比较指令（比如 CMP）的结果来设置的，在之前的内容中已经完成了比较指令，LLVM IR 的 SetCCnode 通常会被翻译为 addiu reg1、zero、const 和 cmp reg1、reg2 指令。

2. 文件修改

（1）Cpu0ISelLowering.cpp

在该文件中设置需要的几个节点为 Custom 的 lowering 类型，即会通过自定义的下译操作来处理它们，这包括 BlockAddress、JumpTable 和 BRCOND，分别对应 lowerBlockAddress、lowerJumpTable 和 lowerBRCOND 函数，lowerBlockAddress 中 getAddrLocal 和 getAddrNonPIC 是前面内容中已经实现的自定义节点生成函数。BRCOND 是条件跳转节点（包括条件算子与条件为 true 时，跳转块地址），BlockAddress 是 BasicBlock 的起始地址类型的节点，JumpTable 是跳转表类型的节点，后两者是叶子节点类型。

另外，设置了 SetCC 在 i1 类型时做扩展。增加了几行代码来说明额外的一些 ISD 的节点需要做扩展，就是采用 LLVM 内部提供的一些展开方式来展开这些不支持的操作，这些操作包括 BR_JT、BR_CC、CTPOP、CTTZ、CTTZ_ZERO_UNDEF 和 CTLZ_ZERO_UNDEF，其中 BR_JT 指令的其中一个算子是 JumpTable 类型的节点（保存 JumpTable 中的一个指数），BR_CC 操作和 Select_cc 操作类似，二者的区别是 BR_CC 会保存两个算子，通过比较相对大小来选择不同的分支。

（2）Cpu0InstrInfo.td

增加了两个和跳转有关的操作数类型：brtarget16 和 brtarget24，前者是 16 位偏移的编码，将用于
BEQ、BNE 一类的指令，这一类指令是 Cpu032II 型号中特有的；后者是 24 位偏移的编码，将用于
JEQ、JNE 一类的指令。两个操作数均指定了编码函数和解码函数的名称。还定义了 jmptarget 操作数
类型，用来作为无条件跳转 JMP 的操作数。

之后便是定义这几条跳转指令，包括它们的匹配模式和编码。

无条件跳转 JMP 的匹配模式直接指明了 [（br bb :: $addr）]，很好理解。

然后做一些优化来定义比较+跳转指令选择模式，也就是将 brcond+seteq/setueq/setne/setune/setlt/
setult/setgt/setugt/setle/setule/setge/setuge 系列模式转换为机器指令的比较+跳转指令组合。对于 J 类
型系列的跳转指令，实际上会转换为 J××+CMP 模式，而对于 B 类型系列的跳转指令，则直接转换成
指令本身。

比如：

```
        def : Pat<(brcond (i32 (setne RC: $lhs, RC: $rhs)), bb: $dst), (JNEOp (CMPOp RC: $lhs,
RC: $rhs), bb: $dst)>;
        def : Pat<(brcond (i32 (setne RC: $lhs, RC: $rhs)), bb: $dst), (BNEOp RC: $lhs, RC:
$rhs, bb: $dst)>;
```

因为无法从 C 语言生成 setueq 和 setune 指令，所以实际上并不会对这两个指令做选择（不过考虑
到不要过分依赖前端，还是实现了）。

（3）Cpu0MCInstLower.cpp

因为跳转的地址既可以是跳转表偏移，又可以是一个标签，所以需要在 MachineOperand 中对相关
的类型做下译。在 LowerSymbolOperand 函数中增加了对 MO_MachineBasicBlock、MO_BlockAddress 和
MO_JumpTableIndex 类型的下译。

（4）Cpu0MCCodeEmitter.h（.cpp）

实现文件中实现了地址操作数的编码实现函数，包括 getBranch16TargetOpValue、getBranch24TargetOpValue
和 getJumpTargetOpValue。对于 JMP 指令同时还是表达式类型的跳转位置的情况，选择在
Cpu0FixupKinds.h 文件中定义正确的 fixups 类型。

（5）Cpu0AsmPrinter.h（.cpp）

头文件中定义了一个名为 isLongBranchPseudo 的函数，用来判断指令是否是长跳转的伪指令。

同时，在 EmitInstruction 函数中，当属于长跳转伪指令时，不发射该指令。

（6）MCTargetDesc/Cpu0FixupKinds.h

添加了重定位类型 fixup_Cpu0_PC16 和 fixup_Cpu0_PC24。

（7）MCTargetDesc/Cpu0ELFObjectWriter.cpp

添加了重定位类型的一些设置，即在 getRelocType 函数中增加了相关内容。

（8）MCTargetDesc/Cpu0AsmBackend.cpp

Cpu0 的架构和其他 RISC 机器一样，采用五级流水线结构，跳转指令会在解码阶段实现跳转动作
（也就是将 PC 修改为跳转后的位置），但跳转指令在取指阶段时，PC 会自动先移动到下一条指令位

置，因为取指阶段在解码阶段之前，所以实际上在解码阶段执行前，PC 已经自动+4（一个指令长度），跳转指令中的偏移并不是从跳转指令到目标位置的差，而应该是从跳转指令的下一条指令到目标位置的差。

比如：

```
jne $BB0_2
jmp $BB0_1          #jne 指令解码之前，PC 指向这里
$BB0_1:
ld $4, 36 ( $fp )
addiu $4, $4, 1
st $4, 36 ( $fp )
jmp $BB0_2
$BB0_2:
ld $4, 32 ( $fp )      #jne 指令解码之后，假设 PC 指向这里
```

jne 指令中的偏移应该是从 JMP 指令到最后一条 ld 指令的距离，也就是 20（而不是 24）。

为了实现这样的修正，在 adjustFixupValue 函数中，针对重定位类型 fixup_Cpu0_PC16 和 fixup_Cpu0_PC24，指定其 Value 应该在自身的基础上减 4。

3. 检验成果

编译控制流提供的测试用例文件 ch7_1_controlflow.c，使用 Cpu032I 生成的汇编代码如下：

```
...
cmp $sw, $3, $2
jne $sw, $BB0_2
jmp $BB0_1
$BB0_1:
ld $4, 4($sp)
addiu $4, $4, 1
st $4, 4($sp)
jmp $BB0_2
$BB0_2:
ld $2, 4($sp)
...
```

可见，Cpu032I 处理器使用 SW 寄存器和 J 类型系列跳转指令完成控制流操作。

使用 Cpu032II 生成的汇编如下所示：

```
...
bne $2, $zero, $BB0_2
jmp $BB0_1
$BB0_1:
ld $4, 4($sp)
addiu $4, $4, 1
st $4, 4($sp)
jmp $BB0_2
$BB0_2:
ld $2, 4($sp)
```

Cpu032II 处理器使用 B 类型系列跳转指令完成控制流操作，指令数更少。

通过 Cpu032I 直接生成二进制代码：

```
build/bin/llc -march=cpu0 -mcpu=cpu032I -relocation-model=pic -filetype=obj
ch7_1_controlflow.ll -o ch7_1_controlflow.o
    hexdump ch7_1_controlflow.o
```

通过 hexdump 可以将二进制代码输出到终端。在其中可以找到 31 00 00 14 36 00 00 00 这段编码，其中 31 是 jne 指令，36 是 JMP 指令，14 是偏移的编码，可见这里的偏移是 20，说明 Cpu0AsmBackend.cpp 中的设计生效了。

▶▶ 10. 7. 2　消除无用的 JMP 指令

LLVM 的大多数优化操作都是在中端完成的，也就是在 LLVM IR 下完成的。除中端优化以外，其实还有一些依赖后端特性的优化会在后端完成。比如，MIPS 机器中的填充延迟槽优化，就是针对 RISC 的管道优化。如果后端是一个带有延迟槽的管道 RISC 机器，那么也可以使用 MIPS 的这种优化方式。

下面实现一个简单的后端优化算法，消除无用的 JMP 指令。这个算法简单且高效，可以作为一个优化的示例来学习，通过学习，可以了解如何新增一个优化 Pass，以及如何在真实的工程中编写复杂的优化算法。

1. 简要说明

对于如下汇编指令：

```
JMP $BB_0
$BB_0:
    ...其他指令
```

JMP 指令的下一条指令就是它需要跳转的 BasicBlock 块。因为 JMP 指令是无条件跳转的，所以这里的程序必然会顺序执行，进而可以明确这里的 JMP 指令是多余的，即使删除这条 JMP 指令语句，程序也可以正确执行。

所以，这种后端优化算法的目的就是识别这种模式，并删除对应的 JMP 指令。

2. 文件修改

（1）CMakeLists.txt

添加了新文件 Cpu0DelUselessJMP.cpp。

（2）Cpu0.h

声明了文件修改的 Pass 的工厂函数。

（3）Cpu0TargetMachine.cpp

覆盖了 addPreEmitPass 函数，在其中添加了 Pass。若调用这个函数，则表示 Pass 会在代码发布之前被执行。

3. 文件新增

（1）Cpu0DelUselessJMP.cpp

该文件中包括实现该跳转优化 Pass 的具体代码，读者要留意其中的几点。

首先看下列代码：

```
#define DEBUG_TYPE "del-jmp"

...

LLVM_DEBUG(dbgs() << "debug info");
```

这里为优化 Pass 添加了一个调试宏，这样可以通过在执行编译命令时指定该调试宏来输出想要的调试信息。注意，需要以调试模式来编译，并且在执行编译命令时指定参数：

```
llc -debug-only=del-jmp
```

或直接打开所有调试信息：

```
llc -debug
```

然后，看以下代码：

```
STATISTIC(NumDelJmp,"Number of useless JMP deleted");
```

表示定义了一个全局变量 NumDelJmp，允许在执行完毕编译命令时，输出该变量的值。这个变量的作用是统计这个优化 Pass 一共消除了多少无用的 JMP 指令，变量的累加是在实现该 Pass 的逻辑中手动设计进去的。

在执行编译命令时，指定参数：

```
llc -stats
```

就可以输出所有的统计变量的值。

最后，有以下代码：

```
static cl::opt<bool>EnableDelJmp(
  ...
  ...
);
```

（2）新增代码解析

这部分代码向 LLVM 注册了一个编译参数，参数名称是其中第一个元素，还指定了参数的默认值、描述信息等。使用的参数名为 enable-cpu0-del-useless-jmp，默认是打开的。也就是说，如果指定了这个参数，并且令其值为 false，则会关闭这个优化 Pass。

在具体的实现代码中，继承了 MachineFunctionPass 类，并在 runOnMachineFunction 函数中重写了逻辑，这个函数会在每次进入一个新的函数时被执行。在内部逻辑中调用了 runOnMachineBasicBlock 函数，同理，这个函数在每次进入一个新的 BasicBlock 时被执行。

在每个函数中遍历每一个基本块，直接取其最后一条指令，先判断其是否为 JMP 指令，再判断其指向的基本块是否是下一个基本块，如果都满足，则调用 MBB.erase(I) 删除 I 指向的指令（jmp 指令），并且累加 NumDelJmp 变量。

4. 检验成果

执行无用跳转检验提供的测试用例文件 ch7_2_deluselessjmp.cpp。

```
build/bin/llc -march=cpu0 -relocation-model=static -filetype=asm -stats
ch7_2_deluselessjmp.ll -o -
```

查看输出的汇编代码，会发现已经没有 JMP 指令，输出的统计信息中的 8 del-jmp 表明删除了 8 条无用的 JMP 指令。可以先关闭这个优化，再查看汇编代码（添加 -enable-cpu0-del-useless-jmp＝false），以进行两次结果的对比。

▶▶ 10.7.3　填充跳转延迟槽

填充跳转延迟槽是一个功能性 Pass。很多 RISC 机器采用多级流水线设计，有些 phase 会产生延迟，为了保证软件运行正确，可能会需要软件（编译器）对需要延迟的指令做处理。Cpu0 就符合这种情况，对于所有的跳转指令，需要有一个周期的延迟，编译器负责对这些跳转指令执行延迟插入指令。为了实现简单，目前的实现只是将一条 nop 指令填充到跳转指令之后。想要将其他有用的指令插入到跳转指令之后，可以参考 MIPS 的实现（更加有意义，不单单是一条无用的等待语句），比如 MipsDelaySlotFiller.cpp 文件。

1. 简要说明

有如下汇编指令：

```
jne       $sw, $BB_0
nop       // 插入的指令
$BB_1:
    ...其他指令
```

对于 jne 指令，因为需要为其填充延迟指令，所以实际代码运行之后，会在汇编中，找到 jne 的下一条指令，然后输出一条 nop 指令，这样就可以保证在 jne 执行完毕之后，再开始后续的运行。

与上一小节的设计类似，这里依然会设计一个 Pass，专门识别这样一个跳转模式，同时创建一个 nop 指令，并与跳转指令打包到同一个 bundle 中。bundle 是 LLVM 在机器指令层支持的一种扩展指令集，它会在 bundleemit 之前，将 bundle 看作一条指令，而 bundle 内部却可以包含多条指令。

2. 文件修改

（1）CMakeLists.txt

添加了新增的文件 Cpu0DelaySlotFiller.cpp。

（2）Cpu0.h

添加了创建新 Pass 的工厂函数。

（3）Cpu0TargetMachine.cpp

在 addPreEmitPass 函数中增加了 Pass。

（4）Cpu0AsmPrinter.cpp

这里是汇编代码发射的地方，需要检查要发射的指令是否是丛，如果是，则将丛展开，依次发射其中的每一条指令。这一段 while 代码在之前的内容中已经添加。如果不做这个检查，则只有丛中的第一条指令会发射，这将会导致代码错误。

3. 文件新增

Cpu0DelaySlotFiller.cpp：新 Pass 的实现代码。

定义了一个 hasUnoccupiedSlot 函数，用来判断某条指令是否满足上文指定的模式。该函数首先判断这条指令是否具有延迟槽，即调用 hasDelaySlot 函数；然后判断这条指令是否已经属于一个丛，或者是否为最后一条指令，即调用 isBundledWithSucc 函数。这两个函数都是 LLVM 内置函数，在 MachineInstr.h 中实现。

当满足条件时，首先使用 BuildMI 创建 nop 指令，并将其插入到跳转指令的后面；然后调用 MIBundleBuilder 函数，将跳转指令和 nop 指令打到一个丛中。

4. 检验成果

若没有额外提供测试用例，则可以通过编译上一小节的 ch7_2_deluselessjmp.cpp，首先查看输出的汇编内容，接着增加 -stats 参数，最后输出共填充了 5 个这样模式的延迟槽。

▶▶ 10.7.4　条件 MOV 指令

1. 简要说明

条件 MOV 指令也称为 select 指令，与 C 语言中的 select 操作语义一致，由一个条件值、两个指定值和一个定义值（输出）组成。在满足一个条件时，将指定值赋给定义值，否则把另一个指定值赋给定义值。在 Cpu0 中将实现两条 MOV 指令，分别是 movz 和 movn，表示当条件成立时（或条件不成立时），赋予第一个值，否则，赋予另一个值。

由于编码位有限，通常的条件 MOV 指令和选择指令，均设计为其中一个指定值与定义值是同一个操作数（有些设计为条件值与定义值是同一个操作数）：

```
movz $1, $2, $3;    @ $3 为条件值,当 $3 满足(为 true)时,将 $2 值赋给 $1,
                    @ 否则,保持 $1 值不变
movn $1, $2, $3;    @ $3 为条件值,当 $3 不满足(为 false)时,将 $2 值赋给 $1,
                    @ 否则,保持 $1 值不变
可以发现,movz 和 movn 可以相互替代
movz $1, $2, $3;    @ 等价于
movn $2, $1, $3;    @ 当然,还需要保证上下文数据正确
```

在 LLVM IR 中，只有一个指令来处理这种情况，称为 select 指令：

```
%ret =select i1 %cond, i32 %a, i32 %b
```

所以需要做的就是在后端代码中，将这个 IR 转换为正确的指令表示。

2. 文件修改

（1）Cpu0InstrInfo.td

新增了和条件 MOV 相关的指令实例，以及用于窥孔优化的模式描述。

前者即定义 movz 和 movn 指令。注意，在 class 中使用 let Constraints = " $F = $ra" 来指定两个操作符是同一个值，这种写法通常用于其中一个 def 操作数同时需要作为 use 操作数的情况，比如当前的

选择示例。

后者是将 IR 后的 select+cmp 节点组合优化为一条 movz 或 movn 指令。当选择指令的条件时，需要一条比较（或其他起相同作用的）指令来得出该条件结果，在 Cpu032I 机器中是 cmp 指令，而在 Cpu032II 机器中是 slt 指令。因为通常比较两个值是否相等，还可以采用 xor 指令，所以对于低效的 Cpu032I 比较 cmp 指令，可以使用 xor 做替换，但对于大于、小于等条件代码，则只能继续使用 cmp 指令，体现在 .td 文件中，就是不会特别地优化 select 指令组合下的条件指令。

这个优化的路径是：

```
IR:  icmp + (eq, ne,sgt, sge, slt, sle) + br
DAG: ((seteq, setne, setgt, setge, setlt, setle) + setcc) + select
Cpu0:movz, movn
```

（2）Cpu0ISelLowering.h（.cpp）

需要做一些配置。首先，LLVM 的后端会默认把 SetCC 和 select 两个节点合并成一条 Select_cc 指令，这是为能够支持 Select_cc 指令的后端而准备的，这种指令是通过条件代码来作为 select 指令的条件的，比如在 x86 机器中。因为 Cpu0 不支持这种指令，所以需要在 Cpu0ISelLowering.cpp 中，将 Select_cc 设置为扩展类型，表示希望 LLVM 替代这个类型的节点。

另外，将 ISD∷SELECT 节点的默认下降功能关闭，也就是设置其为 Custom 类型，在自定义的下降中，直接将这个节点返回。不希望 selectNode 在下译阶段被选择为 select，因为这样会无法选到指令。因为条件 MOV 指令和这里的 select 指令有一些差异，所以只能通过在指令选择时的优化合并来实现从 selectNode 到后端指令的下译。

3. 检验成果

本节提供了 3 个案例，第一个案例（ch7_4_select.c）是最简单的情况，直接使用 C 语言中的三目运算符，Clang 会在不开启优化的情况下将其生成为 IR 选择。

第二个案例（ch7_4_select2.c）没有使用三目运算符，Clang 在不开启优化的编译过程中，会生成两个 BB 块，通过跳转实现功能，只有在启用至少 O1 优化的情况下，才会生成为 IR 选择。

第三个案例（ch7_4_select_global_pic.c）引入了全局变量，测试在全局变量与选择混合的情况下，是否能正常处理代码。

这三个案例的编译命令均与之前相同。

4. 小结

再补充几个知识点。静态单赋值的表示形式，在面对多分支的控制流时，会遇到多赋值的问题。LLVM IR 处理这个问题的方式是引入 Phi 节点。Phi 节点是一种特殊的节点，它允许操作中通过判断控制流的流向来选择要赋予的值，从而避免多赋值问题。

这种操作只有在 Clang 启用优化的情况下才会生成，如果是 O0，即不开启优化，则 LLVM 会使用内存访问来解决问题，也就是将值写入同一个内存位置，再在需要赋值时从内存位置读出值，这样也能避免数据的多赋值问题。但也很显然，这种依赖于内存访问的方式会导致性能变差，所以只会在不开启优化的情况下生成这种代码。

测试路径下也有这样一个测试用例：ch7_5_phinode.c，可以通过 clang -O0 或 clang -O1 来编译生成 LLVM IR，查看代码并确认在 O1 优化下生成了 Phi 节点。

需要注意的是，因为目前还没有处理传参的问题，所以将 LLVM IR 编译成汇编代码的过程会出错：

```
Assertion failed: (InVals.size() == Ins.size() && "LowerFormalArguments didn't emit the
correct number of values!"), function LowerArguments, file
```

下一节开始处理和函数调用有关的功能。

10.8 函数调用

在 Cpu0 后端中增加了对子过程或函数调用的翻译功能，这会添加大量代码。本节会先介绍 MIPS 的栈帧结构，因为 Cpu0 会借鉴 MIPS 的栈帧设计，大多数 RISC 机器的栈帧设计也都是类似的。

▶▶ 10.8.1 栈帧结构

Cpu0 函数调用的第一件事是设计好如何使用栈帧，比如在调用函数时，如何保存参数。

如表 10.8 所示，保存函数参数有两种设计，第一种是将所有参数都保存在栈帧中，第二种是选出一部分寄存器，将部分参数先保存在这些寄存器中，如果参数过多，则将超出的那些再保存在栈帧中。比如在 MIPS 设计中，先将前 4 个参数分别保存在寄存器 $a0、$a1、$a2、$a3 中，再把其他多余的参数保存在栈帧中。

表 10.8 保存函数参数的两种设计

基址寄存器与偏移	保 存 内 容	当 前 栈 帧
	未定义的其他位置	高地址
旧 $sp…+15	输入参数保存（高位参数，共 4 个）	
旧 $sp: …+0	输入参数保存（低位参数）	前一个栈帧
	局部变量与临时变量	当前栈帧
	通用寄存器保存	
	浮点寄存器保存	
新 $sp…+15	其他位置	低地址

保存在寄存器中的参数与栈帧没有关系。

栈帧管理部分也需要在后端编写代码，但因为在 Cpu0ISelLowering.h（.cpp）文件中已经添加这些代码，主要实现了 EmitPrologue 和 EmitEpilogue 函数，所以不需要额外增加新的代码，案例就可以正常工作了。

可以尝试先运行 ch8_1.c 的测试用例，使用 -march=mips 来编译输出汇编代码。

在 main 函数中：

```
...
addiu $1, $zero, 6
sw $1, 20($sp)                      # 第六个参数存入栈偏移 20 位置
addiu $1, $zero, 5
sw $1, 16($sp)                      # 第五个参数存入栈偏移 16 位置
lw $25, %call16(sum_i)($gp)         # 获得 sum_i 地址
addiu $4, $zero, 1                  # 第一个参数存入 $4
addiu $5, $zero, 2                  # 第二个参数存入 $5
addiu $6, $zero, 3                  # 第三个参数存入 $6
jalr $25                            # 跳转到 sum_i
addiu $7, $zero, 4                  # 延迟一个周期, 第四个参数存入 $7
...
```

在 sum_i 函数中：

```
...
lui $2,%hi(_gp_disp)
addiu $2, $2,%lo(_gp_disp)
addu $1, $2, $25
lw $1, %got(gI)($1)                # 前几个指令, 获取全局变量 gI 的地址
sw $4, 16($fp)                     # 第一个参数存入栈
sw $5, 12($fp)                     # 第二个参数存入栈
sw $6, 8($fp)                      # 第三个参数存入栈
sw $7, 4($fp)                      # 第四个参数存入栈
lw $1, 0($1)                       # 全局变量 gI 的值存入 $1
...
```

▶▶ 10.8.2　传入参数

在开始之前，先使用 -march = cpu0 执行 ch8_1.c，检查报错信息：

```
Assertion failed: (InVals.size() == Ins.size() && "LowerFormalArguments didn't emit the
correct number of values!"), function LowerArguments, file .../SelectionDAGBuilder.cpp
```

目前，LowerFormalArguments 函数依然是空的，所以才会得到这个错误，在定义函数内容之前，要处理如何传入参数。

设置一个编译参数：-cpu0-s32-calls，默认值为 false，当为 false 时，Cpu0 将前两个参数放入寄存器传递，其他更多参数存入栈帧；当为 true 时，Cpu0 将所有参数存入栈帧。

1. 代码修改

（1）Cpu0ISelLowering.h（.cpp）

ISelLowering 类中实现了几个重要的函数，其中之一就是 LowerFormalArguments。回顾一下之前全局变量的实现代码，当时实现了 LowerGlobalAddress 函数，然后在.td 文件中实现了指令选择模板，当代码中存在对全局变量的访问时，LLVM 就会访问这个函数。LowerFormalArguments 也是同样的道理，会在函数调用时被访问。它从 CCInfo 对象中获取输入参数的信息，比如 ArgLocs.size 就是传入参数的数量，而每个参数的内容就放在 ArgLocs[i]中，当 VA.isRegLoc 为 true 时，表示参数放到寄存器中传

递，而 VA.isMemLoc 为 true 时，就表示参数放到栈上传递，在访问参数时，根据这个值，就可以根据实际情况进行处理加载参数的过程。它内部有一个 for 循环，用于依次处理每个参数的情况。

当访问寄存器时，它会先激活寄存器（Live-in），然后复制其中的值，当内存传递参数时，它会创建栈的偏移对象，然后使用 load 节点来加载值。

在编译参数 -cpu0-s32-calls＝false 时，它会选择将前两个参数从寄存器中读取，否则，所有参数都从栈中加载。

在加载参数前，会先调用 analyzeFormalArguments 函数，在内部使用 fixedArgFn 来返回函数指针 CC_Cpu0O32 或 CC_Cpu0S32，这两个函数指针分别处理两种不同的参数加载方式：前两个参数从寄存器中读取、全部参数都从栈上加载。ArgFlags.isByVal 用于处理结构体指针的关键信息，在遇到结构体指针时，会返回 true。

当 -cpu0-s32-calls＝false 时，栈帧偏移从 8 开始，这是为了应对前两个从寄存器中传递的参数有可能溢出的情况，当编译参数为 true 时，栈帧偏移就从 0 开始了。

传递结构体参数比较特殊，在函数结尾前，有一个和前面一样的 for 循环，再一次遍历所有的参数，并判断参数是否存在一个 SRet 标记，如果存在，就将对应参数的值复制到以一个 SRet 寄存器为基底的栈的偏移中，通过调用 getSRetReturnReg 获取 SRet 寄存器，通常为 $2。在下文要介绍的 LowerCall 中，如果它是一个结构体传值的返回值，且 Flags.isByVal 为 true，就会将结构体的值依次存入栈中。

对于参数全部放在栈帧上加载的情况，LowerFormalArguments 会被调用两次，第一次是在子函数被调用时，第二次是 main 函数被调用时。

还需要一些辅助函数，比如 loadRegFromStackSlot 函数，用来将参数从栈帧载入到寄存器中。

几个主要函数的实现还有一些细节，需要从代码中学习。

（2）Cpu0SEISelLowering.h（.cpp）

重写了一个函数 isEligibleForTailCallOptimization，用于尾调用优化。

2. 检验成果

编译测试用例 ch8_incoming.c，这个测试用例只有传参的代码，而没有函数调用的代码，可以编译出 Cpu0 后端的汇编代码。

通过为 llc 选择编译参数 -cpu0-s32-calls＝false/true 来编译两种不同的汇编代码，然后查看区别。

编译测试用例 ch8_1.c，会发现之前的错误改正了，然而取而代之的是另一个错误：

```
Assertion failed: ((CLI.IsTailCall || InVals.size() == CLI.Ins.size()) && "LowerCall
didn't emit the correct number of values!"), function LowerCallTo, fill .../SelectionDAG-
Builder.cpp
```

这个问题会在下文中解决。

3. 实参传入与函数返回

上文介绍了如何实现在被调用函数内部将参数传递到被调用函数中，实现了 LowerFormalArguments 函数；现在实现另一部分，即如何在函数调用时将实参传入栈，以及如何将函数执行结束后的返回值传递回调用函数，LowerCall 函数用来实现这个功能。

（1）Cpu0ISelLowering.h（.cpp）

这个文件中会新增大量的代码，核心函数就是 LowerCall，与 LowerFormalArguments 一样，为了避免函数过长，将一部分功能提取出来单独实现，让代码结构更清晰。

在 LowerCall 函数中，首先调用了 analyzeCallOperands 函数，分析调用操作的操作数，为之后分配地址空间做好准备。

然后会调用尾调用优化函数 isEligibleForTailCallOptimization，这里做这样的优化，可以避免尾递归情况下函数频繁开栈空间的问题。支持递归的栈式处理器程序通常都需要对尾调用做额外处理。

接着，插入 CALLSEQ_START 节点，标记进入调用的输出过程。

内部使用一个大循环，对所有参数遍历，将需要通过寄存器传递的参数推回（push_back）到 RegsToPass 中，调用 passByValArg 函数，生成存入寄存器的行为节点链，并对参数大小不满足调用约定的参数升级。对于通过栈传递的参数，将其加入到 MemOpChains 中，调用 passArgOnStack 函数，生成存入栈的行为节点链。

可以展开来看 passByValArg 函数和 passArgOnStack 函数的内部实现。

如果被调用函数是一个外部函数，且包括全局函数，则需要生成一个外部符号来加载它，这里需要创建一个 TargetGlobalAddress 或 TargetExternalSymbol 节点，从而避免在合法化阶段去操作它。其他部分的代码会将这里的节点转换成导入外部节点的指令并发射。

然后将所有调用节点参数（包括实参、返回值参数、链接参数等）使用 getOpndList 函数汇总以进行处理，在这个函数中，针对不同的参数类型和属性，分别创建不同的操作方式，比如对于需要通过寄存器传递的实参，在寄存器中创建一系列副本并操作。最后把所有操作都打包到算子中并返回。

如果操作方式是 PIC 重定位模式，则编译器会生成一个载入重定位的调用符号的地址和一条 jarl 指令；如果不是，则会生成 jsub 指令+符号地址。PIC 重定位模式会留给链接器之后再去重定位。

接着，生成一个跳转节点 Cpu0ISD∷JmpLink，跳转到被调用函数的符号地址，算子作为调用节点参数被引入。对于尾调用，需要额外生成 Cpu0ISD∷TailCall 节点。

插入 CALLSEQ_END 节点，标记结束调用动作。

然后调用 lowerCallResult 函数来处理调用结束返回时的动作，其中调用 analyzeCallResult 来分析返回调用结束的参数，并处理所有返回参数，还原调用存储寄存器。

需要提及的是，在 Cpu0CallConv.td 中定义的调用寄存器和被调用寄存器都会参与指导流程，通过调用 Cpu0CCInfo 对象来访问这些配置化的属性。

最后定义了一个统计参数 NumTailCalls，用来计数案例程序中尾调用的数量。

（2）Cpu0FrameLowering.h（.cpp）

这里实现了一个消除调用帧伪指令 .cpload 和 .cprestore 的函数 eliminateCallFramePseudoInstr，因为没有额外的事情要做，所以直接执行 MBB.erase(I)就可以了。

（3）Cpu0InstrInfo.td

在该文件中加了两条链接跳转指令 jalr 和 jsub，两者的差别是，前者将跳转地址保存到寄存器中，后者直接通过标签传递。

（4）Cpu0InstrInfo.cpp

将伪指令 ADJCALLSTACKDOWN、ADJCALLSTACKUP 注册到 Cpu0GenInstrInfo 对象中。

（5）Cpu0MCInstLowering.h（.cpp）

这里定义了编译器输出的调用符号类型，新增了 Cpu0MCExpr∷CEK_GOT_CALL；增加了外部符号 MO_ExternalSymbol 的计算方式，全局符号 MO_GlobalSymbol 的代码已经在之前内容中添加。

（6）Cpu0MachineFunctionInfo.h（.cpp）

新增了一些辅助函数和属性，它们都继承自 TargetMachineFunction，可在其他代码中调用这些函数与属性来辅助生成正确的代码。

（7）Cpu0SEFrameLowering.h（.cpp）

实现了一个函数 spillCalleeSavedRegisters，用来定义被调用者保存寄存器的溢出动作，内部实现比较简单，就是遍历所有被调用者保存寄存器并调用 storeRegToStackSlot 函数以将它们都存入栈。需要注意的是，如果 $lr 寄存器保存了返回地址，则不需要溢出。

（8）MCTargetDesc/Cpu0AsmBackend.cpp

新建了一个重定位类型 fixup_Cpu0_CALL16。

（9）MCTargetDesc/Cpu0ELFObjectWriter.cpp

新建了重定位类型的 Type，ELF∷R_CPU0_CALL16。

（10）MCTargetDesc/Cpu0FixupKinds.h

包含重定位类型的声明。

（11）MCTargetDesc/Cpu0MCCodeEmitter.cpp

修改了 getJumpTargetOpValue，对于 JSUB 指令，也会发射重定位信息。

4. 检验成果

（1）测试普通参数

编译上面未通过编译的测试用例 ch8_1.c，这次就可以完全编译通过了。编译参数 -cpu0-s32-calls 可设置为 true 和 false，前者会将所有参数通过栈来传递，后者会将前两个参数通过寄存器传递，而将其他参数通过栈传递。

```
build/bin/llc -march=cpu0 -mcpu=cpu032I -cpu0-s32-calls=true
-relocation-model=pic -filetype=asm ch8_1.c -o -
```

生成的部分汇编代码如下：

```
sum_i:
  ...
  addiu $sp, $sp, -8
  lui $2, %got_hi(gI)
  addu $2, $2, $gp
  ld $2, %got_lo(gI)($2)    #加载全局变量
  ld $2, 0($2)
  ld $3, 8($sp)             #第一个参数
  addu $2, $2, $3
  ...
```

```
        ld $3, 28($sp)          #最后一个参数
        addu $2, $2, $3
        st $2, 4($sp)
        ld $2, 4($sp)           #计算结果存入 $2
        addiu $sp, $sp, 8
        ret $lr                 #返回 main
    main:
        ...
        addiu $sp, $sp, -40
        st $lr, 36($sp)         #调用 main 的返回地址
        addiu $2, $zero, 0
        st $2, 32($sp)
        addiu $2, $zero, 6
        st $2, 20($sp)
        ...
        addiu $2, $zero, 1
        st $2, 0($sp)           #将这 6 个实参保存到栈中
        ld $6, %call16(sum_i)($gp)
        jalr $6                 #更新 $lr 并跳转到 $6 地址处
        nop
        st $2, 28($sp)          #从 $2 中取出 sum_i 的计算结果并存入 main 的栈
        ld $2, 28($sp)          #再次取出计算结果并存入 $2,因为 main 也会将计算结果直接返回
        ld $lr, 36($sp)
        addiu $sp, $sp, 40
        ...
```

使用 -cpu0-s32-calls=false 的结果是类似的。

第二个要测试的参数是 -relocation-model,对于 PIC 重定位模式和静态重定位模式,处理全局符号和外部符号的方式是不一样的。如果以静态重定位模式编译:

```
build/bin/llc -march=cpu0 -mcpu=cpu032I -cpu0-s32-calls=true
-relocation-model=static -filetype=asm ch8_1.c -o -
```

则得到的汇编代码是:

```
main:
    ...                     #省略了参数传递部分
    jsub sum_i              #函数调用的跳转
    nop
    ...
```

除使用 jsub 代替了 ld+jalr 以外,其他都是类似的。

(2)测试结构体参数

执行 ch8_struct.c,运行一个结构体来作为参数的测试用例,其中将结构体分别作为值和指针来传递。当作为值传递时,可以检查一下,在被调用函数中,是否生成了 SRet 寄存器和保存结构体内容的 st 动作,例如:

```
test_func_arg_struct:
    ...
```

```
    addiu $2, $sp, 88 # 在调用函数中先设定 SRet
    st $2, 0($sp)
    ld $2, %got(copyDateByVal)($gp)
    ori $6, $2, %lo(copyDateByVal)
    jalr $6
    nop
    ...
getDateByVal:
    ...
    ld $3, 0($sp)      # 加载 SRet 参数到 $3 中
    ld $4, 20($2)      # 加载其他传值结构内容
    st $4, 20($3)      # 保存到 $3 并作为栈底指定的地址
    ...                # 省略其他结构体项
    ret $lr
    nop
    ...
getDateByAddr:
    ...
    ld $2, 0($sp)
    ret $lr            # 传递指针的方式非常简单
    nop
```

（3）测试字符串初始化代码

可以测试字符串初始化代码，因为在一般情况下，LLVM 会为字符串初始化生成一个 memcpy 动作，在执行时需要配合 C 语言库中的 memcpy 完成初始化。不过 LLVM 为此提供了一项优化，可以在字符串比较短时，使用 ld+st 来替代调用一个 memcpy。

（4）测试浮点运算

在实现对浮点类型的支持时，因为 Cpu0 没有浮点运算单元，浮点类型及其运算必须通过调用软件函数库的方式来实现，实际上还没有实现函数调用，所以无法生成正确的代码。现在测试一下。

运行测试用例 ch6_4_float.c，会生成如下指令：

```
    jsub __adddf3    # double 类型加法
    jsub __fixdfsi   # double 类型转换为 int 类型
    jsub __addsf3    # float 类型加法
    jsub __fixsfsi   # float 类型转换为 int 类型
```

现在还没有支持函数库，所以这里没有办法进一步做链接。

（5）测试 builtin 函数

目前还没有测试 builtin 函数的支持情况，实际上设计了两条指令，分别计算前导 0 和前导 1 的数量，需要在 C 语言端调用 builtin 函数实现。

运行测试用例 ch6_7_clz.c，汇编代码中会生成：

```
    clz $2, $2
    clo $2, $2
```

看一下前导 0 计数的 C 语言代码，它先对变量取反，再调用 __builtin_clz 函数。

▶▶ 10.8.3 函数调用优化

本节涉及尾调用优化和循环展开递归调用。

1. 尾调用优化

在调用函数返回时，若调用一个被调用函数，则会因为被调用函数和调用函数可以共享一块栈帧空间，避免开辟新的栈帧，从而节省时间和空间成本，达到优化的目的。尤其是在递归调用中，尾调用优化可以在一定程度上避免栈溢出问题。

已经加入一些尾调用代码，这里再简单介绍一下。

在 lowerCall 函数中，检查是否可以进行尾调用优化。这个状态是 Clang 给出的，Clang 在前端就可以分析是否满足尾调用特征，并在开启优化的情况下生成尾调用的 IR。如果是尾调用优化，就不必再发射从 callseq_start 到 callseq_end 这段代码了，取而代之的是，在指令选择时，选择跳转到伪代码 TAILCALL，并在指令发射时展开成 JMP 指令。

新增代码到 Cpu0AsmPrinter.cpp 中，在 EmitInstruction 中的指令循环时，如果插入满足 emitPseudoExpansionLowering 函数中的条件，则进行调用，该函数由 TableGen 自动生成，在 Cpu0GenMCPseudoLowering.inc 文件中定义。

先介绍一下优化级别。

从少优化到多优化：O0→O1→O2→O3。-O0 表示没有优化，-O1 为默认值，-O3 表示的优化级别最高。

尾调用优化是 Clang 支持的一种优化，需要使能至少 O1 优化级别。

2. 循环展开递归调用

若递归调用层次太深，即使使用了尾调用优化，也依然需要频繁地访问栈。使用循环来替代递归，是一种不错的解决问题的方式，Clang 支持这种优化，会分析是否在尾调用满足循环替代递归的特性时做变换，不需要添加代码。

3. 检验成果

执行 ch8_tailcall.c 文件，该文件包含尾调用和递归函数的示例代码。

先使用 Clang 的 O1 优化级别进行编译：

```
build/bin/clang -target mips-unknown-linux-gnu -c ch8_tailcall.c -emit-llvm -S
-o ch8_tailcall.ll -O1
build/bin/llc -march=cpu0 -mcpu=cpu032I -relocation-model=static
-filetype=asm -enable-cpu0-tail-calls -stats ch8_tailcall.ll -o -
```

在触发尾调用优化后，会生成 jmp 指令来调用被调用函数。jmp 指令只会跳转，而不会生成 jsub 指令。在使用 jmp 指令跳转到被调用函数后，被调用函数采用循环展开方式来替代递归调用，并在递归结束后，直接返回到调用函数的 $lr，也就是直接返回到调用函数应该返回的地方。因为还设置了一个统计参数，所以还可以查看输出的统计数据，可以看到尾调用优化完成一次。

再使用 Clang 的 O3 优化级别进行编译：

```
build/bin/clang -target mips-unknown-linux-gnu -c ch8_tailcall.c -emit-llvm -S
-o ch8_tailcall.ll -O3
build/bin/llc -march=cpu0 -mcpu=cpu032I -relocation-model=static
-filetype=asm -enable-cpu0-tail-calls -stats ch8_tailcall.ll -o -
```

这里依然触发了一样的优化，但更激进，调用函数不再需要跳转到被调用函数的代码中，而是直接将被调用函数的逻辑搬到调用函数中直接循环执行。

4. 小结

到目前为止，Cpu0 后端代码已经可以处理整型的函数调用和控制条件。后端已经能够编译简单的 C 程序代码（实际上，在 C++ 代码中，非 C++ 特性的代码也一样能够支持，毕竟这是 Clang 前端在做的事情）。LLVM 对编译技术的优秀实践，使得它能够在此基础上，灵活、轻松地支持任何形式的机器架构。

10.9 ELF 文件支持

虽然 Cpu0 模拟器只需要输入十六进制格式的编码文件就可以执行，但下面依然会介绍如何生成 ELF 文件。ELF 文件是一种通用的可执行文件、目标文件和共享库与核心转储文件标准，最早是由 System V 应用二进制接口发布的，之后成为一种标准，并很快被类 UNIX 操作系统接受。几乎所有支持编译的后端平台都需要生成一种可执行文件格式来执行代码。现在主流的三种可执行文件分别是 Linux 系统及裸机系统支持的 ELF 文件、Windows 系统支持的 COFF 文件，以及 macOS 系统支持的 Mach-O 文件格式。可以让 Cpu0 后端生成 ELF 文件。

之前介绍了 Cpu0 后端生成各种指令编码的代码，所以有关于指令编码的行为，这是由.td 文件中的描述来确定的，LLVM 的公共部分已经支持生成指令编码的功能。但目前还没有定义生成 ELF 文件的头部、段组成、重定位信息等内容，下面主要实现这些内容。

可使用二进制解析工具来检查 ELF 文件，比如 objdump 和 readelf。需要注意的是，因为它们都是 GNU 工具集中的软件，且在 macOS 系统上没有默认安装它们，所以需要手动安装。并且，为了区分它们和 macOS 自身的工具，还需要简单地配置环境路径。

LLVM 中有类似于 objdump 的工具，默认生成名称为 llvm-objdump，其基本用法和 objdump 一致。

▶▶ 10.9.1 ELF 文件

对 ELF 文件的支持是 LLVM 默认实现的，不需要做更多的工作。

ELF 文件有两种视图，分别是目标文件视图和可执行文件视图。

ELF 文件开头的文件头部表用来描述文件基本信息，接下来会通过工具查看文件头部表信息。

objdump 的功能和 readelf 类似，用起来更实用；llvm-objdump 的用法与 objdump 类似。但下面以 readelf 为例，读取 ELF 文件内容。

首先编译生成一个目标文件：

```
build/bin/llc -march=cpu0 -relocation-model=pic -filetype=obj ch5.c -o ch5.o
```

使用 readelf，解析 ELF 文件头部表：

```
readelf -h ch5.o
```

除了通用的内容，比如参数、类型、版本等，其中标明机器类型的一项显示的是 <unknown>：0x3e7，因为 readelf 是通用工具，会记录主流机器的唯一编码，而 Cpu0 并不是一个主流机器，所以无法识别。之后代码生成的 llvm-objdump 才可以识别 Cpu0 的机器。

然后读取 ELF 文件的段头部表：

```
readelf -l ch5.o
```

输出的内容中没有段头部表，这是正常的，因为当前生成的是目标文件，它是给链接器用的，段头部表是链接器输出时在可执行文件中加入的内容。

然后看一下它的段头部表：

```
readelf -S ch5.o
```

在输出的内容中，可以看到各个段的基本信息，包括大小、基址、偏移等。因为段还没有经过链接，所以地址是 0。

其他参数可以通过 -h 参数来查看，比如 -t 用来输出段的详细信息，-r 用来输出重定位信息。

在输出的重定位信息中，可以看到_gp_disp 符号是需要重定位的，但在汇编代码中找不到这个符号，因为这个符号是在动态链接时，用来指定全局变量表的位置，由加载器决定地址，而在汇编代码中，实际上已经设计了 .cpload 伪指令，这条伪指令的展开代码中有 _gp_disp，所以重定位信息中才会出现这个符号。如果按照 -relocation-model=static 条件来生成目标文件，就不会出现这个符号了。

▶▶ 10.9.2 支持反汇编

若执行下列反汇编命令：

```
build/bin/llvm-objdump -d ch5.o
```

则会提示 Cpu0 机器没有反汇编器，因为还没有通过反汇编来实现它。

1. 文件修改

（1）CMakeLists.txt

因为需要新增反汇编代码文件，所以需要在构建文件中增加说明。反汇编指令的大多数编码信息都是从.td 文件中解析出来的，这里指定基于.td 文件生成一个.inc 文件 Cpu0GenDisassemblerTables.inc，这个文件会在 Cpu0Disassembler.cpp 中用到。

（2）LLVMBuild.txt

增加一些说明，其中要说明后端支持反汇编。

（3）Cpu0InstrInfo.td

可以对一些基本类添加反汇编函数的引用。这里添加了对 JumpFR 类的反汇编函数的引用。

2. 新增文件

新增了子目录 Disassembler 及其对应的文件。

（1）Disassembler/Cpu0Disassembler.cpp

在这个反汇编文件中，实现了.td 文件中所有反汇编函数引用的函数，即 DecoderMethod 关键字指定的函数，尤其是对应一些特殊操作数的反汇编，比如内存引用的反汇编，因为这种特殊操作数格式是自定义的 Td 类来定义的，所以也需要指定其反汇编方法。

（2）Disassembler/CMakeLists.txt 和 Disassembler/LLVMBuild.txt

Disassembler 目录下的 CMakeLists.txt 和 LLVMBuild.txt 文件也要一并添加。

以上就是所有要修改和添加的文件。因为 llvm-objdump 无法指定处理器类型，也就是无法指定当前的可执行文件是按 Cpu032I 还是 Cpu032II 来反汇编，所以需要指定默认值。在 Cpu0MCTargetDesc.cpp 中指定，当 CPU 型号为空时，按照 Cpu032II 来使用。因为 Cpu032II 的指令集能够覆盖 Cpu032I，所以能够解析所有编码。

3. 验证结果

最后测试一下。在编译源代码成功后，反汇编目标文件：

```
build/bin/llvm-objdump -d ch5.o
```

可以看到，反汇编信息正常输出了。反汇编信息并不是后端正常流程中必须要有的一个功能，但它依然非常重要，核心作用是辅助调试，会在 lldb 和 llvm-objdump 这类工具中用到。

LLVM 实现了大部分支持 ELF 文件格式输出的特性。下一节会介绍如何支持汇编器功能。

10.10 汇编

▶▶ 10.10.1 栈帧管理

保存在寄存器中的参数与栈帧没有关系。

栈帧管理部分也需要在后端编写代码，因为已经在后端添加这些代码，主要实现了 EmitPrologue 和 EmitEpilogue 函数，所以不需要增加新的代码，案例就可以正常工作。

可以尝试运行测试用例 ch8_1.c，使用 -march＝mips 来编译并输出汇编代码。

在 main 函数中：

```
...
addiu $1, $zero, 6
sw $1, 20($sp)                  # 第六个参数存入栈偏移 20 位置
addiu $1, $zero, 5
sw $1, 16($sp)                  # 第五个参数存入栈偏移 16 位置
lw $25, %call16(sum_i) ($gp)    # 获得 sum_i 地址
addiu $4, $zero, 1              # 第一个参数存入 $4
addiu $5, $zero, 2              # 第二个参数存入 $5
```

```
addiu $6, $zero, 3          # 第三个参数存入 $6
jalr $25                    # 跳转到 sum_i
addiu $7, $zero, 4          # 延迟一个周期,第四个参数存入 $7
...
```

在 sum_i 函数中:

```
...
lui $2,%hi(_gp_disp)
addiu $2, $2,%lo(_gp_disp)
addu $1, $2, $25
lw $1,%got(gI)($1)          # 前几个指令,获取全局变量 gI 的地址
sw $4, 16($fp)              # 第一个参数存入栈
sw $5, 12($fp)             # 第二个参数存入栈
sw $6, 8($fp)              # 第三个参数存入栈
sw $7, 4($fp)              # 第四个参数存入栈
lw $1, 0($1)              # 全局变量 gI 的值存入 $1
...
```

▶▶ 10.10.2 汇编器

可以将独立汇编器理解为依赖于 LLVM 后端提供的接口实现的一个独立软件,因为 LLVM 和 GCC 的实现逻辑不一样。

在 GCC 中,编译器和汇编器是两个独立的工具,也就是编译器只能生成汇编代码,而汇编器用来将汇编代码翻译为二进制目标代码。GCC 驱动软件将这些工具(还包括预处理器、链接器等)按顺序驱动,最终实现从 C 语言代码转换到二进制目标代码的功能。但是,这样的设计有一个缺点,即每个工具都需要先对输入文件做解析,然后在输出时写入文件,反复多次的磁盘读写会在一定程度上影响编译效率。

而在 LLVM 中,编译器后端本身就可以将中间代码(对应 GCC 中编译阶段的中间表示)翻译成二进制目标文件,而不需要先发射汇编代码到文件中,再重新解析汇编文件。通过配置命令行参数,可以将中间代码翻译成汇编代码,方便展示底层程序逻辑。

但目前已经实现的这些功能无法支持输入汇编代码、输出二进制目标文件。虽然通常情况下已经不再需要手动编写汇编代码,但在特殊情况下,比如引导程序、调试特殊功能、优化性能等,还需要编写汇编代码,所以汇编器依然很重要。

显然,之前已经把和指令相关的汇编表示都在 TableGen 中实现了,核心就是实现一个汇编器的解析器,并将其注册到 LLVM 后端框架中,使能汇编功能。并且,汇编器的核心功能在 LLVM 中也已经实现了,其原理就是一个语法制导的翻译,要做的只是重写其中部分和后端架构相关的接口。

还实现了一个额外的特性。仅当使用汇编器时,编译器占用的寄存器 $sw 就可以被释放出来以当作普通寄存器使用,所以需要重新定义 GPROut 寄存器类别,并将 Cpu0.td 拆分成两份,分别为 Cpu0Asm.td 和 Cpu0Other.td,前者会在调用汇编器时使用,而后者保持与之前一样的设计。

$sw 寄存器是编译器用来记录状态的,如果只编写汇编代码,那么程序员有义务维护这个寄存器中的值,以及该值什么时候有效,进而程序员就可以在认为这个寄存器中的值无效时,把它当作普通寄存器来使用。标量寄存器有很多,多这样一个寄存器的意义并不是很大,但这里依然这样做,其实

是想展示一下 TableGen 机制的灵活性。

在 Cpu0 的后端代码路径下，新建一个子目录 AsmParser，并在该目录下新建 Cpu0AsmParser.cpp 文件，用来实现绝大多数汇编功能。

1. 文件新增

（1）AsmParser/Cpu0AsmParser.cpp

该文件作为一个独立的功能模块，使能它的调试信息名称为 cpu0-asm-parser，并声明一些新的类：Cpu0AsmParser 作为核心类，用来处理所有汇编和解析的工作；Cpu0AssemblerOptions 类用来管理汇编器参数；Cpu0Operand 类用来解析指令操作数，因为指令操作数可能有各种不同的类型，所以将这部分单独实现。

在类声明代码之后，就是类中成员函数的实现代码。

Cpu0AsmParser 类继承了基类 MCTargetAsmParser，并重写了部分接口，而关于汇编和解析的详细逻辑，可以参考 AsmParser.cpp 中的实现。

这里介绍两个比较重要的重写函数：MatchAndEmitInstruction 和 ParseInstruction。

汇编器在进行匹配时，要先做解析，再对符合语法规范的指令做指令匹配，前者的关键函数是 ParseInstruction，后者的关键函数是 MatchAndEmitInstruction。

在 ParseInstruction 中，根据传入的词法记号，解析指令助记符并存入操作数容器中，然后在后续依次解析每个操作数，也存入运算对象中。对于不满足语法规范的输入，比如操作数之间缺少逗号等，直接报错并退出。在解析操作数时，调用了 ParseOperand 接口，它也是一个很重要的接口，专门用来解析操作数，也重写了这个接口以适应操作数类型，尤其是地址运算符。

ParseInstruction 会在执行完毕后返回到 AsmParser.cpp 的 parseStatement 方法中，并在做一些解析后，再被调用到 MatchAndEmitInstruction 方法中。

在 MatchAndEmitInstruction 函数中，传入操作数容器对象。首先调用 MatchInstructionImpl 函数，这个函数是 TableGen 参考指令.td 文件生成的 Cpu0GenAsmMatcher.inc 文件自动生成的。

如果匹配成功，则还需要额外的处理。如果额外处理是伪指令，需要汇编器展开，这种指令设计了几条，而且这种指令需要调用 expandInstruction 函数来展开，后者根据对应指令调用对应的展开函数，如果不是伪指令，就调用 EmitInstruction 接口来发射编码，这个接口与前面设计指令输出的接口是同一个，也就是说，经过汇编和解析之后的代码，就是复用的代码。

如果匹配失败，则做简单处理并返回，这里只会处理几种简单的情况。如果后端有一些 TableGen 不支持的指令形式，那么也可以在这里做额外的处理，不过还是依赖 TableGen 的匹配表为好。

在 ParseOperand 函数中，将前面解析出来的操作数容器对象传入。首先调用 MatchOperandParserImpl 函数来解析操作数，这个函数也是在 Cpu0GenAsmMatcher.inc 文件中定义好的。如果这个函数解析成功，就返回；否则继续完成一些自定义的解析动作，在一个 switch 分支中，根据词法标志的类型分别处理。其中，对于标志可能是一个寄存器的情况，调用 tryParseRegisterOperand 函数来处理，如果没有解析成功，则按照标识符处理；对于标识符、加减运算符和数字等标志，统一调用 parseExpression 来处理；对于百分号标志，因为这种表示可能是一个重定位信息，比如 %hi($r1)，所以调用 parseRelocOperand 函数来处理。

其他函数就不一一说明了，其中包括很多在解析操作数时，不同操作数下的特殊处理，还包括伪指令的展开动作、重定位操作数的格式解析、生成重定位表达式、寄存器的解析、立即数的解析，以及汇编宏指令的解析（比如 .macro、.cpload 导入类）。

在这些代码都实现后，需要调用 RegisterMCAsmParser 接口将汇编代码解析并注册到 LLVM 中，这个步骤会写入到 LLVMInitializeCpu0AsmParser 函数中。

（2）AsmParser/CMakeLists.txt

新增了子目录下的编译配置文件。

（3）AsmParser/LLVMBuild.txt

添加了 LLVM 构建编译配置。

（4）Cpu0RegisterInfoGPROutForAsm.td

在这个文件中定义的 GPROut 类别支持完整的 CPURegs。

（5）Cpu0RegisterInfoGPROutForOther.td

在这个文件中定义的 GPROut 类别不包含 $sw 寄存器。

（6）Cpu0Asm.td

它是由 Cpu0.td 拆分出来的文件，与 Cpu0Other.td 对应，其中包含了引用文件 Cpu0RegisterInfoGPR-OutForAsm.td。

（7）Cpu0Other.td

它是由 Cpu0.td 拆分出来的文件，与 Cpu0Asm.td 对应，其中包含了引用文件 Cpu0RegisterInfoGPR-OutForOther.td。

2. 文件修改

（1）CMakeLists.txt

添加子目录的配置。同时，还需要添加一个新的 TableGen 配置项，要求 TableGen 生成 Cpu0GenAsmMatcher.inc 文件，用来做汇编指令匹配。

（2）Cpu0.td

在该文件中删除了对 Target.td、Cpu0RegisterInfo.td 文件的引用，并且添加了汇编器解析在.td 文件中的定义，并注册到 Cpu0 的属性中。这些都是常规操作。

（3）Cpu0InstrFormats.td

增加了针对伪指令的描述性类，该类继承自 Cpu0Pseudo 类。

（4）Cpu0InstrInfo.td

增加了操作数类 Operand 中 ParserMatchClass 和 ParserMethod 属性的描述，只有这样，.td 文件中的操作数才会支持汇编解析。

定义了伪指令 LoadImm32Reg、LoadAddr32Reg 和 LoadAddr32Imm，这 3 个指令会在 Cpu0AsmParser.cpp 中分别实现对应的展开函数 expandLoadImm、expandLoadAddressReg 和 expandLoadAddressImm，这些函数会统一放到 expandInstruction 函数中管理，该函数会在 MatchAndEmitInstruction 函数中被调用。

（5）Cpu0RegisterInfo.td

将 GPROut 的定义分别移动到 Cpu0RegisterInfoGPROutForAsm.td 和 Cpu0RegisterInfoGPROutForOther.td 中。

3. 验证结果

这些验证函数的部分调用关系如下：

1）ParseInstruction() -> ParseOperand() -> MatchOperandParserImpl() -> tryCustomParseOperand() -> parseMemOperand() -> parseMemOffset(), tryParseRegisterOperand()

2）MatchAndEmitInstruction() -> MatchInstructionImpl(), needsExpansion(), expandInstruction()

3）parseMemOffset() -> parseRelocOperand() -> getVariantKind()

4）tryParseRegisterOperand() -> tryParseRegister() -> matchRegisterName() -> getReg(), matchRegisterByNumber()

5）expandInstruction() ->expandLoadImm(), expandLoadAddressImm(), expandLoadAddressReg() -> EmitInstruction()

6）ParseDirective() -> parseDirectiveSet() -> parseSetReorderDirective(), parseSetNoReorderDirective(), parseSetMacroDirective(), parseSetNoMacroDirective() -> reportParseError()

编译 LLVM 示例代码中的案例 ch10_1.s，它是一个汇编文件，LLVM 的独立汇编器软件名为 llvm-mc，mc 意指 MCInstr 表示格式，它是一种比机器指令格式更低层的中间表示，清除很多死代码信息，在汇编器中使用。

```
build/bin/llvm-mc -triple=cpu0 -filetype=obj ch10_1.s -o ch10_1.o
```

如果没有出错，就表示成功汇编了，可通过使用 llvm-objdump 工具反汇编代码的方式来查看结果。

```
build/bin/llvm-objdump -d ch10_1.o
```

▶▶ 10.10.3　内联汇编

当 C 语言程序需要直接访问特殊寄存器、指令或内存时，就需要内联汇编的支持。内联汇编允许直接在 C 语言程序中嵌入汇编代码，用来完成机器级别的操作。Clang 支持内联汇编，但因为汇编是后端中的概念，所以内联汇编自然也需要后端的配合和支持。

1. 简要说明

一个简单的内联汇编格式是：

```
__asm____volatile__ ("addu %0, %1, %2"
                    : "=r" (a)
                    : "r" (b), "r" (c));
```

第一行中的 __asm__ 是必须要有的，用来指明后面是内联汇编表达式；__volatile__ 用来告诉编译器，不要对这段代码做调整和优化，可以选择加上。小括号中的第一行内容是要添加的指令，可以在多行中加入多个这样的字符串，用来一次性添加多条指令，注意，指令字符串末尾不带分号。除了以%开头的操作数以外，其他内容都要与标准汇编格式一致，以% 开头的操作数作为占位符，会在内联汇编中用于与变量 c 或内存做绑定。这种占位符形式与下面变量的绑定是按照数字顺序依次对应的，比如本例中 %0 对应变量 a，%1 对应变量 b。除此之外，还有一种命名绑定法。第二个参数是对输出的定义，这里的输出，包括下面的输入和冲击列表，它们都用来修饰整个内联汇编块，如果有多条指令，那么这里也仅表示整个指令块的输出，而不是某一条指令的输出。第二个参数中的第一个字符串是操作数约束，用来描述这个操作数的类型，具体类型有很多，可以参考 GCC 标准内联汇编的格式，LLVM 采用兼容 GCC 标准内联汇编的策略，绝大多数约束保持一致；之后小括号中的内容是 C 语言代码中的变量名，表示要绑定的变量。

第三个参数是对输入的定义，与输出的定义表现方式一致。

其实还可能有第四个参数，用来表示特殊约束冲击。

第三个参数之后的内容可以选择性省略，但不能全部省略。

虽然内联汇编的格式复杂，但庆幸的是大部分解析工作都已经由 Clang 和 LLVM 完成，Clang 不需要做修改，凡是字符串中的内容，都会直接传给后端，而显然内联汇编的格式，也依照此策略方便地隔离了前、后端（字符串中的内容和后端相关，非字符串格式由前端处理）。

需要做的工作在后端，主要是自定义一些类型、操作方式和约束，如果后端很简单，那么甚至在这里不需要做任何工作，因为 LLVM 本身已经支持很多标准操作。

2. 修改文件

（1）Cpu0AsmPrinter.h（.cpp）

在.h 文件中重写了 PrintAsmOperand 函数，该函数用来指定内联汇编表达式的自定义输出样式，比如当修饰符是 z 时，表示这个值是一个非负立即数，希望在立即数为 0 时，不是输出 0，而是输出 $0，表示就在这里完成。如果没有匹配到，就会调用 LLVM 内建的 AsmPrinter∷PrintAsmOperand 函数来完成默认处理。如果没有指定约束类型，则会转到 printOperand 函数，输出可能的重定位形式的汇编代码。

在.cpp 文件中重写了 PrintAsmMemoryOperand 函数，与上面的函数同理，这个函数只负责处理内存操作的操作数。该函数还额外定义了自己的汇编格式中对内存访问的表示形式，如 10($2)。

（2）Cpu0ISelDAGToDAG.h（.cpp）

在.cpp 文件中重写了函数 SelectInlineAsmMemoryOperand，该函数用来约定内存操作数在指令选择时的动作，对于内存操作，因为其作用是重定位字符串，所以不需要在编译器中做处理，而应该直接将算子，也就是对应的节点保存下来并返回 false，并告诉 LLVM 不需要对其进行下译。

（3）Cpu0ISelLowering.h（.cpp）

在.h 文件中，除了特殊的地址操作数之外，就剩下寄存器和立即数操作数了，其中一般的立即数操作数会由 LLVM 自动地依据 Cpu0GenRegisterInfo.inc 中的信息做绑定，留下特殊的立即数操作数需要做处理。因为立即数编码是指令中的一部分，LLVM 公共环境可能并不知道支持哪些宽度的立即数，所以其代码需要手动添加。

在.cpp 文件中重写了几个函数，其中关键的一个是 LowerAsmOperandForConstraint，这个函数对所有可能的自定义的约束做处理，在处理完特殊情况之后，会转到 LLVM 公共环境的 TargetLowering∷LowerAsmOperandForConstraint 中；其他几个函数用来配合寄存器约束的解析，具体可以参考代码中的注释。

另外，内联汇编还支持将一个操作数约束成多个可能的类型，比如一个立即数，可以约束为几个具有不同有效编码范围的立即数类型。后端会使用 getSingleConstraintMatchWeight 函数来决定一个权重，并根据权重来选择最佳匹配的类型。

（4）Cpu0InstrInfo.cpp

在该文件中，增加了计算内联汇编指令长度的代码。

LLVM 中处理内联汇编的主要逻辑会在 TargetLowering.cpp 文件中实现，对于上面几个文件中重写的接口函数，都会调用，而且因为核心逻辑是标准的，所以只要不在内联汇编的代码语法上做调整，就不需要修改公共代码。对于寄存器类型多而导致寄存器约束多（比如可能会自定义多种向量寄存器，新建 v、t 等约束），以及立即数编码形式多、内存寻址方式多的情况，都可以在后端的上述几个函数中做调整。

3. 检验成果

运行 ch10_2.c 中的代码来检查 IR 文件，该文件中编写了几种简单的内联汇编的代码。

```
build/bin/clang -target mips-unknown-linux-gnu -c ch10_2.c -S -emit-llvm -o ch10_2.ll
```

LLVM IR 也有一种特殊的内联汇编表现样式：

```
%1 = call i32 asm side effect "addu $0, $1, $2", "=r,r,r,~{$1}"(i32 %0, i32 %1) #1, !sr-
cloc !2
```

它将 asm 作为一个特殊的操作节点，这个节点在后端会被当作内联汇编的块来做下译。

编译后端节点为汇编代码：

```
build/bin/llc -march=cpu0 -mcpu=cpu032I -relocation-model=pic -filetype=asm
ch10_2.ll -o -
```

在检查汇编文件中，#APP 和 #NO_APP 之间的代码就是内联汇编代码。内联汇编默认的标识是 #APP，这个符号也可以修改。

10.11 使用仿真器验证编译器

可以使用仿真器来验证开发的编译器。仿真器只是辅助工具，实现了 Cpu0 的指令功能，从而可以将十六进制格式的代码文件在其上运行，并能在终端中输出运行结果。

▶▶ 10.11.1 运行仿真器

1. 编译仿真器

仿真器使用 Verilog 语言实现，借用了原始代码，代码文件是 cpu0.v，需要使用 Verilog 编译器将其编译成可执行文件。

在 macOS 上，安装 Verilog 软件，它可以用来编译 Verilog 代码：

```
brew install icarus-verilog
```

安装后，编译的命令是：

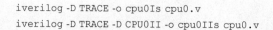

```
iverilog -D TRACE -o cpu0Is cpu0.v
iverilog -D TRACE -D CPU0II -o cpu0IIs cpu0.v
```

通过传参，编译出两种不同字节序的机器文件。-D TRACE 可以定义一个 Verilog 中的宏变量，用来表示需要追踪运行时寄存器和内存的值。

运行代码时不能只提供 main 函数，还需要提供一些启动引导代码和辅助函数，比如输出函数。

在本示例代码中，将编译命令写在了 Makefile 中，可以直接在根目录下执行 make 来完成构建。

2. 启动引导文件

因为没有链接器参与，需要手动将各段代码按照正常的方式排布，所以会看到利用 #include 导入一个 .c 文件和一个汇编文件的情况。包括子函数在内，如果需要多个文件的 C 代码，那么也需要手动将这些文件编排到一起，并要保证声明顺序，同时还要注意跳转距离（不要写太复杂的程序就没事）。之后可以编写一个链接器，让上述过程更加自然。

对于编译器，以下几段代码都保存在一个完整的程序块中。

（1）start.h

该文件会在程序最开头插入一段汇编代码，用来初始化一些寄存器，比如 $sw、$fp 和通用寄存器。

（2）boot.c

在 start.h 文件中的代码之后，需要添加启动引导代码，代码逻辑就是：

第一，设置中断和异常的钩子符号，比如复位、错误、外部中断，因为目前没有这些需求，所以这里就定位到自身，做死循环，如果之后有需求，则会再调整。

第二，调整 $gp 和 $lr 寄存器。

第三，调整栈指针寄存器 $sp。

第四，设置一些系统寄存器，比如 $mfc0。

第五，跳转到 main 入口，假设该入口就是紧随其后的代码，也可以跳转到 main 函数。

（3）print.h（.c）

编写输出到终端的函数，其思路就是将字符串写入到一段内存中，内存起始地址是 OUT_MEM，初始化为 0x80000，仿真的实现代码中会将这个地址当作与终端交互的 IO。

（4）run.c

该文件中包含驱动程序。可以将运行的代码都当作子函数，使用这个地方的 main 代码作为入口来调用。在示例代码中，首先调用子函数，然后输出结果。

3. 编写构建 .hex 文件的脚本

编写了一个构建脚本，自动化地调用各种构建工具，主要步骤为：

1）使用 Clang 生成 IR 文件。

2）使用 LLC 生成目标文件。

3）使用 llvm-objdump 截取目标文件，提取 .text 段，并使用 awk 工具格式化输出。

4）使用 Less 工具调整 .text 段的文本，只截取可执行的内容。

最后就能得到可以执行的十六进制文件。执行命令如下所示：

```
bash build.sh cpu032I be
bash build.sh cpu032II be
bash build.sh cpu032I le
bash build.sh cpu032II le
```

4. 执行仿真器

在调用仿真器时，需要把生成的十六进制文件命名为 cpu0.hex，并放到和仿真器同一路径下。通过上文编写的脚本，已经默认生成 cpu0.hex 文件。

在终端选择下列二者之一执行：

```
./cpu0IIs
./cpu0Is
```

仿真器首先会输出执行的每一步的信息，然后会输出完全的 CPU 循环，可以大致评价编译器和处理器的性能，但这里只能看到 CPU 的循环，而无法查看 IO 的循环。从理论上来说，cpu0IIs 会比 cpu0Is 获得更好的执行性能，这体现了不同硬件的性能差异（主要是 slt、beq 等指令的性能提升）。

仿真器会先将代码加载到内存中，再从 0 地址开始执行每一条指令。这个仿真器不支持流水线并行，如果能支持，那么性能应该会翻几倍。因为设计处理器是一件很复杂的事情，这里只是简单地测试编译器的运行正确性，所以就不再展开去设计更完备的处理器了。

▶▶ 10.11.2　小结

本节参考了 *Tutorial :Creating an LLVM Backend for the Cpu0 Architecture*。

本章将 C++ 的几乎所有特性都剥离了，这是为了简化内容，目前依然没有补充 C++ 功能特性的想法，如果将来补充，则可能只是支持重载、多态和类等概念。

在使用仿真器测试程序时，有些是无法编译通过的，表现为出现无限循环。因为时间不足，作者没有一一检查问题所在，但必须承认，这里是存在问题的。编译器是一个非常复杂的系统，虽然借助 LLVM 这种优秀的软件框架，已经可以完成很多复杂的任务，但如果想设计一个像商用编译器那样鲁棒性极强，又兼顾扩展性和灵活性的软件系统，则是非常困难的。

一种有效的学习方法就是亲自动手设计一个编译器，并解决实际遇到的问题，以便探索各种对自己有用的调试开发方法，然后可追根溯源，阅读 LLVM 公开的源代码，了解他人的设计思路，最后可以阅读官方文档说明。当然，对于初学者，可以适当看一些中文资料，也是有帮助的。

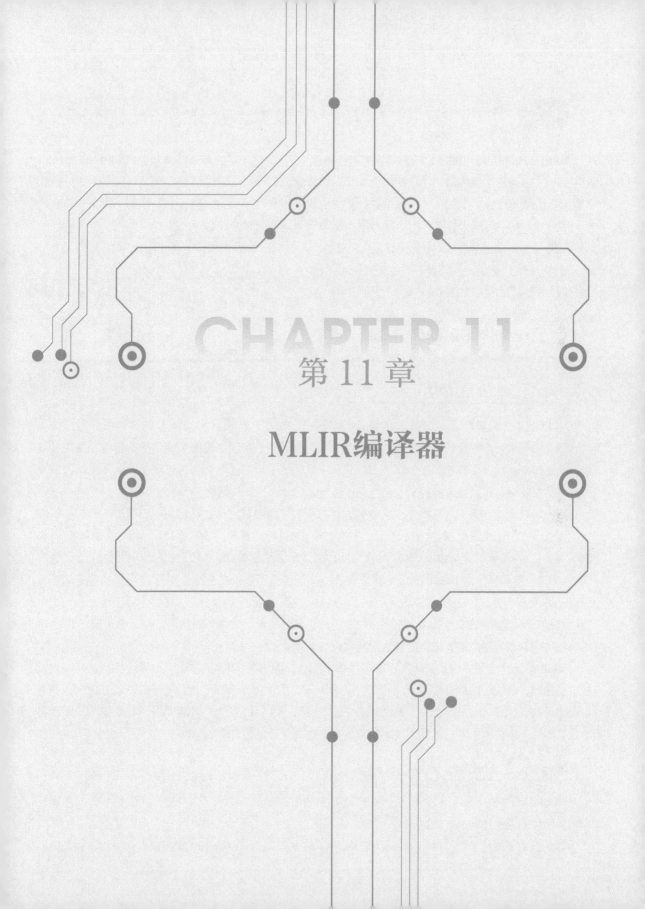

CHAPTER 11

第 11 章

MLIR编译器

11.1　MLIR 语言参考

MLIR（Multi-Level IR）是一种编译器中间表示，与传统的三地址 SSA 表示（如 LLVM IR 或 SIL）相似，但它引入了多面体循环优化的概念作为一级概念。这种混合设计经过优化，可以表示、分析和转换高级数据流图，以及为高性能数据并行系统生成的特定目标代码。除了它的典型功能之外，它的单一连续设计提供了一个框架，可以从数据流图降低到高性能的特定目标代码。

本节定义并描述了 MLIR 中的关键概念、基本原理文档、术语表和其他存储调度内容。

MLIR 被设计为以下列三种不同的形式使用：

1）适合调试的人类可读文本形式。

2）适合编程转换和分析的内存形式。

3）适合存储和传输的紧凑序列化形式。

不同的形式都描述了相同的语义内容。本节描述了人类可读文本形式。

▶ 11.1.1　高层结构

MLIR 根本上是基于节点（称为运算，又称算子、操作）和边（称为值）的类似图形的数据结构。每个值都是一个操作或块参数的结果，并且具有由类型系统定义的值类型。操作包含在块中，块包含在区域中。操作在其包含块中排序，块在其包含区域中排序，尽管这种排序在给定类型的区域中可能有语义意义，也可能没有语义意义。操作还可以包含区域，从而能够表示层次结构。

操作可以表示许多不同的概念，从更高级别的概念（如函数定义、函数调用、缓冲区分配、缓冲区视图或切片，以及进程创建）到更低级别的概念（如目标无关算术、特定目标指令、配置寄存器和逻辑门）。这些不同的概念由 MLIR 中的不同操作来表示，并且 MLIR 中可用的操作集可以任意扩展。

MLIR 还使用编译器 Pass 概念，为操作转换提供了一个可扩展的框架。对任意一组操作启用任意一组 Pass 会带来重大的扩展挑战，因为每次转换都可能考虑到任何操作的语义。MLIR 通过允许使用特征和接口抽象地描述操作语义来避免这种复杂性，从而使转换能够更易操作。特征通常描述有效 IR 上的验证约束，使复杂的不变量能够被捕获和检查。

MLIR 的一个典型应用是表示基于 SSA 的 IR，如 LLVM 核心 IR，通过适当的操作类型选择来定义模块、函数、分支、内存分配和验证约束，以确保 SSA 的 Pass 支配性。MLIR 包括一组方言，这些方言定义了这样的 SSA 结构。然而，MLIR 旨在足够通用，以表示其他类似编译器的数据结构，如语言前端中的抽象语法树、特定目标后端中生成的指令和高级合成工具中的电路。

▶ 11.1.2　MLIR 符号

MLIR 有一个简单且明确的语法，允许文本格式传输通畅。这对编译器的开发很重要，如理解正在转换的代码的状态和编写测试用例。

本节描述了使用扩展巴科斯-瑙尔范式（Extended Backus-Naur Form，EBNF）的语法。下面是本节使用的 EBNF 语法。

```
alternation   ::=expr0 |expr1 |expr2   // expr0、expr1 或 expr2
sequence      ::=expr0 expr1 expr2      // expr0、expr1 和 expr2 序列
repetition0 ::=expr *   // 出现 0 更多次
repetition1 ::=expr+   // 出现 1 更多次
optionality  :: = expr?   // 出现 0 或 1 次
grouping     :: = (expr) // parens 内部的所有内容都分组在一起
literal      :: = `abcd` // 匹配 `abcd`.
```

代码示例如下所示：

```
// 这是一个使用上述语法的示例：
// 这与以下内容相匹配：ba,bana, boma, banana, banoma, bomana...
example :: = `b` (`an` | `om`) * `a`
```

1. 常用语法

本节使用了以下核心语法声明：

```
// TODO: 澄清词法分析(标记)和语法分析(语法)之间的区别
digit          :: = [0-9]
hex_digit      :: = [0-9a-fA-F]
letter         :: = [a-zA-Z]
id-punct       :: = [ $._-]

integer-literal :: = decimal-literal |hexadecimal-literal
decimal-literal :: = digit+
hexadecimal-literal :: = `0x` hex_digit+
float-literal :: = [-+]? [0-9]+[.][0-9] * ([eE][-+]? [0-9]+)?
string-literal  :: = `"` [^"\n\f\v\r] * `"`  TODO: define escaping rules
```

虽然此处未列出，但 MLIR 支持注释。注释使用标准的 BCPL 语法，从 "//" 开始，一直到该行的末尾。

2. 顶层声明

```
// 顶层声明
toplevel := (operation |attribute-alias-def |type-alias-def) *
```

toplevel 是通过使用 MLIR 语法的任何解析方式来解析的顶层声明。操作、属性别名和类型别名都可以在顶层声明。

3. 标识符和关键字

先来看下列语法。

```
// 标识符
bare-id ::= (letter|[_]) (letter |digit |[_$.]) *
bare-id-list ::= bare-id (`,` bare-id) *
value-id ::= `%` suffix-id
alias-name :: = bare-id
suffix-id ::= (digit+ |((letter |id-punct) (letter |id-punct |digit) * ))
```

```
symbol-ref-id ::= `@` (suffix-id | string-literal) (`::` symbol-ref-id)?
value-id-list ::= value-id (`,` value-id)*

// 值的使用,如运算列表中的值
value-use ::= value-id
value-use-list ::= value-use (`,` value-use)*
```

标识符命名实体,如值、类型和函数,并由 MLIR 代码的编写者选择。标识符可以是描述性的(如%batch_size、@matmul),也可以在自动生成时是非描述性的(如%23、@func42)。值的标识符名称可以在 MLIR 文本文件中使用,但不会作为 IR 的一部分保留。输出端会为它们提供匿名名称,如%42。

MLIR 通过在标识符前面加一个符号标记(如%、#、@、^、!)来保证标识符永远不会与关键字冲突。在某些明确的上下文(如仿射表达式)中,为了简洁起见,标识符没有前缀。新的关键字可能会被添加到 MLIR 的未来版本中,这样就不会产生与现有标识符冲突的危险。

值标识符只作用在定义它们的(嵌套)区域范围内,不能在该作用域之外被访问或引用。映射函数中的参数标识符在映射主体的作用域中。特定的操作可能会进一步限制哪些标识符在其作用域范围内。例如,具有 SSA 控制流语义的作用域中的值的范围是根据 SSA 优异的标准定义来约束的。另一个示例是 IsolatedFromAbove 特性,它限制直接访问包含区域中定义的值。

函数标识符与映射标识符相关联,并且具有依赖于符号属性的作用域规则。

4. 方言

方言是一种参与和扩展 MLIR 生态系统的机制。方言允许定义新的操作,以及属性和类型。每个方言都有一个唯一的命名空间(namespace),命名空间以每个定义的属性、操作或类型为前缀。例如,仿射方言定义了命名空间:affine。

MLIR 允许多种方言,甚至主树之外的方言,在一个模块内共存。方言是由某些 Pass 产生和使用的。MLIR 提供了一个在不同方言之间和内部转换的框架。

MLIR 支持的几种方言:

1）Affine dialect

2）Func dialect

3）GPU dialect

4）LLVM dialect

5）SPIR-V dialect

6）Vector dialect

方言提供了一种模块化的方式,通过这种方式,目标程序可以直接向 MLIR 传递特定于目标的运算。例如,一些目标通过的 LLVM。LLVM 具有一组丰富的内部函数,用于某些与目标无关的运算(例如,带溢出检查的加法),并为其支持的目标提供对目标特定算子的访问(例如,向量置换运算)。MLIR 中的 LLVM 内部函数通过以 "llvm" 前缀开头的算子来表示。

示例:

```
// LLVM: %x = call {i16, i1} @llvm.sadd.with.overflow.i16(i16 %a, i16 %b)
%x:2 = "llvm.sadd.with.overflow.i16"(%a, %b) : (i16, i16) -> (i16, i1)
```

这些操作仅在将 LLVM 作为后端（如 CPU 和 GPU）时有效，并且需要与这些内部函数的 LLVM 定义保持一致。

5. 操作执行

语法：

```
operation                ::= op-result-list? (generic-operation | custom-operation)
                             trailing-location?
generic-operation        ::= string-literal `(` value-use-list? `)`  successor-list?
                             region-list? dictionary-attribute? `:` function-type
custom-operation         ::= bare-id custom-operation-format
op-result-list           ::= op-result (`,` op-result) * `=`
op-result                ::= value-id (`:` integer-literal)
successor-list           ::= `[` successor (`,` successor) * `]`
successor                ::= caret-id (`:` block-arg-list)?
region-list              ::= `(` region (`,` region) * `)`
dictionary-attribute     ::= `{` (attribute-entry (`,` attribute-entry) *)? `}`
trailing-location        ::= (`loc` `(` location `)`)?
```

MLIR 引入了一个称为算子的统一概念，从而能够描述许多不同级别的抽象和计算。MLIR 中的运算是完全可扩展的（没有固定的操作列表），并且具有特定于应用程序的语义。例如，MLIR 支持独立于目标的运算、仿射运算和特定于目标的机器算子。算子的内部表示很简单：一个算子由一个唯一的字符串（如 dim、tf.Conv2d、x86.repmovsb、ppc.eieio 等）标识，可以返回零个或多个结果，接受零个或更多操作数，具有属性字典、零个或更多后继项，以及零个或更少封闭区域。从字面上来看，通用打印表单包括所有这些元素，并带有一个函数类型来指示结果和操作数的类型。

现在来看一个示例：

```
// 一种产生两个结果的运算
// The results of %result can be accessed via the <name> `#` <opNo> syntax.
%result:2 = "foo_div"() : () -> (f32, i32)

// 漂亮的表单,为每个结果定义一个唯一的名称
%foo, %bar = "foo_div"() : () -> (f32, i32)

// 调用一个称为 tf.scramble 的 TensorFlow 函数,该函数有两个输入和
// 一个存储在属性中的"fruit"属性
%2 = "tf.scramble"(%result#0, %bar) <{fruit = "banana"}> : (f32, i32) -> f32

// 调用具有一些可丢弃属性的操作
%foo, %bar = "foo_div"() {some_attr = "value", other_attr = 42 : i64} : () -> (f32, i32)
```

除了上面的基本语法之外，方言还可以注册已知的操作。这允许这些方言支持用于解析和输出操作的自定义汇编形式。在下面列出的操作集中，显示了这两种形式。

▶▶ 11.1.3　MLIR 作用域

1. 解析定义

区域是 MLIR 块的有序列表。区域内的语义不是由 IR 强加的。相反，包含算子定义了它所包含的区域的语义。MLIR 目前定义了两种区域：SSACFG 区域和 Graph 区域，SSACFG 区域描述块之间的控制流，Graph 区域不需要块间的控制流。算子中的区域类型是使用 RegionKindInterface 描述的。

区域没有名称或地址，只有区域中包含的块才有。区域必须包含在算子中，并且没有类型或属性。该区域中的第一个块是一个称为入口块的特殊块。入口块的参数也是区域本身的参数。入口块不能被列为任何其他块的后续块。区域的语法如下：

```
region          ::= `{` entry-block? block * `}`
entry-block     ::= operation+
```

函数体是区域的一个示例：它由块的 CFG 组成，并具有其他类型的区域可能没有的额外语义限制。例如，在函数体中，块终止符必须分支到不同的块，或者从函数返回，其中返回参数的类型必须与函数签名的结果类型匹配。同样，函数参数必须与区域参数的类型和计数相匹配。通常，具有区域的算子可以任意定义这些对应关系。

入口块是一个没有标签和参数的块，可能出现在区域的开头。它启用了一种使用区域来打开新作用域的通用模式。

2. 数值范围界定

区域提供程序的分层封装：不可能引用（即分支到）与引用源不在同一区域的块，即终止符运算。类似地，区域为值可见性提供了一个自然的范围：在区域中定义的值不会逃逸到封闭区域（如果有的话）。默认情况下，只要封闭运算的操作数引用这些值是合法的，区域内的算子就可以引用区域外定义的值，但这可以使用特征来限制，如 OpTrait∷IsolatedFromAbove 或自定义验证器。

示例如下所示：

```
"any_op"(%a) ({ // if %a is in-scope in the containing region...
    // then %a is in-scope here too.
    %new_value = "another_op"(%a) : (i64) -> (i64)
}) : (i64) -> (i64)
```

MLIR 定义了一个通用的"层次优势"概念，该概念在层次结构中使用，并定义值是否在范围内，并且可以由特定算子使用。一个值是否可以由同一区域中的另一个算子使用，由区域的类型定义，当且仅当父级可以使用该值时，在区域中定义的值，可以由在同一区域中具有父级的运算使用。由一个区域的参数定义的值，总是可以由该区域中包含的任何运算使用。在区域中定义的值永远不能在区域之外使用。

▶▶ 11.1.4　控制流和 SSACFG 作用域

在 MLIR 中，区域的控制流语义由 RegionKind∷SSACFG 表示。非正式地说，这些区域支持区域中的算子按顺序执行的语义。在执行运算之前，其操作数具有定义明确的值。在执行运算后，操作数具有相同的值，结果也具有定义明确的值。在一个运算执行之后，块中的下一个运算将执行，直到该运算是块末尾的终止符运算，在这种情况下，将执行其他一些运算。下一条要执行的指令确定是控制流的传递。

通常，当控制流被传递到算子时，MLIR 不限制控制流何时进入或离开该运算中包含的区域。然而，当控制流进入一个区域时，它总是从该区域的第一个块开始，称为进入块。结束每个块的终止运算通过显式指定块的后续块来表示控制流。在分支运算中，控制流只能传递到指定的后续块之一，或在返回运算中返回到包含算子。没有后续运算的终止运算只能将控制权传递回包含的算子。在这些限制范围内，终止符运算的特定语义由所涉及的特定方言运算决定。未被列为终止符运算的后续块的块（入口块除外）被定义为不可访问，并且可以在不影响包含算子的语义的情况下删除。

尽管控制流总是通过入口块进入区域，但控制流可以通过具有适当终止符的任何块离开区域。标准方言利用这一功能来定义具有单输入多输出（SEME）区域的运算，可能流经该区域中的不同块，并通过返回运算退出任何块。这种行为类似于大多数编程语言中的函数体。此外，当函数调用没有返回时，控制流也可能无法到达块或区域的末尾。

示例如下所示：

```
func.func @accelerator_compute(i64, i1) -> i64 { // An SSACFG region
  ^bb0(%a: i64, %cond: i1): // Code dominated by ^bb0 may refer to %a
    cf.cond_br %cond, ^bb1, ^bb2

  ^bb1:
    // This def for %value does not dominate ^bb2
    %value = "op.convert"(%a) : (i64) -> i64
    cf.br ^bb3(%a: i64)     // Branch passes %a as the argument

  ^bb2:
    accelerator.launch() { // An SSACFG region
      ^bb0:
        // Region of code nested under "accelerator.launch", it can reference %a but
        // not %value.
        %new_value = "accelerator.do_something"(%a) : (i64) -> ()
    }
    // %new_value cannot be referenced outside of the region

  ^bb3:
    ...
}
```

1. 多个区域的运算

包含多个区域的运算也完全决定了这些区域的语义。特别地，当控制流被传递到算子时，算子可以将控制流传递到任何包含的区域。当控制流离开一个区域并返回到包含运算时，包含运算可以将控制流传递到同一运算中的任何区域。运算还可以将控制流同时传递到多个包含的区域，以及将控制流传递到在其他运算中指定的区域，特别是那些定义了给定运算在调用算子中使用的值或符号的区域。

这种控制通常独立于控制流通过容纳区域的基本块。

2. 创建闭包

区域允许定义一个创建闭包的运算，如将区域的主体装箱为它们产生的值。区域仍然由运算来定义其语义。注意，如果算子触发了区域的异步执行，则算子调用方负责等待区域的执行，以确保任何直接使用的值保持有效。

3. 图形区域

在 MLIR 中，区域中的类图语义由 RegionKind∷Graph 表示。图区域适用于没有控制流的并发语义，或用于建模的通用的有向图数据结构。图区域适用于表示耦合值之间的循环关系，其中这些关系没有基本顺序。例如，图区域中的运算可以用表示数据流的值来表示独立的控制线程。在 MLIR 中，区域的特定语义完全由其包含运算决定。图形区域只能包含一个基本块（入口块）。

4. 基本原理

目前，图形区域被任意地限制为单个基本块，尽管这种限制没有特定的语义原因。添加此限制是为了更容易稳定 Pass 基础设施和处理图区域的常用 Pass，以正确处理反馈循环。如果出现需要多块区域的案例，那么将来可能会允许多块区域。

在图区域中，MLIR 运算自然地表示节点，而每个 MLIR 值表示连接单个源节点和多个目标节点的多边缘。作为运算结果在区域中定义的所有值都在区域的范围内，并且可以由区域中的其他任何算子访问。在图区域中，块内的算子顺序和区域中的块顺序在语义上都没有意义，非终止符运算可以自由地重新排序，如通过规范化方式。其他类型的图，如具有多个源节点和多个目的节点的图，也可以通过将图边表示为 MLIR 算子来表示。注意，循环可以发生在图形区域的单个块内，也可以发生在基本块之间。

```
"test.graph_region"() ({ // 图形区域
    %1 = "op1"(%1, %3) : (i32, i32) -> (i32)   // OK: %1, %3 allowed here
    %2 = "test.ssacfg_region"() ({
        %5 = "op2"(%1, %2, %3, %4) : (i32, i32, i32, i32) -> (i32)
        // OK: %1, %2, %3, %4 all defined in the containing region
    }) : () -> (i32)
    %3 = "op2"(%1, %4) : (i32, i32) -> (i32)   // OK: %4 allowed here
    %4 = "op3"(%1) : (i32) -> (i32)
}) : () -> ()
```

5. 参数和结果

区域的第一个块的参数被视为该区域的参数。这些参数的来源是由父操作的语义定义的。它们可能与运算本身使用的一些值相对应。区域生成一个值列表（可能为空）。算子语义定义了区域结果和运算结果之间的关系。

▶▶ 11.1.5　类型系统

MLIR 中的每个值都有一个由类型系统定义的类型。MLIR 有一个开放的类型系统（即没有固定的类型列表），并且类型可能具有特定于应用程序的语义。MLIR 方言可以定义任意数量的类型，对它们所代表的抽象内容没有任何限制。

```
type ::= type-alias | dialect-type | builtin-type

type-list-no-parens ::=  type (`,` type) *
type-list-parens ::= `(` `)`
                   | `(` type-list-no-parens `)`

// 这是引用具有指定类型的值的常用方法
ssa-use-and-type ::= ssa-use `:` type
ssa-use ::= value-use

// 名称和类型的非空列表
ssa-use-and-type-list ::= ssa-use-and-type (`,` ssa-use-and-type) *

function-type ::= (type | type-list-parens) `->` (type | type-list-parens)
```

MLIR 支持为类型定义别名。类型别名是一个标识符，可以用来代替它定义的类型。这些别名必须在使用之前进行定义。别名不能包含 "."，因为这些名称是为方言类型保留的。

```
type-alias-def ::= '!' alias-name '=' type
type-alias ::= '!' alias-name
```

示例：

```
! avx_m128 = vector<4 x f32>

// 使用原始类型
"foo"(%x) : vector<4 x f32> -> ()

// 使用类型别名
"foo"(%x) : ! avx_m128 -> ()
```

▶▶ 11.1.6 方言类型

与运算类似，方言可以定义类型系统的自定义扩展。

```
dialect-namespace ::= bare-id

dialect-type ::= '!' (opaque-dialect-type | pretty-dialect-type)
opaque-dialect-type ::= dialect-namespace dialect-type-body
pretty-dialect-type ::= dialect-namespace '.' pretty-dialect-type-lead-ident
                                       dialect-type-body?
pretty-dialect-type-lead-ident ::= '[A-Za-z][A-Za-z0-9._]*'

dialect-type-body ::= '<' dialect-type-contents+ '>'
dialect-type-contents ::= dialect-type-body
                        | '(' dialect-type-contents+ ')'
```

```
|'[' dialect-type-contents+']'
|'{' dialect-type-contents+'}'
|'[^\[<({\]>)}\0]+'
```

方言类型通常以不透明的形式指定，其中类型的内容是在用方言命名空间和<>包裹的主体中定义的。考虑以下示例：

```
// 一个 tensorflow 字符串类型
!tf<string>

// 一个具有复杂组件的类型
!foo<something<abcd>>

// 一个更复杂的类型
!foo<"a123^^^" + bar>
```

足够简单的方言类型可能使用更漂亮的格式，将部分语法展开为等效但权重（字符串与组件类型）较轻的形式：

```
// 一个 tensorflow 字符串类型
!tf.string

// 一个具有复杂组件的类型
!foo.something<abcd>
```

1. 内置类型

内置方言定义了一组类型，MLIR 中的其他任何方言都可以直接使用这些类型。这些类型涵盖了一系列基本整数和浮点类型、函数类型等。

2. 属性

现在来看下面的语法：

```
attribute-entry ::= (bare-id | string-literal) `=` attribute-value
attribute-value ::= attribute-alias | dialect-attribute | builtin-attribute
```

属性是一种在从不允许使用变量的地方指定操作的常量数据的机制，如 cmpi 操作的比较谓词。每个操作都有一个属性字典，它将一组属性名称与属性值相关联。MLIR 的内置方言提供了一组丰富的内置属性值（如数组、字典、字符串等）。此外，方言可以定义自己的方言属性值。

附加到运算的顶级属性字典具有特殊的语义。根据其字典关键字是否具有方言前缀，属性条目被认为是两种不同的类型：

1）固有属性是算子语义定义所固有的。运算本身应验证这些属性的一致性。一个示例是 arith.cmpi 运算的 predicate 属性。这些属性的名称不以方言前缀开头。

2）可丢弃属性具有在运算外部定义的语义，但必须与算子的语义兼容。这些属性的名称必须以方言前缀开头。带方言前缀的方言可以验证这些属性。gpu.container_module 属性就是一个示例。

注意，属性值本身可以是字典属性，但只有附加到运算的顶级字典属性才会受到上述分类的约束。

3. 属性值别名

```
attribute-alias-def ::= '#' alias-name '=' attribute-value
attribute-alias ::= '#' alias-name
```

MLIR 支持为属性值定义别名。属性别名是一种标识符，可以用来代替它定义的属性。这些别名必须在使用之前进行定义。别名不能包含 "."，因为这些名称是为方言属性保留的。

示例代码如下所示：

```
#map = affine_map<(d0) -> (d0 + 10)>
// 使用原始属性
%b = affine.apply affine_map<(d0) -> (d0 + 10)> (%a)
// 使用属性别名
%b = affine.apply #map(%a)
```

4. 方言属性值

与操作类似，方言可以自定义属性值。

```
dialect-namespace ::= bare-id

dialect-attribute ::= '#' (opaque-dialect-attribute | pretty-dialect-attribute)
opaque-dialect-attribute ::= dialect-namespace dialect-attribute-body
pretty-dialect-attribute ::= dialect-namespace '.' pretty-dialect-attribute-lead-ident
                                    dialect-attribute-body?
pretty-dialect-attribute-lead-ident ::= '[A-Za-z][A-Za-z0-9._]*'

dialect-attribute-body ::= '<' dialect-attribute-contents+ '>'
dialect-attribute-contents ::= dialect-attribute-body
                         | '(' dialect-attribute-contents+ ')'
                         | '[' dialect-attribute-contents+ ']'
                         | '{' dialect-attribute-contents+ '}'
                         | '[^\[<({\]>)}\0]+'
```

方言属性通常以不透明的形式指定，其中属性的内容是在用方言命名空间和<>包裹的主体中定义的。考虑以下示例：

```
// 一个字符串属性
#foo<string<"">>

// 一个复杂属性
#foo<"a123^^^" + bar>
```

足够简单的方言属性，可以使用更漂亮的格式，将部分语法展开为等效但权重较轻的形式：

```
// 一个字符串属性
#foo.string<"">
```

5. 内置属性值

内置方言定义了一组属性值，MLIR 中的其他任何方言都可以直接使用这些属性值。这些类型包括基本整型和浮点型、属性字典、密集多维数组等。

6. IR 版本控制

方言可以选择通过 BytecodeDialectInterface 来处理版本控制。很少有钩子暴露在方言中，以允许管理编码到字节码文件中的版本。该版本是延迟加载的，允许在解析输入 IR 时检索版本信息，并为目前版本的每个方言提供机会，以便通过 upgradeFromVersion 方法在解析后执行 IR 升级。自定义属性和类型编码，也可以使用 readAttribute 和 readType 方法，根据方言版本进行升级。

方言可以编码什么样的信息来对其版本进行建模，这一点没有限制。目前，版本控制只支持字节码格式。

11.2 MLIR 方言及运行分析

▶▶ 11.2.1 MLIR 简介

MLIR（Multi-Level Intermediate Representation，多级中间表示）是一种全新的编译器框架。

IR 可以被看作一种数据格式，作为端到端转换中的中间表示。例如，深度学习模型一般表示为计算图，能够表示计算图的数据结果就可以称为一种 IR，如 ONNX、TorchScript、TVM Relay IR 等。图 11.1 展示了计算图（computation graph）数据关系。

（1）ONNX

ONNX（Open Neural Network Exchange）协议首先由微软和 Meta 共同提出，它定义了一组和环境、平台均无关的标准格式（如算子功能）。在训练完成后，可以将支持框架（PyTorch、TensorFlow 等）的模型转化为 ONNX 文件进行存储。ONNX 文件不仅存储

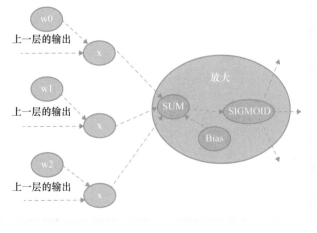

● 图 11.1　计算图数据关系

了神经网络模型的权重，也存储了模型的结构信息，以及网络中每一层的输入、输出等信息。

（2）TorchScript

PyTorch 最大的亮点是它对动态网络的支持，它比其他需要构建静态网络的框架拥有更低的学习成本。但动态图模式在每次执行计算时都要重新构造计算图，非固定的网络结构给网络结构分析及优化带来了困难。TorchScript 就是为了解决这个问题而产生的工具，包括代码的追踪及解析、中间表示的生成、模型优化、序列化等多种功能。

（3）Relay IR

Relay IR 与 TVM 框架绑定，它是一种函数式、可微的、静态的、针对机器学习的领域定制编

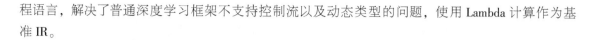

程语言，解决了普通深度学习框架不支持控制流以及动态类型的问题，使用 Lambda 计算作为基准 IR。

▶▶ 11.2.2　常见的 IR 表示系统

在如图 11.2 所示信息中：

1）由于 C、C++ 源代码直接转换成 AST 时，并不会进行语言特定的优化，因此程序的优化主要集中于 LLVM IR 阶段。但 LLVM IR 表示层级较低，会丢失源代码中的部分信息（如报错信息），导致优化不够充分。

2）类似于 TensorFlow、Keras 等框架，会先转换为计算图形式，然后会基于图做一定的优化。但因为图阶段缺少硬件部署的相关信息，所以后续会先转换为某个后端的内部表示，再根据不同的硬件设备，进行算子融合等优化。

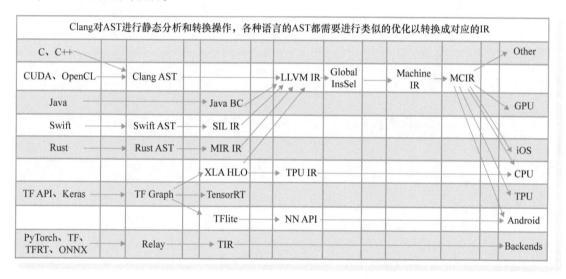

• 图 11.2　Clang 对 AST 进行静态分析与转换操作

可见，当前 IR 表示系统有下列几个主要问题。

1）可复用性差：针对不同种类 IR 开发的 Pass（优化）可能重复，但不同 IR 的同类 Pass 可能并不兼容。

2）不透明：前一层 IR 所做的 Pass 优化在后一层中不可见，可能导致优化重复。

3）转换开销大：转换过程中存在多种 IR，这些不同类型的 IR 转换时开销很大。

▶▶ 11.2.3　MLIR 的提出

TensorFlow 较早时采用了多种 IR 的部署，这样导致软件碎片化问题较为严重，因此 TensorFlow 团队就提出了 MLIR，主要是为了统一各类 IR 格式、协调各类 IR 的转换，以便带来更高的优化效率，如图 11.3 所示。

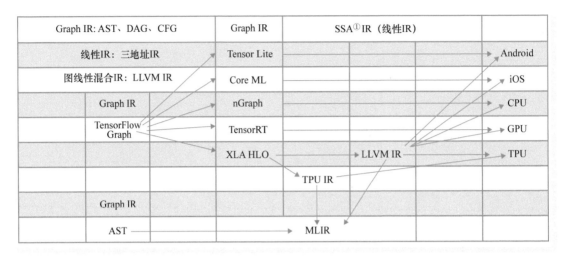

• 图 11.3　统一各类 IR 格式，协调各类 IR 的转换

注：① SSA 是静态单赋值。

11.3 方言及运行详解

▶▶ 11.3.1 方言

1. 方言是什么

从源程序到目标程序，要经过一系列的抽象与分析，通过下译 Pass 来实现从一个 IR 到另一个 IR 的转换。但 IR 之间的转换需要统一格式，统一 IR 的第一步就是要统一语言。各个 IR 原来配合不够默契，谁也理解不了谁，就是因为语言不通。

因此 MLIR 提出了方言，各种 IR 可以转换为对应的 MLIR 方言，不仅方便了转换，而且还能随意扩展。不妨将方言看成各种具有 IR 表达能力的黑盒子，之后的编译流程就是在各种方言之间转换，如图 11.4 所示。

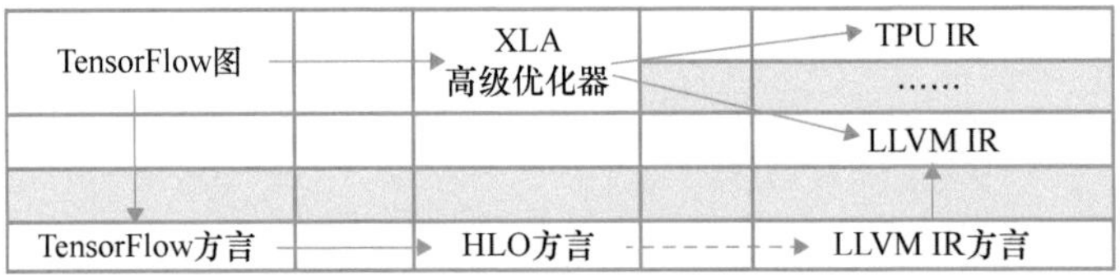

• 图 11.4　各种方言之间的转换

2. 方言是怎么工作的

方言将所有的 IR 都放在了同一个命名空间中，分别对每个 IR 定义对应的产生式来绑定相应的操

作，从而生成一个 MLIR 的模型。

每种语言的方言（如 TensorFlow 方言、HLO 方言、LLVM IR 方言）都是继承自 mlir∷Dialect，并注册了属性、操作和数据类型，也可以使用虚函数来改变一些通用性操作行为。

如图 11.5 所示，整个 MLIR 的编译过程为：首先由源程序生成 AST（Abstract Syntax Tree，抽象语法树），然后借助方言遍历 AST，产生 MLIR 表达式（这里可为多层 IR 通过下译 Pass 依次进行操作），最后经过 MLIR 分析器，生成硬件目标程序。

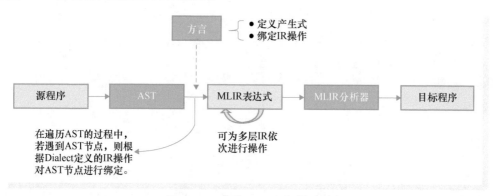

● 图 11.5　整个 MLIR 的编译过程

3. 方言内部构成

方言主要由自定义的类型（Type）、属性（Attribute）、接口（Interface）及运行构成。运行又细分为自己的属性、类型、限制（Constraint）、接口和特性（Trait）。同时存在 ODS（Operation Definition Specification）和 DRR（Declarative Rewrite Rule）两个重要的模块，这两个模块都是基于 TableGen 模块定义的。ODS 模块用于定义操作，DRR 模块用于实现两个方言之间的转换。图 11.6 展示了方言内部构成信息。

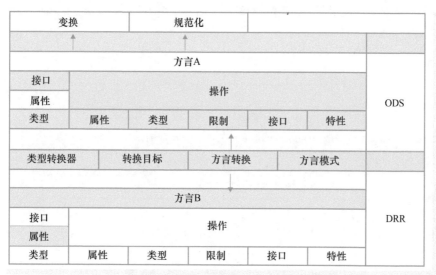

● 图 11.6　方言内部构成信息

▶▶ 11.3.2 运行结构拆分

运行是方言的重要组成部分，是抽象和计算的核心单元，可以看成方言语义的基本元素。

示例：

```
%t_tensor = "xxx.transpose"(%tensor) {inplace = true} : (tensor<2x3xf64>) ->
tensor<3x2xf64> loc("example/file/path":12:1)
```

生成的结果是 %t_tensor，而 xxx 方言，执行的是 transpose 操作，输入的数据是 %tensor，能够将 tensor<2x3xf64> 的数据转换成 tensor<3x2xf64> 的数据，该 transpose 操作的位置由" example/file/path" 指定，本例为第 12 行、第 1 个字符。

结构拆分解析如下。

1）%t_tensor：定义结果名称，SSA 值，由%和<t_tensor>构成，<t_tensor>一般是一个整型数字。

IR 是 LLVM 的设计核心，它采用 SSA 的形式，并具备两个重要特性：

- 代码被组织成三地址指令。
- 有无限的寄存器。

2）xxx.transpose：算子的名称，应该是唯一的字符串，方言命名空间的名称以 "." 开头。指明为 xxx 方言的 transpose 运算。点符号 "." 之前的内容是方言命名空间的名字，符号 "." 后面是算子的名称。

3）(%tensor)：输入的操作数的列表，多个操作数之间用逗号分隔。

4）{inplace = true}：属性字典，定义一个名为 inplace 的布尔类型，其常量值为 true。

5）(tensor<2x3xf64>) -> tensor<3x2xf64>：函数形式表示的操作类型，前者是输入，后者是输出。<2x3xf64>描述了张量的尺寸 2x3 和张量中存储的数据类型 f64，它们中间使用 x 连接。

6）loc("example/file/path":12:1)：运算在源代码中的位置。每个算子都有与之关联的强制性源位置，在 MLIR 中是核心要求，并且 API 依赖并操纵它。如果一个转换将算子替换成另一个算子，则必须在新的算子中附加一个位置，可以追踪该算子的来源。在使用的工具链 mlir-opt 中默认没有这个位置信息，可添加 -mlir-print-debuginfo 标志来指定要包含的位置。

更一般的格式文件信息如图 11.7 所示。

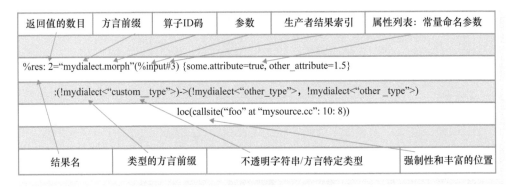

返回值的数目	方言前缀	算子ID码	参数	生产者结果索引	属性列表：常量命名参数
%res: 2="mydialect.morph"(%input#3) {some.attribute=true, other_attribute=1.5}					
:(!mydialect<"custom_type">)->(!mydialect<"other_type">, !mydialect<"other_type">)					
loc(callsite("foo" at "mysource.cc": 10: 8))					
结果名	类型的方言前缀	不透明字符串/方言特定类型		强制性和丰富的位置	

• 图 11.7 更一般的格式文件信息

▶▶ 11.3.3　创建新的方言操作

创建新的方言，包括手动编写 C++ 代码创建以及利用 ODS 框架生成。

对于利用 ODS 框架生成方式，操作者只需要根据运行框架定义的规范，在一个 .td 文件中填写相应的内容，就可以使用 MLIR 的 TableGen 工具自动生成 C++ 代码。

本节将以 xxx 语言为例，演示如何构造 xxx 方言并添加相应的运行流程。

xxx 语言是为了验证及演示 MLIR 系统的整个流程而开发的，是一种基于 Tensor 的语言。

xxx 语言具有以下特性：

1）标量和数组计算以及 I/O 的混合；

2）阵列形状推断；

3）泛型函数；

4）非常有限的算子和特征。

1. 定义 xxx 方言

方言将对 xxx 语言的结构进行建模，并为高级分析和转换提供便利途径。

2. 使用 C++ 语言手动编写

```
// 下面是官方给出的 xxx 方言定义，默认位置为 ../mlir/examples/xxx/Ch2/include/xxx/Dialect.h
class xxxDialect : public mlir::Dialect {
public:
  explicit XxxDialect(mlir::MLIRContext *ctx);

  // 为方言命名空间提供实用程序访问器
  static llvm::StringRef getDialectNamespace() { return "xxx"; }

  // 从 xxxDialect 的构造函数调用的初始值设定项，
  // 用于在 xxx 方言中注册属性、操作、类型等
  void initialize();
};
```

3. 使用 ODS 框架自动生成

使用 ODS 定义操作的这些代码都在 Ops.td 中，该文件默认路径为 ../mlir/examples/xxx/Ch2/include/xxx/Ops.td。

下面的代码块在 ODS 框架中定义一个名为 xxx 的方言，其中使用

```
let <...> = "..."/[{...}];
```

依次明确 name、summary、description 和 cppNamespace（对应方言类所在的 C++ 命名空间）字段的定义。

```
def xxx_Dialect : Dialect {
  // 方言的命名空间
  let name = "xxx";
```

```
// 方言的简短总结
let summary = "A high-level dialect for analyzing and optimizing the "
        "xxx language";

// 方言的更长描述
let description = [{
  The xxx language is a tensor-based language that allows you to define
  functions, perform some math computation, and print results.This dialect
  provides a representation of the language that is amenable to analysis and
  optimization.
}];

// 方言类定义所在的 C++命名空间
let cppNamespace = "xxx";
}
```

然后在编译阶段，由框架自动生成相应的 C++代码。当然也可以运行下面的命令，直接得到生成的 C++ 代码。

```
${build_root}/bin/mlir-tblgen -gen-dialect-decls
${mlir_src_root}/examples/xxx/Ch2/include/xxx/Ops.td -I
${mlir_src_root}/include/
```

表 11.1 中左侧是自动生成的 C++ 代码，右侧是 ODS 中 TableGen 的定义。

表 11.1 自动生成的 C++ 代码和 ODS 中 TableGen 的定义

自动生成 C++代码	在 TableGen 中声明性指定
class xxxDialect: public mlir∷Dialect {	def xxx_Dialect: Dialect {
public:	let summary = "xxx IR Dialect";
xxxDialect(mlir∷MLIRContext * context)	let description = [{
: mlir∷Dialect("xxx", context,	This is a much longer description of the
mlir∷TypeID∷get<xxxDialect>()) {	"xxx dialect"
initialize();	…
}	}];
static llvm∷StringRef getDialectNamespace() {	//方言的命名空间
return "xxx";	let name = "xxx";
}	
	//方言类的 C++命名空间
void initialize();	
};	let cppNamespace = "xxx";
	}

▶▶ 11.3.4　将方言加载到 MLIRContext 中

在定义好方言之后，需要将其加载到 MLIRContext 中。在默认情况下，MLIRContext 只加载内置的方言，若要添加自定义的方言，则需要加载到 MLIRContext 中。

```
// 这里的代码与官方文档中的稍有不同，但实际意义相同。
// 代码文件 xxxc.cpp 的默认路径为 ../mlir/examples/xxx/Ch2/xxxc.cpp
int dumpMLIR() {
...
    // 在 MLIR 上下文中加载方言
    context.getOrLoadDialect<mlir::xxx::XxxDialect>();
...
}
```

▶▶ 11.3.5　定义操作

有了上面创建的 xxx 方言，便可以定义操作。围绕 xxx 方言的 xxx.constant 算子的定义，介绍如何使用 C++ 的方式直接定义操作。

```
# 此操作没有输入，返回一个常量
%4 = "xxx.constant"() {value = dense<1.0> : tensor<2x3xf64>} : () ->
tensor<2x3xf64>
```

1. 使用 C++ 语言手动编写

操作类继承自 CRTP 类，有一些可选的特征用来定义行为。下面是 ConstantOp 类的官方定义：

```
// `mlir::Op` is a CRTP class
class ConstantOp : public mlir::Op<
            ConstantOp, // The ConstantOp
            mlir::OpTrait::ZeroOperands, // takes zero input operands
            mlir::OpTrait::OneResult, // returns a single result.
            mlir::OpTraits::OneTypedResult<TensorType>::Impl> {
public:
    // Op inherit the constructors from the base Op class.
    using Op::Op;
    // Return a unique name of the operation
    static llvm::StringRef getOperationName() { return "xxx.constant"; }
    // Return a value by fetching it from the attribute
    mlir::DenseElementsAttr getValue();
    // Operations may provide additional verification beyond what the attached traits provide.
    LogicalResult verifyInvariants();

    // Provide an interface to build this operation from a set of input values.
    // mlir::OpBuilder::create<ConstantOp>(...)
    // Build a constant with the given return type and `value` attribute.
```

```
static void build(mlir::OpBuilder &builder, mlir::OperationState &state,
        mlir::Type result, mlir::DenseElementsAttr value);
// Build a constant and reuse the type from the given 'value'.
static void build(mlir::OpBuilder &builder, mlir::OperationState &state,
        mlir::DenseElementsAttr value);
// Build a constant by broadcasting the given 'value'.
static void build(mlir::OpBuilder &builder, mlir::OperationState &state,
        double value);
};
```

在定义好操作行为后，可以在 xxx 方言的初始化函数中注册，之后才可以在 xxx 方言中正常使用 ConstantOp 类。

```
// 位于../mlir/examples/xxx/Ch2/mlir/Dialect.cpp
void XxxDialect::initialize() {
  addOperations<ConstantOp>();
}
```

2. 使用 ODS 框架自动生成

首先在 **ODS** 中定义一个继承自算子类的基类 xxx_Op。

运算类与算子类的区别如下。

1）运算类：用于对所有操作建模，并提供通用接口给操作的实例。

2）算子类：每种特定的操作都是从算子类继承而来的。同时它还是 Operation * 类型的封装类，这就意味着，当定义一个方言的运算的时候，实际上是在提供一个运算类的接口。

算子类定义在 OpBased.td 文件中，该文件默认路径为 ../mlir/include/mlir/IR/OpBased.td。

下面这段代码在 Ops.td 文件中，该文件默认路径为 ../mlir/examples/xxx/Ch2/include/xxx/Ops.td。

```
class xxx_Op<string mnemonic, list<OpTrait> traits = []> :
    Op<xxx_Dialect, mnemonic, traits>;
// xxx_Dialect：父类方言操作
// mnemonic：注记符号，一般是一个字符串型的单词，表示了该操作的含义
// traits：该操作的一些特征，放在一个列表中
```

然后以声明的方式定义相应操作：

```
def ConstantOp : xxx_Op<"constant", [NoSideEffect]> {
  // "constant"就是注记符号，[NoSideEffect]说明了该操作的一个无负面作用特点
  // 提供此操作的摘要和说明
  let summary = "constant";
  let description = [{
    Constant operation turns a literal into an SSA value.The data is attached
    to the operation as an attribute.For example:
    ```mlir
    %0 = xxx.constant dense<[[1.0, 2.0, 3.0], [4.0, 5.0, 6.0]]>
            : tensor<2x3xf64>
```
```

```
    ```
  }];

  /*
arguments 和 results:分别定义参数和结果，其中参数可以是 SSA 操作数的属性或类型。
通过为参数或结果提供名称，ODS 将自动生成匹配的访问器。
arguments 一般模板（results 同理）：
let arguments = (ins <data_ type><data_ attribute>: $<variable_ name>);
- ins: 输入（results 中该参数为 outs）
- <data_ type>: 数据类型
- <data_ structure>: 数据属性
- ElementsAttr: 稠元（dense element）
- <variable_ name>: 变量名
 */
  // The constant operation takes an attribute as the only input.
  // `F64ElementsAttr` corresponds to a 64-bit floating-point ElementsAttr.
  let arguments = (ins F64ElementsAttr: $value);
  // The constant operation returns a single value of TensorType.
  let results = (outs F64Tensor);

  // Divert the printer and parser to `parse` and `print` methods on our operation.
  let hasCustomAssemblyFormat = 1;
  /*
  // 自定义程序的组装格式，使最终输出的 IR 格式更简单、易读
  let parser = [{ return ::parseConstantOp(parser, result); }];
  let printer = [{ return ::print(p, *this); }];
  */

  // ODS 可以自动生成一些简单的构建方法，用户也可添加一些自定义构造方法
  let builders = [
    // Build a constant with a given constant tensor value.
    OpBuilderDAG<(ins "DenseElementsAttr": $value), [{
      build($_ builder, $_ state, value.getType(), value);
    }]>,
    // Build a constant with a given constant floating-point value.
    OpBuilderDAG<(ins "double": $value)>
  ];

  // Add additional verification logic to the constant operation.
  // will generate a `::mlir::LogicalResult verify()`
  let hasVerifier = 1;
}
```

最后，在编译阶段，由框架自动生成相应的 C++ 代码，如图 11.8 所示。当然，也可以运行相应的命令，直接得到生成的 C++ 代码。
```

```
class ConstantOp: public mlir::Op<ConstantOp,
mlir::OpTrait::ZeroOperands, mlir::OpTrait::OneResult,
mlir::OpTraits::OneTypedResult<TensorType>::Impl>{

 public:
   using Op::Op;
   static llvm::StringRef getOperationName() {return
"xxx.constant";}
   mlir::DenseElementsAttr getValue();
   LogicalResult verifyInvariants();
   static void build(mlir::OpBuilder &builder,
mlir ::OperationState &state, mlir::Type result,
mlir::DenseElementsAttr value);
   static void build(mlir::OpBuilder &builder,
mlir::OperationsState, mlir::DenseElementsAttr value);
   static void build(mlir::OpBuilder &builder,
mlir::OperationsState &state, mlir::DenseElementsAttr
value);

};
```

```
def ConstantOp: xxx_Op<"constant", [NoSideEffect]>{
 let summary = "constant";
 let description = [{
// 常量运算将文字转换为SSA值。数据作为属性附加到运算中。
//例如:
'''mlir
   %0 = xxx.constant dense<[[1.0, 2.0, 3.0], [4.0, 5.0, 6.0]]>
       :tensor<2*3*f64>
   ...
}];
 let arguments = (ins F64ElementsAttr:$value);
 let results = (out F64Tensor);
 let hasCustomAssemblyFormat = 1;
 let builders = [
   OpBuilder<(ins "DenseElementsAttr": $value), [{
    build($_builder, $_state, value.getType(), value);
   }]>,
   OpBuilder<(ins "double":$value)>
 ];
 let hasVerifier = 1;
}
```

图 11.8　在编译阶段，由框架自动生成相应的 C++ 代码

11.3.6　创建方言流程总结(使用 ODS)

整个 TableGen 模块是基于 ODS 框架进行编写以及发挥作用的。TableGen 模块促进了 ODS 的自动化生成，减少了算子的手动开发工作，并且避免了冗余开发。

以创建 xxx 方言为例，总结其流程如下。

1）（在 Ops.td 中）定义一个和 xxx 方言的链接。

```
def xxx_Dialect : Dialect {
    let name = "xxx";
    ...
    let cppNamespace = "xxx";
}
```

2）（在 Ops.td 中）创建 xxx 方言的运算基类。

```
class xxx_Op<string mnemonic, list<OpTrait> traits = [ ]> :
    Op<xxx_Dialect, mnemonic, traits>;
```

3）（在 Ops.td 中）创建 xxx Dialect 中各种运算。

```
def ConstantOp : xxx_Op<"constant", [NoSideEffect]> {
  let summary = "constant";
  let arguments = (ins F64ElementsAttr: $value);
  let results = (outs F64Tensor);
  let builders = [
    OpBulider<"Builder * b, OperationState &state, Value input">
  ];
  let verifier = [{ return ::verify(* this); }];
}
```

4）通过 mlir-tblgen 工具生成 C++ 文件。

使用 mlir-tblgen -gen-dialect-decls 命令生成对应的 Dialect.h.inc 文件。

使用 mlir-tblgen -gen-op-defs 命令生成对应的 Ops.h.inc 文件。

```
xxx::TransposeOp decrations mlir-tablegen-gen-op-decls 生成对应的 Ops.h.inc 文件:
class TransposeOpOperandAdaptor {
public:
  TransposeOpOperandAdaptor(ArrayRef<Value> values);
  ArrayRef<Value> getODSOperands(unsigned index);
  Value input();

private:
  ArrayRef<Value> tblgen_operands;
};
class TransposeOp: public Op<TransposeOp, OpTrait::OneResult,OpTrait::OneOperand> {
public:
  using Op::Op;
  using OperandAdaptor = TransposeOperandsAdaptor;
  static StringRef getOperationName();
  Operation::operand_rangegetODSOperands(unsigned index);
  static void build(Builder * b,OperationState &state, Value lhs, Value rhs);
  static void build(Builder * odsBuilder, OperationState &odsState, Type resultType0,
Value lhs, Value rhs);
  static void build(Builder * odsBuilder, OperationState &odsState, ArrayRef<Type>
resultTypes, Value lhs, Value rhs);
  static void build(Builder *, OperationState &odsState, ArrayRef<Type> resultTypes,
ValueRange operands, ArrayRef<NamedAttribute> attributes);
  LogicalResult verify();
};
```

使用 #include 直接引用生成的文件。

```
#include "xxx/Dialect.h.inc"
#include "xxx/Ops.h.inc"
```

11.4 MLIR 运算与算子

▶▶ 11.4.1 MLIR 运算与算子概述

运算是为方言服务的，如果说运算是一种方言，那么算子就是方言中表示语义的基本元素。比如，北京话是一种方言，那么其中表示语义的基本元素就有"局气""发小儿"等。这些语义的基本元素的各种排列组合就构成了整个方言。

运算是 MLIR 最基本的语义单元，构造运算是为了对算子进行各种变换，以便达到编译优化的效果。在 MLIR 中，下列两个类会实现运算的数据结构：运算类与算子类，其中运算类的定义在 mlir/include/mlir/IR/Operation.h 中，算子类的定义在 mlir/include/mlir/IR/OpBase.td 中。运算类为运算对象提供接口。算子类是各种运算类（如 ConstantOp 类）的基类，同时还是 Operation ∗ 类型的封装类，这就意味着，当定义一个方言中的运算类（如 xxx 方言中的 ConstantOp 类）的时候，实际上是在提供一个运算类的接口，这就是 ConstantOp 类没有类定义的部分的原因。因此，当这些算子类的实例作为参数在函数中传递的时候，使用传值的方式，而不使用传引用或者传地址的方式。当希望处理算子类的实例的时候，可以传入 Operation ∗ 类型的变量，然后使用 LLVM 的 dyn_cast，将运算基类对象指针转换到继承类指针（如 ConstantOp 过程）：

```
void process ConstantOp(mlir∷Operation ∗ operation) {
  ConstantOp op = llvm∷dyn_cast<ConstantOp>(operation);

  // This operation is not an instance of `ConstantOp`.
  if (!op)
    return;

  // Get the internal operation instance wrapped by the smart pointer.
  mlir∷Operation ∗internalOperation = op.getOperation();
  assert(internalOperation == operation &&
      "these operation instances are the same");
}
```

▶▶ 11.4.2 运算类（Operation）

运算类为其实例提供了丰富的接口。它重载了 4 个静态的 create 函数，用于以各种方式创建运算类的实例：

```
// Create a new Operation with the specific fields.
  static Operation ∗ create(Location location, OperationName name,
          ArrayRef<Type> resultTypes, ArrayRef<Value> operands,
          ArrayRef<NamedAttribute> attributes,
          ArrayRef<Block ∗> successors, unsigned numRegions,
          bool resizableOperandList);

  // Overload of create that takes an existing NamedAttributeList to avoid
  // unnecessarily uniquing a list of attributes.
  static Operation ∗ create(Location location, OperationName name,
          ArrayRef<Type> resultTypes, ArrayRef<Value> operands,
          NamedAttributeList attributes,
          ArrayRef<Block ∗> successors, unsigned numRegions,
          bool resizableOperandList);

  // Create a new Operation from the fields stored in `state`.
  static Operation ∗ create(const OperationState &state);

  // Create a new Operation with the specific fields.
  static Operation ∗ create(Location location, OperationName name,
          ArrayRef<Type> resultTypes, ArrayRef<Value> operands,
          NamedAttributeList attributes,
          ArrayRef<Block ∗> successors = {},
```

```
        RegionRange regions = {},
        bool resizableOperandList = false);
```

其中第三个使用比较广泛，在各种算子创建的时候，会先调用 Operation :: create (state)，再通过 cast 将 Operation ∗ 转换成对应的算子，以 FuncOp 为例：

```
FuncOp FuncOp::create(Location location, StringRef name, FunctionType type,
            ArrayRef<NamedAttribute> attrs) {
  OperationState state(location, "func");
  Builder builder(location->getContext());
  FuncOp::build(&builder, state, name, type, attrs);
  return cast<FuncOp>(Operation::create(state));
}
```

除此之外，运算类还提供了一系列管理运算的函数，它们被划分为以下几大类。

（1）操作数

关于操作数的各种操作，如操作数的 set 和 get 函数、对操作数进行迭代的函数等。

（2）结果

关于运算结果的各种操作，如获取运算结果、结果个数，以及对结果进行迭代等。

（3）属性

关于运算属性的各种操作，使得在运算的生命周期中，属性可以动态添加或者删除。其中的函数包括属性的 set、get 和 remove 函数，以及对属性进行迭代的函数等。

（4）分块

分块（Block）分类中有三个函数：getNumRegions 用来返回该运算中区域的数量，getRegions 用来返回包含在该运算中的区域列表，getRegion 用来按照索引检索区域列表中的项。

（5）运算的各种属性的访问器

这一部分的函数用于返回运算本身的各种属性，如判断该运算是否为终结符。

（6）运算遍历器

这部分提供了一个函数模板遍历，用来对嵌套运算进行后序遍历。

▶▶ 11.4.3　算子类（Op）

Op 类是在 mlir/include/mlir/IR/OpBase.td 中定义的。值得注意的是，它是一个 TableGen 文件，大部分开发工程师一开始都没注意到 ".td"，还以为它是一个 C++ 文件。在看到 Op 类的定义的时候，还以为它是 C++ 的新特性，但后来发现它是在 TableGen 文件中的。

```
class Op<Dialect dialect, string mnemonic, list<OpTrait> props = []>
```

Op 类是所有 Ops 类的基类，在 TableGen 文件记录的字段里，包含了关于 Op 类的一些列成员。

1）opDialect：Op 类所属的方言。

2）opName：Op 类的名字。

3）summary：Op 类的简介。

4）description：Op 类的详细描述。

5）arguments：传入 Op 类的参数列表。

6）results：Op 类返回结果的列表。

7）regions：Op 类中包含的区域的列表。

8）successors：后继器。

9）builders：用户定义构造器（如果设置 skipDefaultBuilders 为 1，则需要提供它）。

10）skipDefaultBuilders：若其值为 0，则使用系统默认构造器；若为 1，则需要用户自定义构造器。

11）parser：用户自定义分析器。

12）printer：用户自定义输出器。

13）assemblyFormat：汇编格式。

14）hasFolder：Op 类是否含有 folder。

15）traits：Op 类的属性列表。

16）extraClassDeclaration：额外的代码，添加到生成的 C++代码中。

当定义方言的运算的时候，需要先在 Ops.td 文件中引入 OpBase.td，基于基类 Op 定义方言的 Op 类，再定义各种运算：

```
class xxx_Op<string mnemonic, list<OpTrait> traits = []> :
    Op<xxx_Dialect, mnemonic, traits>;
def ConstantOp : xxx_Op<"constant", [NoSideEffect]> {...}
...
```

Ops.td 将会使用 ODS 框架进行编译，从根本上来说，使用 TableGen 的后端工具对它进行编译及扩展，从而让它与其他 C++文件进行链接。

▶▶ 11.4.4　MLIR OpBase.td 算子类的作用

算子类是在 OpBase.td 中定义的，现在讲述一下它是如何发挥作用的。

OpBase.td 是有关运算定义的 TableGen 文件，其路径为 mlir/include/mlir/IR/OpBase.td。从路径可以看出，OpBase.td 是用来支持 MLIR 中间表示部分的库文件。那么这个库文件通过什么方式发挥作用呢？下面以 xxx Tutorial 中的 AddOp 类作为示例展开介绍。

在 MLIR 的 xxx Tutorial 中，Ops.td 是用来为 xxx 方言定义运算的文件。在这个文件中，可以看到，引用了 OpBase.td，而且在定义 xxx_Op 类的时候也继承了 OpBase.td 中的 Op 类：

```
include "mlir/IR/OpBase.td"
...
class xxx_Op<string mnemonic, list<OpTrait> traits = []> :
    Op<xxx_Dialect, mnemonic, traits>;
```

对于 Op 类中的各种字段，在定义一个特定运算的时候，如 AddOp 类，需要为这些字段提供相应的信息：

```
def AddOp : xxx_Op<"add"> {
  let summary = "element-wise addition operation";
```

```
        let description = [{
          The "add" operation performs element-wise addition between two tensors.
          The shapes of the tensor operands are expected to match.
        }];

        let arguments = (ins F64Tensor: $lhs, F64Tensor: $rhs);
        let results = (outs F64Tensor);

        // Specify a parser and printer method.
        let parser = [{ return ::parseBinaryOp(parser, result); }];
        let printer = [{ return ::printBinaryOp(p, *this); }];

        // Allow building anAddOp with from the two input operands.
        let builders = [
          OpBuilder<"Builder *b, OperationState &state, Value lhs, Value rhs">
        ];
    }
```

在上述对于 AddOp 类的描述中，首先在 def AddOp : xxx_Op<" add" >语句中，定义了 add 来作为这个运算的名字。在 AddOp 类声明的作用域中，需要对必要的字段给出定义。

总的来说，OpBase.td 文件中的 Op 类会提供一系列字段，对于每个字段，ODS 框架都对应一个生成 C++代码的规则，在定义自己的方言中的算子的时候，继承算子类，然后在需要的字段处，给出针对性的定义信息，这样一来，就可以使用 ODS 框架来自动化生成 C++代码。

▶▶ 11.4.5 MLIR 运算的构建过程

前面介绍了 OpBase.td 的作用，以及它支持运算的描述文件 Ops.td 的方式。本节将介绍 MLIR 运算的构建过程，也就是在写完 Ops.td 之后，它是如何扩展为 C++代码文件的，以及如何在 CMake 中对它进行构建。

运算是为方言服务的，运算模块会提供一系列接口，通过这些接口，用户可以对 IR 中的算子进行操作。在写完算子的描述文件，也就是 Ops.td 文件之后，它自然还达不到被其他模块调用的要求，毕竟它还只是 TableGen 文件，此时需要一个 TableGen 的后端工具来对它进行扩展，把它变成 C++文件。

MLIR 使用的 TableGen 工具是 mlir-tablegen，在构建完成的 build/bin/路径下可以直接运行，而在 CMake 中，还要调用 CMake 函数 mlir-tablegen，如图 11.9 所示。

mlir-tablegen 函数实际上做了两件事：执行 MLIR TableGen 后端和记录 TableGen 输出文件的地址。

第一件事是调用 mlir-tablegen 函数执行 MLIR TableGen 后端，将运算描述文件 Ops.td 扩展成 Ops.h.inc 和 Ops.cpp.inc 文件，在调

```
CMake中使用MLIR TableGen工具并生成目标
set(LLVM_TARGET_DEFINITIONS Ops.td)
mlir_tablegen(Ops.h.inc, -gen-op-decls)
mlir_tablegen(Ops.cpp.inc, -gen-op-defs)
add_public_tablegen_target(xxxCh2OpsIncGen)
```

```
CMake 函数mlir_tablegen
function (mlir_tablegen ofn)
  tablegen(MLIR ${ARGV} "-I${MLIR_MAIN_DIR}")
  set(TABLEGEN_OUTPUT ${TABLEGEN_OUTPUT}
${CMAKE_CURRENT_BINARY_DIR}/${ofn} PARENT_SCOPE)
endFunction()
```

● 图 11.9　在 CMake 中调用 CMake 函数 mlir-tablegen

用 mlir-tablegen 函数时给出了两个不同的参数：-gen-op-decls 用来生成声明部分的代码，-gen-op-defs 用来生成定义部分的代码，这两部分代码分别保存在 Ops.h.inc 和 Ops.cpp.inc 中。

第二件事是记录 TableGen 输出文件的地址，把生成的两个 .inc 文件的地址添加到 TABLEGEN_OUTPUT 中，后续过程依赖这两个文件时，会从这个变量中获取地址。

在使用 MLIR TableGen 后端对运算描述文件进行扩展之后，下一步就是要将它构建为一个 target，从而使其他模块可以对它进行依赖，如图 11.10 所示。

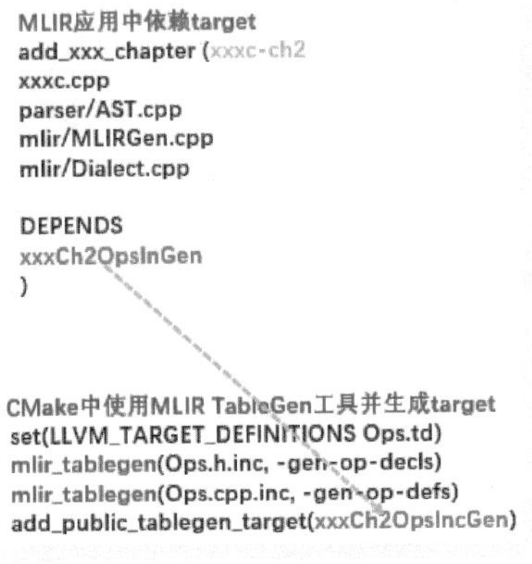

以 xxx Tutorial 为例，这里的依赖 target 的名称为 xxxCh2psIncGen，在构建整个可执行程序的时候，就依赖了这个 target，而构建这个 target 实际上调用了 add_public_tablegen_target 函数，如图 11.11 所示。

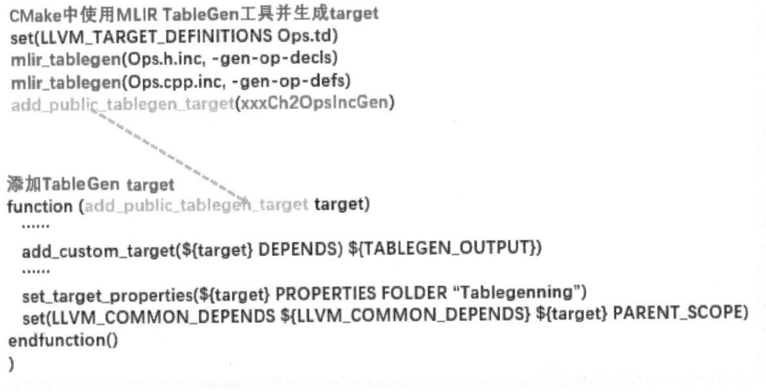

```
MLIR应用中依赖target
add_xxx_chapter (xxxc-ch2
xxxc.cpp
parser/AST.cpp
mlir/MLIRGen.cpp
mlir/Dialect.cpp

DEPENDS
xxxCh2OpsInGen
)
```

```
CMake中使用MLIR TableGen工具并生成target
set(LLVM_TARGET_DEFINITIONS Ops.td)
mlir_tablegen(Ops.h.inc, -gen-op-decls)
mlir_tablegen(Ops.cpp.inc, -gen-op-defs)
add_public_tablegen_target(xxxCh2OpsIncGen)
```

● 图 11.10　构建 target，使其他模块可以对它进行依赖

```
CMake中使用MLIR TableGen工具并生成target
set(LLVM_TARGET_DEFINITIONS Ops.td)
mlir_tablegen(Ops.h.inc, -gen-op-decls)
mlir_tablegen(Ops.cpp.inc, -gen-op-defs)
add_public_tablegen_target(xxxCh2OpsIncGen)
```

```
添加TableGen target
function (add_public_tablegen_target target)
    ......
    add_custom_target(${target} DEPENDS) ${TABLEGEN_OUTPUT})
    ......
    set_target_properties(${target} PROPERTIES FOLDER "Tablegenning")
    set(LLVM_COMMON_DEPENDS ${LLVM_COMMON_DEPENDS} ${target} PARENT_SCOPE)
endfunction()
)
```

● 图 11.11　构建 target 实际上调用了 add_public_tablegen_target 函数

add_public_tablegen_target 函数主要做了三件事：

1）依赖 TableGen 输出文件构建 target，这里可以看到构建过程依赖了 TABLEGEN_OUTPUT 变量所指向的 Ops.h.inc 和 Ops.cpp.inc 文件。

2）设置 target 属性，向 target 添加了 FOLDER 属性，目的在于加强整个 CMake 的结构可视化，对于构建过程，没有本质上的作用。

3）将 target 添加到 LLVM_COMMON_DEPENDS 变量中。

对于整个运算的构架，首先基于 OpBased.td 编写算子描述文件 Ops.td，然后使用 MLIR TableGen 后端工具，将该算子描述文件扩展成 C++文件，最后将 C++文件构造成其他程序可以依赖的 target，这样就可以在其他模块中对算子的接口进行调用，从而实现对 IR 的运算部分的各种操作，如图 11.12 所示。

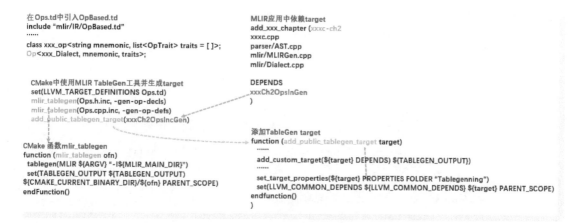

● 图 11.12　实现对 IR 的运算部分的各种操作

1. MLIR TableGen 工作原理

在定义方言的运算的时候，需要编写 Ops.td 文件，用来描述各个字段的信息，从而生成 C++代码。在编写完 Ops.td 文件之后，会在 CMakeLists.txt 中调用 mlir_tablegen 函数，生成 Ops.h.inc 和 Ops.cpp.inc 以被其他模块作为依赖。

```
mlir_tablegen(Ops.h.inc,-gen-op-decls)
mlir_tablegen(Ops.cpp.inc,-gen-op-defs)
```

这里的两个参数-gen-op-decls 和 -gen-op-defs，分别代表生成算子的声明和定义。这里就需要使用 MLIR TableGen 后端工具来进行处理，它们在/mlir/tools/mlir-tblgen/路 径 下。OpDefinitionsGen.cpp 中的 OpEmitter 类负责生成算子的声明和定义。OpEmitter 类中的公共成员函数 emitDecl 和 emitDef 负责处理上述两个 CMake 函数的参数，如图 11.13 所示。

● 图 11.13　生成算子的声明和定义

emitDecl 和 emitDef 分别调用了 OpClass 类中的 writeDeclTo 与 writeDefTo 函数，这两个函数就是用来生成 C++代码的关键所在。

首先分析一下声明部分，writeDeclTo 函数负责生成算子的声明部分代码，主要分为以下几个步骤：

1）生成类名。

2）生成继承类模板算子，以及参数< ... >。

3）生成 public 关键字，以及 using Op∷Op。

4）如果使用 OperandAdaptor，则生成"using OperandAdaptor"引用类型代码。

5）输出各种成员函数声明，并判断是否有私有成员函数。

6）如果有额外的类声明，则生成其声明部分的代码。

7）如果有私有成员函数，则生成其声明部分的代码。

2. MLIR TableGen 示例

以 **AddOp** 作为示例，可以看出整个声明部分的结构是完全遵循上述步骤来生成的。

```
class AddOp : public Op<AddOp, OpTrait::OneResult, OpTrait::NOperands<2>::Impl> {
public:
  using Op::Op;
  using OperandAdaptor = AddOpOperandAdaptor;
  static StringRef getOperationName();
  Operation::operand_range getODSOperands(unsigned index);
  Valuelhs();
  Valuerhs();
  Operation::result_range getODSResults(unsigned index);
  static void build(Builder *b, OperationState &state, Value lhs, Value rhs);
  static void build(Builder * odsBuilder, OperationState &odsState, Type resultType0,
Value lhs, Value rhs);
  static void build(Builder * odsBuilder, OperationState &odsState, ArrayRef<Type>
resultTypes, Value lhs, Value rhs);
  static void build(Builder *, OperationState &odsState, ArrayRef<Type> resultTypes,
ValueRange operands, ArrayRef<NamedAttribute> attributes);
  LogicalResult verify();
};
```

图 11.14 为一个 MLIR TableGen 后端生成算子代码示例。

生成算子声明部分的代码
```
void tblgen::OpClass::writeDeclTo(raw_ostream &os) const {
1. 生成类名
2. 生成继承类模板Op，以及参数"<...>"
3. 生成public关键字，以及生成"using OP::Op"
4. 如果使用OperandAdaptor，则生成"using OperandAdaptor"
引用类型代码
5. 输出各种成员函数声明，并判断是否有私有成员函数
6. 如果有额外的类声明，则生成其声明部分的代码
7. 如果有私有成员函数，则生成其声明部分的代码
```

MLIR TableGen后端生成算子代码
```
class OpEmitter {
public:
  static void emitDecl(const Operator &op, raw_ostream &os);
  static void emitDef(const Operator &op, raw_ostream &os);
private:
  OpEmitter(const Operator &op);
  ......
  // 一系列私有函数genXXX()，用来生成各种结构
}
```

● 图 11.14　MLIR TableGen 后端生成算子代码示例（一）

MLIR TableGen 后端生成算子代码：

```
class OpEmitter {
public:
  static voidemitDecl(const Operator &op, raw_ostream &os);
```

```
    static voidemitDef(const Operator &op, raw_ostream &os);
private:
  OpEmitter(const Operator &op);
  ......
  // 一系列私有函数,格式为 genXXX(),用来生成各种结构
}
void tblgen∷OpClass∷writeDeclTo(raw_ostream &os) const {
1.生成类名
2.生成继承类模板算子,以及参数"<...>"
3.生成 public 关键字,以及"using OP∷Op"
4.如果使用 OperandAdaptor,则生成"using OperandAdaptor"引用类型代码
5.输出各种成员函数声明,并判断是否有私有成员函数
6.如果有额外的类声明,则生成其声明部分的代码
7.如果有私有成员函数,则生成其声明
}
```

分析完声明部分，下面分析定义部分，OpClass 类中的 writeDefTo 负责算子定义部分代码的生成，而这部分代码的逻辑就是用 for 循环遍历每一个方法，然后调用对应方法的 writeDefTo 函数，而后在这个函数中，分别生成方法签名和方法主体部分代码。方法签名部分的代码生成起来比较简单，把传进来的函数名与信息生成为固定格式即可。方法主体部分代码，也就是算子的函数体部分代码是如何生成的呢？这部分代码是通过 OpEmitter 构造函数生成的，因为在该构造函数中会调用所有的私有函数，用来生成对应的函数体部分，如 genBuilder 函数用来生成构造器部分的代码、genParser 函数用来生成分析器部分的代码等。

以 AddOp 的构造器部分的代码生成举例，genBuilder 函数会遍历构造器定义的列表，一共会生成三个构造器定义的函数。

```
    void AddOp ∷ build(Builder * odsBuilder, OperationState &odsState, Type resultType0,
Value lhs, Value rhs) {
    odsState.addOperands(lhs);
    odsState.addOperands(rhs);
    odsState.addTypes(resultType0);
  }

    void AddOp ∷ build (Builder * odsBuilder, OperationState &odsState, ArrayRef < Type >
resultTypes, Value lhs, Value rhs) {
    odsState.addOperands(lhs);
    odsState.addOperands(rhs);
    odsState.addTypes(resultTypes);
  }

    void AddOp ∷ build (Builder *, OperationState &odsState, ArrayRef < Type > resultTypes,
ValueRange operands, ArrayRef<NamedAttribute> attributes) {
    assert(operands.size() == 2u && "mismatched number of parameters");
    odsState.addOperands(operands);
```

```
        odsState.addAttributes(attributes);
        assert(resultTypes.size() == 1u && "mismatched number of return types");
        odsState.addTypes(resultTypes);
    }
```

图 11.15 为另一个 MLIR TableGen 后端生成算子代码示例。

```
MLIR TableGen后端生成算子代码
class OpEmitter {
public:
    static void emitDecl(const Operator &op, raw_ostream &os);
    static void emitDef(const Operator &op, raw_ostream &os);
private:
    OpEmitter(const Operator &op);
    ......
    // 一系列私有函数genXXX()，用来生成各种结构
}
```

```
生成算子定义部分
void tblgen::class::writeDefTo(raw_ostream &os) const {
    for (const auto &method: methods) {
        method.writeDefTo(os, className);
        os << "\n\m";
    }
}
void tblgen::OpMethod::writeDefTo(raw_ostream &os,
StringRef namePrefix) const {
    1. 生成Method签名部分
    2. 生成Method主体部分
}
```

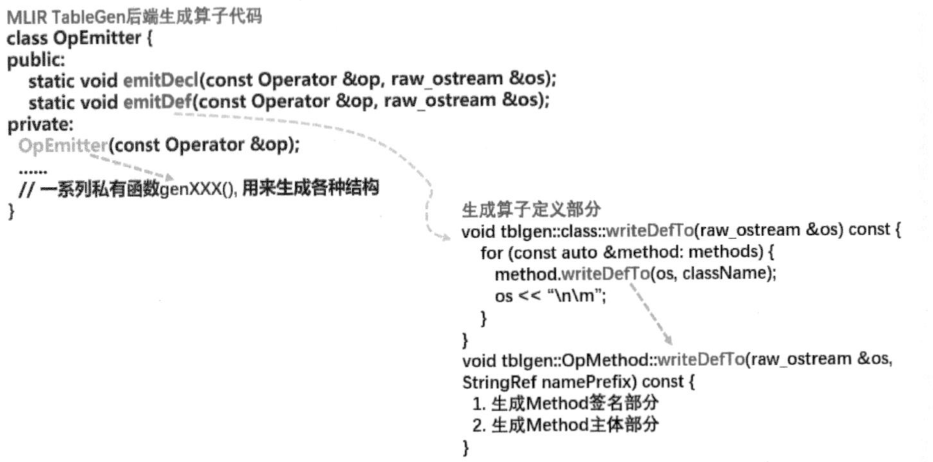

● 图 11.15　MLIR TableGen 后端生成算子代码示例（二）

　　总结一下，在编写完 Ops.td 之后，需要在编译时将它扩展为 C++代码，使得其他模块可以依赖它们。此时就需要 MLIR TableGen 的后端帮忙，整个生成过程分为两个部分：生成算子声明部分，以及生成算子定义部分。MLIR TableGen 后端对于算子代码生成的函数调用关系以及工作方式如图 11.16 所示。

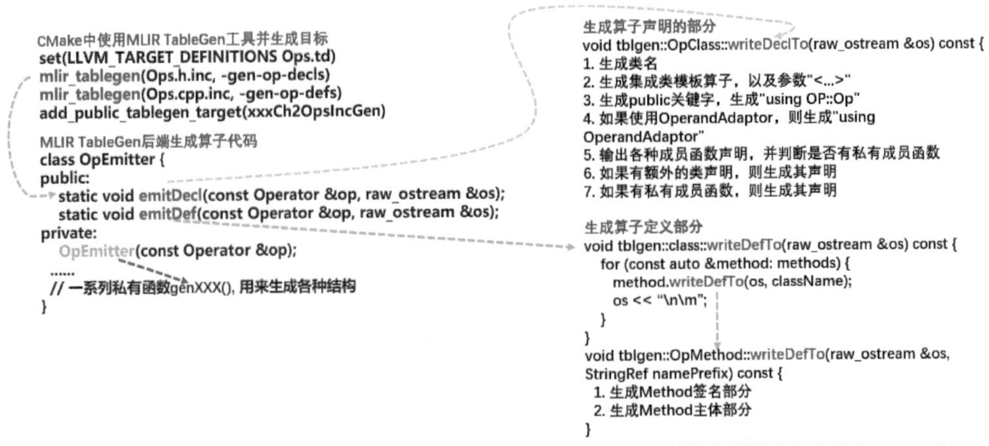

```
CMake中使用MLIR TableGen工具并生成目标
set(LLVM_TARGET_DEFINITIONS Ops.td)
mlir_tablegen(Ops.h.inc, -gen-op-decls)
mlir_tablegen(Ops.cpp.inc, -gen-op-defs)
add_public_tablegen_target(xxxCh2OpsIncGen)

MLIR TableGen后端生成算子代码
class OpEmitter {
public:
    static void emitDecl(const Operator &op, raw_ostream &os);
    static void emitDef(const Operator &op, raw_ostream &os);
private:
    OpEmitter(const Operator &op);
    ......
    // 一系列私有函数genXXX()，用来生成各种结构
}
```

```
生成算子声明的部分
void tblgen::OpClass::writeDeclTo(raw_ostream &os) const {
    1. 生成类名
    2. 生成集成类模板算子，以及参数"<...>"
    3. 生成public关键字，生成"using OP::Op"
    4. 如果使用OperandAdaptor，则生成"using
    OperandAdaptor"
    5. 输出各种函数声明，并判断是否有私有成员函数
    6. 如果有额外的类声明，则生成其声明
    7. 如果有私有成员函数，则生成其声明

生成算子定义部分
void tblgen::class::writeDefTo(raw_ostream &os) const {
    for (const auto &method: methods) {
        method.writeDefTo(os, className);
        os << "\n\m";
    }
}
void tblgen::OpMethod::writeDefTo(raw_ostream &os,
StringRef namePrefix) const {
    1. 生成Method签名部分
    2. 生成Method主体部分
}
```

● 图 11.16　MLIR TableGen 后端对于算子代码生成的函数调用关系以及工作方式

11.5 MLIR 的缘起

1. MLIR 深度学习编译器

MLIR 是什么？MLIR 是一个编译器项目。在编程语言编译器方面，已经有 LLVM 和 GCC，在深度学习编译器方面，已经有 TVM，那么 MLIR 相比于它们有什么优点呢？以编译编程语言为例，在将代码转换到可执行指令的过程中，需要对程序进行分析与优化，以便去除冗余的计算与规划指令执行的次序等。分析与优化涉及的算法和流程，经过几十年的发展，都已经很成熟了，如果每种编程语言都重新实现一遍，就做了重复工作，因此 MLIR 提供了一系列组件，方便用户实现自己的编译器，它不仅提供了内部实现的优化策略，还允许用户非常简单地实现自定义的优化方案。

MLIR 可以是中层、摩尔定律、机器学习或者模块化库等的缩写，深度学习领域是它重点发力的方向。随着摩尔定律的失效，越来越多的领域特定处理器被开发出来，特别是 AI 加速器芯片蓬勃发展，而要将深度学习模型运行在这些加速器上，不可避免地是对模型的分析、优化，然后生成执行的指令。大名鼎鼎的 TVM 同样是深度学习编译器，那么它与 MLIR 的区别在哪里呢？TVM 的重心在于通过智能算法来生成高性能的算子实现代码，它可以生成运行在 CPU、GPU 等上的代码，虽然它也提供了使算子执行在加速器上的 BYOC 机制，但是问题是加速器也要有运行时来执行硬件相关或无关的优化，而在这个层次上非常适合使用 MLIR 来完成。确实有些厂商使用 TVM 来实现自己加速器的运行时，但是实现颇具难度。下面以 Arm 的 Ethos-N 项目（https://github.com/ARM-software/ethos-n-driver-stack）为例，看一看加速器的运行时是如何使用的，值得一提的是，Ethos-N 项目对深度学习模型的分析、优化都是自己实现的，从源代码中可以发现，实现起来不仅麻烦，而且工作量巨大，但如果使用 MLIR，就会变得简单。

```cpp
// 构建计算图
std::shared_ptr<ethosn_lib::Network> net = ethosn_lib::CreateNetwork();
// 添加算子
ethosn_lib::AddInput(net, ...);
ethosn_lib::AddRelu(net, ...);
ethosn_lib::AddConvolution(net, ...);
...
// 编译网络,得到 IR
std::vector<std::unique_ptr<CompiledNetwork>> compiled_net =
ethosn_lib::Compile(net, ...);
std::vector<char> compiled_net_data;
ethosn::utils::VectorStream compiled_net_stream(compiled_net_data);
compiled_net[0]->Serialize(compiled_net_stream);
// 运行网络
std::unique_ptr<ethosn::driver_library::Network> runtime_net =
                std::make_unique(compiled_net_data.data(), compiled_net_data.size());
runtime_net->ScheduleInference(...);
```

不仅如此，**MLIR** 在其他领域同样可以大展拳脚，如微软开源的编程语言 Verona（https://github.com/microsoft/verona）、硬件设计工具 CIRCT（https://github.com/llvm/circt）都使用 **MLIR** 来优化代码。**MLIR** 中的许多概念，非编译器领域的从业者、研究者或许会非常困惑，虽然官网文档中已经做了详细的说明，但是读后仍可能会感到如坠入云里雾中，现在通过下面的案例来逐步解析。

2. MLIR 案例分析

为了让从业者、研究者更快地了解 **MLIR** 中的概念，**MLIR** 项目通过发明一种新的编程语言 xxx 来一步步地揭开方言、**Pass**、接口的奥秘，最终不仅能创建新的数据类型，还可以生成实际运行的代码。

（1）xxx 语言语法

为了简单，xxx 语言只支持有限的特性，如数据都是 double 类型的；只支持基本的算术运算；只支持几个内置函数等，通过下面的代码来一看究竟：

```python
def main() {
  var a = [[1, 2, 3], [4, 5, 6]];
  var b<2, 3> = [1, 2, 3, 4, 5, 6];
  print(transpose(a) * transpose(b));
}
```

使用 def 定义函数；使用 var 定义变量；变量 a 是一个张量，它的大小没有指定，但可以从字面值中推断出来；而变量 b 指定了大小，如果与字面值不符，则会进行缩放操作；使用内置函数进行转置，即对张量执行转置操作，内置函数会输出结果到控制台；注意，"*"是逐元素相乘的操作符。xxx 语言还支持自定义函数的调用，函数参数的大小没有指定，会在实际调用时确定：

```python
// ast.xxx
#定义一个函数,参数的大小未指定
def multiply_transpose(a, b) {
  return transpose(a) * transpose(b);
}

def main() {
  var a = [[1, 2, 3], [4, 5, 6]];
  var b<2, 3> = [1, 2, 3, 4, 5, 6];
  #输入大小是<2, 3>,输出大小是<3, 2>
  var c = multiply_transpose(a, b);
}
```

（2）xxx 语言的抽象语法树

代码本质上是字符串，为了了解代码的逻辑，就需要对字符串进行分析，从而得到抽象语法树。在 llvm/examples/xxx/Ch1 文件夹下有解析的代码，详细的实现就不赘述了，这里只简单地介绍解析的流程。一个 ".xxx" 文件中的代码作为一个 ModuleAST，ModuleAST 里包含若干个 FunctionAST。因此解析代码字符串首先以函数为单位进行，对一个个字符进行遍历，当遇到 def 时，开始解析函数。FunctionAST 有 PrototypeAST 和 Block 两个子模块，分别提供函数的名称、参数列表和函数内部实现，其中 Block 是由一系列表达式 ExprAST 组成的 ExprASTList。表达式 ExprAST 有多种类型：用于定义变量的 VarDeclExprAST；用于表示函数返回的 ReturnExprAST；用于调用函数的 CallExprAST 等。

最后值得一提的是，在 examples 目录下还有一个独立的项目，该项目可以用作创建一个独立子项目，而把 MLIR 作为第三方依赖的参考。当打算借助 MLIR 建立一个新编程语言项目或 AI 编译器项目时，这将非常有帮助。

（3）方言基础

方言是 MLIR 可扩展特性中重要的一个方面。它可以被看作一个容器，官方文档里称它为唯一命名空间下的抽象提供分组机制，它包含许多运行算子、类型、属性等。Operation 可以译为算子或者操作，是 MLIR 中的核心单元。只介绍概念不能让人理解其中的含义，以人类语言为例，方言相当于中文，而运算相当于单词；以 xxx 语言为例，方言相当于 xxx 编程语言，运算相当于+、-、*、/等算术运算，以及转置与输出函数计算。当然 xxx 语言不止有运算，还有数据类型（如 double），以及属性（如变量的大小）。下面就创建 xxx 方言吧！

创建 xxx 方言需要继承方言类并实现部分接口，就像下面这样：

```cpp
class xxxDialect : public mlir::Dialect {
public:
  explicit xxxDialect(mlir::MLIRContext * ctx);

  // xxx 方言的命名空间
  static llvm::StringRef getDialectNamespace() { return "xxx"; }

  // 初始化函数,在实例化时调用
  void initialize();
};
```

11.6 MLIR 部署

▶▶ 11.6.1 MLIR 部署流程

MLIR 是一个 LLVM 下的编译器框架，可以用来统一表达、管理和优化不同的 IR。

系统设计者需要弄清楚一个系统的部署流程，以及它与其他系统的关系。

通过图 11.17 可以理解 MLIR 的部署方式，以及它和其他系统（如 LLVM）的关系。

1）输入：包括大型应用程序（如 PyTorch）、硬件设计程序（如 Chisel）和普通程序（如 C）等。

2）在 MLIR 部署流程框架里面，首先实现多个方言，以便处理不同的输入。不同语义可以有不同方言。例如，对于机器学习，可以实现一个 tensor-based 方言。MLIR 里面有类似的 LLVM Pass，可以对不同的输入做一些共享的优化。最终，MLIR 会把不同的输入都下译到一个最佳的 IR（称为 IR_{opt}）中。

3）输出：MLIR 可以把 IR_{opt} 转换成不同的 IR，并输入到后端。例如，可以把 IR_{opt} 转换成 LLVM

IR，这样 LLVM 就可以帮忙生成运行在 CPU 上的二进制文件；也可以把 IR_{opt} 转换成 SPIR-V，这样 SPIR-V 可以帮忙生成运行在 GPU 上的二进制文件；抑或把 IR_{opt} 转换成 FIRRTL，那么 LLVM CIRCT 可以支持生成运行在 FPGA 上的 Verilog。MLIR 的好处在这里体现最明显。

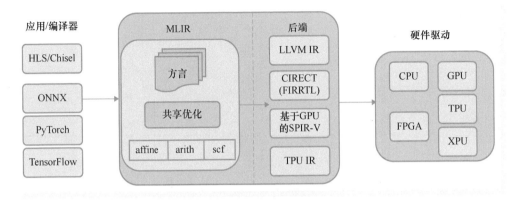

● 图 11.17　MLIR 部署流程框架

MLIR 是一个 IR 的大前端，它载入一份代码，可以为多个后端生成相对应的 IR，帮助把同一份代码运行在不同的物理设备上。

▶▶ 11.6.2　MLIR 应用

1）MLIR 起初就是因为 TensorFlow 的需求才被提出的。所以现在很多机器学习框架都实现了各自的 MLIR 方言，以便做一个 tensor-based 优化。

2）生成 FIRRTL，增加硬件开发的灵活性。

3）帮助生成更好的 HLS（ScaleHLS）。

4）帮助进行更快的仿真（EQueue）。

11.7　MLIR 介绍

1. MLIR 背景

MLIR 是 LLVM 原作者 Chris Lattner 在 Google 时期开始做的项目，现在已经合入 LLVM 仓库。MLIR 的目的是设计一个通用、可复用的编译器框架，减少构建特定域编译器的开销。MLIR 目前主要用于机器学习领域，但设计上是通用的编译器框架，也有 Flang（LLVM 中的 Fortran 编译器）、CIRCT（用于硬件设计）等与机器学习无关的项目。MLIR 现在还处于早期发展阶段，正在快速更新迭代，其发展趋势是尽可能完善功能，减少新增自定义特征的工作量。

2. MLIR 的核心部分

IR 部分（包括内置方言）构成了 MLIR 的核心，这部分接口相对稳定。IR 里面有方言、操作、属性、类型和接口等组成部分。自带的一些方言（如 std、scf、linalg 等）是类似标准库的内容，把一些通用的内容抽象出来，增加复用性，减少开发者的工作量。开发者可以选用自己想要的方言，而且不同的方言之间支持混合编程。如图 11.18 所示，方言保证了开发过程的自由度和灵活性，包括方言内与方言间的变换，MLIR 与非 MLIR（如 LLVM IR、C++源代码、SPIR-V）之间的变换。

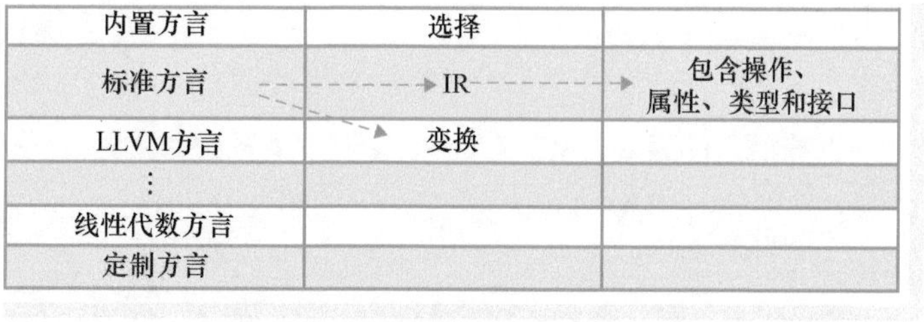

内置方言	选择	
标准方言	→ IR →	包含操作、属性、类型和接口
LLVM方言	变换	
⋮		
线性代数方言		
定制方言		

● 图 11.18 方言保证了开发过程的自由度和灵活性

3. MLIR 与 LLVM 的区别

MLIR 更适合和 LLVM 做比较，而不是 TVM 等深度学习编译器。LLVM 的很多概念都和 MLIR 比较像，如果了解 LLVM，那么 MLIR 会比较容易上手。

由于历史局限性，LLVM IR 的类型当初只设计了标量和定长向量，那个给 LLVM 添加矩阵（matrix）类型的提案目前也没有进展。而 MLIR 自带张量类型，对深度学习领域更友好。

MLIR 有运算和方言的概念，方言、运算、属性和类型等都可以通过.td 文件比较方便地定义出来。而 LLVM 定义新的内置函数比较麻烦，定义新的 IR 就更麻烦了。LLVM IR 主要表示硬件指令操作，而 MLIR 能表示更多内容，比如表示神经网络的图结构。因为有方言，所以 MLIR 是组件化、去中心化的，不像 LLVM 的 IR 是一种大而全的复杂框架。

MLIR 的执行过程和 LLVM 类似。二者的不同之处是，MLIR 的 IR 可以对应不同的方言，构成了多级（Multi-Level）的效果。

4. MLIR 开源项目

MLIR 只是一个编译器框架，本身并没有具体功能，所以可以参考一些基于 MLIR 开发的开源项目。

1) TensorFlow：没有它就没有 MLIR。

2) MHLO：TensorFlow 组件，相当于支持动态规模的 XLA。

3) TFRT：TensorFlow 组件，TensorFlow 新的运行时。

4) torch-mlir：连接 PyTorch 与 MLIR 生态。

5) onnx-mlir：连接 ONNX 与 MLIR 生态。

6) IREE：深度学习端到端编译器。

7) CIRCT：硬件设计及软硬件协同开发。

8) Flang：Fortran 的编译器前端。

9) Polygeist：C/C++ 源代码变成 MLIR 映射。

11.8 MLIR 基本数据结构

程序=数据结构+算法，MLIR 是一个编译器基础框架，包含大量的数据结构和算法，下文介绍一下 MLIR 的数据结构。

程序底层表示都可以抽象成为常量、变量、内存分配、基本运算、函数调用、流程控制（if-else、loop）等概念，IR 就是对这些概念的表示，MLIR 的 IR 基于最少量的基本概念，大部分 IR 都完全可定制。在设计时，用少量抽象（类型、操作和属性，这是 IR 中最常见的）表示其他所有内容，从而可以使抽象更少、更一致，也让这些抽象易于理解、扩展和使用。

多级 IR 是 MLIR 的亮点，而且同一函数中可以共存多种方言，目前这种思路也已经被 TVM 采纳，TVM 提出了演化到新一代深度学习编译系统的核心技术路线 TVM，统一引入 Relax（Relay Next 的简称）进行迭代，使得它的多级 IR 可以在同一个函数中共存。MLIR 和 TVM 正变得越来越相似。

▶▶ 11.8.1 MLIR 源代码目录

MLIR 源代码地址：https://github.com/llvm/llvm-project/tree/main/mlir，源代码目录如下：

```
├──── CMakeLists.txt //编译文件,MLIR 通过 CMake 编译
├──── LICENSE.TXT
├──── README.md
├──── benchmark/
├──── build/
├──── CMake/ //CMake 的一些编译设置,比如 add_mlir_dialect 等函数定义
├──── docs/
├──── examples/ //官方提供的一个完整的端到端示例
├──── include/ //头文件目录,包括大量.td 文件
├──── lib/ //源文件
├──── python/ //底层接口的 Python 实现
├──── test/ //测试例子,examples 目录需要的一些资源文件,如 MLIR 测试文件,都在该目录下
├──── tools/ //测试工具
├──── unittests/ //Google Test 中的单元测试
└──── utils/
```

▶▶ 11.8.2 MLIR 简易 UML 类图

图 11.19 展示了 MLIR 简易 UML 类图。

图 11.20 展示了运算嵌套关系。

算子类的实例可能有一系列附加函数，函数为 MLIR 中的嵌套结构提供了实现机制：一个函数包含一系列块，一个块包含一系列算子（算子中可能又包含函数）。与属性一样，函数的语义由其附加的算子定义，函数内部的块（如果有多个）可形成控制流图。

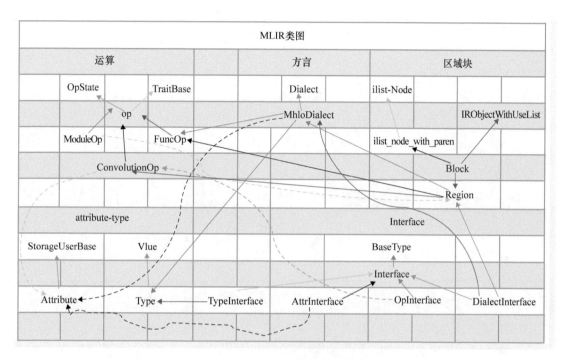

● 图 11.19 MLIR 简易 UML 类图

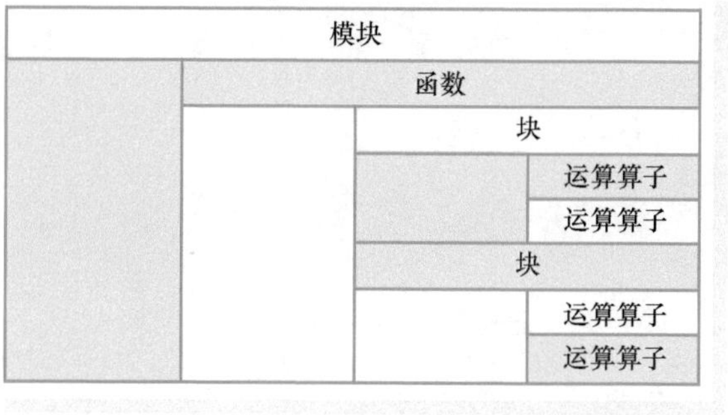

● 图 11.20 运算嵌套关系

▶▶ 11.8.3 开发中用到的具体数据结构

下面介绍几个常用的 mlir 的数据结构类。

1. mlir∷Dialect

每个 mlir∷Dialect 类都必须实现一个初始化钩子，以添加属性、操作、类型，以及附加任何所需的接口，或为构造时应该发生的方言执行其他任何必要的初始化。此钩子是为要定义的每种方言声明的，其形式为：

```
void MyDialect::initialize() {
// Dialect initialization logic should be defined in here.
}
```

方言定义在 mlir/include/mlir/IR/Dialect.h 文件中，实现自定义方言时，要添加该类的以下类方法。

例如 MHLO 方言的实现：

```
MhloDialect::MhloDialect(MLIRContext * context)
: Dialect(getDialectNamespace(), context, TypeID::get()) {
addOperations<
#define GET_OP_LIST
#include "mlir-hlo/Dialect/mhlo/IR/hlo_ops.cc.inc"
>();
addInterfaces();
addInterfaces();
addTypes<TokenType, AsyncBundleType>();
addAttributes<
#define GET_ATTRDEF_LIST
#include "mlir-hlo/Dialect/mhlo/IR/hlo_ops_attrs.cc.inc"
>();
context->loadDialecttensor::TensorDialect();
}
```

需要注意这两行的含义：

```
#define GET_OP_LIST
#include "mlir-hlo/Dialect/mhlo/IR/hlo_ops.cc.inc"
```

Dialect 类中的重要接口如下：

```
class Dialect {
template <typename...Args>
void addOperations() {
}
template
void addAttribute() {
}
template
void addType() {
}
};
```

2. mlir::Operation、mlir::Op、mlir::ModuleOp 和 mlir::FunctionOp

由 UML 类图可知，mlir::ModuleOp、mlir::FunctionOp 都继承自 mlir::Op。

在 MLIR 中，由运算与算子两个类来完成运算的数据结构表示，运算类的定义在 mlir/include/mlir/IR/Operation.h 文件中，算子类的定义在 mlir/include/mlir/IR/OpBase.td 中。mlir::Operation 为 mlir::Op 对象提供接口。mlir::Op 是各种运算类（如 ConvolutionOp）的基类，当定义一个运算的时候，实际上是在提供一个运算类的接口，代码中 mlir∷Operation 是通用的定义，包含通用的接口和属性，ConvolutionOp 等是特定定义，前者可以通过 llvm∷dyn_cast（动态）或 llvm∷cast（静态）转换成后者，后者可以通过 getOperation 转换成前者，如下所示：

```
void processConstantOp(mlir∷Operation * operation)
{
ConstantOp op = llvm∷dyn_cast(operation);
// This operation is not an instance of ConstantOp.
// Get the internal operation instance wrapped by the smart pointer.
mlir∷Operation internalOperation = op.getOperation();
}
```

mlir∷Op 的基类之一 mlir∷OpState 的私有成员变量包含一个运算对象，从而可以实现上述的转换，OpState 类的定义在 mlir/include/mlir/IR/OpDefinition.h 文件中，如下所示：

```
class OpState {
public:
// This implicitly converts to Operation.
operator Operation * () const { return state; }
private:
Operation * state;
};
template <typename ConcreteType, template class...Traits>
class Op : public OpState, public Traits...{
```

算子类公有继承 OpState、Traits 类，而且 Traits 是可变参数模板类，所以属性类可以根据需要在定义算子时，随意添加任意数量，如卷积类，继承自非常多的属性类，需要编译 MHLO 方言，源代码地址：https∷//github.com/tensorflow/mlir-hlo。

3. mlir∷Value

mlir∷Value 可以理解成操作数、参数等，如%arg0、%1 等。

在开发中，mlir∷Value 中常用的接口如下：

```
Type getType() const;
MLIRContext * getContext() const { return getType().getContext(); }
Location getLoc() const;
Region * getParentRegion();
Block * getParentBlock();
void dump();
```

4. mlir∷Type

Type 可以理解成 Value 的类型，如 Type 例子中的 tensor<*xf64>、tensor<2x3xf64>等对应的是 TensorType，它继承自 mlir∷Type。

在开发中，mlir∷Type 中常用的接口如下：

```
template bool isa() const;
template <typename First, typename Second, typename...Rest> bool isa() const;
template U dyn_cast() const;
```

```
template U dyn_cast_or_null() const;
template U cast() const;
bool isIndex() const;
bool isF16() const;
bool isF32() const;
bool isF64() const;
```

5. mlir :: Attribute

属性分为以下两种。

1）OptionalAttr：可选属性。

2）DefaultValuedAttr：默认属性。

属性有如下类型。

1）无符号整型：UI64Attr、UI32Attr、UI16Attr、UI8Attr、UI1Attr。

2）有符号整型：SI64Attr、SI32Attr、SI16Attr、SI8Attr、SI1Attr。

3）浮点型：F32Attr、F64Attr。

4）字符串：StrAttr。

5）布尔型：BoolAttr。

6）数组型：BoolArrayAttr、StrArrayAttr、I32ArrayAttr、F32ArrayAttr。

7）字典型：DictionaryAttr。

6. mlir :: Region

区域（Region）是在控制流中存在的概念，一个区域包含 1 个或多个块（Block），第一个块的参数也是区域的参数，如 ConvolutionOp 这种算子类没有区域，mlir :: MuduleOp 中会存在一个区域。

7. mlir :: Block

块是在 {和} 之间的一系列运算的合集，如 ConvolutionOp 这种 Op 类没有块，funcOp 方法会有一个块。执行 ConvolutionOp 类中的方法 getParentOp 方法，得到的是 funcOp 方法。

在开发中，mlir :: Block 中常用的接口如下：

```
Region *getParent() const;
// Returns the closest surrounding operation that contains this block.
Operation *getParentOp();
// Return if this block is the entry block in the parent region.
bool isEntryBlock();
// Insert this block (which must not already be in a region) right before the specified
block.
void insertBefore(Block *block);
// Unlink this block from its current region and insert it right before the specific block.
void moveBefore(Block *block);
// Unlink this Block from its parent region and delete it.
void erase();
unsigned getNumArguments() { return arguments.size(); }
BlockArgument getArgument(unsigned i) { return arguments[i]; }
```

```
iterator begin() { return operations.begin(); }
iterator end() { return operations.end(); }
Operation &back() { return operations.back(); }
Operation &front() { return operations.front(); }
```

8. Traits 基类特征

Traits 基类特征萃取技术，提取被传入对象对应的返回类型，让同一个接口实现对应的功能，MLIR 中的 Traits 基类是：TraitBase < ConcreteType，TraitType >，子类有以下几种：AttributeTrait、OpTrait、TypeTrait 等。其中 ConcreteType 对应绑定到该特征的实体类，TraitType 对应特征类。

这个基类特征实现起来很复杂，通过类模板实现泛型编程，实现一些每个运算都可能会用到的功能，运算定义时直接继承，避免每个运算都实现类似的代码，造成代码大量冗余。

11.9　MLIR 的出现背景与提供的解决方案

▶▶ 11.9.1　概述

本节主要从以下两个角度讨论 MLIR。

1）MLIR 的出现背景：模型算法越来越复杂，计算量越来越大。

2）方言的演进：方言可以解决什么问题、需要什么基本模块、基本模块需要哪些扩展。

算法模型的发展带来两个问题：

1）算子越来越多，越来越复杂。

2）计算量越来越大。

为了解决这两个问题，需要从以下两个方面着手。

1）软件方面：各个框架需要增加更多的算子，方便模型研究人员使用和验证算法。

2）硬件方面：需要算力更高的硬件来满足模型训练的需求，为使能硬件，需要软件开发人员优化框架架构、计算、软件生态，以弥补框架和硬件之间的差距。

各大框架都有一套自己的选项标准，以致出现了 ONNX，它想要统一这个标准。软件层面面临以下两大问题：

- 如何方便算法人员使用框架。

- 不同框架的模型如何转换。

对于软件层面面临的第一个问题，因为算法人员一般使用 Python，所以对应的框架都有 Python 接口，这里不讨论。对于第二个问题，在不同框架之间，目前大部分情况是把 ONNX 作为中间接口，如 TensorFlow↔ONNX↔PyTorch。

有了 ONNX，问题似乎就可以解决，不需要 MLIR 了。这里，假设所有框架都统一了标准，即只有一种框架了，也就不需要 ONNX 了，是否还需要一套中间模块？

同样需要一套中间模块，因为随着计算量的增加，除了英伟达的 GPU 以外，还有一批创业公司在做 AI 芯片，每家公司的芯片都有自己不同的属性，为了使能硬件，可以像英伟达那样开发一套库，提供一套 API。这种方式带来的问题是需要大量的人力，不适合创业企业。

综上所述，MLIR 出现的关键背景就是：提供一套中间模块（即 IR，后面不再用 IR 来描述，以模块来描述更容易理解）。这个中间模块有以下两个作用：

1）对接不同的软件框架。

2）对接软件框架和硬件芯片。

进一步思考并总结，就会发现，对接软硬件，主要是为了对接选项。

▶▶ 11.9.2 解决方案

MLIR 提供的解决方案是方言和 DialectConversion。方言用来抽象运算集，DialectConversion 用来做方言转换，如图 11.21 所示。

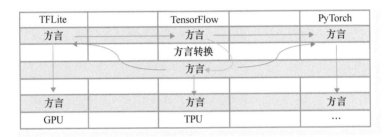

● 图 11.21　方言用来抽象运算集，DialectConversion 用来做方言转换

方言为了达到对框架和硬件的抽象目的，提供了如下模块：类型、属性和运算，这三者缺一不可，因为它们都是 MLIR 的基本模块。

DialectConversion 为了能达到转换的目的，提供如下模块：ConversionTarget、ConversionPattern 和 TypeConverter，其中前两个模块是基本模块，一个用来表示进行转换的两个方言，另一个用来匹配符合转换的运算。其实，这三个模块不一定都是必需的，只要能实现转换功能即可。

方言和 DialectConversion 是 MLIR 的两个基础模块。

为了进一步丰富方言的表达功能，MLIR 提供了变化模块，用来提供方言内部算子的转换变形。同时 MLIR 为方言提供了规范化模块，它也是用来做内部转换。

到目前为止，MLIR 中方言模块之间的交互关系如图 11.22 所示。

● 图 11.22　MLIR 中方言模块之间的交互关系

为了增加对方言与运算的标准化和功能扩展，MLIR 增加了限制接口与特性，方便对运算进行限制和扩展，如图 11.23 所示。

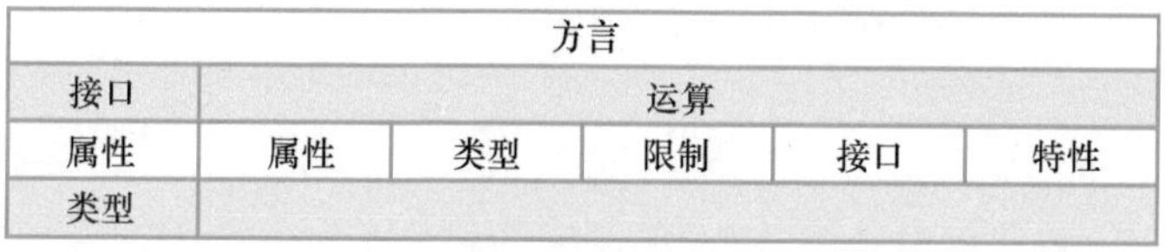

方言					
接口	运算				
属性	属性	类型	限制	接口	特性
类型					

● 图 11.23　对方言和运算进行标准化与功能扩展

到目前为止，还缺少对运算的描述，运算作为方言的核心元素，提供对算子的抽象，引入两个模块：Region 和 Block。同时，为了对在哪里做转换和对 DialectConversion 进行管理，MLIR 开发了 Pass 模块。

到此为止，MLIR 的基本功能已经完备。

为了统一管理 MLIR 的方言这些模块，让各个方言能更好地进行转换，MLIR 提供了两个 TableGen 模块：ODS 和 DRR。

1）ODS：统一方言、运算等方言内部类的创建。

2）DRR：统一执行规范化、转换运算，即进行模式重写器（Pattern Rewritter）的管理（除此之外，还提供对 Pass 的管理），如图 11.24 所示。

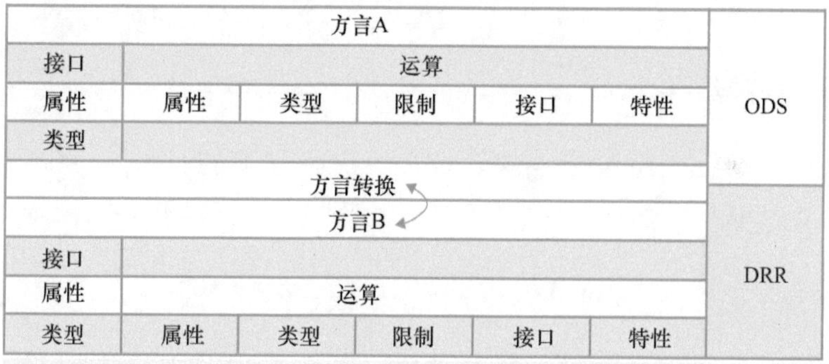

方言A						
接口	运算					ODS
属性	属性	类型	限制	接口	特性	ODS
类型						ODS
方言转换						
方言B						
接口						DRR
属性	运算					DRR
类型	属性	类型	限制	接口	特性	DRR

● 图 11.24　方言与 ODS 及 DRR 的关系

注意，图 11.24 中未标示 Region、Block、变化和 Pass。

以上介绍的便是 MLIR 的基础功能。但只提供方言和 DialectConversion 解决不了实际应用问题。好比 C++语法和 STL 库，以上这些模块可以比作 C++语法，描述了如何采用 MLIR 来实现方言和 Dialect-Conversion，但所实现的方言提供哪些功能，以及如何弥补软、硬件之间的差距，设计一套合适的架构，则是 MLIR 的一大贡献。MLIR 提供了一些基础方言，方便开发人员使用，这些方言各有侧重。

最后，MLIR 过程总结如下。

1）学习 MLIR 基本模块。

2）学习 MLIR 提供的方言、各个方言的定位，以及为弥补软、硬件之间的差距，提供的这些差距的分类和关联关系。

其中 MLIR 基本模块学习过程如下。

1）方言、属性、类型、运算：想象一下，如果自己实现，应该怎么设计类。

2）DialectConversion：想象在自己实现的前四个模块（方言、属性、类型、运算）上如何实现 DialectConversion。

3）接口、限制、特征：想象自己会怎么增加这些功能。

4）转换、调节。

5）范围、块：基于前面一系列转换，想象如何对运算进行抽象，提取出 Region 和 Block 的概念。

6）Pass。

7）最后才是 ODS 和 DRR。

11.10 机器学习编译器：MLIR 方言体系

在编译器与 IR 的体系（LLVM IR、SPIR-V 和 MLIR）中，既谈及对编译器和中间表示（IR）演进趋势的整体理解，也讨论 LLVM IR、SPIR-V 和 MLIR 所要解决的问题以及相应的设计着眼点。本节将 MLIR 进一步展开，分析机器学习相关的方言体系。值得注意的是，MLIR 是一个编译器基础设施，它可以用来编写各种领域专用编译器，并不限于机器学习。不过，机器学习确实是 MLIR 得到广泛开发和应用的领域之一，尤其是用来转换各种机器学习模型，以及支持各种异构硬件。

▶▶ 11.10.1 基础组件

编译器的一大优势是具备可组合性。如果功能甲、乙、丙分别得到了实现，那么它们的各种组合自然也会得到支持。这种特性是编译器与算子库的关键区别之一；在算子库中，不同的组合可能需要经由完全不同的手写代码来实现。长期而言，通过把指数级问题变成线性问题，编译器可以缩减大量的工程投入。

为实现这种可组合性，需要分解问题，而后开发适宜的基础组件。在中间表示中，一般把这些基础组件定义成各种操作。但对于机器学习而言，仅用操作是很难组织出结构清晰且优雅的软件栈的，因为输入模型和生成代码之间存在着巨大的语义鸿沟。除此之外，输入模型和目标硬件种类繁多，有着各式各样的需求。为此，MLIR 通过方言机制实现了更高层次的基础组件。

一个方言基本可以理解为一个命名空间。在这个命名空间中，可以定义一系列互补协作的操作，以及这些操作所需的类型与属性等。特定的机器学习编译器，只需要组合现有的方言，并加上自己的扩展或者定制。MLIR 方言的以下几个特性值得一提。

1. 内嵌结构的操作

无论是表示还是转换，操作都是编译器中的原子性组件。可以把操作放到基础块中，然后把基础块放到函数中。但这只是较浅的两层结构；语义其实还是依赖于每个单独的操作，模式匹配依然发生在一个或者一组松散的操作之上。想要定制已有操作，或者把几个操作进行强结合，以便给模式匹配设定清晰边界，依旧很困难。MLIR 中操作的一个突出特性是，可以通过 Region 内嵌结构。MLIR 中很多可以添加负载的结构化操作都依赖于这个特性。这些结构化操作本身只定义某种结构性语义，比如

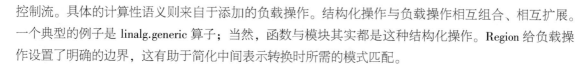
控制流。具体的计算性语义则来自于添加的负载操作。结构化操作与负载操作相互组合、相互扩展。一个典型的例子是 linalg.generic 算子；当然，函数与模块其实都是这种结构化操作。Region 给负载操作设置了明确的边界，这有助于简化中间表示转换时所需的模式匹配。

2. 代表抽象层次的类型

归根到底，操作只是针对某种类型的值所进行的某种计算。类型才是抽象层次的代表。举个例子，张量、缓存及标量都支持加减乘除等各种操作。这些操作在本质上并没有多少区别，但它们明显属于不同的抽象层次。张量存在于机器学习框架，或者编程模型这一类高层次抽象中。缓存存在于执行系统和内存体系这一类中层次抽象中。标量存在于执行芯片和寄存器这一类底层抽象中。

一个方言可以自由地定义各种类型，MLIR 的核心基础设施会无差别地对待它们，同时用统一的机制支持来自不同方言的类型。例如，类型转换就是通用的转换类型的机制。方言 A 可以重用来自方言 B 的类型，也可以对其进一步扩展和组合，如将基础类型放入容器类型中。一个方言也可以定义规则，以便实现自身类型和其他方言类型的相互转换。把这些规则加入类型转换器后，所有的规则会相互组合，由此类型转换机制会自行找出转换通路来实现转换。不过，相较于操作的组合与转换，类型的组合与转换通常有更多限制，也更加复杂，毕竟类型的匹配奠定了操作可以衔接的基础。

3. 不同建模粒度的方言

通过定义、组织操作及类型，方言为编译器提供了粗粒度、高层次的建模方式。如果两个方言所涉及的类型相同，那么它们基本属于统一的抽象层次。另外，对涉及不同类型的方言进行转换，本质上是转换不同的抽象层次。

为简化实现，一般将高层次抽象递降到低层次抽象。递降的过程通常会进行某种形式的问题分解或者资源分配，以便逐渐贴近底层硬件。问题分解的例子有平铺、向量化等；资源分配的例子有缓存化、寄存器分配等。即便如此，递降依然不是一个简单的问题，因为不同的抽象层次有不同的目的，以及对正确性和性能的不同理解。例如，编程模型层需要考虑的是代码的表示能力与简洁性，很少涉及具体硬件特性；而硬件层需要考虑的是资源的最佳使用，很少考虑是否易于编程。因此，在诸多MLIR 机制中，方言转换可能是最复杂的就不奇怪了。

▶▶ 11.10.2　方言体系

以操作和类型的可组合性及可扩展性为基础，方言可以作为组合机器学习编译器的高层次基础组件。之前的讨论偏抽象，接下来会具体地介绍现有的方言，并把它们放到统一的流程中。鉴于这里的目的是提供宏观的理解，讨论只会涉及主要的部分，而非对所有方言进行详细的分析。首先看一下问题空间并且定义讨论的边界。机器学习编译器面临深度和广度的双重挑战。

1）在最上层，模型通常基于某种用 Python 编写的框架。输入程序，或者说输入编程模型，通常是对高维张量进行操作。而在底层，模型的主要计算部分通常是由某种具有向量或者 SIMD 单元的加速器执行的。底层硬件，或者说机器模型，只提供低维（通常是一维或者二维）向量或者标量的指令。

2）现在有各种各样的框架可以用于编写机器学习模型，同样有许多硬件可以执行它们。硬件可能会提供不同的计算和内存组织结构；在 CPU、GPU 以及各种加速器中，基于平铺的架构是较常见的一种。整个模型的执行，需要运行各种控制流与同步机制，而在这个方面，GPU 或者一般的加速器通常都乏善可陈，所以 CPU 依然处于进行调度协调的中心。

真正的端到端的机器学习编译器需要将输入模型同时转换成运行在加速器上的算子核，以及运行在 CPU 上的同步逻辑调度。在 MLIR 生态中，这两部分都有对应的方言体系。这里侧重的是算子代码生成；调度同步相关的方言（如 MLIR 中的 async 方言和 IREE 中的流方言）与传统运行时系统的功能相关。从类型的角度来说，恰当分层的软件栈需要支持对张量、缓存、向量、标量等进行建模，以及一步步分解问题和递降抽象层次。从操作的角度来说，需要计算和控制流。控制流可以是显式的基础块跳转，也可以内含于结构化操作之中。通过这些角度，可以把以下会讨论的方言展示在同一流程中，如图 11.25 所示。

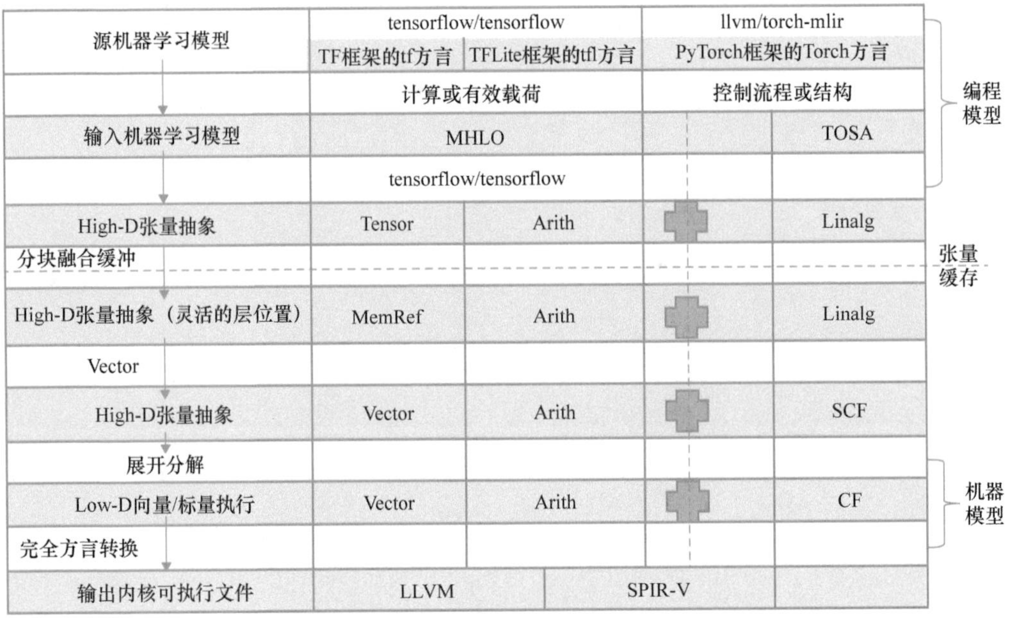

源机器学习模型	tensorflow/tensorflow		llvm/torch-mlir	
	TF框架的tf方言	TFLite框架的tfl方言	PyTorch框架的Torch方言	编程模型
	计算或有效载荷		控制流程或结构	
输入机器学习模型	MHLO		TOSA	
	tensorflow/tensorflow			
High-D张量抽象	Tensor	Arith		Linalg
分块融合缓冲				张量缓存
High-D张量抽象（灵活的层位置）	MemRef	Arith		Linalg
Vector				
High-D张量抽象	Vector	Arith		SCF
展开分解				
Low-D向量/标量执行	Vector	Arith		CF
完全方言转换				机器模型
输出内核可执行文件	LLVM		SPIR-V	

● 图 11.25　把方言展示在同一流程中

高层用于描述模型的方言是自顶向下来看的，原始模型是用某一框架来表示的。原始模型通过直接转换成这个框架相对应的方言（如 TensorFlow 的 tf 方言、TFLite 的 tfl 方言和 PyTorch 的 torch 方言），来导入（import）到 MLIR 系统中。这些对应于具体框架的方言的目标是准确地表示原模型的结构和语义，因为这种紧密的联系，它们通常存在于相应框架的代码库中。面对深度和广度的双重挑战，复杂度可控的编译器栈需要具有沙漏的结构。在模型导入之后，需要将各种框架表示转换成统一的用于表示模型的方言，以便作为接下来的递降过程的输入。MLIR 在这一层的支持还在迅速演进中，将来希望能够看到一系列（存在于一个或者多个方言中）协调的定义，用于完整地表示来自于各种框架的各种模型，并且提供所需的兼容性支持。就目前而言，这一层有 MHLO 方言和 TOSA 方言，前者由 XLA 而生，是 TensorFlow 框架与 MLIR 的桥梁；后者是 TOSA 规范的具体实现。TOSA 规范明确定义了很多计算的数值要求，被越来越多的框架转换所采用。

中间层用于递降的高层方言和低层方言通常都处于 MLIR 系统的边界，所以需要准确地描述非 MLIR 的标准。中间层的方言则没有这样的限制，所以中间层的方言具有更大的设计空间与更高的设计灵活性。传统的中间表示，如 LLVM IR 或者 SPIR-V，通常都是完整的；它们包含所需的所有指令以表示整个 CPU 或者 GPU 程序。相较而言，中间层的方言可以被认为是部分中间表示。这种组织结构有助于解耦和提高可组合性——可以通过混用这一层的不同方言来表示原始模型，同时不同方言可以独立发展演进。在这些方言中，有些用来表示计算或者负载，有些则表示控制流或者某种结构。

linalg 方言是用以表示结构的重要方言。linalg 算子的本质是优化嵌套循环。linalg 算子通过其索引映射，指定循环变量如何访问操作数及结果。linalg 运算区内的负载操作则指定了循环内部所进行的计算。优化嵌套循环在 linalg 算子中是隐性的，这一核心特性简化了很多的分析及转换。例如，要融合两个优化嵌套循环，传统上需要分析每个循环变量的范围，以及它们如何访问元素，这是比较复杂的分析逻辑，之后的转换同样比较复杂。用 linalg 算子的索引映射来隐性表示嵌套循环，则可以把上面的过程简化为 inverse（producerIndexMap）.compose（consumerIndexMap）这一步骤。

总之，MLIR 是一种混杂（hybrid）、通用（common）的 IR，可以支持不同的需求，还能支持特定的硬件层面的指令。更好的是，可以统一在 MLIR 上进行问题处理和优化。但它不会支持低层级（low-level）代码生成相关的操作（如寄存器分配、指令调度等），因为 LLVM 这种低层级优化器更适合。

参 考 文 献

［1］ 洛佩斯，奥勒.LLVM 编译器实战教程［M］.过敏意，冷静文，译.北京：机械工业出版社，2019.

［2］ PANDEY M，SARDA S.LLVM Cookbook 中文版［M］.王欢明，译.北京：电子工业出版社，2016.

［3］ 索亚塔.基于 CUDA 的 GPU 并行程序开发指南［M］.唐杰，译.北京：机械工业出版社，2019.

［4］ 龙良曲.TensorFlow 深度学习：深入理解人工智能算法设计［M］.北京：清华大学出版社，2020.

［5］ 孙玉林，余本国.PyTorch 深度学习入门与实战：案例视频精讲［M］.北京：中国水利水电出版社，2020.

［6］ 张臣雄.AI 芯片：前沿技术与创新未来［M］.北京：人民邮电出版社，2021.

［7］ COOPER K D，TORCZON L.编译器设计［M］.2 版.郭旭，译.北京：人民邮电出版社，2012.

［8］ 诺尔加德.嵌入式系统：硬件、软件及软硬件协同（原书第 2 版）［M］.马志欣，苏锐丹，付少锋，译. 北京：机械工业出版社，2018.

［9］ 马迪厄.Linux 设备驱动开发［M］.袁鹏飞，刘寿永，译.北京：人民邮电出版社，2021.

［10］ 胡正伟，谢志远，王岩.OpenCL 异构计算［M］.北京：清华大学出版社，2021.

［11］ 陈雷.深度学习与 MindSpore 实践［M］.北京：清华大学出版社，2020.

［12］ 刘祥龙，杨晴虹，胡晓光，等.飞桨 PaddlePaddle 深度学习实战［M］.北京：机械工业出版社，2020.

［13］ 杨世春，曹耀光，陶吉，等.自动驾驶汽车决策与控制［M］.北京：清华大学出版社，2020.

［14］ 董文军.GNU gcc 嵌入式系统开发［M］.北京：北京航空航天大学出版社，2010.

［15］ 王爽.汇编语言［M］.4 版.北京：清华大学出版社，2020.

［16］ LLVM compiler infrastructure［OL］.https：//llvm.org/docs/.

［17］ Getting Started with the LLVM System［OL］.https：//llvm.org/docs/GettingStarted.html.

［18］ Multi-Level IR Compiler Framework：Toy Tutorial［OL］.https：//mlir.llvm.org/docs/Tutorials/Toy/.

［19］ Apache TVM Documentation［OL］.https：//tvm.apache.org.